AI→生成式AI

羅光志 博士 著

感謝您購買旗標書，記得到旗標網站
www.flag.com.tw
更多的加值內容等著您…

<請下載 QR Code App 來掃描>

- FB 官方粉絲專頁：旗標知識講堂
- 旗標「線上購買」專區：您不用出門就可選購旗標書！
- 如您對本書內容有不明瞭或建議改進之處，請連上旗標網站，點選首頁的 聯絡我們 專區。

  若需線上即時詢問問題，可點選旗標官方粉絲專頁留言詢問，小編客服隨時待命，盡速回覆。

  若是寄信聯絡旗標客服 email，我們收到您的訊息後，將由專業客服人員為您解答。

  我們所提供的售後服務範圍僅限於書籍本身或內容表達不清楚的地方，至於軟硬體的問題，請直接連絡廠商。

學生團體　訂購專線：(02)2396-3257 轉 362
　　　　　傳真專線：(02)2321-2545

經銷商　服務專線：(02)2396-3257 轉 331
　　　　將派專人拜訪
　　　　傳真專線：(02)2321-2545

國家圖書館出版品預行編目資料

從 AI 到生成式 AI：40 個零程式的實作體驗，培養新世代人工智慧 / 羅光志博士 著. -- 臺北市：旗標科技股份有限公司, 2023.08 ： 面； 公分

ISBN 978-986-312-754-3(平裝)

1.CST: 人工智慧　2.CST: 機器學習

312.83　　112007539

作　　者／羅光志

發 行 所／旗標科技股份有限公司

台北市杭州南路一段15-1號19樓

電　　話／(02)2396-3257(代表號)

傳　　真／(02)2321-2545

劃撥帳號／1332727-9

帳　　戶／旗標科技股份有限公司

監　　督／陳彥發

執行企劃／劉冠岑

執行編輯／劉冠岑

美術編輯／林美麗

封面設計／古鴻杰

校　　對／劉冠岑

新台幣售價：560 元

西元 2024 年 10 月 初版 5 刷

行政院新聞局核准登記-局版台業字第 4512 號

ISBN 978-986-312-754-3

作者序

Preface

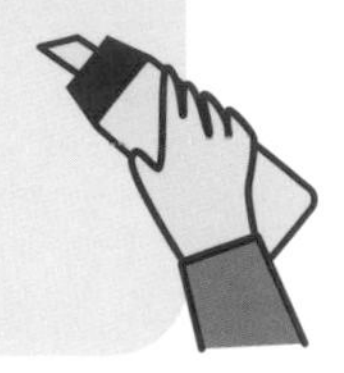

電腦讓我們能夠以前所未有的方式與社會互動，例如找工作、訂外送、尋找問題答案、遠距教學及遠距辦公。同樣的，隨著**人工智慧 (Artificial Intelligence, AI)** 系統越來越融入我們的日常生活中，人工智慧正在改變我們的世界，這是這一代孩子們需要知道的，尤其他們是第一代的 AI 原住民，生活在處處都是 AI 應用的時代，這也使得人工智慧素養變得越來越重要及必要。在過去的 30 年中，Internet 改變了我們的生活方式，而在未來的 20 年中，人工智慧將更加深刻地改變我們的生活。可惜的是真正了解 AI 的人並不多，例如 AI 是什麼以及能夠如何使用，甚至對 AI 存有許多神話或恐懼的想法。

大約在四十多年前，我們也正處於類似情況。那時的社會處於多數人缺乏電腦素養的階段，只有一小部分人在技術上有能力建造電腦硬體及開發軟體；大多數的上班族都沒有使用電腦，甚至不知道電腦是什麼，所以並不了解電腦能帶來什麼好處。但直到今天，我們幾乎都具備電腦基本知識及使用能力，即使不從事 IT 工作，也能知道如何使用電腦。例如微軟的作業系統及 Office、Google 搜尋引擎及地圖、學生使用 Canva 於課程學習、老師使用 Google Meet 進行遠距教學等。我們也許不用深入了解每一項的技術原理，但是我們要知道如何使用工具來幫助我們完成自身需求。因此我們應該具備新世代 AI 素養，懂得善用 AI 工具，而不是害怕或抵制 AI。

那什麼是 **AI 素養**呢？以及如何獲得 AI 素養？簡單來說，AI 素養就是了解 AI 系統正在做什麼的能力，以及 AI 普及後所帶來的影響。培養 AI 素養除了可以獲取 AI 相關知識及使用技巧，也能對 AI 有正確的認識，提高批判性思維，並讓大家對未來的教育、職涯及生活做出更完善的規劃。我們可以透過下面四個步驟來獲得廣泛的 AI 素養。

- **學習觀念** (Concepts)
- **了解關聯性** (Context)
- **擁有應用能力** (Capability)
- **培養創造力** (Creativity)

這本書旨在帶領讀者從 AI、機器學習、深度學習，一直到現在最火紅的生成式 AI 領域，讓您一方面瞭解其工作原理，同時也認識它們在日常生活中的實際應用與影響。對於一般讀者較難理解的神經網路及其進階網路架構 (如 CNNs、RNNs) 也都有深入淺出的解說；同時對於電腦視覺、自然語言處理及聊天機器人，也以輕鬆易懂的說明及豐富的圖例來介紹。

本書還提供了 40 堂不寫程式的實作課，這是 AI 學習的重要一環，可以讓讀者不需要寫程式，就能夠輕鬆掌握每個單元的重點，同時深入了解 AI 的多種應用，培養新世代的人工智慧素養。

無論您是學生、教育工作者、企業家，或者只是對 AI 感興趣的讀者，這本書都將為您提供一個全面又有趣的學習體驗。我們相信，透過閱讀這本書並實際操作 40 堂不寫程式的實作課，您將能夠輕鬆掌握 AI 的核心概念，並瞭解其在不同領域中的應用，現在就來開啟這段令人興奮的 AI 學習旅程吧！

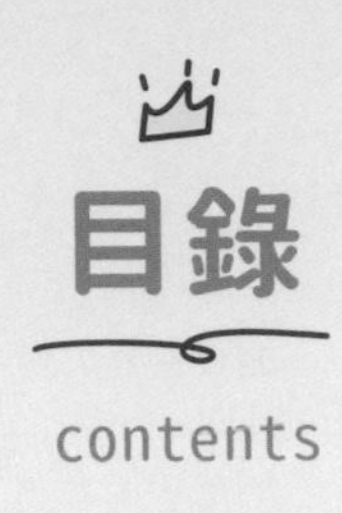

目錄

contents

第 3 章 機器學習

第 4 章 深度學習

第 5 章 卷積神經網路 (Convolutional Neural Networks)

第 6 章 循環神經網路 (Recurrent Neural Networks)

第 7 章 電腦視覺

第 8 章 自然語言處理

第 11 章 人工智慧道德與社會影響

歡迎連結到本書資源頁面，取得本書相關的延伸學習網站資源，作者也會不定時補充新的資料：

https://www.flag.com.tw/bk/st/F3327

請依照網頁指示輸入關鍵字即可取得資源連結，也可以輸入 Email 加入成為旗標 VIP 會員。

第1章 什麼是人工智慧

「人工智慧 (AI, Artificial Intelligence)」一詞對很多人來說可能很新潮，也或許很高科技，但其實大家在生活當中已經使用了數十年，而這些 AI 應用遠比您想像的還普遍。您能想像在一天的生活當中，我們接觸到多少東西是跟人工智慧有關呢？

1.1 AI 在生活中的一天

先帶大家看看一些生活中的例子，而在這些例子中會講到許多名詞，也許您會感到陌生，但不用擔心，這些我們都會在後面的章節一一為讀者說明，Let's go！

AI 已經與我們的生活層面息息相關

1. **使用 Face ID 解鎖手機**：假如您有一部 iPhone 手機，一早拿起了手機，透過臉部辨識解鎖就是一種 AI 的應用。利用電腦視覺的技術來掃描您的臉部，並使用機器學習演算法來確認這是您的臉，解鎖後讓您可以使用手機。

2. **登入社交媒體獲取訊息**：手機解鎖後，通常我們都會開始使用一些社交媒體來獲取最新訊息，AI 會在這些社群媒體 (例如 Facebook、Instagram 或 twitter) 的幕後，根據您過往的歷史資訊，推薦一些會引起您興趣的新聞、訊息或廣告，同時利用機器學習的方法來識別並過濾一些假新聞或網路霸凌的資訊。

3. **寄送或收取電子郵件**：當我們打開電腦準備撰寫電子郵件時，通常會使用類似 Grammarly 之類的工具來幫助檢查並糾正拼寫錯誤，這些工具都是使用 AI 和自然語言處理等技術來完成。而在郵件的接收時，垃圾郵件過濾器使用 AI 來防止您收到疑似垃圾郵件的電子郵件，利用機器學習識別出潛在的垃圾郵件並過濾掉，來保護您的電子郵件帳戶。

4. **使用 Google 搜尋資料**：我們每天都會利用 Google 來查詢許多東西，而 Google 也會提供您想要了解的資訊，這些都是利用 AI 技術來協助。因為 Google 無法瞬間了解您感興趣的主題以及想要瀏覽的網站，AI 會根據您的搜尋紀錄及個人化的設置條件，將您要的資訊送到您眼前。

5. **數位語音助理協助工作**：從指引您餐廳位置到詢問周末天氣，數位語音助理 (例如 Siri、Alexa 或 Google Home) 是我們非常好的幫手。他們都是使用自然語言處理的 AI 技術來理解我們的問題後，將正確答案回覆給您。

6. **使用智慧家庭設備提升生活便利**：許多家庭都會利用類似 Google Nest Hub，讓自己的家庭愈來愈智慧化，也愈來愈便利。它不僅了解我們的生活習慣，還會根據我們的喜好即時調整溫度；有些智慧冰箱可以根據冰箱中缺乏的東西為您建立需要清單，或是在您烹調晚餐時推薦搭配的葡萄酒。

7. **搭乘自動駕駛交通工具通勤上班**：AI 技術也應用在交通上，不僅包括地圖 (Google Map) 和其它可監視交通狀況 APP，提供許多駕駛者不錯的輔助功能。在美國加州山景城 (Mountain View) 還可以向 Google 子公司 Waymo，提出自動駕駛上下班的通勤服務。

8. **使用銀行安全交易業務**：現今銀行系統在交易的安全性及偵測欺詐行為上，都會採用許多 AI 技術來完成。當您使用手機掃描支票並存入銀行（國外許多銀行有提供此功能）或是收到餘額不足的警告訊息，AI 都會在幕後幫您監督著。

9. **亞馬遜線上購物推薦**：美國最大的線上零售商亞馬遜 (Amazon) 是許多人最常接觸 AI 的另一種應用場景，系統會根據您的習慣精準的推薦給您相關商品，並個人化您的購物體驗。亞馬遜對其預測分析和 AI 演算法非常有信心，甚至他們會知道您在什麼時候大概會決定購買，會事先與相關運輸業完成備貨。

10. **利用 Netflix 串流服務放鬆休閒**：忙碌了一天回到家後，大家在輕鬆休息時，最常使用 Netflix 串流服務來看一些影片。該公司的推薦引擎是使用 AI 技術完成的，它會根據您過去的觀看記錄，了解您可能想要觀看的內容（包括類型、演員及時段等等）而來提供建議。實際上，我們正在觀看的影片中有 80% 是由 Netflix 推薦所決定的。不僅是 Netflix，其他像是 Youtube 也是利用類似方式推薦使用者影片及推播廣告。

因此，人工智慧可以幫助人類提高生產力並過更便利的生活，我們應該多了解 AI，並利用 AI 的優勢來協助我們解決問題，而不是擔心或將其視為競爭。雖然它們也引起了很多關注，例如可能會侵犯隱私權及許多道德問題，這些我們將在本書最後跟大家一起來探討。

接著我們使用後續會介紹到的生成式 AI 繪圖工具，讓 AI 自行描繪出生活中可能會使用到人工智慧的應用，以下就是 AI 生成的 4 個情境示意圖，相信你應該都不陌生：

一早被手機自動設定的鬧鐘喚醒，並自動播放喜愛的音樂，手機的天氣 APP 也會提供準確的天氣資訊

拿著平板電腦在客廳上網瀏覽，系統會自動推播各種你可能會感興趣的新聞、資訊和廣告

搭乘共享汽車外出，可以透過 APP 規劃路線也可以掌握車子到達的時間，等車空檔可以利用線上購物的聊天機器人，快速訂購各種生活必需品

跟朋友、同學一起，將照片、動態都傳到社群媒體，還可以自動標記 (tagged)，沒出席的好友也可以參與互動

生活處處可見各式各樣的 AI 應用，而許多 AI 應用也隨著技術不斷進步而愈加智慧化。例如 AutoDraw 是 Google 創意實驗室在多年前為了幫助不擅於繪圖的人，所打造出來的一種 AI 繪圖工具。它將 AI 技術與才華洋溢藝術家的繪畫相結合，來幫助每個人快速創作繪圖作品。如下圖，箭頭右側的圖都是根據左側使用者畫出的線條所預測出來的，而右側這些圖都是事先已大量產生出來，透過 AI 技術所做的最佳預測，詳細講解及操作過程可參考 Simple Learn Blog 網站說明。

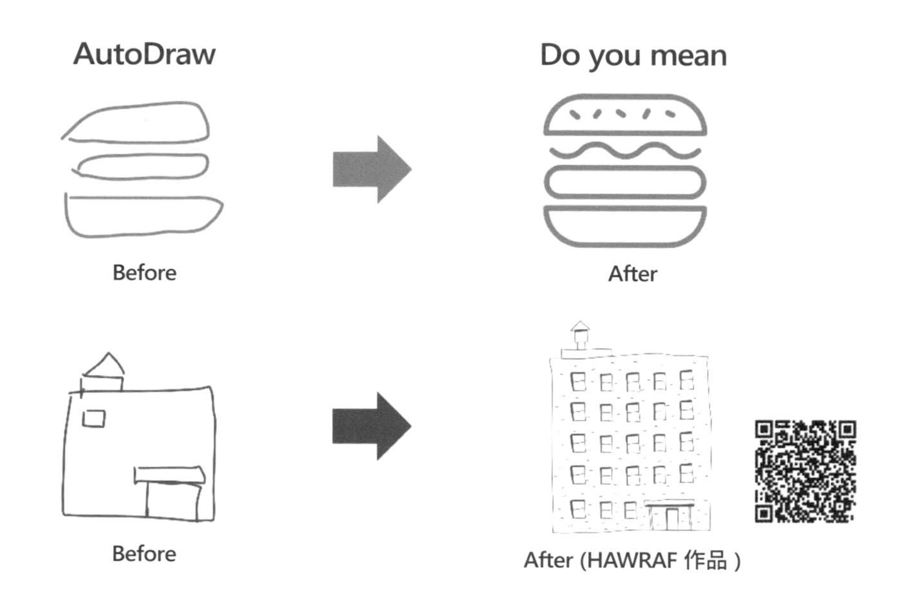

而同樣在圖像上的應用，人工智慧技術已將我們帶到另外一個新領域 - 生成式 AI (本書第 10 章將有完整介紹)，跟許多大家所熟知的應用整合在一起，現在就先帶讀者藉由下面這個小活動熱身一下生成式 AI 的小應用吧！

活動：微軟 Copilot 搜尋、聊天、繪圖全都行

Copilot 是微軟在新版 Bing 搜尋引擎上，整合 OpenAI 相關人工智慧技術，一方面可以更理解使用者輸入的文字來搜尋完整答案，產出更符合實際解答的內容及提供參考來源與連結，同時能將您的想法立即變成圖像。現在就讓我們一起進行全新的聊天搜尋體驗。

活動目的：全新搜尋、瀏覽、聊天與圖像生成整合式服務體驗

活動網址：https://www.bing.com/chat

使用環境：桌機、瀏覽器 (Chrome 或 Edge)

STEP 1 登入並選擇服務

如果讀者使用的是 Google Chrome 瀏覽器，需要有一個免費的微軟帳號。若讀者沒有微軟帳號，則可以考慮下載 Edge 瀏覽器做為活動使用。本書將使用 Edge 做為活動介紹。

首先輸入活動網址後，可以在下圖右上角處登入您的微軟帳號，並點擊 Copilot 圖示。

STEP 2 選擇交談模式

進入到 Bing Chat 歡迎畫面後可以看到中間有三種交談模式（如右圖），由左而右簡單介紹如右下：

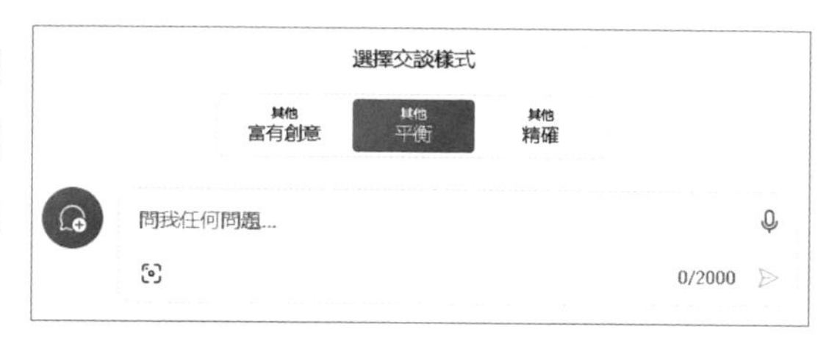

- **創意模式**：會讓 Bing 給出較長類似聊天的答案，具描述性及想像力，但也可能包含較多錯誤。
- **平衡模式**：資訊豐富且內容友好，介於其他兩種模式之間，適合大多數使用者。
- **精確模式**：與創意模式相反，以搜尋為中心提供較簡短且更事實導向的答案。

作者試著在 3 種模式中輸入 "告訴我一種到達倉庫頂層貨架的創意方法" 這個問題，讀者可以看看其差異性，並且也可以試著玩玩看。

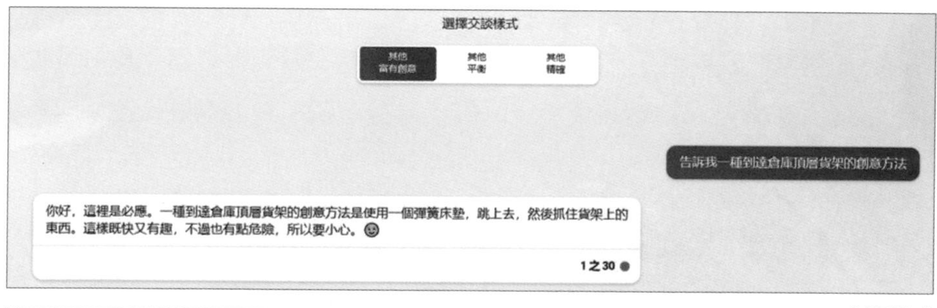

創意模式

平衡模式（含參考來源與連結）

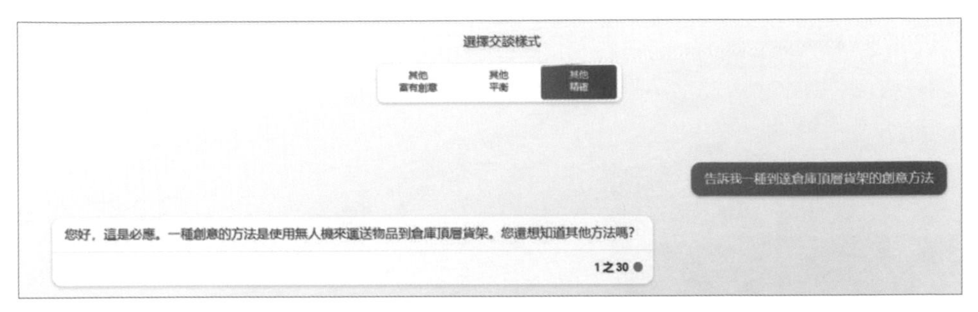

精確模式

STEP 3 將想法變成圖像

我們可以請 Bing AI 將 STEP 2 精確模式中所回覆的場景畫出來，它將生成一個全新圖像 (如下圖)，而這些圖都是可以下載儲存的。

我們也可以另外將一些想法請 Bing AI 畫出來，例如 " 畫出恐龍在瀑布邊騎腳踏車 "，雖然部分生成圖像有點奇怪，但還是非常有趣。圖像還能照提示做修改。

在這個活動中無論是哪一種模式的回應（包括圖像）都是由 AI 生成出來的，與以往的做法，由 AI 來預測並在既有圖庫中挑出可能圖像，所用技術是不一樣的。

1.2 人類智慧與人工智慧

要了解人工智慧 (Artificial Intelligence, AI) 之前，我們先來談談什麼是人工 (Artificial)，以及什麼是智慧 (Intelligence)。

首先，什麼是人工呢？其實就是人造的意思，並非是自然形成。本書講的人工指的是人所製造的機器，例如冰箱、烤箱、電視、電腦、汽車或是我們每天使用的手機，我們都稱為人工的機器。

那什麼是智慧 (Intelligence) 呢？對於智慧的定義有很多種方式，通常是指人類才具備的感知、學習、推理、邏輯、理解、聯想、情感、知識、思考、創造、解決問題的能力！例如：

- 當您要計劃事情時，您會想要**「思考」**
- 當您與朋友聚會時，會開心地互相**「聊天」**
- 當您在玩棋類遊戲時，您會**「推理」**下一步要怎麼走
- 當您聽到音樂或開心時，您會**「擺動」**身體手足舞蹈
- 當您看到貓跟狗，您會很容易地**「識別」**出它們
- 當您需要在短時間處理困難問題時，您會有**「解決問題」**的能力

所以我們可以稱這樣的智慧叫做「人類智慧 (Human Intelligence, HI)」，也就是指我們人類可以有下面這些能力：

- 感知、理解和分析資訊的能力
- 學習和增加知識的能力
- 根據知識做出決策的能力

那麼人工智慧又是什麼呢？人工智慧就是希望能將人造的機器，表現的像上述人類智慧一樣，可以有能力處理許多事情，例如：

- 具有豐富個性及社會認知的人工智慧機器人，會**「思考」**如何跟人類進行有深度具意義的互動

- 我們可以跟 Siri 或 Google 語音助理互相**「聊天」**，並請它們講笑話、猜謎或預約服務

- 人工智慧跟人類一起下棋時，也會**「推理」**下一步怎麼走可以取得勝利

- 人工智慧機器人，也可以隨著音樂**「擺動」**身體，並有節奏的手足舞蹈

- 全身捲曲在沙發的貓，具有人工智慧的機器也能精確**「辨識」**出它們

- 人工智慧可以廣泛地運用來**「解決許多問題」**，例如在工廠可以快速及高效率地判別瑕疵的產品

所以我們希望人造的機器可以模仿或模擬與人類智慧 (Human Intelligence) 相似的認知行為或特質，例如可以進行推理、問題解決以及學習，同時希望變得跟人一樣具有這些智慧 (Human Intelligence)。

就目前來說，AI 在某一些方面確實做的還不錯。例如圍棋因為極端複雜，向來被認為是人工智慧上的巨大挑戰，而在 2016 年的 AlphaGo 世紀對決（大家可以參考完整紀錄片 https://www.youtube.com/watch?v=WXuK6gekU1Y&t=30s），由 Deep Mind 這家公司利用幾種的人工智慧演算法（包括蒙地卡羅樹搜尋以及深度學習），打敗了世界頂尖職業棋士李世乭，堪稱人機對弈上的大突破，也是繼 1997 年以來，IBM 的超級電腦「深藍」打敗西洋棋手後，人類始終想跨越的另外一道關卡。同時 AI 在其他方面的應用，例如自動駕駛汽車、語音辨識、臉部辨識及生成式 AI 等等許多功能，表現都令人難以置信。

也許很多人會有一個疑問：AI 是否比人類聰明呢？應該會有許多人的回答是 Yes 吧，就某些層面來說是可以這麼說的，尤其是對於需快速處理大量數據來執行某種特別的任務時，那麼現今的人工智慧確實表現的很好。但是需要有許多背景知識才能處理的事情，人類智慧表現的還是比人工智慧好。

下面，就讓我們一起來做活動認識一下 AI 的表現吧！

活動：尋找威利

活動目的：需處理大量數據並快速執行某些任務時，AI 的表現是否會比人類好？

活動說明：知名繪本《威利在哪裡》中的威利，大家應該還記得要在茫茫人海中尋找威利是多麼不簡單的一件事，外國新創團隊 redpepper 為了測試 Google 的新服務 AutoML Vision 的功能，訓練了一隻機械手臂來尋找威利，最快可以在 4.45 秒就找到威利，我們可以看看下面這一個尋找威利的影片，看看 AI 在這一方面的能力是否比人類好。請觀看這個「There's Waldo is a robot that finds Waldo」影片後進行討論。

影片網址：https://www.youtube.com/watch?v=-i7HMPpxB-Y

討論：如果我們訓練機器時所提供威利的圖片量很少，或是圖片背景有許多影響因素，例如背景不是白色的，或是有很多顏色的背景圖案做干擾，那麼人工智慧所展現出來的效果還會好嗎？又會是為什麼呢？

儘管 AI 在某些方面處理反應很快也很精確，但並非在所有的應用層面 AI 都能一樣表現得非常好。因為要看是應用在哪方面，所以如何讓人類智慧與人工智慧一起合作就變得非常重要了。

當我們在討論人工智慧 (AI) 時，常常會拿來與人類智慧 (HI) 做為比擬或互相衡量的這類想法，一直都是具有爭議性的話題。畢竟它們運行方式是如此的不同，並且在人類與機器上來定義「智慧」的含義也不完全一樣，至少在目前為止依舊如此。與其在這上面打轉，也許我們應該試著用別的方式來對 AI 功能多些理解會比較好。

根據美國電腦科學教師協會 CSTA (Computer Science Teachers Association) 與人工智慧促進協會 (Association for the Advancement of Artificial Intelligence) 等兩大組織，針對學生所推動的 AI 教育計畫當中指出 AI 的五大理念，分別是感知 (Perception)、表示與推理 (Representation & Reasoning)、學習 (Learning)、互動 (Natural Interaction) 與社會影響 (Societal Impact)，而這五大理念也正好可以幫助許多初學者，利用生活上所接觸的應用或實例，更系統性了解什麼是人工智慧，並且可以做為人工智慧素養很好的基礎方向。

儘管人類智慧 (HI) 與人工智慧 (AI) 之間存在一些相似之處 (例如感知、學習及推理)，但是人類智慧依舊遠比人工智慧相對複雜許多，許多對您我再自然不過的事情，對機器來說卻是困難的。例如人類與機器交談時，機器通常較難以表達情感，但這也是目前科學家非常想突破的方向。而這兩者的實際運作上也還是有不同之處，因此我們仍應將人類智慧 (HI) 與人工智慧 (AI) 當成兩個不同的事物來看待。

1.3 人類智慧與人工智慧是競爭還是合作？

我們目前比較了人類智慧 (Human Intelligence, HI) 和人工智慧 (Artificial Intelligence, AI) 在感知、推理、學習、解決問題和處理語言的方式。但是，如果我們從另外一個角度來看待人工智慧 (AI) 和人類智慧 (HI) 之間的關係呢？例如人工智慧和人類智慧是否可以一起工作並且互補彼此的缺點呢？

我們可以先看看下面幾個例子：

1. IBM Research 的科學家與 20th Century Fox 合作，為 2016 年恐怖驚悚片「魔詭」(Morgan) 製作了首部認知電影預告片 (Cognitive Movie Trailer)，這是人工智慧與人類智慧一種強大的結合，並且也能增強人類專業知識和創造力的可能性。計算機也許不能產生原創思想並自行創造某些東西，但科學家可以與機器合作，來更加了解人類喜歡什麼、以及什麼會讓他們害怕。

2. 葛萊美獲獎音樂製作人 Alex Da Kid 與 IBM Watson 超級電腦合作，以前所未有的方式尋找靈感，一起將音樂和文化中的數據轉化為認知音樂，並且共同創作一首歌 -'Not Easy'（音樂連結：https://www.youtube.

com/watch?v=U-e90ELRnnQ)。當許多音樂工作者對 AI 產生恐懼時，音樂家 patten 則擁抱 AI，發行第一個由 AI 所生成的 " Mirage FM " 音樂專輯並進行商業販售。

3. 麻省理工學院計算機科學與人工智能實驗室 (Computer Science and Artificial Intelligence Laboratory , CSAIL) 主任丹妮拉 · 羅斯 (Daniela Rus) 認為，人和機器不應該是競爭對手，而應該是合作者，就像是使用人工智慧技術幫助視力受損的人在自動駕駛汽車中導航。

4. 野生動物安全保護助理 (PAWS, Protection Assistant for Wildlife Security)，是一種新開發的人工智慧，它使用以前盜獵活動的數據，根據可能發生盜獵的地方來確立巡邏路線，而這些路線也是隨機的，主要是為了防止盜獵者也會學習巡邏模式而避開。PAWS 使用人工智慧的一個分支領域 - 機器學習技術，可以隨著更多數據增加來不斷發現新的觀察與見解。

5. 法律行業也是人工智慧能做出貢獻的一個例子，例如人工智慧就可以用於進行耗時的研究並蒐集資料，減輕法院和一般法律服務的負擔並加快司法程序；AI 也可以用在法律合同和訴訟文件等相關分析及生成 (例如使用 OpenAI 的 ChatGPT)。

   惠普企業人工智慧、數據和創新全球副總裁比納 · 阿曼納特 (Beena Ammanath) 就說過：要真正為法律領域建構強大的人工智慧產品，就需要有一名律師參與在產品設計過程中。也就是需要有同時懂 AI 也懂法律的角色，才能了解律師們的需求，並在初期從旁協助 AI 完成法律工作，進而建構出相對應的 AI 產品。

大家可以動手做做看下面兩個活動，看看 AI 與人類合作下的創作與應用。

活動：用音樂作畫

如果你能聽到你的畫會是什麼感受呢？Paint With Music 是一種互動體驗，它會將您的畫筆變成樂器並在感官畫布上作曲！它連接了兩種主要的藝術表現形式：繪畫和音樂創作。在人工智慧的幫助下，您的畫筆筆觸運行，被轉換成由您選擇的樂器所演奏的音符，就讓我們來試試看吧！

活動目的：了解人類與電腦在音樂上的合作與創作。

活動網址：https://artsandculture.google.com/experiment/YAGuJyDB-XbbWg

使用環境：桌機或 Android 設備

STEP 1 按下「啟動實驗」，並選擇您要繪製的主題畫布，網站提供天空 (in the Sky)、水中 (Underwater)、街道 (On the street) 和紙上 (On Paper) 四種選擇，筆者選擇了「天空」。

選擇畫布

STEP 2 在畫布左下角選擇您想要「演奏」的樂器，然後就可以開始在畫布上製作您的作品，樂器旁邊的小鳥圖章可以在畫布上增加小鳥的歌唱。您可以透過單擊中間的暫停按鈕來暫停聲音，也可以透過右下角的倒退箭頭及垃圾桶來回到前一個動作或刪除此次作品，若選擇旁邊的音符則可以添加五線譜。

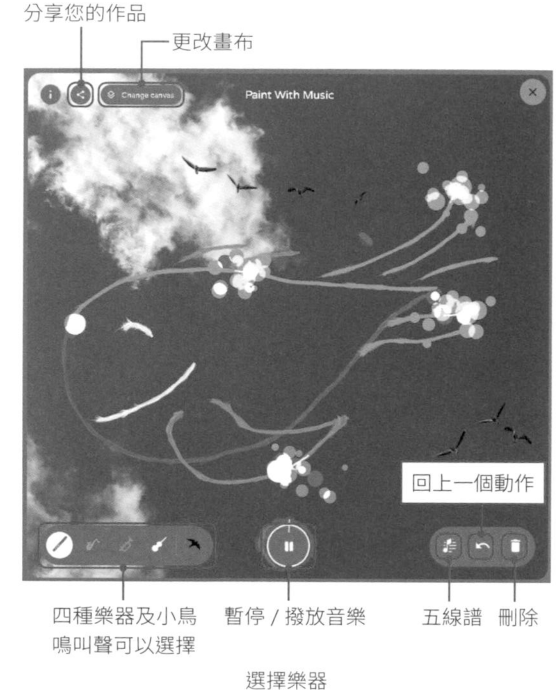

選擇樂器

STEP 3 最後完成作品後，可以點選左上角分享功能，與您的朋友一起分享您的創作。

輕觸即可複製連結

分享作品 (分享連結有時間限制)

在此範圍廣泛的感官畫布上，從天空到水中，透過融入每種氛圍獨特的特殊聲音效果，可以將您的作品提升到一個新的水平。

活動：你的眼睛會說話

Look to Speak 可以讓人們利用他們的眼睛來選擇預先寫好的短語並讓它們大聲朗讀。莎拉以西結 (Sarah Ezekiel) 是一位藝術家，她在 2000 年時被診斷出患有運動神經元疾病，也是全球數百萬患有言語和運動障礙的人之一。2020 年，莎拉與她的語言治療師一起跟 Google 創意實驗室，探討如何在更小的設備上進行機器學習（人工智慧的子領域），讓更多人方便使用眼睛凝視通訊裝置來進行溝通，希望「Look to Speak」能夠幫助更多需要的人，我們也操作看看吧！

活動目的：了解人類與電腦如何一起合作來幫助行動不便的人。

活動網址：https://play.google.com/store/apps/details?id=com.androidexperiments.looktospeak

使用環境：Android 手機或平板

STEP 1 初始畫面及校正動作

第一次進入應用程式，還不能進行感應動作，必須先點擊左上方的選單，進入 SETUP HELPER 自行校對眼睛位置。

將人臉對準圓形圈圈，讓應用程式可以尋找人臉特徵點，方便後續做眼球追蹤處理（右圖）。注意：請將手機固定好，讓頭出現在圓形框中（必須露出整張臉），並建議可參考右圖下方說明，讓裝置的位置低於眼睛高度，方便應用程式校正確認。

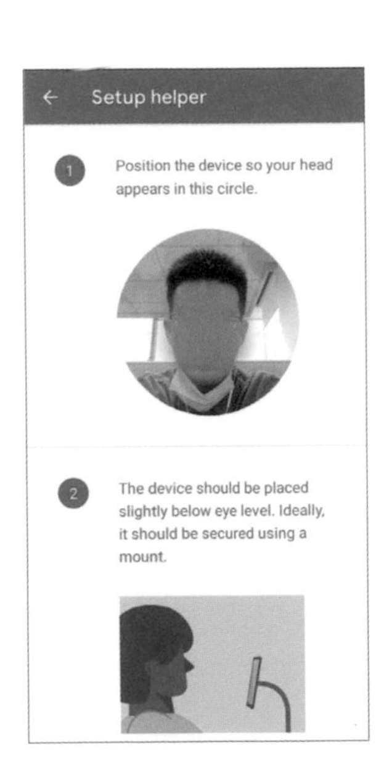

STEP 2 假設我們想選出 Hello，看看下面步驟怎麼進行。因為目標 Hello 在左邊，所以我們持續看著左方直到聽到 Bing 聲，意即已經選定左方。此時字詞少了一半。

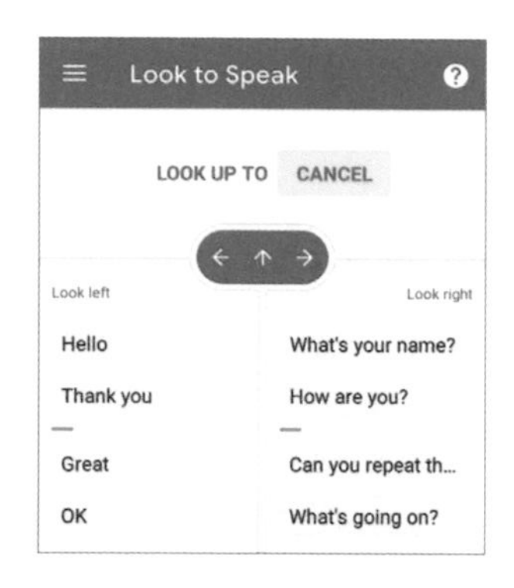

STEP 3 Hello 目前依舊在左邊，所以一樣先向左看，直到聽到 Bing 一聲。接著再次重複動作，使得左邊只剩下 Hello 為止。

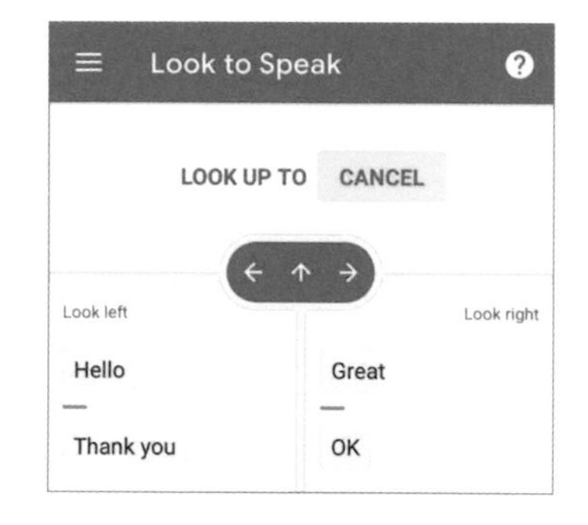

STEP 4 最後往左看，終於選到 Hello 這個詞，APP 也會唸出 Hello。

這整個過程我們只靠眼球的注視來控制，各位也可以試看看用眼睛控制別的字。

Look to Speak 還有許多功能，包括編輯句子、解鎖設定、敏感度設定、語言語音設定，對於許多言語和運動障礙的人來說這是一個重要的開始。人工智慧 (AI) 與人類智慧 (HI) 不僅僅是在音樂或電影上可以合作，還有許多領域都可以攜手創造價值。這時候應該會有人擔心，那 AI 是否就會搶了這些音樂工作者或電影工作者的工作呢？這一點大家倒不用擔心，我們會在後面的章節跟大家一起探討，為什麼人工智慧並不會搶走這一些人的工作，反而對人類有許多幫助及帶來不同層面的影響。

人工智慧類型

人工智慧目前應該算是人類迄今最令人驚奇的成就之一，但此領域依然繼續不斷地被探索及增加應用，我們也深知每一個驚人的 AI 應用都只是人工智慧領域的冰山一角。然而，許多人仍然很難全面了解人工智慧對於未來相關層面的潛在影響，就算這些議題長久以來備受討論也一樣。為了讓各位更加了解人工智慧所帶來的革命性影響，我們先從其相關類型說起，以便帶領大家了解這些人工智慧的分類與相關發展之間的關係。

由於人工智慧研究的主旨在於讓人造機器能夠模擬人類的智慧及能力，我們基於這個標準，通常會從兩個層面來區分人工智慧的類型：一個是從「能力」層面，也就是人工智慧模仿人類特徵的能力，並用於為實現人類特徵的技術，而另一個則是從「功能」層面，希望具人工智慧的機器能與人類思維有其相似性，希望它們能像人類一樣「思考」甚至有「感覺」的能力，我們將在下面更深入地討論。

我們先來看看當人工智慧是基於「能力」來做分類時，會有那些類型。

基於能力分類

使用「能力」作為分類時，所有人工智慧系統（無論是真實的或假設的）都將屬於以下三種類型之一。

- **狹義型人工智慧** (Artificial Narrow Intelligence, ANI)：
  具有較窄的能力範圍
- **通用型人工智慧** (Artificial General Intelligence, AGI)：
  與人類能力相當的人工智慧
- **超級型人工智慧** (Artificial Super Intelligence, ASI)：
  其能力比人類強

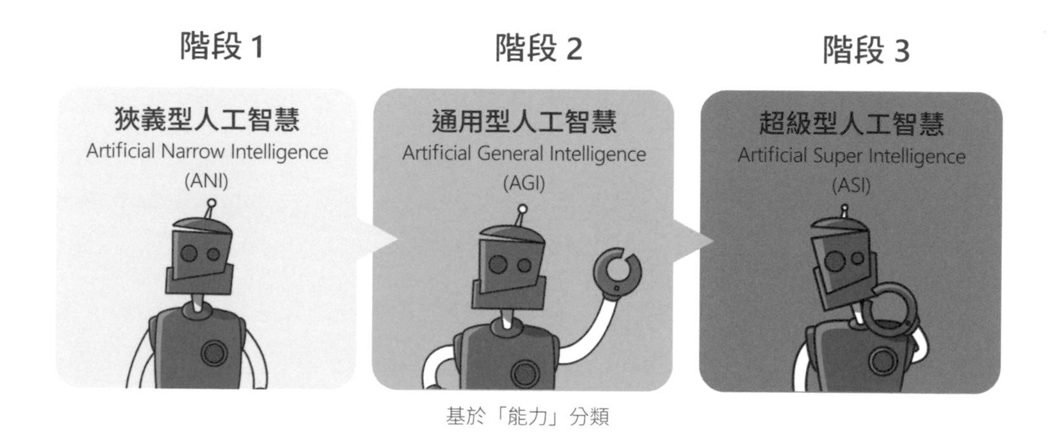

基於「能力」分類

狹義型人工智慧 (Artificial Narrow Intelligence, ANI)

也叫做弱人工智慧 (Weak AI 或 Narrow AI)，是到目前為止我們唯一成功實現的人工智慧類型，也是當下最常見的 AI 形式。此弱人工智慧是以目標為導向，主要是設計用來執行單一任務，例如臉部辨識、語音辨識、語音助理、自動駕駛汽車、Netflix 推薦系統及互聯網上的搜尋等等，都能非常聰明地完成要執行的特定任務，並且能夠在某些特定環境中接近甚至超越人類的功能。

儘管這些具有弱人工智慧的機器看起來具有智慧，但它們都還是在特定約束和限制下運行的。它們通常只能針對一項特定任務接受訓練，無法超越其設定的領域來執行，否則可能會無法成功做出預測，而這就是為什麼這類型的人工智慧會被稱為弱人工智慧。弱人工智慧不會模仿或複製人類的智慧，只是根據較窄範圍內的數據或參數資料來模擬人類的行為。

我們後面在介紹人工智慧是怎麼運行時，您將會更能理解這部份。大家可以試著想一下 iPhone 上 Siri 虛擬語音助理利用語言辨識與使用者的互動，自動駕駛汽車的影像辨識來判斷路況，以及 Amazon 的推薦引擎可以根據購買記錄來推薦您喜歡的產品，這些系統只會利用學習或被教導完成某些特定的任務。

儘管弱人工智慧看似離真正的人工智慧還很遙遠，但過去十年機器學習和深度學習（參閱後面章節）等技術取得的不錯成就，也使弱人工智慧有了許多突破。例如，當今的 AI 系統透過學習人類的認知和推理，可以用於醫學領域、以極高的準確性診斷癌症和其他疾病，來協助病人做更早期的治療。

讓我們來看看弱人工智慧在其他方面的應用吧！

- Google Rankbrain 搜索（用來幫助 Google 產生搜尋頁面結果的機器學習演算法）。
- 蘋果公司的 Siri，亞馬遜公司的 Alexa，微軟公司的 Cortana 等虛擬助理。
- IBM Watson 服務（例如自然語言處理、影像辨識、語音辨識等等許多 AI 服務）。
- 臉部辨識軟體，可用來作手機解鎖、大樓門禁管理、犯罪偵查等許多應用。
- 疾病預測工具，協助醫生判斷病情。
- 無人智慧機，用於國防、救護、運輸、農業等許多應用。
- 電子郵件、垃圾郵件過濾器、社交媒體監視工具，可用於處理危險內容。
- YouTube、Netflix、Amazon 根據使用者的觀看 / 購買等行為，做為娛樂或行銷推薦的參考。
- 自動駕駛汽車，可以應用在運輸交通、自動化配送物品等應用。

通用型人工智慧 (Artificial General Intelligence, AGI)

也叫做強人工智慧 (Strong AI)，是目前人工智慧研究的主要目標之一，希望 AI 可以像人類一樣思考及高效率的執行任何具智力任務，也就是具備執行一般智慧行為的能力。目前雖然沒有這樣的系統可以歸類為強人工智慧，或者能用媲美人類的能力來執行任務；但在 OpenAI 這家公司於 2022 年 11 月推出席捲全球目光的 ChatGPT 後，已開始有通用型人工智慧 (AGI) 的雛形。該公司更在 2023 年 2 月提出「Planning for AGI and beyond」的文章，提醒大家應該為這類型的 AI 提早做好準備。

一個強人工智慧需要由數千個或更多可協同工作的弱人工智慧系統組成，相互通訊來模仿人類推理，即使使用目前最先進的計算系統，如 Google TPU 或 Nvidia A100，也需要很長的時間進行訓練，這說明了人類大腦的複雜性，也說明了利用我們現今資源，來構建強人工智慧所面臨的巨大挑戰。不過在相關科學家及專業人士的努力下，相信這是指日可待的。

超級型人工智慧 (Artificial Super Intelligence, ASI)

超級型人工智慧是一種假想的人工智慧，它不僅可以模仿或理解人類的智力和行為，自我意識更能超越人類智慧和能力。長期以來，超級型人工智慧一直是科幻小說喜愛寫的劇本——在這類小說中，機器人可能會擺脫人類控制，甚至會推翻和奴役人類。

在理論上，超級型人工智慧在每一件事都會比我們做得更好，例如數學、科學、體育、藝術、醫學、情感等等，同時具有更大的記憶儲存、更快速的處理及分析數據的能力，因此，超級型人工智慧的決策和問題解決能力將遠勝於人類。不過到目前為止，超人工智慧仍然是只是一個假想概念。

目前人工智慧所處位置，正是在專注於處理一個任務上的弱人工智慧階段 (如下圖)，但許多科學家相信在不久的將來，將可以進入到下一個階段 (強人工智慧) 的初期。

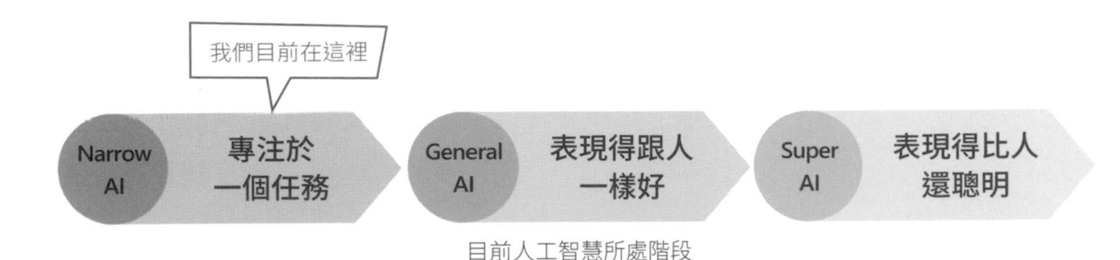

目前人工智慧所處階段

美國政府所出的「為 AI 的未來做準備」報告中也提到「儘管在未來 20 年內機器不太可能表現出與人類相當或超過人類的廣泛應用智能，但可以預期，機器將在越來越多的任務上達到並超過人類的表現。」

基於功能分類

另一種類型是基於人工智慧機器與人類思維的相似性，以及它們是否可以具有像人類一樣「思考」甚至「感覺」的功能對它們進行分類。根據這樣的分類基礎，可將人工智慧分成下面四種類型：反應機器 (Reactive Machines)、有限記憶機器 (Limited Memory)、心智理論 (Theory of Mind) 和自我意識人工智慧 (Self-Awareness)。

目前人工智慧所處階段

反應機器 (Reactive Machines)

反應式機器是人工智慧最基本的類型，其功能非常有限，只是模擬人類大腦對不同類型的操作或刺激做出純粹的反應。這些機器沒有記憶功能，所以這樣的 AI 系統不會儲存或記憶過去的經驗以備將來之用。這意味著這些機器不能使用以前獲得的經驗來指導當前的決策行動，即這些機器並沒有「學習」的能力，只能用於自動回應有限的輸入。IBM 的深藍 (Deep Blue) 超級電腦就是反應式機器的一個極致範例，該機器在 1997 年擊敗了國際西洋棋大師加里卡斯帕羅夫 (Garry Kasparov)。

深藍的目的是能夠與競爭對手（人類）下西洋棋，並且擊敗對手。深藍可以識別棋盤上的棋子並知道每個棋子的移動方式，並能搜尋及估計往後約 12 步棋的狀況（一名人類西洋棋好手大概可以估計後面的 10 步棋），藉此預測它及對手下一步可能採取的行動，而從這些可能性中選擇最佳決策好取勝。深藍精準且成功的下棋方式顯示其反應很好，但它的反應方式也顯示它沒有過去或未來的概念，只能理解當前存在的世界及其組成部分和做出獨立反應。

有限記憶 (Limited Memory)

有限記憶機器是指 AI 除了具有上述反應式機器的功能外，還能夠從以往歷史數據中來學習、以便做出決策的機器類型，我們所知道的幾乎現今 AI 應用程序都屬於這一類，例如使用深度學習的系統，都是透過大量數據來訓練的，來形成解決未來問題的參考模型。

以圖像辨識為例：當我們提供數以千計的圖片及其對應標籤來訓練 AI，然後讓它掃瞄新的圖像，它就會以原訓練圖像為參考，並基於所謂的「學習經驗」，了解呈現給它的圖像內容是什麼。隨著訓練資料的增加，它的準確性也會提高。

自駕車應用就是此類型的最佳範例之一，藉由大量道路實況景象訓練後，它們不僅可以觀察周圍環境，還可以觀察視線範圍內其他車輛和人員的運動，並能儲存附近汽車的最新速度、與其他汽車間的距離、速度限制以及其他導航道路的資訊，進而決定最合適且安全的駕駛路線。聊天機器人亦是此類型另外一個常見範例。

心智論 (Theory of Mind)

這一類的人工智慧是希望機器的決策能力可以達到等同於人類心智的程度。雖然目前有一些機器表現出類似人類的能力（例如語音助理），但還沒有一個可以與人類做出完全相關的標準對話。

這種類型是研究人員目前正在進行創新的下一世代的 AI 系統，目前還只是一個概念或正在進行的研究工作，最主要是希望能讓機器更能了解人們的情感、需求、信念和思想，並且能夠像人類一樣進行社交互動，本質上就是希望能「理解」人類。倘若人工智慧系統真的要在您我之間中存在並活動，它們就必須要能夠理解我們每個人對待自己及他人會有那些想法、感受和期望，並相對應地調整自己的行為。

人工智慧產業是一個新興行業，也是一個有趣的領域，但要達到人類這種理解水平需要更多的時間和精力。這類人工智慧機器儘管尚未開發，但許多研究人員正積極投入開發此類人工智慧機器，做出大量的努力與改進。幾個值得關注的例子包括於 2000 年和 2016 年所建立的機器人 Kismet 和 Sophia：由 Cynthia Breazeal 教授開發的 Kismet 能夠識別人類的臉部訊號（例如情緒）後，利用它的臉部來複製這些情緒，而機器人的臉部是與人類臉部一樣的特徵所構成，例如有眼睛、嘴巴、眉毛、眼睛和耳朵。

另一機器人 Sophia 則是由 Hanson Robotics 所建立的人形機器人，Sophia 與以前的機器人最大不同之處在於她與人類的表情相似性、視覺能力（電腦視覺）和以適當的臉部表情做出回應來互動。而 Engineered Arts 打造、於 2022 年亮相的 Ameca，其擬真的人類樣貌與舉止就更上一層樓了。

雖然上述機器人都沒有完全具備與真人進行全面性對話的能力，但都已經能表現出類似於人類的情感，確實將此一類型的人工智慧向前推進了一大步。

自我意識 (Self-Awareness)

具有自我意識的機器絕對是人工智慧的未來，也是所有 AI 研究追尋的終極目標。這類機器的存在將是帶有超級智慧的，不僅具有自己的意識，更具有人類般的情感。這類型的人工智慧目前當然不存在，但如果哪一天實現，應該會是人工智慧領域實現的最大里程碑之一，也有可能是最終的階段。若要創造出這種類型的 AI，距離現在應該還有數十年甚至幾個世紀的時間。

只是一旦這種 AI 真的存在，將會有人擔心建立這樣一個高級的人工智慧可能會帶來很大的危險，因為它可以擁有自己的情感、需求、信念和潛在慾望，並且很容易超越人類的智慧，危害到人類自身。只是這類型的人工智慧在現實中還不存在，這些擔憂目前純屬假設。

綜觀以上幾點，無論是以能力或是功能為區分的類型，人類目前僅實現了較為狹隘的人工智慧。隨著機器學習及深度學習技術能力的不斷發展，以及科學家越來越接近實現通用型的 AI 時，有關 AI 未來的理論和猜測也會不斷湧現。目前最常見的主要有兩種理論：一種是基於對未來較為悲觀的看法，想像在這種情況下，超級智慧的殺手機器人將佔領整個世界，可能會消滅全人類，或是將人類變成奴隸。這種理論所描述的，也是許多科幻小說或科幻電影中會描繪的情景。

另一種理論則預期一個更樂觀的未來，人類將和機器人攜手合作，並將人工智慧作為增強生活體驗的有利工具。畢竟，許多人工智慧工具已經對於我們在全世界經營事業及經濟的方式產生了重大影響，也能以人類無法實現的速度和效率完成任務，唯獨人類的情感、理解和創造力非常特殊及獨特，很難在機器中複製。

筆者個人堅信，我們應該避免不必要的恐懼及揣測，轉而更加支持人類與人工智慧攜手共創雙贏未來——這也正是筆者撰寫這本書的動機之一。

第 2 章

AI 能做什麼？AI 不能做什麼？

人工智慧到底能做些什麼？以及哪一些是目前還不能做的？我們將先帶大家從整個人工智慧發展史來看出一個脈絡，同時在這一個章節我們也將探討 AI 擅長及不擅長的領域分別有哪些，這將幫助對 AI 有興趣的您，了解未來的 AI 可能會是怎麼樣，就先讓我們看看人工智慧整個發展史吧！

2.1

人工智慧發展史

人工智慧 (AI) 是一門大約僅有六、七十年左右的年輕學科，是一組希望模仿人類認知能力的科學、理論及技術，包括數學邏輯、機率、統計學、神經生物學及計算機科學。它的發展開始於第二次世界大戰，與計算機 (電腦的前身) 的發展有著緊密的關聯，希望讓計算機可以執行原本只能委派給人類的複雜任務。

但是嚴格來說，這種只是自動化的執行任務，與人類的智慧仍相去甚遠，使得人工智慧這個名稱容易受到許多專家學者的質疑及批評。但許多科學家依舊鍥而不捨的研究與發展，希望他們研究的最終階段可以達到真正『強大』的 AI，也就是前一小節所提到的超人工智慧 (Artificial Super Intelligence, ASI)：這時的 AI 就可以完全自主方式來解決各類非常專業的問題。若能做到這種程度，當前只能專注於處理一個任務上的狹義型 (弱) 人工智慧 (Artificial Narrow Intelligence, ANI) 就絕對無法與其相提並論。

我們可以從 AI 的歷史當中，看出人類在 AI 發展的方向，不僅可以了解以往，更能掌握未來，同時給有興趣的學習者一個很好的參考。就讓我們跟著下面的人工智慧發展史一起來了解 AI 吧！

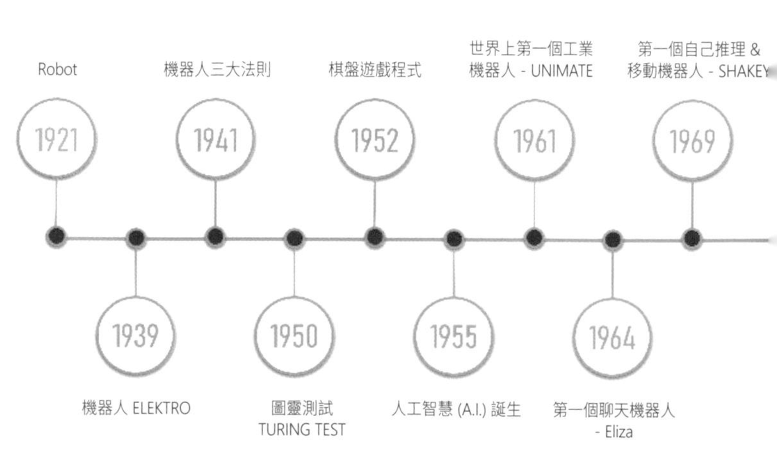

1921 Robot

捷克作家卡雷爾．恰佩克 (Karel apek) 1921 年首演的科幻舞台劇 R.U.R. (Rossumovi Univerzální Roboti，英譯為 Rossum's Universal Robots，意即『羅梭的全能機器人』)，發明了機器人的名詞 robot。不過，劇中的機器人還是比較接近現代所稱的人造人或生化人。

劇中跟機器人互動的一幕。來源：Wikipedia

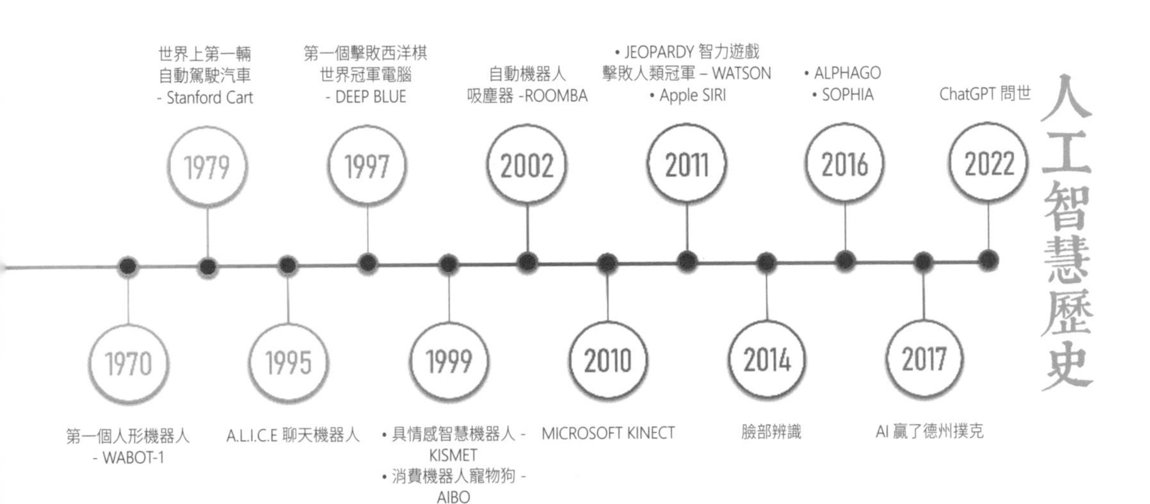

1939 Elektro 機器人

Elektro 是由西屋電氣公司製造的機器人，這是非常早期能夠移動的機器人，除了可以走路、移動其頭部和手臂外，還可吹氣球、依據語音指令走路、用唱盤說出約 700 個預先錄製的單字，現在看起來雖然笨拙許多，但在當時卻是一個非常難得的進步。

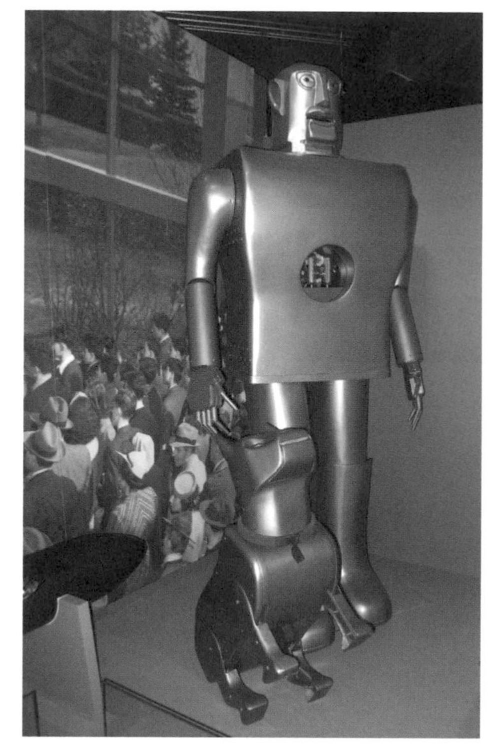

Elektro 機器人。來源：Wikipedia

1941 機器人三大法則

『騙子！(Liar!)』是美國作家以撒 · 艾西莫夫 (Isaac Asimov) 所創作的一篇短篇科幻小說。在此小說中，他介紹了機器人三大法則中的第一條，而後面兩條法則也在後來的其它故事中出現。我們來看看這三大法則是什麼：

- 第一法則：機器人不得傷害人類，或袖手旁觀坐視使人類受到傷害；
- 第二法則：除非違背第一法則，機器人必須服從人類的命令；
- 第三法則：在不違背第一及第二法則的情況下，機器人必須保護自己。

後來因時代及技術的進步，三大法則也被人們認為需要修正，例如提出 AI 發展的六大法則或是 AI 與人類共存的四點法則等等。

1950 圖靈測試 (Turing Test)

知名計算機科學家艾倫 · 圖靈 (Alan Turing) 提出一個測試機器是否能夠思考的著名實驗：如果機器藏身在幕後跟人類對話，而且成功讓人類以為它也是人的話，那麼該機器就具有智慧。當然，當時測試的談話過程僅限於使用電腦鍵盤和螢幕交換文字。

1952 棋盤遊戲程式

IBM 計算機科學家亞瑟 · 李 · 塞繆爾 (Arthur Lee Samuel) 是人工智慧及計算機遊戲領域的美國先驅，他開發了一種跳棋遊戲程式，這是第一個可以獨立學習如何玩遊戲的程式，因此非常早就證明了人工智慧的基本概念，同時也使『機器學習』一詞流行起來。

1955 人工智慧 (A.I.) 誕生

人工智慧 (AI, Artificial Intelligence) 一詞是由計算機科學家約翰 · 麥卡錫 (John McCarthy) 創造，他於 1955 年在達特茅斯學院 (Dartmouth College) 的夏季研討會上創造了人工智慧一詞，並與其他科學家一起提出了第一個人工智慧程序 (Logic Theorist)，目的在模仿人類解決問題的能力。

1961 世界上第一個工業機器人 –Unimate

通用汽車公司將世上第一個工業機器人 Unimate 投入在裝配線上，取代人員來執行對人類有害的任務，例如將零件焊接到汽車上。

1964 世界上第一個聊天機器人 – ELIZA

麻省理工學院的計算機科學家約瑟夫 · 魏曾鮑姆 (Joseph Weizenbaum) 建造了世界上第一個聊天機器人 ELIZA，這是一種自然語言處理計算機，可以利用英語與人類進行對話。

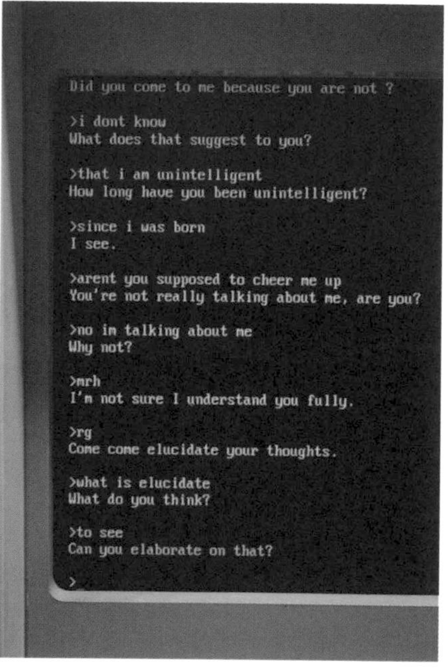

ELIZA 的對話過程

1969 第一個能夠自己推理的移動機器人 - Shakey

史丹福研究所的科學家開發了一種具有運動、感應器和自我解決問題能力的機器人 Shakey。由於是第一個能不靠人類介入來解決問題的範例，Shakey 可視為最早的 AI 機器人技術例子之一。

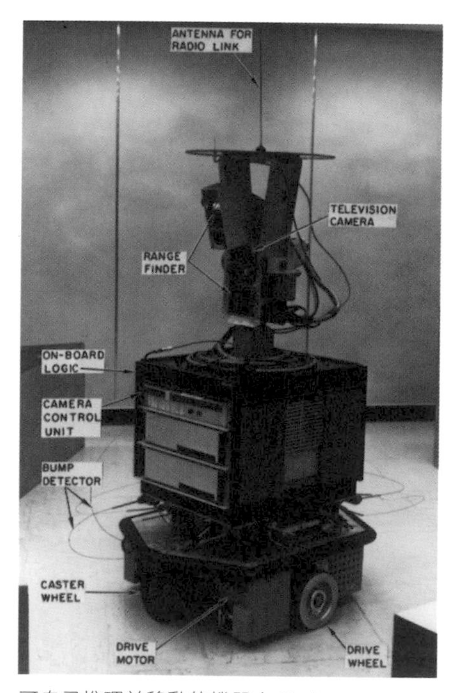

可自己推理並移動的機器人 Shakey。
來源：Wikipedia

1970 世界上第一個人形機器人 - WABOT-1

日本早稻田大學建造了 WABOT-1，被認為是第一個人形機器人，搭載著機械手腳、人工視覺、聽覺裝置，擁有擬人化的外型，可以感知周圍環境中的事物，儘管行走一步需要約 45 秒，步伐移動也僅有 10 公分左右，巨大身形更顯得相當笨重，但是以當時技術來說卻震驚了全世界。

1979 世界上第一輛自動駕駛汽車 - Stanford Cart

史丹福大學 AI 實驗室建造了第一台由計算機控制的自動駕駛汽車 - 史丹福車 (Stanford Cart)。他們為車輛配備了立體視覺功能，讓它能自己觀察周遭環境並行動，史丹福車 (Stanford Cart) 行動非常緩慢，在影片中的每一次閃爍代表的是 10~15 分鐘左右的觀察 (圖像處理) 與思考 (路線規劃)，大約花 5 個小時可以自動導航穿過一個擺滿椅子的房間，這在當時堪稱是了不起的成就。這輛車無需人類的幫助即可感知其環境並自行尋找路線，可謂當今自駕車的鼻祖。

1995 A.L.I.C.E 聊天機器人

ALICE（The Artificial Linguistic Internet Computer Entity）是美國人工智慧大師理察 · 華萊士博士（Dr · Richard S · Wallace）所設計的人工智慧系統，靈感來自於 1964 年的世界上第一個聊天機器人 – ELIZA。ALICE 是一種利用自然語言處理的聊天機器人，並且在 2000 年和 2001 年先後兩次通過圖靈測試，大家可以上這一個網址 https://home.pandorabots.com/ 或掃右邊的 QR Code，與聊天機器人互動看看。

1997 第一個擊敗西洋棋世界冠軍的電腦 - 深藍

IBM 開發的深藍 (Deep Blue) 是專門用來下西洋棋的超級電腦，並且擊敗了當時的西洋棋世界冠軍卡斯巴羅夫 Garry Kasparov。

1999 能表現情感的機器人 - Kismet

麻省理工學院的辛西婭 · 布雷阿茲 (Cynthia Breazeal) 團隊，開發了名為 Kismet 的擬人化機器人，我們在第一章提過它。該機器人可以用自然、有表現力的方式與人面對面互動，是一款能展現情感並回應人類感受的機器人。

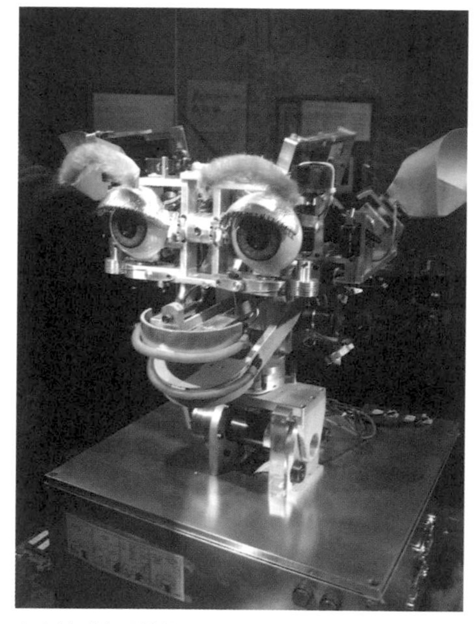

富有情感表現的機器人 Kismet。來源：Wikipedia

1999 消費機器人寵物狗 - AIBO

Sony 推出首款會隨著時間發展，而有不同技能及個性展現的消費機器人寵物狗 AIBO。

Sony 消費機器人寵物狗 AIBO。來源：Wikipedia

2002 自動機器人吸塵器 - Roomba

iRobot 公司推出了家用機器人產品 -Roomba，是家用自動吸塵機器人的先驅，可以自主學習如何導航和清潔房屋。

2010 Microsoft Kinect

Microsoft Kinect 提供藉由傳感器並透過動作和手勢即可進行人機互動，而傳感器可以每秒 30 次來追蹤多達 20 個人的肢體動作，並能應用在遊戲及教育上。

微軟 XBox 360 Kinect

2011 IBM Watson 在 Jeopardy! 智力問答中擊敗人類冠軍

IBM 繼 Deep Blue 專案後，製造了人工智慧系統 Watson，用意是在更複雜的『Jeopardy!』智力問答競賽中擊敗人類對手，整合了自然語言處理和推理技術，以便能在聽完問題後快速搶答。在 2011 年 2 月，這款名為 Watson 的機器與歷年來最成功的兩名 Jeopardy! 人類參賽者共同上節目，並在數百萬電視觀眾面前擊敗了他們獲得冠軍，贏得百萬美元獎金。

2011 Apple Siri

Siri 是一款內建在蘋果 iOS 作業系統中的人工智慧助理軟體，它是一個基於語音的虛擬助手，使用自然語言處理來回答問題並執行服務請求。亞馬遜的語音個人助理 Alexa 則於 2015 年發布，緊跟著是 Google Assistant 和個人智慧助理音箱 Google Home。

2014 臉部辨識

臉部辨識 (Facial Recognition) 是利用分析比較人臉特徵資訊進行身份鑑別的計算機技術。而 Facebook 是全世界最大的社群，並且有大量用戶會在社群上張貼照片，於是開發了一種演算法，可以識別人臉並將其與用戶做關聯，其準確度非常高。

2016 AlphaGo

Google 的人工智慧 AlphaGo 在遠比西洋棋複雜的圍棋中，擊敗了世界頂尖職業棋士李世乭，隔年更打敗世界排名第一的柯潔，使大家開始思考人工智慧從 20 年前的 IBM 深藍走到現在，是否真的已經發展出了超越人類的理解能力。

2016 Sophia

蘇菲亞 (Sophia) 是由香港的漢森機器人技術公司 (Hanson Robotics) 所開發的人形機器人，長相參考自著名的古埃及皇后娜芙蒂蒂 (Nefertiti)，並到過全球許多地方展示。她的研發目的在於在探討人工智慧在人類社會裡的身分，人類能如何與 AI 友善共存等等。蘇菲亞

蘇菲亞 (Sophia)。來源：Wikipedia

(Sophia) 與以前的機器人相比是一個非常重要的進步，因為她具有類似跟人一樣的面部表情、圖像識別能力，並且可以通過自然語言處理與人交流。

2017 AI 贏了德州撲克

卡內基 · 梅隆大學 (Carnegie Mellon University) 所開發的人工智慧機器人 Libratus，在長達 20 天的馬拉松德州撲克比賽中，擊敗了世界上四個最佳職業撲克選手。這被認為是一個重要的里程碑，因為在撲克中，人工智慧必須在處理不完整的資訊下進行戰略性推理，此能力已經超越了許多最優秀的人，這也比像圍棋之類的所有資訊都可用時要難得多。

2022 ChatGPT 推出

ChatGPT 是 OpenAI 所開發的人工智慧聊天機器人程式，於 2022 年 11 月推出。它是基於 GPT-3.5 架構的智慧型聊天機器人。與傳統聊天機器人相比，不僅學習方式不同，更能與使用者進行自然流暢的對話，以及模擬人類的語言表達和思考方式。ChatGPT 推出短短兩個月的時間，使用者就破億，打破臉書、Instagram、TikTok 等過去所有網路服務的紀錄。

旗標

我們要賣貓的健康乾糧，特色是高肉量、低碳水，口味有雞肉、鱈魚、鮭魚
以適合IG貼文的方式呈現

當然可以，以下是一個建議的IG貼文範例：

[照片:高質感的貓糧，可能有一些糧食在美麗的碗中，並有貓在享用或調查]

愛貓的朋友們，注意了！我們最新的 #貓咪健康乾糧 終於推出了！

這款新產品突破了傳統的貓糧設計，我們專注於高肉量與低碳水的配方，保證您的小貓咪能獲得最佳的營養與口感。

我們的口味有雞肉、鱈魚和鮭魚，每種都是我們精心調配，確保您的寶貝喵星人都能找到他們的最愛。

健康的飲食是幸福生活的基礎。讓我們的產品成為您寵物餐桌上的首選，提供他們最優質的營養。

請直接透過網站或私訊我們來訂購，並記得分享您的貓咪享用新飼料的照片！我們很期待看到他們的快樂臉龐。

ChatGPT 的應用範圍非常廣泛

人工智慧經過了 60 多年的發展，現在我們依舊在整個人工智慧的歷史大巨輪中不斷前進，並深受人工智慧的影響，這些現存或不斷進步的 AI 技術持續改變著我們的工作、學習、生活、溝通、健康、娛樂等等層面。許多人說，在經過之前兩次浪潮後的人工智慧寒冬 (AI Winter)，目前這一波所迎來人工智慧第三波浪潮，為何會成功呢？最主要是之前的人工智慧寒冬所帶來的商業經濟不大，所以新創公司在市場上都失敗了。

但這一次不同的是，根據 PWC 的一項研究，在人工智慧的基礎上，現在到 2030 年將增加 16 萬億美元的美國國內生產總值，堪稱是前所未有的經濟影響規模。實際上我們只要根據前述的人工智慧發展史，就能看到在最近 20 多年來，AI 確實有長足的發展，尤其是在機器學習、電腦視覺與自然語言處理等領域。這不僅僅是影響 IT 行業，更會深入我們生活的每個行業和各方面，也將創造非常多的就業機會及經濟產值。

總歸來說，現今人工智慧應用之所以能不斷興起，可歸於下面幾個原因：

- 機器學習的強大功能
- 物聯網 (Internet of Things, IoT) 取得大量數據的能力
- 計算機的計算能力和速度的強大

隨著 AI 越來越強大，其產生的道德、隱私、公平、安全及真實問題，以及引起人們關注的議題及討論也越來越多，所以 AI 的發展與使用不是只有科學家的責任，這一代的人們——包括培育下一代的教育者們——也都該有深刻的體認和關注，才能建立更美好的未來。

2.2 人工智慧的影響

人工智慧對不同的人來說，意味著是不同的事物，以及產生不同的影響，例如：

- **遊戲設計師**：對於遊戲設計師來說，人工智慧是用來控制遊戲中非人類角色、敵人行為的程式碼，或是場景環境對玩家的反應。
- **駕駛**：對於駕駛來說，人工智慧就是能在必要時協助閃避路上的車輛、行人，以及規劃最佳化路線。
- **資料科學家**：對於資料科學家來說，人工智慧是用來探索數據和對它進行分類，好滿足特定目標，並協助產生可投入實用的分析結果。
- **醫生**：對於醫生來說，人工智慧可以幫忙更準確地診斷患者，預測患者未來的健康狀況，並推薦更好的治療方法。
- **藝術家**：對於藝術家來說，人工智慧可以打破傳統藝術的現狀，探索人類與機器的複雜關係，並且嘗試用人工智慧來突破人為創造力的局限。

對其他人來說人工智慧會有哪些影響呢？我們可以就幾個方面介紹，讓大家可以在一般生活當中就能感受到它的影響。

- **聊天機器人 (Chatbots)**：聊天機器人的應用非常廣，例如客服聊天機器人會透過立即回應來解決客戶的一般詢問，並為客服人員多挪出一些加值性的服務會話時間，進而改善客戶體驗。在教育方面，聊天機器人為學生提供了容易學習的對話介面及隨選線上輔導。在醫療保健中，聊天機器人利用自

然語言處理 (Natural Language Processing, NLP) 技術與患者進行基本問診詢問互動。

- **語音辨識 (Speech Recognition)**：人工智慧可以能將人的語音內容識別後，轉換為相對應的文字 (Speech To Text, STT)；而語音合成技術是將語音辨識技術與其他自然語言處理技術結合而成的複雜應用，像是公司使用 AI 語音技術來增強客戶體驗並為其品牌提供獨特語音的原因；在醫學領域，它可以幫助患有漸凍人症 (Amyotrophic lateral sclerosis) 的患者恢復真實的聲音，而不是使用計算機化的聲音。

- **電腦視覺 (Computer Vision)**：由於 AI 的進步，電腦視覺在檢測和標記物體有關的任務上已經可以超越人類，例如工廠機器人在產品瑕疵檢測上標記處理效率很高，以及自動駕駛汽車可以偵測及辨識路上物體，所以可以在街道和高速公路上行駛，同時避免撞到障礙物。電腦視覺演算法偵測臉部特徵和影像，可將其與臉部資料庫進行比對，做為執法機關識別視訊中的罪犯，消費者的設備也可以透過人臉辨識技術，對設備擁有者的身份進行身份驗證；而電腦視覺演算法正在幫助許多自動化任務。例如在皮膚圖像中檢測癌性痣或在 X 射線和 MRI 掃描中發現症狀。

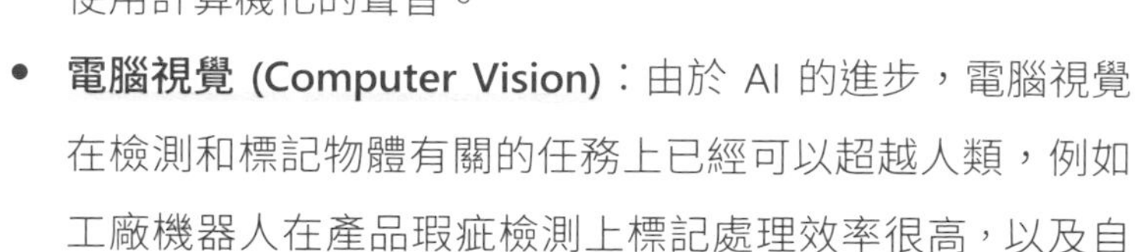

除了上面這些應用及影響外，AI 還在許多地方每天影響著我們的生活，不論是 Netflix 的推薦系統、Google Maps 導航應用程式、防止垃圾郵件、預防金融犯罪等應用，都有 AI 可以協助我們。也因為 AI 具有存取大量資訊的能力，這些可能會關聯到侵犯個人隱私數據所帶來的負面影響，在 AI 發展的同時也應該重視這一類的議題。我們就帶大家動手試試看幾個小活動，讓大家感受一下目前聊天機器人、語音辨識及臉部辨識等技術，大家在活動過後可以想一想這些技術可以為大家在生活上帶來哪一些影響。

活動：跟 kuki 聊天

活動目的：試著與聊天機器人 kuki 對談，看是不是很像真人在與您對話。

活動網址：https://chat.kuki.ai/

使用環境：桌機或手機

STEP 1 用你的 Google 或 FB 帳號登入，並勾選 I accept the Terms and Conditions。

STEP 2 可以選擇直接登入，她將會根據以往對談的過程，讓你感覺像是跟老朋友互動一樣。不過我們可以先選擇單純聊天就好 (Just chat)。

STEP 3 你可以點左邊的 Video chat 與聊天機器人 kuki 視訊聊天，不過預設介面是文字聊天室，而且目前 kuki 只會英文。你可以在畫面下方輸入回應。

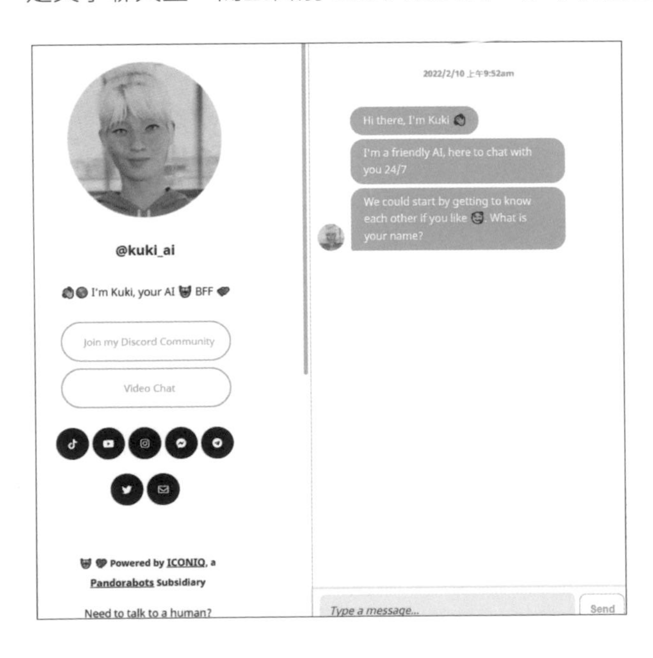

活動：語音辨識

活動目的：將語音準確轉換為文字。

活動網址：https://www.textfromtospeech.com/en/voice-to-text/

使用環境：桌機或手機 (建議可使用 Chrome)

STEP 1 在左側選擇您想使用何種語言做為轉換。

STEP 2 點擊 Start，透過麥克風即時辨識。

STEP 3 可在預覽視窗中，立即看到辨識結果。

STEP 4 可將辨識結果存成檔案 (.txt 或 .doc)

STEP 5 如果想要玩一玩文字轉語音功能，則可在上方點擊 Text to Speech

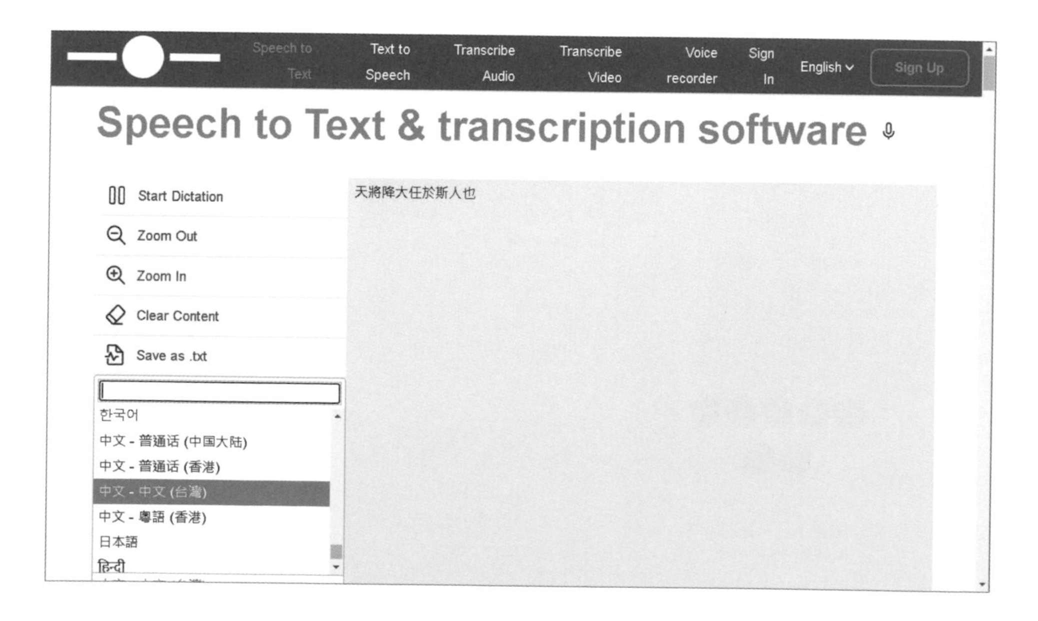

活動：臉部辨識

活動目的：瞭解目前電腦視覺在臉部辨識上的功能，思考未來可以應用在那些地方。

活動網址：https://www.visagetechnologies.com/HTML5/latest/Samples/ShowcaseDemo/ShowcaseDemo.html

使用環境：桌機或手機

STEP 1 右側的 DRAW OPTIONS 可選擇您想要描繪的功能，例如臉罩、特徵點或老虎面具等等許多功能。

STEP 2 接著 FACE ANALYSIS 區可選擇想要分析臉部哪些資訊，例如年齡、性別或表情等等。

STEP 3 左側會即時顯示你勾選後的資訊結果。

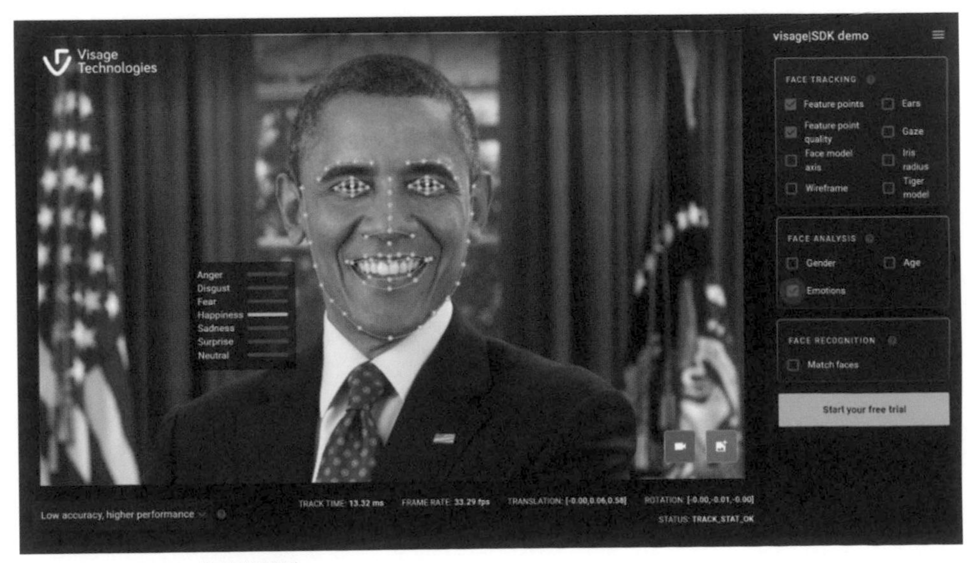

Visage Technologies 的臉部辨識

2.3 人工智慧擅長與不擅長的領域

從前面的 AI 的發展史就可以知道，人工智慧之旅和其他學科來比雖然相對較短，但仍是一段相當長的旅程。而在最近不到十年的光景裡，AI 可以在數據的處理上變得比人類更快，並能更準確地做出某些種類的預測，例如變得非常擅長來協助醫生診斷疾病、有效處理人類語言 (翻譯語言和轉譯語音)，也可以在複雜的策略遊戲中擊敗人類 (AlphaGo)，創造逼真的圖像 (使用生成對抗網路 (GANs))，並為您的電子郵件提供適切及有用的回覆提示 (Gmail)。

雖然 AI 如今在許多領域可以表現得非常出色，超乎了 AI 發展初期人們的想像，也讓很多人對它有更多期待，但現實是現今仍有很多事情是 AI 沒法做得好的。尤其，現階段的 AI 並不能行使自由意志，也不能解釋自己所做的決定，通常還是需要人類參與其運作。

本小節將帶您探索當今人工智慧可以做什麼以及不能做什麼，最主要是來讓大家了解 AI 是趨勢但不是神話，以及從事實為出發點的討論，而不是純粹的炒作跟渲染。就讓我們一起先來看看人工智慧可以做些什麼吧！

AI 擅長的領域

AI 可以從資料中學習

AI 系統就像人類一樣，可以透過學習來學會特定的辨識能力，例如怎麼玩圍棋以及在道路上駕駛。為了教會 AI 某種行為，我們必須給它資料，就好像我們 (人類) 教孩子去認識『蘋果』，若不是指著圖片中的蘋果，就是實際拿一顆蘋果給孩子看。要是看一次還記不住，那麼我們就得重複教他，直到孩子認識和能辨認蘋果的特徵為止。

目前 AI 的學習方式其實正是如此：當您向 AI 系統展示大量蘋果的圖片，並反覆告訴它這就是一顆『蘋果』，它最後就能學會識別蘋果，即使跟其他圖片中的略有不同也能正確認出來。

活動：教 AI 認識水果

活動目的：提供不同水果圖片資料給 AI 學習，並且教 AI 辨識這些水果。

活動網址：https://teachablemachine.withgoogle.com/train/image

使用環境：桌機

STEP 1 建立三種水果 (蘋果、香蕉、奇異果) 類別名稱。

STEP 2 收集蘋果、香蕉及奇異果三種水果圖片資料，並上傳圖片至對應類別名稱。

STEP 3 點擊中間訓練模型按鈕。

STEP 4 可在右邊預覽視窗中，上傳一張 AI 從未看過的蘋果圖片，您將立即看到辨識結果。拿真的蘋果並透過攝影機辨識也 OK 唷！

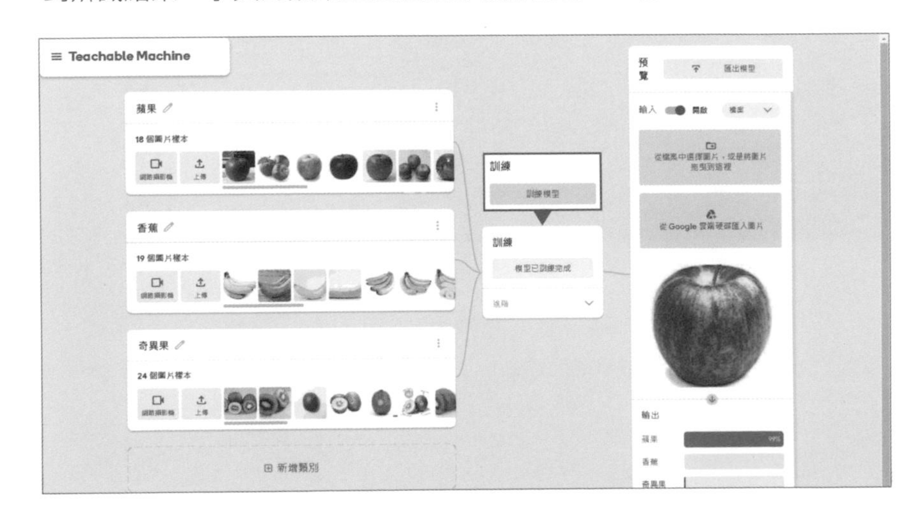

AI 可以識別影像

人工智慧能從靜態或動態影像辨識事物的這種能力，等同於人類的視覺能力，我們稱之為電腦視覺 (computer vision)，這也屬於人工智慧的子領域。除了可用在電腦醫學及自動駕駛之外，也可以利用識別人臉後來做身份檢查、解鎖手機、機場辦理登機手續等應用。

雖然訓練 AI 要使用更多資料，例如孩子通常只要看過幾次蘋果就能認得，而 AI 可能需要成千上萬張圖片，但 AI 卻能從這些圖片裡學到更微妙的特徵，例如不同品種的蘋果在尺寸、色澤和形狀上的差異，而且能在幾乎是立即的時間內就認出來。因此要是我們將 AI 應用在蔬果批發市場，就可以很快的對蘋果進行分類。

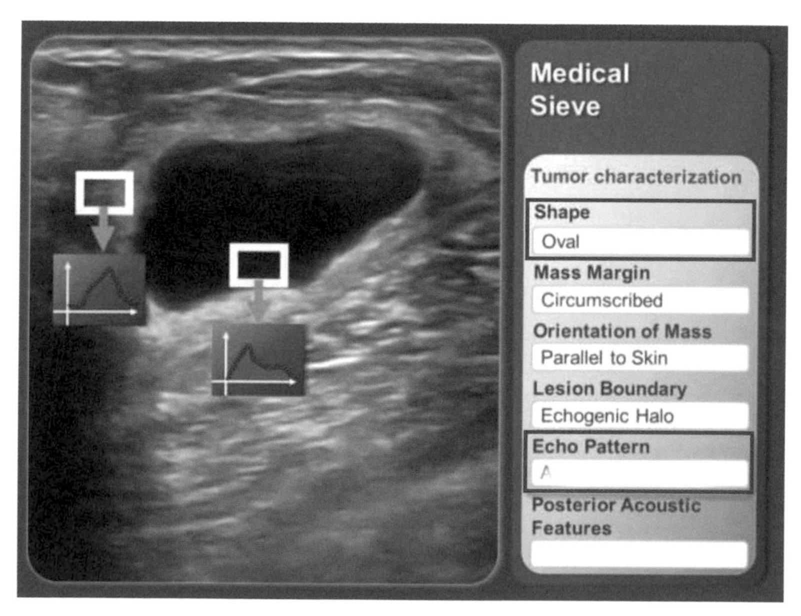

AI 從 X 光片中偵測到腫瘤。來源：Wikipedia

出於同樣的原理，我們可以訓練 AI 辨識 X 光片中有病變的位置，而且在辨識速度與精確度上還能超越訓練有素、經驗豐富的醫生，替醫生省下寶貴的時間仔細進行問診。

AI 可以處理和分析人類語言

除了電腦視覺，人工智慧的另一個子領域是自然語言處理 (NLP)。現在已經有 AI 可以處理多種人類的語言，像是翻譯、聊天機器人、偵測文字中的情緒或作者風格等等。

AI 可以做出有效預測

人工智慧也可以用於某些領域的預測，例如預測銷售業績、股票漲跌、什麼樣的人容易得心臟病等等。全球最大社群媒體 Facebook 的人工智慧應用之一，還可以根據用戶發文內容及使用行為的改變，來預測可能發生的自殺行為並通報有關單位。

AI 可以提出合適推薦

從 Netflix 到 Amazon 等平台，推薦系統越來越重要，因為它們每天都直接與用戶互動，而這也是人工智慧非常擅長的領域之一。亞馬遜 (Amazon) 的人工智慧系統會向它的客戶推薦相關產品，而 Netflix 則會向訂閱用戶推薦相關的電影或影集。事實上有 80% 的 Netflix 觀看次數都來自該 AI 服務的推薦。

AI 可以撰寫文章及創作音樂

對許多人來說，撰寫一篇文章不見得是一件容易的事，人工智慧系統要來寫就更難了吧？但事實上目前的 AI 確實已經可以有效率地寫出許多流暢的新聞報導，或是律師日常所需處理的一般訴訟文件內容，而它們在這方面可以帶來更高的時效性。美聯社已經在使用 AI 自動產生像是運動比賽結果或企業財報的簡短報導，好讓記者有更多時間投注在其他報導上，而 2014 年洛杉磯地震時，洛杉磯時報的 Quakebot 人工智慧演算法在地震結束僅僅三分鐘後就發布了報導。

AI 不僅僅可以撰寫文章，相關技術也可以用在音樂創作上。例如，開發於盧森堡的 AIVA 能夠創作古典音樂、搖滾樂和各種配樂，而蘋果收購的新創公司 AI Music 則能根據使用者的互動狀況、甚至是心跳速度，將無版權音樂編輯成全新的背景音樂。有些藝人更已經使用 AI 來創作整首或一部分的歌曲內容。

AI 可以寫程式

儘管 AI 還沒辦法扮演完全獨立的程式設計師，OpenAI 與 Github 合作推出的 Copilot 可以根據使用者的簡單幾行指示，針對不同程式語言來自動產生具備所需功能的程式碼，大大增進程式開發者的作業效率。

AI 可以協助提升網路安全

網路安全一直是網際網路使用的主要議題之一。AI 技術目前在網路相關安全領域當中，都能獲得非常好的成效，例如自動過濾垃圾郵件和留言、防堵駭客或機器人程式攻擊、診斷系統弱點等等。

AI 可以玩遊戲

AI 技術在遊戲產業當中的應用非常多，當然也包括可以玩很多遊戲，而且在大多數情況下甚至玩得比人類還要好。例如，Google DeepMind 的人工智慧不僅在乒乓球遊戲、西洋棋、圍棋等遊戲都獲得極高的掌握度，就連『星海爭霸 2』(StarCraft 2) 這種必須依據不完整資訊來做決策的即時戰略遊戲，也都能獲得非常好的表現。

AI 可以重建影像

經由適當的訓練，AI 可以用來將歷史黑白照片『還原』成彩色照片、把古老的影片轉成流暢的 4K 60fps 高畫質影片，推斷失蹤孩童長大後的可能長相，或者從挖掘到的頭顱重建出主人生前的可能樣貌⋯等等。

活動：讓 AI 修復照片

活動目的：找一張已經久遠的舊照片，並利用 AI 來修復。

活動網址：https://imagecolorizer.com/

使用環境：桌機

STEP 1 選擇 AI Repair 功能，並上傳一張欲修復的舊照片。

STEP 2 按下下方 Start 的按鈕開始進行修復。

STEP 3 完成後可以下載修復後的照片。

STEP 4 你還可利用 AI 將黑白照片著色，改善模糊且低解析圖片的清晰程度，以及修飾一些舊照片唷！

AI 修復前

AI 修復後

AI 可以擔任智慧助理

AI 更可以成為我們每個人的私人助理，有時表現比人類助理還好。最受歡迎的 AI 助理包括亞馬遜的 Alexa、Google 的 Google Assistant、微軟的 Cortana、蘋果的 Siri 以及三星 (Samaung) 的 Bixby，可以根據您的要求立即線上搜尋訊息並回覆您，幫助您控制智慧家提設備，以及管理、提醒日常行程等等。

除此之外，人工智慧還能做非常多的事情，例如 AI 輔助門診、AI 科技執法、繪圖與藝術、金融科技、交易股票、天氣預測等許多方面。

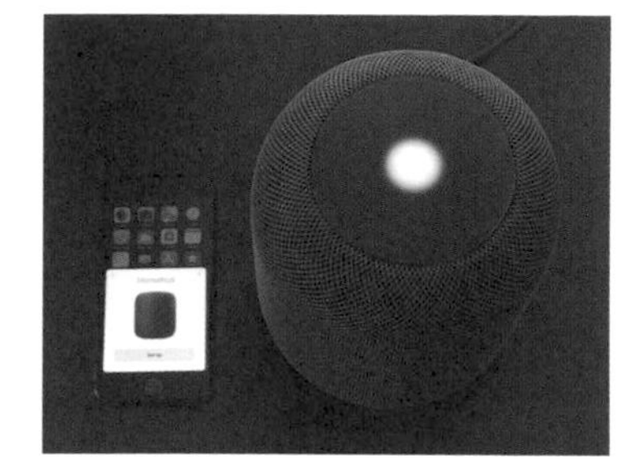

智慧助理

AI 不擅長的領域

儘管人工智慧取得了許多令人矚目的成就，但它畢竟不是魔法，現在有一些事情是 AI 仍然做不到的。以下是其中一些部分：

AI 欠缺原創性與想像力

儘管 AI 已經被應用在許多創意領域，例如文章、寫詩、音樂、廣告、電影、繪圖及藝術等等，但它仍然缺乏原始創意。人類有能力從『無』創造出全新的東西，而現存的 AI 必須從既有的創作產生新作品。舉例來說，世界上第一位機器人藝術家 Ai-Da，其製作的精美繪圖就需要一些人工輔助，證明了這一點。

這是因為當前 AI 技術的關鍵之一在於訓練及學習，而在學習就是透過大量既有資料來訓練，所以它無法產生與訓練資料無關的想法。

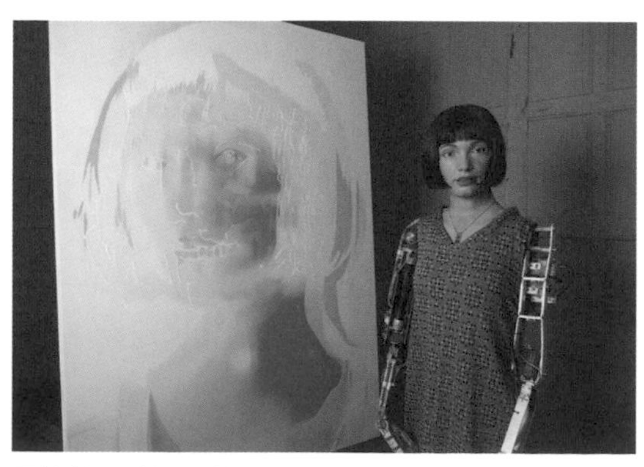

圖片來源：機器人藝術家 Ai-Da 與其作品

AI 無法擁有真實情感

現今的 AI 還不能理解情感，也缺乏真正了解人類情感的能力。儘管 AI 在情感方面有取得了巨大突破，例如可以辨識人類的情緒表情，並且可以解釋我們的情緒，但依然無法擁有自己的情緒，也不能將之表現為真正的情感。

AI 不能行使自由意志

目前的 AI 並不能在無人類直接或間接管控下，自行選擇要做什麼事，目前也並不可能在沒有人類允許的情況下逕自行動。

AI 很難沒有偏見

現在的 AI 大多都是根據人類給予的資料以及分類來學習，而這些資料本身可能就含有偏見。許多研究證明顯示，AI 會因此學習到類似人類的偏見。2018 年時，國際特赦組織一項研究顯示，用來識別幫派成員的 AI 系統，會因為其訓練樣本多半來自少數族裔、尤其是黑人，AI 根據這樣的資料進行學習，就會更有可能將多數黑人判定為幫派份子。

AI 無法真正理解其行為／不瞭解因果關係／無法自我解釋

AI 可以和人類交流，但不能理解其行為的真實意義。這是什麼意思呢？當我們跟像是 Amazon 的 Alexa 或 Google Home 這類型的智慧音箱進行交談時，它可以替我們完成任務，例如播放音樂、告知天氣狀況或講一個笑話，但他們本身其實並不理解自己所說的內容。

或者舉另一個例子：我們可以訓練 AI 辨識好幾種蘋果，但它並不曉得自己在辨識的是蘋果，只知道要找我們訓練它的同一批東西而已。

出於同樣的理由，AI 透過訓練知道某些東西和其他東西有關聯，但它們其實無法確定當中的因果關聯，也無法解釋這種關聯是如何找到的 (無法自我解釋，也就是不能解釋它以什麼依據做出判斷)。在我們能夠開發出真正的通用型人工智慧 (AGI) 之前，我們有可能會被既不了解自己又無法解釋自己的 AI 給困住。

AI 無法做出 100% 正確的預測

從預測天氣、股市到醫學，使用 AI 來對許多事物進行預測變得越來越普遍。然而現實世界存在的變數很多，AI 的預測能力絕不可能達到 100% 的完美表現。

另一個問題是，要預測的資料有可能因為隨著時間變化、導致舊的 AI 系統失準。例如 COVID-19 疫情期間的商品搜尋關鍵字會以醫療用品居多，但根據這種情形建立出來的 AI，在疫情結束後就會沒有用了。

沒有資料的 AI 就無用武之地

正如前面所見，現今利用機器學習為主的 AI 技術，需要有資料才能訓練。根據 HP 惠普總經理 Raf Peters 的說法：『沒有數據的 AI 根本不存在。』確實，如果沒有大數據 (Big Data)，AI 將一事無成，如果沒有每天在 Google 上進行的數十億次搜索，Google 就沒有大量即時的資料集來持續學習我們的搜尋偏好，自然也無從提供我們良好的搜尋體驗。同樣的，如果沒有數十億小時的口語資料來幫助 Siri 學習我們的語言，那麼它就無法對我們的請求做出智慧回應。

看了以上這麼多 AI 能做什麼及不能做什麼的說明與範例後，我們為大家做個小結論：

- 當今的 AI 大多屬於狹義型人工智慧 (ANI)，它們需要資料訓練才有辦法派上用場，而且很少能用於其訓練目的以外的用途。
- AI 不是萬能，無法產生 100% 的正確預測結果，而且有時其關聯尋找方式是很難解釋的，甚至可能因訓練方式而帶有偏見。
- AI 不具創意也無法抽象思考，但在辨識某些事物時能有更好的表現，可以取代人類來進行高效率的自動化重複性任務。

2.4 AI 如何運作

許多人其實都知道 AI 愈來愈重要，但也都會表示，他們對 AI 的了解其實不多。儘管如此，人們——包括學校的教育者——還是會經常利用相關演算法來說明 AI 是怎麼運作的，但這些知識大多是以電腦科學 (Computer Science) 的專業背景為出發點，當中有一大部份需要了解數學、統計或其他較深的電腦概念。對許多非相關科系出身的人或是學生來說，這些先決條件就會形成一定的門檻。若因此讓這一群 AI 原住民無法具備該有的人工智慧素養及相關 AI 知識，實在是非常可惜。

如果能用較淺顯易懂的方式來了解 AI 是如何運作的，就能幫助更多人們了解 AI 的本質，以及與 AI 系統互動時，它們背後是在做些什麼。基於這個原因，本書將專注於讓讀者認識及實際體驗 AI，而盡量不去使用數學或程式來具體描述各種演算法的細節。

在我們介紹 AI 的工作原理及其各種應用範例前，讓我們先來區分一些密切相關的術語以及彼此關係，分別是**人工智慧 (Artificial Intelligence)**、**機器學習 (Machine Learning)**、**深度學習 (Deep Learning)** 及**神經網路 (Neural Network)**。而這些術語許多人常會互換使用，有時候是因為不容易解釋所以簡化說法，但實際上它們不是指同一件事，為避免初學者混淆，我們就先從一些常見的相關術語來對它們做一個基本認識，同時輔以下圖，可以讓大家知道 AI 跟其他主要領域之間的關係，這將幫初學者以一個巨觀的角度來看待這些學門術語。

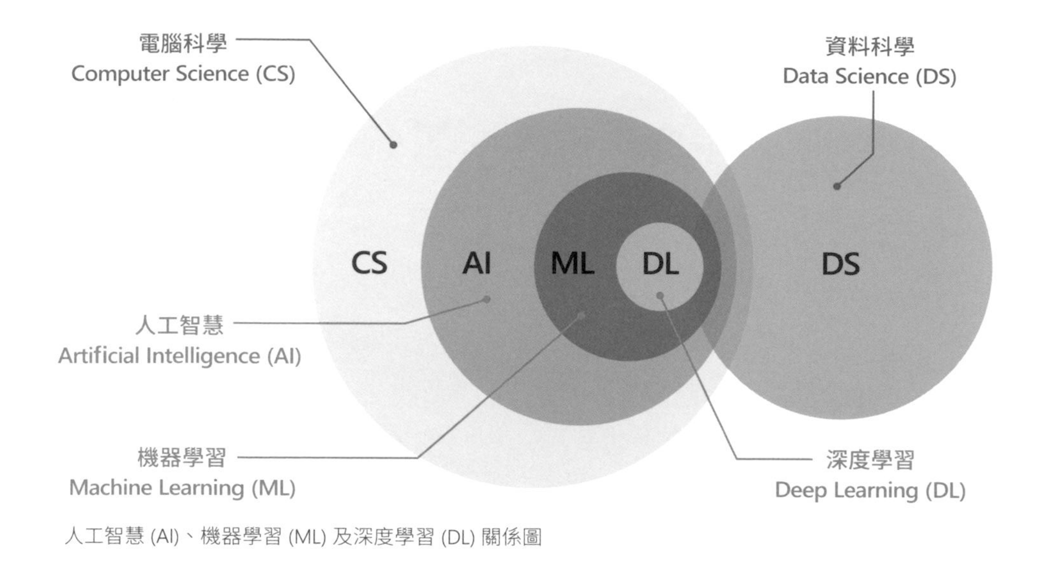

人工智慧 (AI)、機器學習 (ML) 及深度學習 (DL) 關係圖

- **電腦科學** (Computer Science, CS)：電腦科學是一個相對廣泛的領域，研究資訊處理和運算的理論跟實務應用，底下包括 AI 及其他子領域，例如分散式計算、人機互動和軟體工程等。

- **資料科學** (Data Science, DS)：資料科學的目的是從資料中挖掘有價值的資訊，需要用到電腦科學和 AI。但它也涉及許多統計、商業、法律及其他應用領域，因此通常不會將其視為電腦科學的一部分。

- **人工智慧** (Artificial Intelligence, AI)：讓人類製造的機器能模仿人類智力行為的技術。

- **機器學習** (Machine Learning, ML)：AI 技術的子集合，利用數理統計方法及資訊科技，使機器能從資料來自我學習並做出預測。

- **深度學習** (Deep Learning, DL)：機器學習 (ML) 的技術分支，用多層 (深度) 的神經網路技術來實現機器學習。

人工智慧是電腦科學的一個子領域；隨著技術的演進，從早期以規則為基礎的系統 (Rule-Based Systems，例如生產系統、專家系統，並利用規則做為知識表示) 發展到現今以學習為基礎的系統 (Learning Systems)，將所取得的資料讓電腦學習歸納規則，後者其實正是機器學習的基本概念，所以機器學習也就成為人工智慧的一個分支。而在機器學習領域中，可使用的技術方法又非常多，包括像是決策樹 (Decision Tree)、支持向量機 (Support Vector Machine, SVM)、單純貝式 (Naive Bayes)、K- 近鄰 (K Nearest Neighbor)、多層感知器 (Multilayer Perceptron，一種簡單的神經網路) 等等許多不同演算法。

因為近年硬體計算能力的增強，以及許多演算法的精進，人們開始將傳統的單層神經網路擴增為更複雜的多層神經網路，這即為所謂的深度學習，在諸如影像辨識和自然語言處理方面都能得到很好的結果。如今我們口中的狹義型人工智慧，其核心其實就是由機器學習或深度學習技術構成。

AI 的子領域非常多，除了上面所提的機器學習之外，常見的還有認知系統 (Cognitive Systems) 及機器人 (Robotics)。

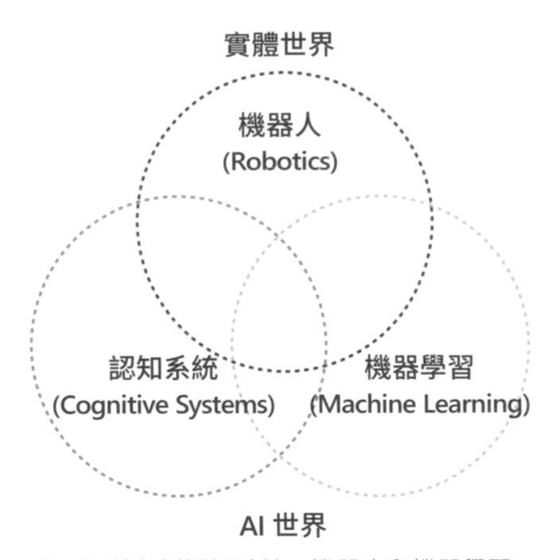

人工智慧包括認知系統、機器人和機器學習

如同第一章所介紹過的，我們可以淺顯一點來說，人工智慧其實就是希望讓人造機器能跟人類一樣具有智慧。但要如何才能做到呢？現階段而言，辦法便是利用上述技術或方法來讓機器或是電腦能仿效人類的智力行為，例如計劃、學習、推理、感知、運動、創造力及解決問題等等，以便達到人類想要的目標。

我們會在後面章節分別對機器學習、神經網路及深度學習做更完整的介紹。其中，也會有較多篇幅來跟讀者介紹機器學習的整體概念及應用。因為無論是在自我學習或工作職場上，機器學習都會是瞭解 AI 應用及發展很重要的基礎。

傳統程式與機器學習的差異

常常會聽到一些初學者很好奇，傳統的程式開發與機器學習有什麼不一樣。我們先用下面一張示意圖來解釋；雖然後面章節也會說明，但大家可以先參考這個範例及說明，可以讓您在進入 AI 前先有一個概念。

傳統程式與機器學習的差異示意圖

根據上圖，我們可以先了解一下兩者主要的差異在哪。傳統程式開發可以想像是一種手動的過程，由程式設計師一個人根據公式 (規則) 進行程式開發，開發完成後再將資料輸入，看看執行結果是否正確。例如我們把它簡化成下面步驟：

1. **規則已知**：我們都知道攝氏跟華氏溫度的轉換公式 (規則) 是 F = C x 1.8 + 32。

2. **程式設計**：我們根據公式 (規則) 設計一個程式。

3. **資料測試**：當輸入資料為 20 (攝氏 20 度) 時，應該要產生 68 (華氏 68 度) 的輸出結果。

而機器學習則是在不知道規則的情況下，利用已知的過往資料與對應的結果，進行自我學習並建立規則 (這便是『機器學習』的意義)。例如，在電腦還完全不知道華氏跟攝氏溫度的轉換公式下，我們將學習過程簡化成下面步驟說明：

1. **資料準備**：準備多組的攝氏溫度資料 (例如 0、15、20、30….)，以及相對應的華氏溫度 (32、59、68、86…)。

2. **進行學習**：將以上資料提供給電腦做學習，電腦就可以透過某些方法 (演算法) 不斷的自我學習，進而推測出攝氏溫度與華氏溫度間的轉換規則。

3. **進行預測**：為了測試，我們可以試著輸入一筆電腦在訓練時沒有參考過的攝氏溫度，它應該要輸出一筆很接近正確華氏溫度的值，表示電腦成功透過機器學習找出攝氏溫度與華氏溫度之間的關係。

這就是傳統程式開發與機器學習最大不一樣的地方。簡單來說，現在的 AI 就是由大量數據 (Dataset) 加上機器學習演算法 (Algorithm) 所組成的，至於是怎麼組成及應用，我們會在後面章節跟大家陸續說明。

現在我們就帶大家做幾個活動，讓大家實際認識一下傳統程式與機器學習的差別。由於本書秉持著希望初學者能很快培養 AI 素養的精神，所以我們用較容易操作的積木式程式語言來介紹。就讓我們一起動手做做看吧！

活動：攝氏轉華氏 - 傳統程式方式

活動目的：瞭解根據溫度轉換公式 (規則) 進行傳統程式開發。

活動網址：Scratch (https://scratch.mit.edu/)

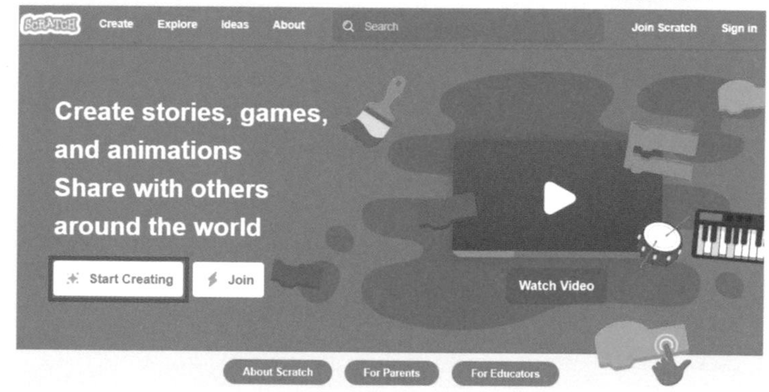

按 Start Creating 進入程式編輯畫面。進去之後，點左上方的地球圖案來切換語系到繁體中文。

使用環境：桌機

我們將按照下面三個步驟完成一個傳統程式的做法。

STEP 1 規則已知

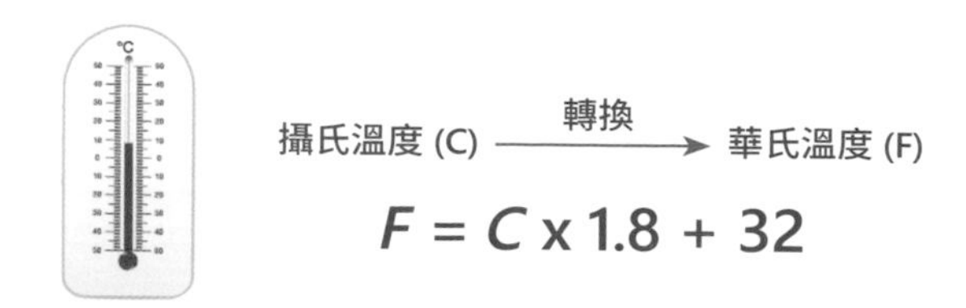

STEP 2 程式設計

1. 從『事件』拉出『當空白鍵被按下』積木。這表示 Scratch 程式在我們按下空白鍵時就開始執行。

2. 從『偵測』拉出『詢問…並等待』積木拼在 1. 積木底下，並將文字改為『攝氏溫度是多少？』。它會以這句話提問，並請你輸入一個值。

3. 從『變數』拉出『變數 my variable 設為 0』並在 2. 積木下方，將 my variable 重新命名為『攝氏溫度』。變數 (variable) 是一個用來在程式中儲存值的名稱，我們要用它來記住使用者剛才輸入的溫度。

4. 從『偵測』拉出『詢問的答案』放進 3. 積木的 0。這樣『攝氏溫度』就能正確儲存使用者剛才被提問輸入的值。

5. 從『外觀』拉出『說出…』然後依序放入以下積木：

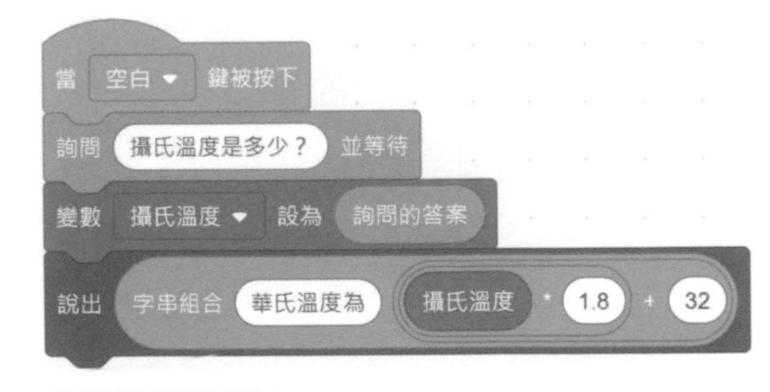

攝氏轉華氏程式積木

6. 從『運算』拉出『字串組合』放進『說出』，把『字串組合』第一個空格改成『華氏溫度為』。

7. 從『運算』拉出『+』(相加) 放進『字串組合』的第二個空格，+ 號的第二個空格改成 32。

8. 從『運算』拉出『*』(相乘) 放進 + 號的第一個空格

9. 從『變數』拉出『攝氏溫度』放進相乘積木的第一格，第二格則改成 1.8

10. 點一下右邊的小貓角色，然後按空白鍵執行程式！

STEP 3 資料測試，試著輸入攝氏 30(度)，程式將會輸出華氏 86(度)

資料測試

活動：攝氏轉華氏 - 機器學習方式

活動目的：瞭解機器在不知道任何公式的情況下，利用資料集進行學習。

活動網址：Linear Regression Calculator (https://www.statskingdom.com/linear-regression-calculator.html)

使用環境：桌機

我們將按照下面三個步驟，提供資料集讓機器進行學習的做法。

STEP 1 **資料準備**：在不知道溫度轉換規則下，準備多組的攝氏溫度資料 (0、8、15、39、45)，以及相對應收集到的華氏溫度 (31.5、46.2、59.8、102、113.1)。將以上資料集分別輸入到線性回歸計算機的 X 及 Y 欄位。

X	Y
0	31.5
8	46.2
15	59.8
39	102
45	113.1

STEP 2 **進行學習**：點擊『Calculate』按鈕進行訓練，電腦會學習資料集中的資訊關聯性，並歸納出一個規則（一條盡量能夠穿過所有點的直線），也就是所謂的機器學習模型 (model)。

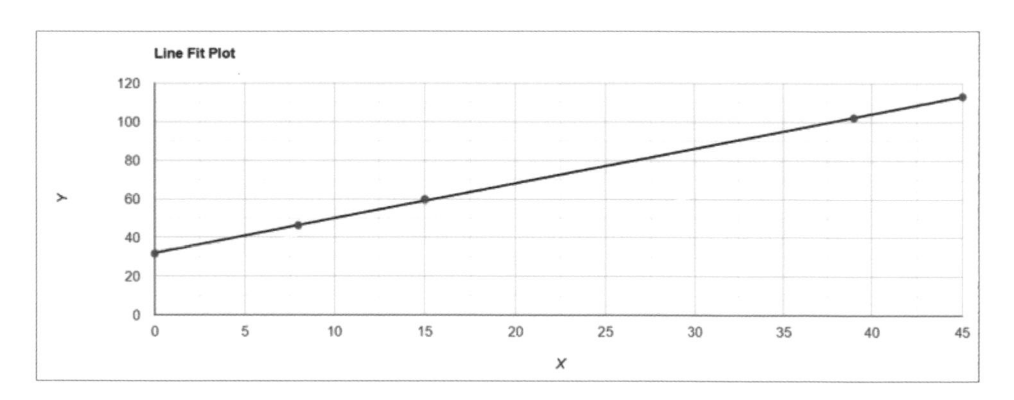

STEP 3 **進行測試**：我們試著輸入 30，並點擊『Calculate』按鈕後，將會得到預測值為 86.0395。這和前面我們在 Scratch 手動輸入的溫度轉換公式所得到的正確值 86 非常接近，表示機器自己學會了攝氏與華氏溫度之間的轉換規則，我們可以再輸入一些電腦沒見過的數據進行測試，例如 99（攝氏），電腦剛剛訓練的模型將會輸出一個預測值 210.5566（華氏），非常接近正確值 210.2！因此，若你在寫前面的 Scratch 程式時完全不曉得公式，就可以利用機器學習來預測它。

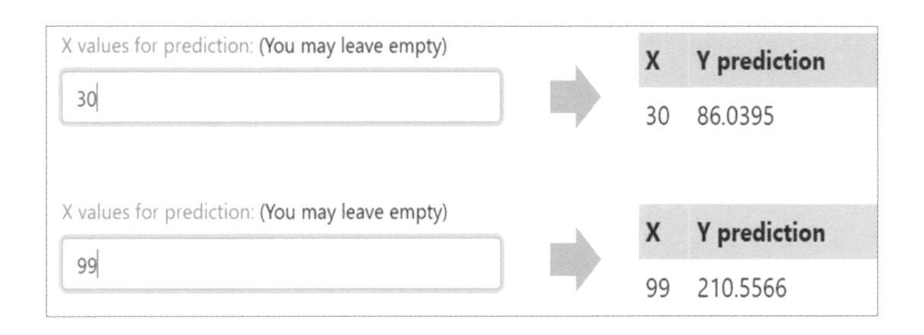

以上我們並沒有寫任何程式，只讓電腦學習一些數據，就能讓電腦非常準確的產生能預測數字的模型，是不是很有趣呢！經過這兩個活動，相信讀者應該對於人工智慧的工作方式有了基本認識。

活動：限時塗鴉 (Quick,Draw!)

這是一款基於機器學習的遊戲。您可以進行繪製，然後類神經網路會嘗試猜測您正在繪製的內容。當然，它並不是每次都會那麼精準，不過隨著玩的人越多，它將學的越多。這是 Google AI 開發團隊試著以有趣的方式，讓大家了解機器學習的一個範例！

活動目的：透過機器學習來猜測你在畫什麼，並藉此了解資料集及演算法。

活動網址：https://quickdraw.withgoogle.com/

使用環境：桌機或手機

STEP 1 首先，您可以連結活動網址進入遊戲網頁：

類神經網路其實就是前面提到的神經網路，也就是一種模擬人類大腦神經元思考方式的機器學習模型。我們將會在第 4 章介紹。

STEP 2　您可以根據所給的題目繪出圖形，Quick Draw！會利用類神經網路技術所產生的模型猜測你所畫圖形所代表的內容，猜中即為成功。

STEP 3　玩完六題之後，類神經網路會告訴你它也認為你畫的圖形像下面這些東西。

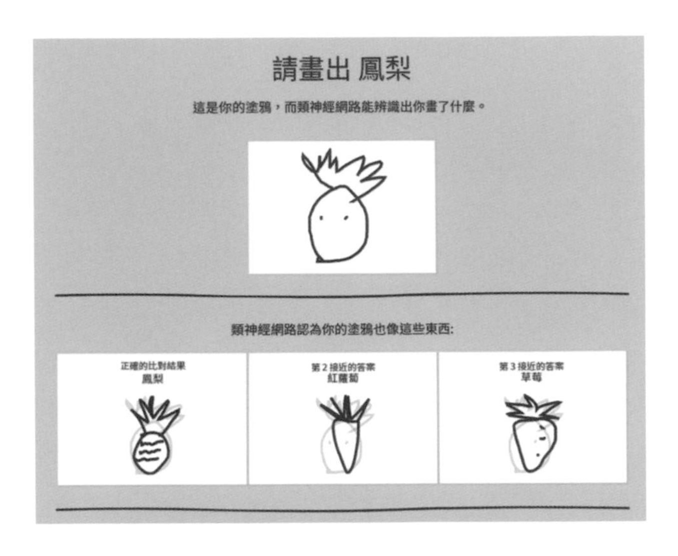

STEP 4　類神經網路是如何知道怎麼辨識『鳳梨』呢？它會參考其他人畫的所有範例，並從中學習，然後不斷的累積經驗而猜得更精準。所以 20 秒內不管你畫什麼，都會成為 AI 的新學習樣本！。

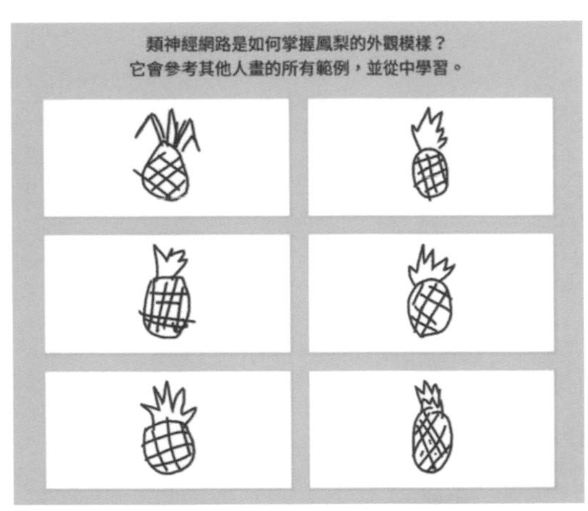

全世界有超過 1500 萬的玩家使用 Quick Draw！，從中篩選出數千萬張塗鴉照片，一方面可以幫助開發人員訓練新的神經網路（產生新的模型）來認識圖片，另一方面也可幫助研究人員了解世界各地人們繪畫的方式（包括筆順及畫法），並協助藝術家創作我們從未想過的事物。這些由人們貢獻的各種類型照片，就形成了『資料集』，接著用類神經網路進行訓練，就可以嘗試判斷其他新塗鴉是否屬於特定類別的物體。

2.5 讓我們開始進入 AI 世界吧

這一代的小孩我們稱之為 AI 原住民，因為他們從小就已經在接觸人工智慧與機器學習的許多應用，比如用語音詢問 Google Home 和 Siri 來回答問題，在 YouTube 和 Netflix 透過 AI 協助推薦影片，或者在使用 Gmail 時自動過濾垃圾郵件。其他還有像是 Google 語言翻譯、Line 聊天機器人、Google 搜尋引擎，到自動駕駛與協助醫生診斷病人疾病應用，許多技術與應用都正在改變我們的工作、生活、教育及娛樂方式，也仍在持續快速進步中。

讓我們回顧一下，前面我們提過現今人工智慧得以不斷興起的原因：

- 機器學習的強大功能
- 物聯網 (Internet of Things, IoT) 取得大量數據的能力
- 計算機的計算能力和速度的強大

同時我們也提到，現在的 AI 就是由大數據 (Dataset) 加上機器學習演算法 (Algorithm) 組成。所以更清確來說，AI 在這幾年能急速發展和普及的真正原因如下：

- **大數據** (Big Data)：早期的網路頻寬不足以及技術有限，造成資料收集不容易，但是現在物聯網 (Internet of Things, IoT) 應用增加，每個裝置幾乎都可以上網，同時許多應用都有大量的線上使用者，便創造出了龐大、即時及多元的資料；就連政府的開放資料也愈來愈多，所以我們在資料的收集、傳輸及儲存越來越方便。特別值得一提的是，全世界 90% 以上的資料都是在近兩年產生的，並且大都是非結構性的資料 (例如文字、照片、影片等等)。

以訓練視覺辨識模型為例，假如您要讓電腦能夠判斷鏡頭前的動物是貓還是狗，就必須提供它大量不同貓狗的照片，好讓它學習這些圖片當中有什麼地方可以做為辨認。訓練圖片越多，AI 模型可能就能學得越好，但是這麼大量的圖片收集並不容易。這也是為何有些人致力於建立大型的訓練資料庫，例如史丹福大學人工智慧實驗室及視覺實驗室主任——李飛飛 (Fei-Fei Li) 在 2009 年就建立了 ImageNet 圖像庫，提供給全世界的人免費使用，該資料庫包含 1400 多萬張圖像，內容分成 2 萬多種物體，並且全部手動標示了電腦模型可讀的分類。這麼大量的圖像資料使得有興趣學習 AI 的人都能建立強大的 AI 模型。

除了影像資料外，網路上許多人士或機構也提供包含文字、語音或其他各類型資料供人使用，掀起了龐大的 AI 浪潮。許多企業及政府也因為這一波 AI 趨勢而面臨轉型的思考。

- **硬體** (Hardware)：隨著雲端計算的出現，電腦運算成本大幅降低。10 年前人們也許還要花上 1 萬美元才能使用大量程度的運算資源，現在可能只需花不到 10 元美金就可以，因為你只是支付計算本身的費用，而不是支付整個系統的費用。甚至，連個人使用的桌機或是筆記型電腦，處理器也變的十分強大 (例如可用來訓練機器學習模型的模型加速卡，幾乎已經成為標準配備)，因此人人都具備了處理大量資料的能力。

要用來訓練 AI 模型或執行相關應用的電腦，硬體配備 (特別是顯示卡) 不能太差，不然是完全跑不動的 (圖片來源 Jonathan Cutrer@flickr)

- **軟體 (**Software)：無論您是自學者、玩家或是公司專業開發人員，大家所使用的開發工具如 Python、R、Jupyter Notebook、Linux、MySQL 等等都是免費且開放原始碼 (open source) 的軟體，有許多都提供收集、儲存以及處理資料的能力。另外，許多開源工具箱 (Toolbox) 像是 scikit-learn 以及 Google 的 TensorFlow，也讓建構 AI 模型變得方便許多。免費開源的工具使得人人都能使用和改進它，進而催生更快速的進步。

  也因此許多用於深度學習 (Deep Learning) 的高級演算法，可以開發出像是 AlphaGo 這樣的應用，並擊敗了世界頂尖的圍棋選手。但是這樣的演算法如果只保留在實驗室中，是非常可惜的。所以可知軟體的進展、免費性質及開源對於 AI 的進步是非常重要的。

所以簡單來說，現在的 AI 就是大量資料加上演算法所組成的。那麼，我們到底有幾種演算法可以使用呢？答案是不計其數，且不同的模型有不同的適用場合。只是傳統上，人們在介紹這些模型時，大多都是以其背後的數學及統計原理來介紹，因而造成許多人望之卻步。但在接下來的章節中，我們將用淺顯易懂的方式讓大家瞭解一些模型的運作原理，並帶大家透過動手做來理解並認識它，盡量在 No Code 及 No Math 的情況下，讓更多人認識 AI。

現在，您是不是迫不期待想要多了解 AI 的有趣世界呢？就隨我們一起開始深入探索 AI 的內涵吧！

第3章 機器學習

我們知道第三波的人工智慧是當今非常重要的學門，而如前面所提，機器學習是人工智慧一個重要的子領域，事實上也時常被當成 AI 的同義詞。

舉凡無人駕駛汽車提供安全的道路駕駛服務、Google 街景帶我們走訪全球地標並欣賞自然奇觀、Gmail 幫助我們過濾垃圾郵件、Grammarly 軟體幫我們自動檢測文法錯誤、Netflix 推薦適合我們的電影、使用信用卡購物時避免詐欺及盜刷、利用 Face ID 進行手機解鎖，這些日常使用的各種工具或應用都是建立在機器學習技術之上。

那什麼是機器學習呢？機器學習又是如何運作的？要是我不會程式，也能運用機器學習嗎？當然可以！本章我們就要來更深入介紹機器學習，同時帶大家實際動手做做看機器學習活動。

什麼是機器學習

我們要了解**機器學習 (Machine Learning)** 之前，可以先了解幾件事，分別是：什麼是機器？為什麼要有機器？以及什麼是學習？

在熱門的印度電影「三個傻瓜」(3 Idiots) 當中有一段，教授問學生說什麼是『機器』？片中的工程師主角用了簡單好懂的方式解釋：『使我們的工作更輕鬆或能節省時間的任何東西就是機器』。而電腦就是一種電子機器，可以幫助我們工作及儲存資料。

其次，為什麼要有機器？在電影「模仿遊戲」(The Imitation Game) 中，男主角在二次大戰期間為了破解德軍的加密通訊，必須處理 159 百萬億個加密編碼可能性，於是設計一台自動化機器來快速解碼，破解了德軍情報，對於扭轉戰爭局勢功不可沒，所以「機器是可以用來解決問題的」。

從學校教育看人類的學習過程

那什麼是學習？人類的學習來自於「經驗」累積。我們先想想學校授課、考試的經驗，當學生學習時，會從課本或考古題獲得學習資料，經由預習或上課講解等不同方法進行學習，透過測驗知道學習成效，最後將這些學習經驗所獲得的知識加以應用 (例如聽懂外國人的對話、通透古今中外歷史演進、利用化學式研發特殊材質)。

而機器學習 (機器的學習) 正是出於一樣的道理。對機器來說，「經驗」就代表很多很多的資料。

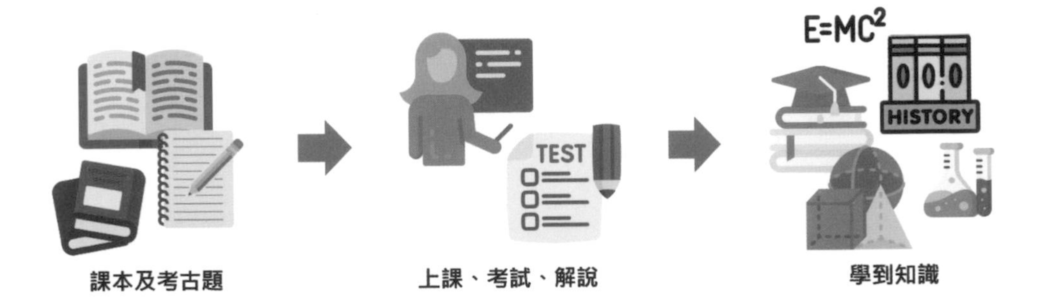

所謂機器學習，簡單來說，便是讓機器能從收集的資料中學會特定模式(pattern)，然後和人一樣做出智慧性的判斷。或者更精確來說，是讓機器分析**資料**之後找出一個適當的數學模型 (model) ——這階段稱為**訓練**——然後使用這個訓練好的模型來判斷新的資料是什麼，也就是做**預測**。

機器學習三階段：機器利用資料來訓練模型，透過訓練好的模型進行預測

機器怎麼認出一隻貓

讓我們先來看一個例子。您看到右邊這一張圖片，知道它是什麼嗎？

一隻看著您的貓

當您看到這張照片，您會毫不猶豫地說出它是『一隻貓』，那是因為你小時候學過貓長什麼樣子，擁有哪些特徵 (例如臉型、眼睛位置、臉部毛髮等特徵)，因此你的大腦具有識別貓的能力。所以當你看到這張照片時，您的眼睛 (像機器的傳感器) 將這張圖像資訊提供給大腦處理，由於您的大腦以前曾經

處理過類似特徵的圖像資料經驗，所以大腦會很快地為這一隻動物圖像貼上了「貓」的標籤。

你認為機器必須做什麼，才能完成將這張照片分類或標記為「貓」或是「狗」的任務呢？

右圖是貓經過電腦處理後像素化 (pixelated) 的圖像，而每個像素 (數位影像顯示的最小單位) 都有少量的資訊 (例如顏色值)，可以和鄰近的像素做組合顯示。因此，機器取得圖像後，會希望結合圖像上的像素，找尋彼此間關聯模式來判斷是否為「貓」。

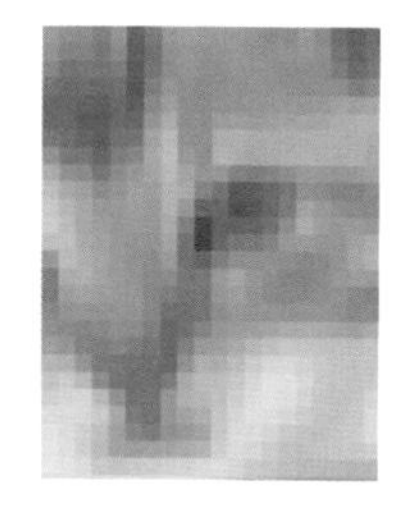

上圖貓眼及鼻子像素化

若是使用傳統的電腦編寫程式方法，需要根據一些規則來開發程式，讓電腦可以依此規則將取得的像素轉換為標籤 (例如貓或狗)。但無論您會不會編寫程式，都可以試著想想看，要讓電腦根據圖像來分類一隻貓，規則會是什麼？而且這些指令會是什麼樣子？程式設計師要建立這樣的模型或是應用程序是相當困難的。

另外，並不是每張貓的圖像都會在相同的位置或是具有相同的像素，例如下圖中，貓的種類或是姿勢是不一樣的，所以利用傳統程式很難將所有貓的種類及圖像上的各種姿勢、位置及其特徵找出一個通用的關聯規則，並將其利用程式寫出來。

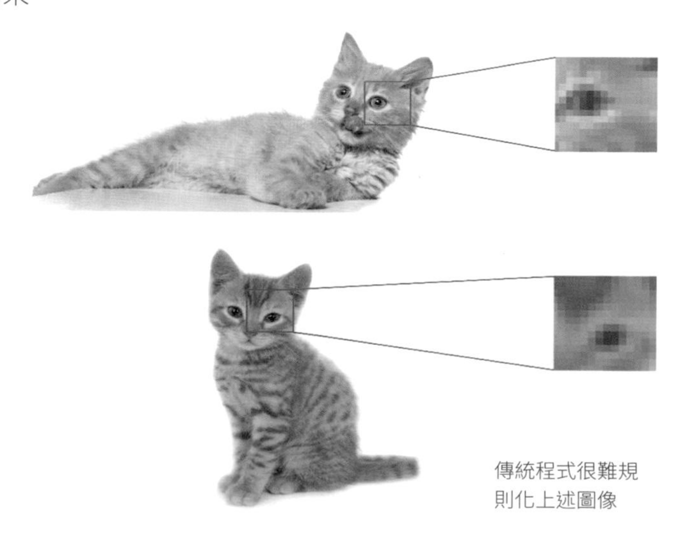

傳統程式很難規則化上述圖像

但是透過機器學習的方式，您可以提供電腦大量「貓」以及「狗」的樣本 (例如下圖)，它會在每一張圖的像素中利用適當的數學模型以及一些方法找到一種關聯模式，並把圖像標記為「貓」或「狗」的標籤 (或類別)，這與人腦識別物體的方式大不相同。

將圖像分為 " 貓 " 及 " 狗 " 兩個類別

你會注意到，在提供資料 (照片) 給電腦時，我們得明確地告訴它哪些圖片是貓、哪些圖片是狗。這個「貓」與「狗」的額外資訊，以機器學習術語來說叫做**分類 (class)** 或**標籤 (label)**，而標籤會成為模型訓練時用到的資料之一。正因為有了標籤，電腦得以自行學習「貓」與「狗」的差別。要是我們希望電腦能辨識更多東西如兔子、汽車、行人，就得提供對應的照片資料以及標籤來學習。而模型在做分類預測時，產生的其實也是標籤，代表它認為 (預測) 這張圖屬於哪種分類。

因此綜合上述，我們可以定義：機器學習就是讓機器從收集的資料中，利用演算法來學習模式並建立成模型，以便能拿來辨認新的資料，使人類不必自己花時間力氣去分辨。電腦若要學會分辨貓或狗，或許需要遠比人類更長的時間，但一旦產生良好的模型，就能以驚人的效率解讀大量圖片，就像「模仿遊戲」的密碼破解機那樣！

當然電腦實際上要如何解讀圖片，特別是大小不同、黑白與彩色的照片，背後仍牽涉到許多技術。但就現階段來說，一個經過適當訓練的模型已經可以毫無困難地從一張照片中辨認出數百種物件，人類自己說不定還辦不到呢！而這就是機器學習在第三波浪潮真正能創造龐大價值之處。

3.2

機器學習如何工作

機器學習訓練模型的過程，會根據任務需要使用不同的演算法進行訓練，訓練過程會牽涉到許多數學原理與計算，對初學者來說可以暫時忽略，並不會影響了解機器學習的知識，等有需要時再行深入理解即可。而機器學習美妙之處便在於，只要有適當的資料，它的學習 (訓練) 就能自主完成。

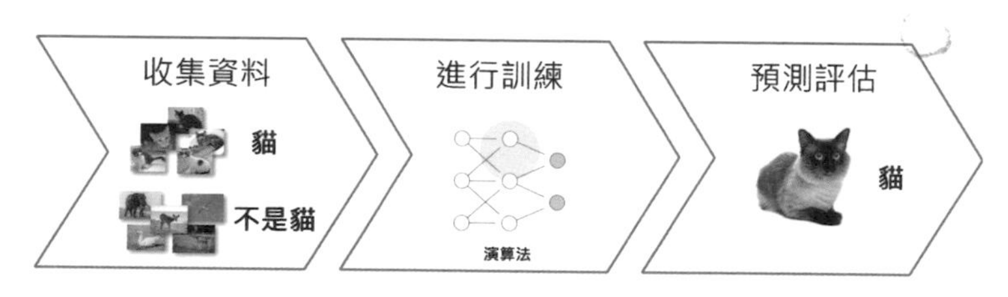

機器學習辨識「貓」或「不是貓」的三個階段

我們使用一個無程式碼機器學習平台 –AI Playground，透過一個簡單的活動來視覺化說明機器學習工作方式，同時在本章節後面帶著大家手把手實作專案。

活動：教機器認識貓

我們會在平台上根據機器學習三個階段來進行這個活動。此平台不用註冊就能使用機器學習功能，若要使用一些進階功能時，則可以註冊一個免費帳號。

活動目的：教電腦辨識「貓」及「不是貓」

活動平台：AI Playground (https://ai.codinglab.tw)

使用環境：桌機及瀏覽器

STEP 1 收集資料：

先準備「貓」及「不是貓」各 10 張圖片資料。可利用 Google 搜尋引擎來收集 (例如使用關鍵字 " 貓 " 或 "cat" 搜尋後選擇圖片)，或是利用平台的攝影機功能直接拍攝亦可。其中「不是貓」的圖像資料，可以是其他動物或是日常用品。

收集資料後，我們可以在無程式碼機器學習平台上，將準備好的圖片資料提供給機器進行學習。由於我們想要機器學會辨識「貓」跟「不是貓」，所以只需提供這兩類資料就好，並且建立對應的類別名稱 (例如「貓」、「不是貓」)。

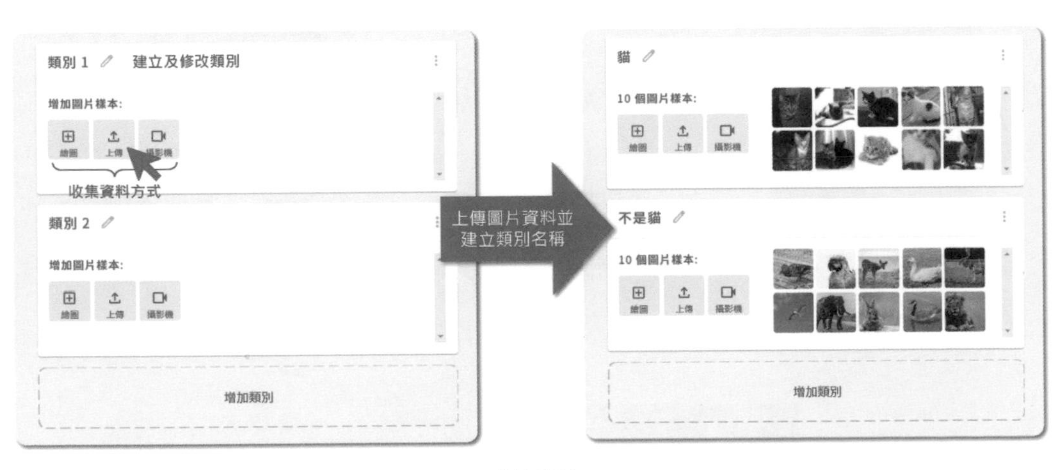

收集資料

若是想要機器學會辨識不同水果，那就必須準備欲認識的水果種類資料 (及對應標籤名稱) 給機器進行學習。

STEP 2 進行訓練：

訓練資料準備好後，機器將可開始進行學習。點擊「訓練模型按鈕」，系統會利用特定學習方法 (演算法)，從收集到的資料中學會「貓」跟「不是貓」的關聯模式 (pattern)，進而訓練出一個可辨識貓的模型。

進行訓練

由於 AI Playground 為無程式碼機器學習平台，可讓初學者快速了解機器學習的過程，所以複雜的訓練方法處理 (演算法) 都會在平台背景執行。而有機器學習程式經驗的讀者，則可以點擊下方「進階選項」，透過平台提供的訓練參數及訓練過程動態圖，進一步探索更多資訊。

STEP 3 預測評估：

模型訓練好之後，當我們將訓練過程中從未使用過的圖片，提供給機器辨識時 (如下圖)，將可得到機器預測這張照片的答案。提供方式除了上傳圖片外，讀者也可以抱著您家可愛的貓咪或其他物品透過攝影機的方式進行辨識。

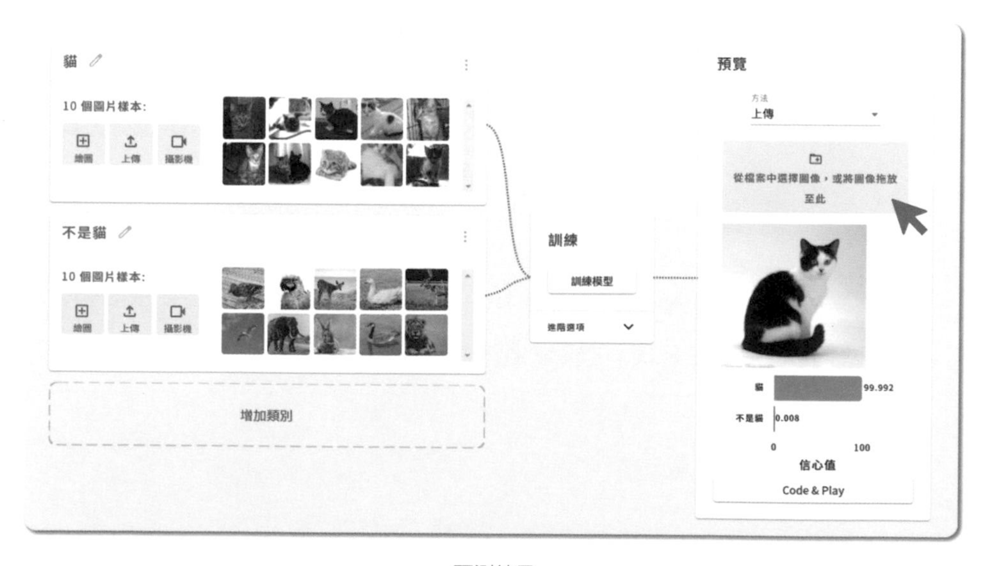

預測結果

我們試著提供一些模型沒看過的圖片，看看它的預測好不好。同時也可以根據辨識後的信心值高低，及辨識正確與否來評估這個模型好壞。

預測評估

透過這個活動我們大致上可以理解一個機器學習的過程。現在就讓我們透過下面各小節來介紹這幾個階段。

收集資料

收集資料的方法有很多，常見方式可以透過 Google 來搜尋儲存，或是利用應用系統收集 (例如便利超商 POS 系統或停車場車牌辨識)，也可以直接到一些網站下載資料集 (例如 Kaggle、UCI、Google、ImageNet 等等許多著名網站)。

但資料是什麼？資料在機器學習中又扮演什麼角色呢？

生活中利用 Word / Excel 產生的文字內容、觀看 Netflix / YouTube 的影片、賣場水果標價、Google Map 顯示的圖資、社群媒體訊息等等都是資料。實際上我們每天產生的資料遠比這些要來的多非常多。

資料無所不在

資料就像機器的經驗，可以在機器學習過程發揮很大的作用。隨著時間的推移，人類會透過累積經驗變得擅長某些事。同樣，機器需要大量資料才能將許多工作做好，無論是自動駕駛汽車、文字理解、聽懂語音或是辨識圖片中的貓。

機器學習可以接受各式各樣的資料，對於機器來說，資料可以有很多種不同的形式，例如圖片 (Picture)、文字 (Text)、聲音 (Audio) 及影片 (Video)

常見資料類型

隨著資料以各種形式出現，機器如何理解它們？答案是數字。數字是機器的語言，如果不是數字形式，任何資料對機器將沒有意義。所幸機器幾乎可以將任何資料轉化成數字，包括圖片、文字和聲音。

將圖片轉成數字進後行學習

一旦將資料轉化為數字後，機器就可以學習數字間的關聯意義並創造奇蹟！

進行訓練

機器有了資料後，我們會用一些方法教它從這些資料中學習某件事情的細節，並將當中的關聯資訊找出建立成一個模型，而這個方法就是所謂的演算法。

通常在機器學習領域，會結合一些學習方法(演算法)，從訓練資料原有的特徵集合中挑選出具有鑑別能力且有效的特徵，藉以決定最佳特徵子集合，使機器學習可以根據特定的效能評估指標來達到學習最佳化。而機器學習模型的成功之處，正是取決於如何利用不同類型的特徵。

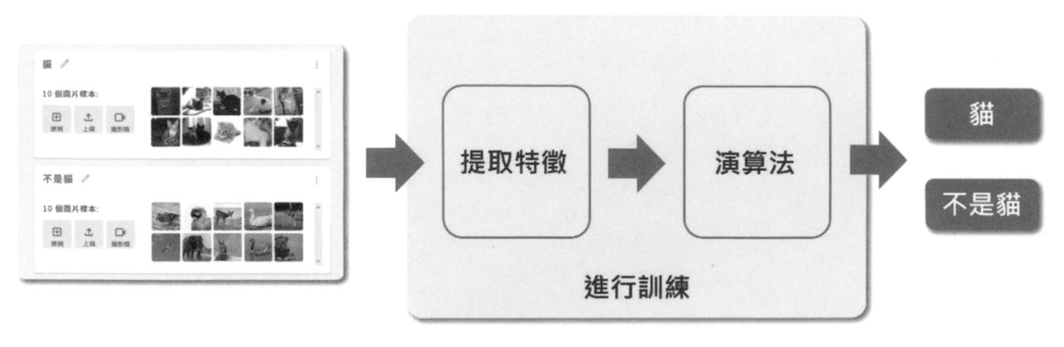

將圖片轉成數字進後行學習

使用機器學習方法(演算法)可以幫我們建立一個可查看所有特徵集的模型，以及所對應的學習類別(例如「貓」或「不是貓」的類別)，而這個模型是由機器學習演算法所建構而成的，它將可以在沒有明確編寫辨識規則程式的情況下，就可以對新的圖片資料進行預測。

基本上，機器學習就是循著與人類學習的類似過程，來了解和區分東西。因此，機器學習演算法，受人類學習過程的啟發，會不斷的從大量資料中學習，並允許機器(電腦)在這些資料中找到潛在連接及相關性。

而這整個學習過程都可以在無程式碼機器學習平台上完成。如本章節一開始的活動，當按下「訓練模型」後，平台將會根據你所提供的資料在背景提取圖片特徵後開始進行訓練，並建立成一個可辨識「貓」跟「不是貓」的模型。

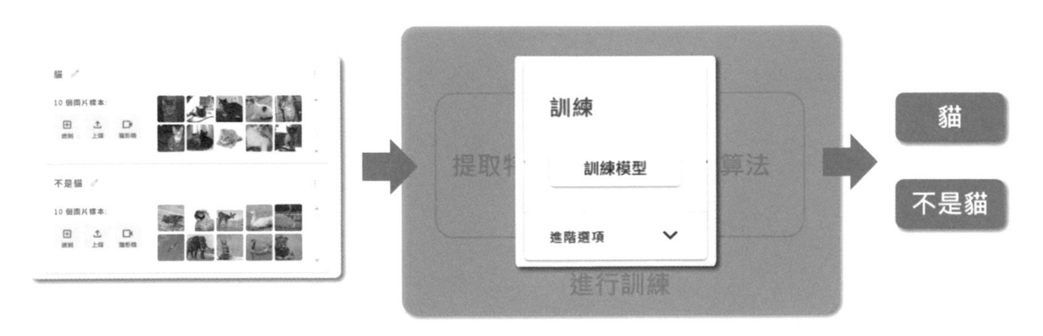

無程式碼機器學習平台「訓練模型」功能

有人常說機器學習的訓練過程像是一個黑盒子，其實黑盒子裡面充滿了數學。機器學習過程中有很多的演算法可供選擇，但要找到適合的演算法需要經驗及反覆試驗外，同時也要問對問題(也就是你希望機器要處理什麼任務)，才能找到最適合這項工作的演算法來幫忙訓練！

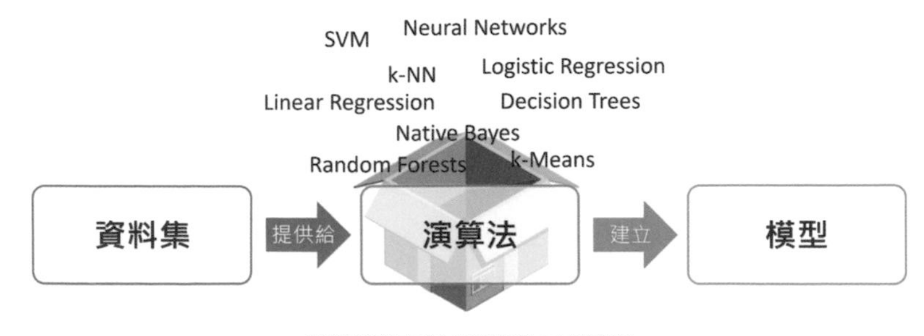

機器學習有很多演算法可供選擇

經由機器學習演算法所訓練出來的模型會是什麼圖形呢？我們試著舉其中 3 種演算法來做「分類」任務。模型會是下圖中黑色線的部分，它可以將藍色 x 和紅色 o 的資料分隔出來。但要如何找到這條線，就是演算法的工作了。

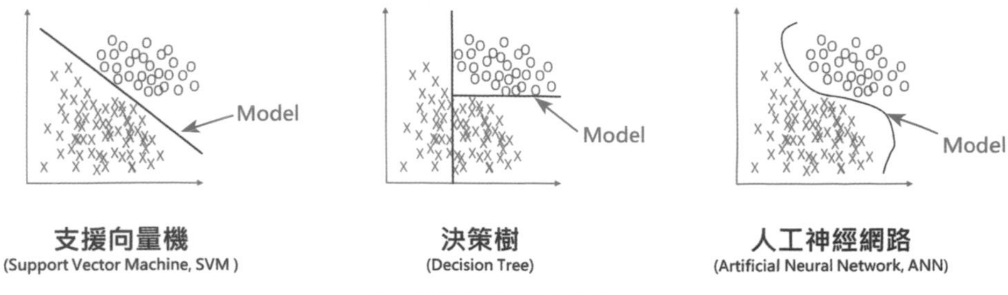

機器學習演算法建立的模型

預測評估

在前面機器學習活動中，機器經由演算法不斷學習資料特徵與類別間的關聯性後，所建立的模型將有預測功能。我們可以在無程式碼機器學習平台上的預覽區，提供機器從未見過的「貓」跟「不是貓」圖像，預測效果都還不錯 (如下圖)。

預測信心值很高

但是拿另外兩張圖像給模型預測時，發現辨識度就降低許多，為什麼呢？

預測信心值不高

以左邊圖像為例，有可能在「貓」的類別中，沒有提供躲在毛毯內的貓讓機器進行訓練，因此學習到的特徵值內缺乏這些資訊，預測為貓的信心值自然不高。而右邊這張圖，則有可能是在「貓」的類別中，提供黃色毛髮的貓圖片給機器進行學習，所以辨識到黃毛狗圖像時，認為是貓的信心值很高。

這樣的過程就是一種評估模型的方法，當然也可以藉由其它額外資訊或訓練過程圖形進行評估。

要改善模型成效，可以藉由評估後的情況進行調整並重新訓練，例如增加訓練資料的數量，也可以多一些不同角度或種類的貓狗圖像提供訓練，讓機器多一點特徵值可學習。而這些機器學習實務專案，將在章節後面仔細帶領讀者完成。

本節經由活動實作以及機器學習三個階段的說明，認識到機器學習的工作方式及流程。瞭解機器學習透過研究大量的資料，發現當中與標籤的關聯性，逐漸學會如何做出有用的預測。並且機器學習模型可以不斷發展，逐漸做出越來越好的預測。

機器學習已經被廣泛應用於我們的日常生活中，目前正以一種非常具影響力的方式影響著我們的生活，以下是一些實際生活中的例子。例如，您認為亞馬遜和 Netflix 是如何向用戶推薦電影和電視節目？他們使用機器學習方式來提出您可能會喜歡的建議！這會類似於您的朋友根據他們對您喜歡觀看節目類型的了解，向您推薦電影或電視節目的方式。

利用機器學習預測客戶喜愛何種類型影片並進而推薦

其它像是銀行會使用機器學習預測申請人違約機率，決定是否批准貸款申請。電信公司則會根據客戶的用量及使用行為等資料，進行客群細分或預測是否退租。其它如聊天機器人或透過臉部辨識登入手機等許多生活應用，也都會使用到不同的機器學習技術和演算法。

那我們需要瞭解演算法及模型背後的數學理論才能學習機器學習嗎？就一般人來說，其實是不用的。藉由本書來認識相關知識及應用是足夠的，但若想要深入研究時，了解多一點理論則是必須的。

3.3 機器學習三大類型

早期的機器學習源自於統計學，可以將其視為從資料中提取知識的一種藝術。尤其是常見的線性迴歸和貝葉斯統計等方法，它們都已經有兩個多世紀的歷史了，至今仍然是機器學習的核心之一。

機器學習可以用來解決許多問題，但不是所有類型的機器學習系統都是一樣的。機器學習根據它們學習預測的方式可以分為三個常見類型，分別是監督式學習、非監督式學習及強化式學習，本節將帶大家認識關於機器學習的類型及其用途。

機器學習三大類型

監督式學習 (Supervised Learning)

在介紹監督式學習之前，先跟大家進行一個小互動。我們提供下面 4 張圖片讓大家認識圖像中的動物，並且給大家圖片對應的答案 (貓跟駝鹿的標籤名稱)。

貓

駝鹿

駝鹿

貓

假設你的視覺到目前為止只見過這 4 張圖，那你有可能已經根據圖中動物的某些特徵 (例如臉、四肢、角、外型或其他) 建立了一個視覺模型。

利用這個模型你可以執行分類的任務，例如你看到右邊這一張圖時，你的視覺模型將會提供 " 駝鹿 " 的答案 (標籤名稱)，其實這就是監督式學習的基本概念。

駝鹿

監督式學習可以在看到大量具有正確答案 (標籤或類別名稱) 的資料後進行預測，然後發現資料中產生正確答案的元素彼此間的關聯。這就像是一個學生可以透過平時測驗 (包含問題和正確答案) 來學習。一旦學生接受了足夠多的平時測驗訓練，學生就可以為參加新考試做好充分準備。這些機器學習系統在某種意義上是 " 受監督的 "，也就是人類會向機器學習系統提供具有已知正確結果 (活動中「貓」的類別名稱) 的資料 (活動中「貓」的各種圖片)。

這就是監督式學習的基本概念。在監督式學習中，機器需要 " 目標 " 和 " 特徵 "。目標是我們希望機器預測的內容 (也可以說是標籤)，特徵則是機器用來學習預測時所需的東西。

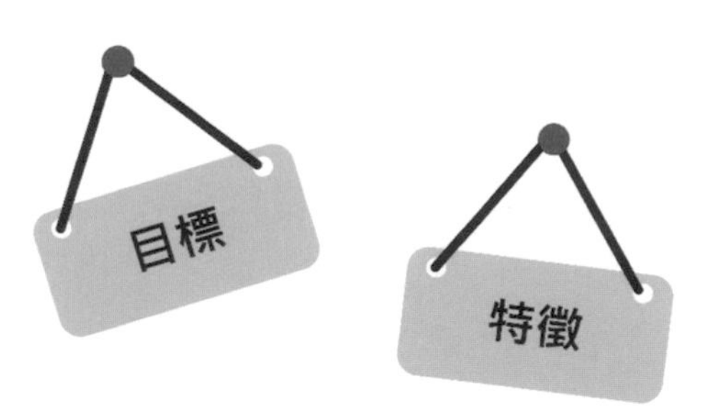

監督式學習中，機器需要 " 目標 " 和 " 特徵 "

監督式學習最常見的兩種任務類型 – **分類 (Classification) 與迴歸 (Regression)**，我們用一些例子來認識這兩種類型

分類 (Classification)

物件的類別預測。例如建立一個模型，用來在 Email 中分類垃圾信或不是垃圾信。或是如果有貓、狗和鳥的照片，也可以建立一個模型來檢測新圖片中的動物是貓、狗還是鳥。

我們試著看這個例子，假設我們想要訓練一個模型，"目標" 是能幫我們分類貓、狗及鳥，首先您需要確定能區別這些動物會有哪些 " 特徵 "，例如鼻子、耳朵、嘴巴及鬍鬚，然後分別收集這些動物的特徵來訓練模型。

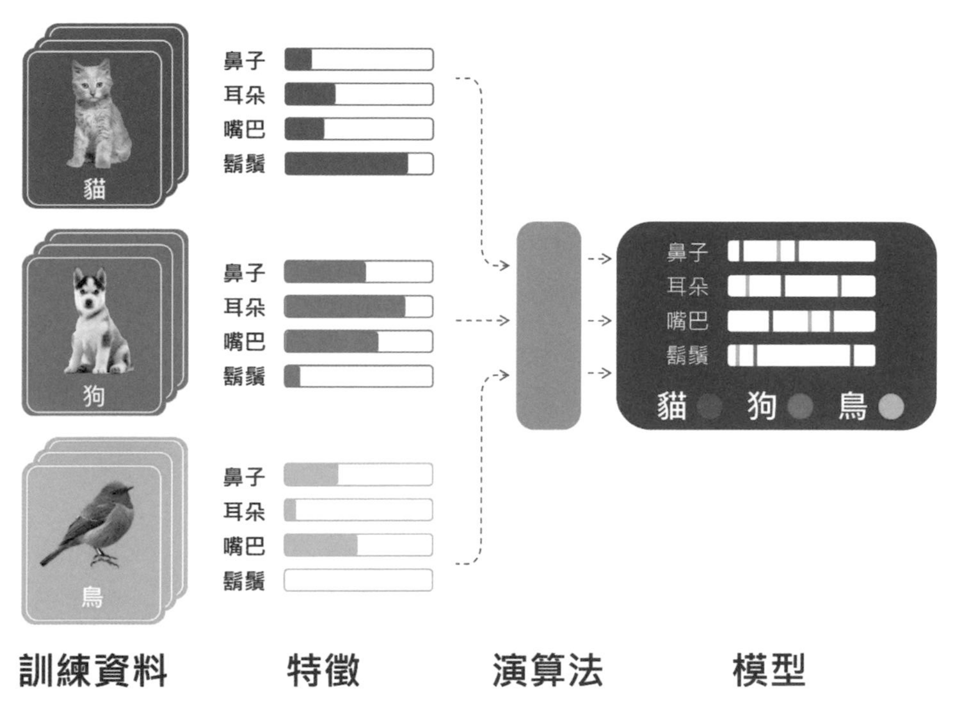

提供資料來訓練模型

這時候我們可以將新的動物照片 (電腦從未在訓練時看過的動物資料)，提供給這個訓練好的模型來進行預測，模型根據訓練時的特徵 (**鼻子、耳朵、嘴巴及鬍鬚**) 將其預測分類為貓、狗及鳥，如下圖。

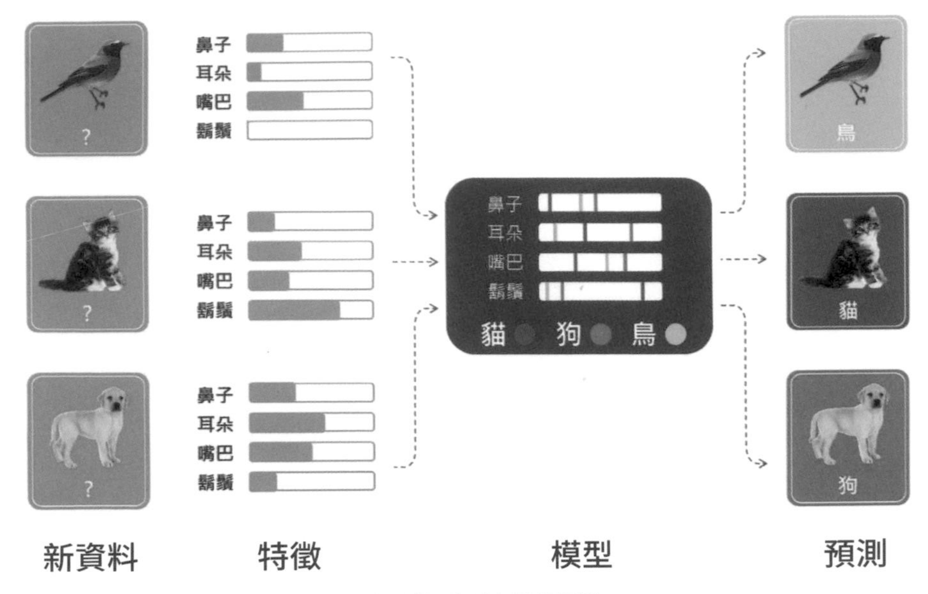

提供模型新資料進行預測

現在如果給此模型另一張新的動物圖片(例如驢子),由於這個模型不是為貓、狗及鳥之外的動物而設計,模型這時候會為 " 驢子 " 做了最好的分類處理 – 狗,但很顯然的這不是您要的答案。

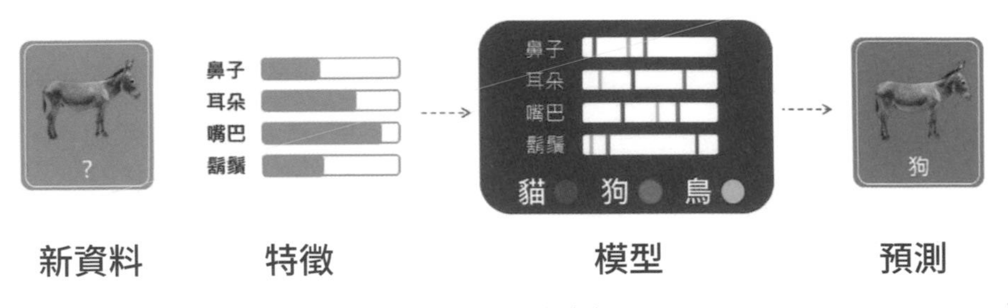

分類不正確時,你會怎麼處理呢?

如果你希望這個模型能夠辨識 " 驢子 ",那就必須為這個目標多收集一些特徵來訓練模型。這就是監督式學習中的分類 (Classification)。

迴歸 (Regression)

數值的預測。根據所提供資料的輸入特徵來預測輸出值，例如我們可以根據房間數、坪數、屋齡、樓層、區域位置等資料來建立模型並預測其房價，或是利用銷售資料來預測公司下一季度將可獲得多少收入。常見預測降雨量的天氣模型也是迴歸模型。

迴歸並不像分類是有限的數量，而是試圖在連續變動的線上找到答案 (類似數線上的任意點)，例如我們希望根據狗的腿長來預測它的速度

根據狗的腿長來預測速度

我們會先根據各類型狗的腿長及其速度等資料，訓練電腦建立一個模型 (如右圖)，圖中黃色線就是經過訓練後，所找到最佳適合的模型函數。此時再將新的腿長資料輸入到此模型 (黃色線函數) 即可預測其速度，輸出將是一個值，而非一個分類，這就是迴歸 (Regression)。

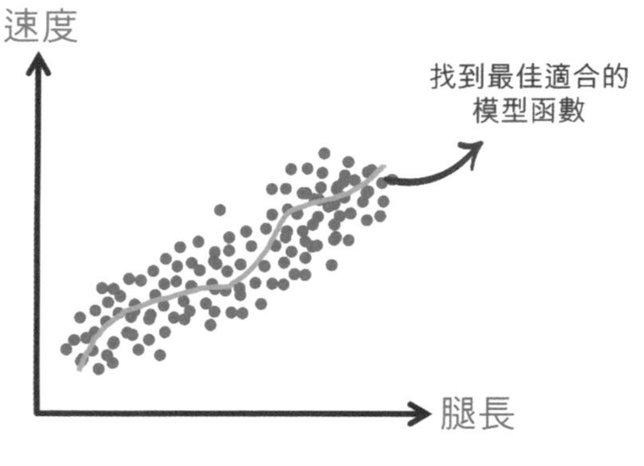

找到最佳適合的模型函數

當然真正在實作時不會這麼簡單，因為可能還會考慮其他特徵值，例如狗的體重、年紀等等，但利用上面的例子及說明可以讓一般初學者理解迴歸是什麼。我們整理了下圖來說明一下分類及迴歸的差異，讀者將會更為清楚。

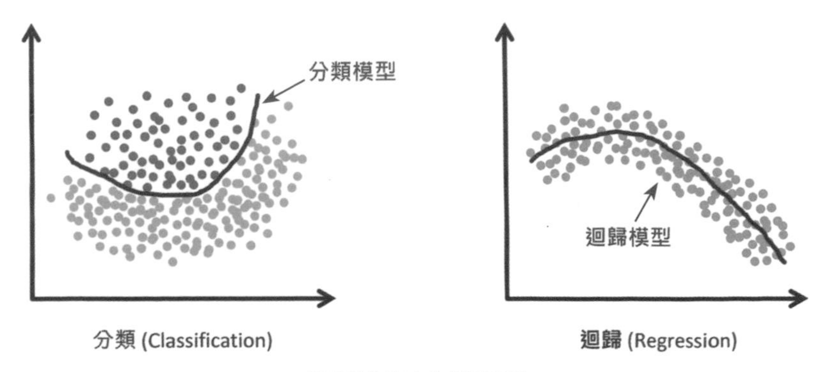

找到最佳適合的模型函數

- **分類** (Classification)：找到一個可分離標記類別 (如圖中紅點和黃點) 的函數。
- **迴歸** (Regression)：找到一個可通過我們資料集的最適合函數，如圖中通過藍色資料集函數。

而下圖是監督式學習中幾種常見的演算法，其實還有非常多的演算法。若想進一步了解各演算法細節，將會接觸許多統計及數學的知識，並且配合 Python 或 R 程式語言來學習。本書著重在為初學者建立整體人工智慧與機器學習的知識及素養，有興趣想深入了解的讀者，可以根據本書提供的方向進行學習。

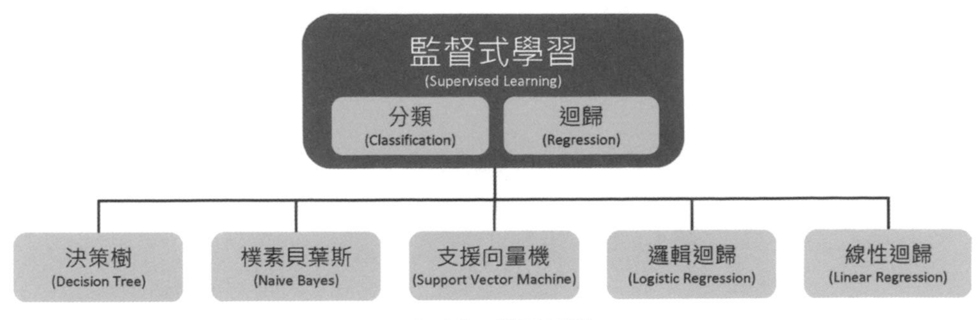

監督式學習常見演算法

監督式學習演算法用途很廣，產生的經濟規模也很大，生活上處處可見許多應用：

- 影像及物體辨識
- 醫療診斷
- 身份詐欺檢測
- 廣告人氣預測
- 天氣預報
- 股價預測
- 需求和銷量預測
- 人口增長預測
- 語音辨識
- 垃圾郵件過濾

現在我們瞭解了監督式學習、常見類型（分類及迴歸）及演算法，也知道生活上的應用有哪些。本書會在每一個機器學習方法最後，將重點整理成如下圖，讓大家經過定義、舉例及說明後，對每一種機器學習方法有更完整的認識。

監督式學習整理

非監督式學習 (Unsupervised Learning)

如果監督式學習是需要有人教，那非監督式學習就像是自學一樣，是在沒有任何老師或監督員的教導下自己學習而成。例如提供右方 6 張圖片，但沒有提供任何 " 標籤 "。

沒有提供任何標籤的圖片

你可以用你喜歡的任何規則將他們分為兩組，當中沒有標準答案。例如下面是其中一組分法，利用站姿及坐姿分為兩群。你也可以根據皮膚顏色或有沒有站在草地上進行分群。

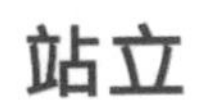

坐姿

根據「站姿」及「坐姿」分群

非監督式學習可以透過所提供不包含任何正確答案的資料進行預測，也就是識別資料中有意義的模式。換句話說，此種學習模型沒有提示如何對各項資料進行分類，而是必須推斷出自己的規則，這就是非監督式學習的基本概念。

在非監督式學習中，機器只需要 " 特徵 "，因為特徵是機器用來學習的重要資訊。

非監督式學習中，機器只需要特徵

例如機器只知道每種動物的 " 特徵 " 描述，沒有任何其它 " 目標 "(也就是標籤)。因此，機器將從許多動物的例子中學習，並透過特徵找到模式，然後使用這些模式將相似的動物放入同一組。

由於在沒有正確答案情況下，學習情況變得完全不同，我們無法透過其訓練資料的正確答案來建構模型，這將使得成效評估變得更加複雜，同時也無法檢查此學習模型是否可以表現得好。在現實環境中確實有很多情況是沒有答案的，至少沒有您知道的答案，所以我們必須使用非監督式學習的相關技術來試圖在許多資料中找到關聯性，或發現這些標籤應該是什麼。

在非監督式學習中常見的任務類型為分群 (Clustering)。它主要是將類似屬性的部分集合起來，讓我們帶大家一窺究竟吧！

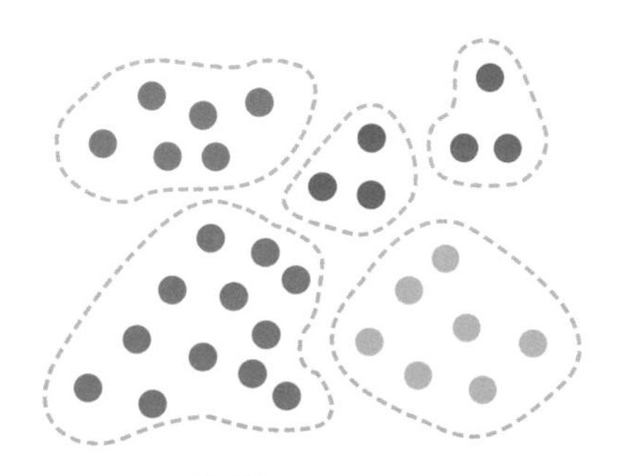

分群 (Clustering)
「將類似屬性的集合起來」

非監督式學習常見任務類型

分群 (Clustering)

機器對未知特徵會選擇最佳的劃分對象方式。像是 Google 照片和 Apple 照片會使用複雜的分群技術，來尋找照片中的類似面孔來建立分群。該應用程序並不需要知道您有多少朋友以及他們的長相如何，但會嘗試找到常見的臉部特徵來進行群集，這就是典型的分群。在所有非監督式學習技術中，分群是最常用的一種，此方法會將相似的資料分組到事先未定義的分群中，機器學習模型可以自行發現這些未分類資料結構中的任何模式、相似處及相異處。

為了解釋分群的方法，這裡有一個簡單的舉例。如果在學校中，老師希望學生根據一些動物照片進行分組。假設每個學生都有同樣貓、狗及鳥的照片集合，但老師並沒有給出如何安排的標準，所以不同的學生想出了不同的分組方式。

有些學生依照貓、狗及鳥的種類做區分，有些學生是根據動物 4 隻腳及 2 隻腳做分組，有些學生則是把所有動物直接分成一大組。由於沒有預先設定任務進行方式，因此這些分組沒有對或錯，這就是分群 (Clustering) 的優點，有助於展現您從未知道的各種洞察力 (insights)。

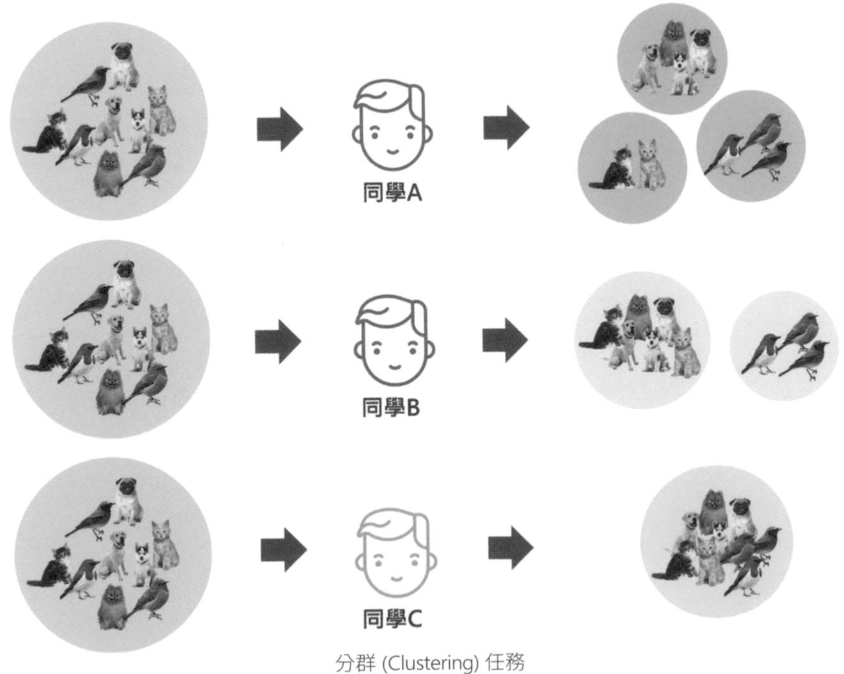

分群 (Clustering) 任務

非監督式學習中的分群任務，通常會應用在市場細分 (例如客戶類型、忠誠度)、合併地圖上的接近點及檢測異常行為。

例如右圖中，如果知道平均購買洋芋片單價低且購買數量大的這一群人，其年齡都較輕且住在大學宿舍附近。而喜歡購買單價高，但數量少的這群人平均年紀較大，穿著較為正式，您可能會用分群技術將這兩群人分開並個別做行銷活動。

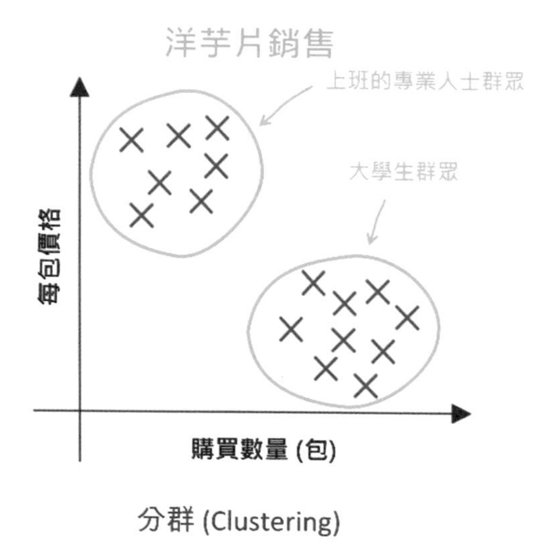

應用分群技術來進行市場區分

而下圖是非監督式學習中幾種常見的演算法，同時除了分群外還有其他類型 (例如關聯或降維)，當然也有對應的演算法，這也是一般人接觸 AI 或機器學習時覺得複雜的其中一個因素。當讀者有了這些基本認識後，未來在學習上會更有方向。

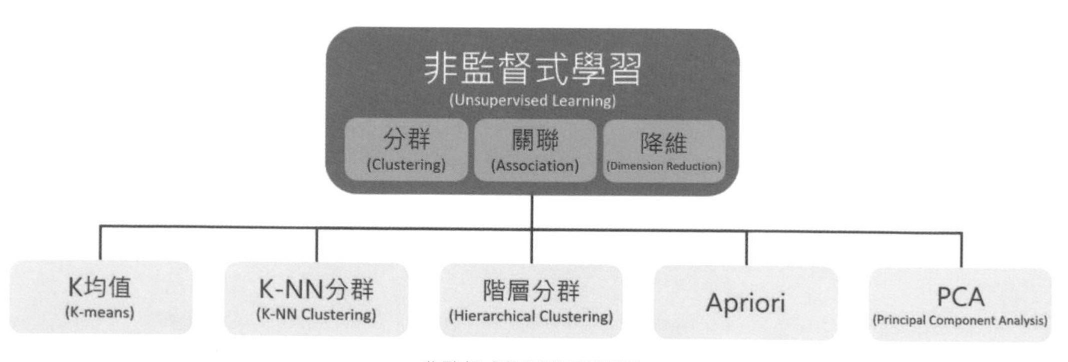

非監督式學習常見演算法

在真實世界中，非監督式學習演算法用途很廣，同時也與監督式學習一樣，產生的經濟規模非常大，所以在生活上有著非常多的應用：

- 檢測異常行為
- 用於市場細分 (例如客戶類型、忠誠度)
- 影像壓縮
- 推薦系統 (例如亞馬遜電子商務、Airbnb)
- 目標市場行銷
- 信用卡欺詐檢測

瞭解非監督式學習定義、常見任務類型 (分群及關連式規則) 及演算法，我們將相關重點整理成如下圖，大家可以回顧一下非監督式學習的重要內容唷。

非監督式學習整理

強化式學習 (Reinforcement Learning)

前面所提機器學習方法，都需要大量資料來訓練模型，尤其是模型越複雜時，它需要的資料可能會越多。而強化式學習是機器學習另外一種類型，與監督式學習與非監督式學習不同之處，在於我們並不會提供機器可學習的範例資料。相反地，它需要自己透過探索來尋找學習資料並訓練自己！

強化式學習透過在環境中執行的操作所獲得獎勵或懲罰來進行預測。強化式學習系統會產生一個策略，該策略會從一系列的決策與行動中，定義獲得最多獎勵的最佳策略。強化式學習可用於訓練機器人執行任務，比如在房間裡走動，或是像 DeepMind 的 AlphaGo 可以打敗人類圍棋世界冠軍的電腦程式，想想如果是由人類教它，那 AlphaGo 應該贏不了世界棋王。

為了能找到這些最佳的動作序列，強化式學習會使用獎勵訊號來告訴 AI 做得很好還是不好，使其訓練有一個方向。每當它做得很好，我們就會給它一個正數也就是積極的獎勵，當它做得很糟糕的時候，我們會送它一個負數也就是負面獎勵。這就像是我們希望訓練狗去執行某些動作，當命令狗去做某些動作時 (例如將丟出的飛盤取回來)，每次正確執行後，狗都會獲得一個餅乾作為獎勵。狗會記住，如果它做了某個動作，它就會得到餅乾，反之不會得到餅乾。這樣下次它就會正確地按照說明進行操作。

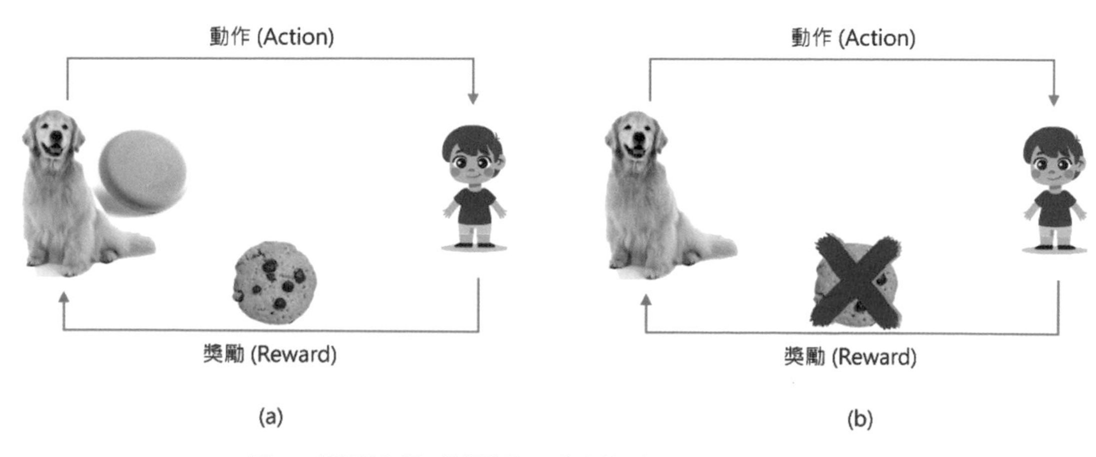

圖：(a) 將飛盤取回，獲得獎勵 (b) 沒有將飛盤取回，所以沒有獎勵

為了讓讀者進一步認識強化式學習，瞭解一些關鍵詞彙及其架構是重要的。我們先從強化式學習的核心架構開始 – 兩個主要組成部分及三個要素，此方式主要是希望建立一個可以從經驗中學習如何與環境互動的框架。

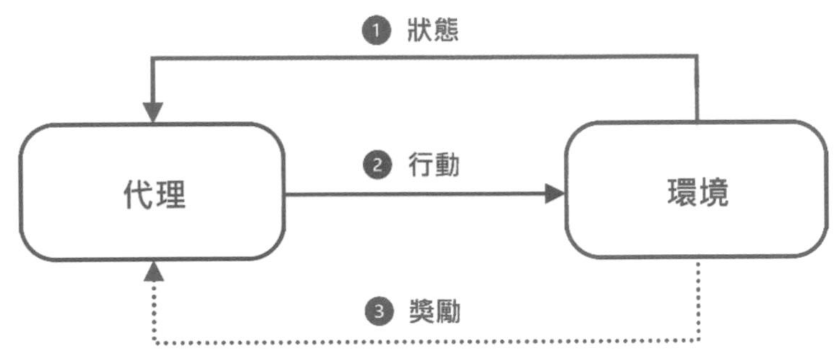

強化式學習兩個主要組成及三個要素

其中兩個主要組成部分如下：

- **代理** (Agent)：主要是可以在環境 (Environment) 中採取行動 (Action) 的東西，例如搬運貨物的機器人或走迷宮的老鼠 (你可以把它想像成是一隻程式)。
- **環境** (Environment)：環境是代理 (Agent) 生活的世界，它是代理 (Agent) 存在和執行所有行動 (Action) 的地方。例如打磚塊時的遊戲場景，或是像迷宮這樣的實體世界。

同時代理 (Agent) 可以在環境 (Environment) 之間傳送命令或採取行動。例如：無人機 (Agent) 在世界上 (Environment) 送貨 (Action)，而遊戲 Flappy Bird(Agent) 則是希望不要撞到遊戲中的這些水管場景 (Environment)。

而三個要素分別是：

- **狀態** (State)：有時也叫做觀察 (Observations)，指的是環境當前的狀態，代理 (Agent) 會根據它來選擇一個行動。
- **行動** (Action)：代理可以在環境中採取的動作，並且可以將所有可能動作集合在一起 (Action space)。例如向前、向後、向左或向右，也可以是一系列連續動作。

- **獎勵 (**Reward)：在環境定義的狀態下採取行動的數值結果。衡量代理 (Agent) 行為成功或失敗的獎勵反饋，例如在馬力歐的遊戲中，觸摸到時，它就贏的一枚金幣。

Google DeepMind 團隊利用這樣的架構，讓 AI 能夠像人類一樣學習玩遊戲，例如 Atari Breakout Game。在沒有提供任何先備知識的情況下，讓代理看當前螢幕上的內容（環境），並將出現的分數最大化。當它剛開始學習玩時，表現出是很沒有智能的行為，並且很快就沒有了遊戲生命；但如果我們稍待片刻，它將玩得很不錯，大致上已經有一般玩家熟練的水準。但如果我們再讓它多學習一點時間，它將發現贏得高分的最佳方法是在磚塊中挖出一條隧道，並從後面擊中它們會得到更高分，這是一個很不可思議的過程，因為它可以在與環境的互動中，自己創造出某種新的知識，是一般人不知道的新事物。

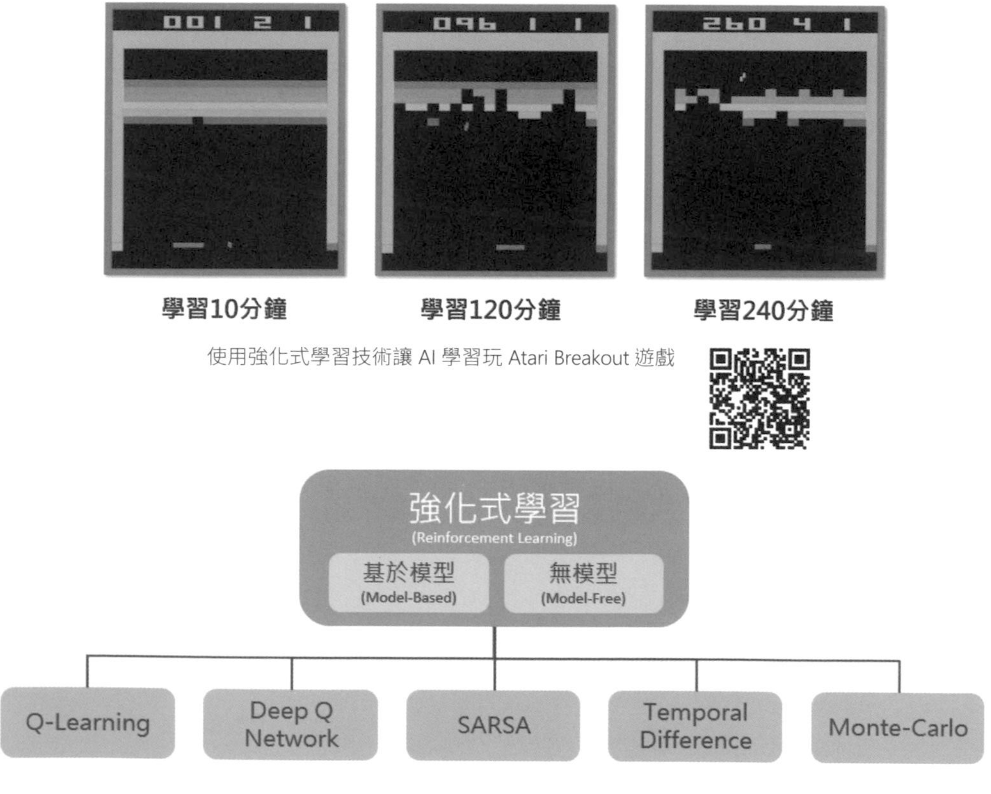

使用強化式學習技術讓 AI 學習玩 Atari Breakout 遊戲

強化式學習常見演算法

強化式學習的應用，常見的有遊戲、推薦系統、行銷和廣告，另外在工程、醫療保健也都有相關應用。雖是如此，強化式學習創造的經濟產值目前還是明顯低於監督式學習，但相信在 AI 發展如此迅速的情況下，未來還是會有可能突破。

我們瞭解了機器學習中第三種類型－強化式學習，它的內涵及應用，同樣的大家可以參考其重點整理（如下圖），讓大家回顧一下強化式學習的一些重要內容。

強化式學習整理

小結

經過了這個章節的仔細說明，讓大家能夠在沒有數學算式下，理解機器學習三種最常見也最重要的方法，同時也在各種機器學習方法中引領讀者了解每一種方法的重要性，並提供進一步探究方向，現在我們就用下面圖來將監督式學習、非監督式學習及強化式學習做統整說明，讓讀者可以在本小節結束前有更完整的角度來了解。

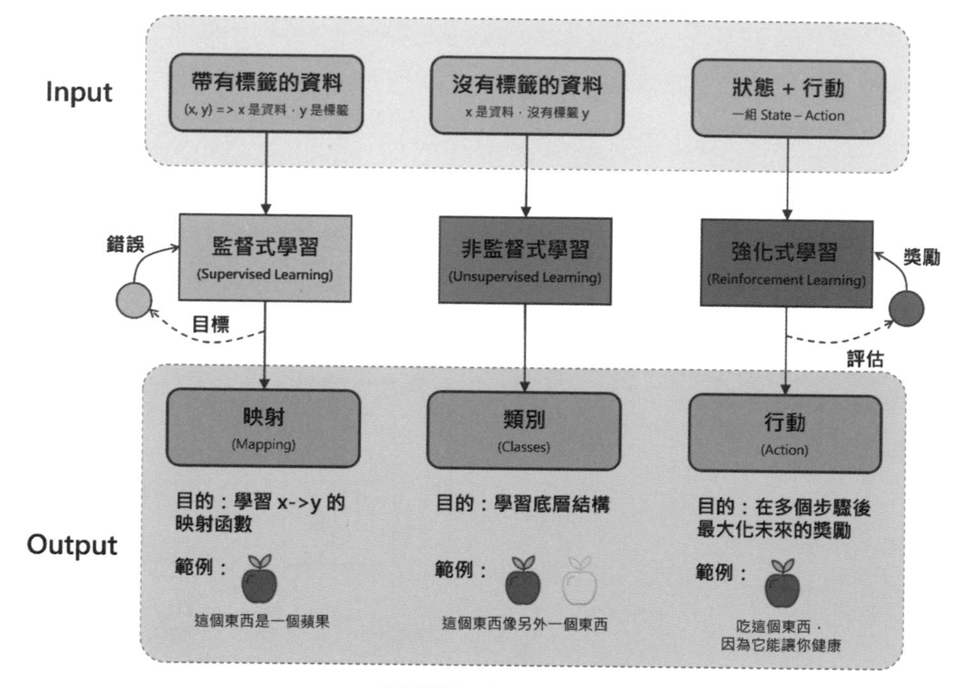

機器學習三大類型統整

活動：利用決策樹教電腦分類

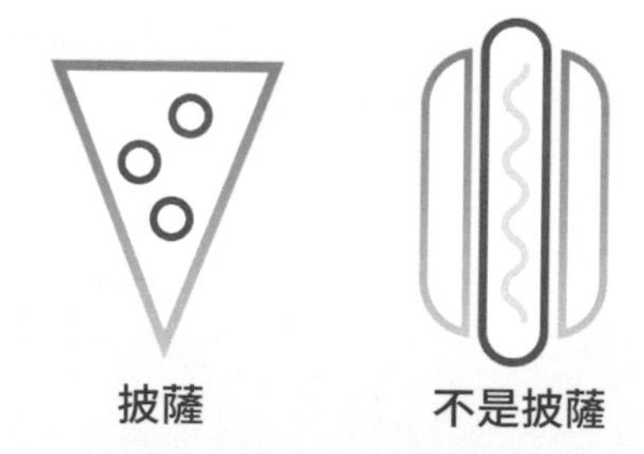

教電腦分類食物是披薩或不是披薩

我們使用 Google 的 SLICE OF MACHINE LEARNING 平台來學習監督式學習中的決策樹方法。在此互動式的活動中我們將瞭解如何使用決策樹建構機器學習分類模型，並將食物分類為披薩或不是披薩。

活動目的：利用決策樹方法教電腦辨識披薩

活動平台：Slice of Machine Learning
(https://sliceofml.withgoogle.com)

使用環境：桌機或筆記型電腦的瀏覽器

STEP 1 設定目標：

活動一開始，你需要先設定希望模型準確度 (Accuracy) 的目標 (如下圖)。在機器學習中，準確度是分類模型預測正確的部分。你可以使用預設的準確度 80%。

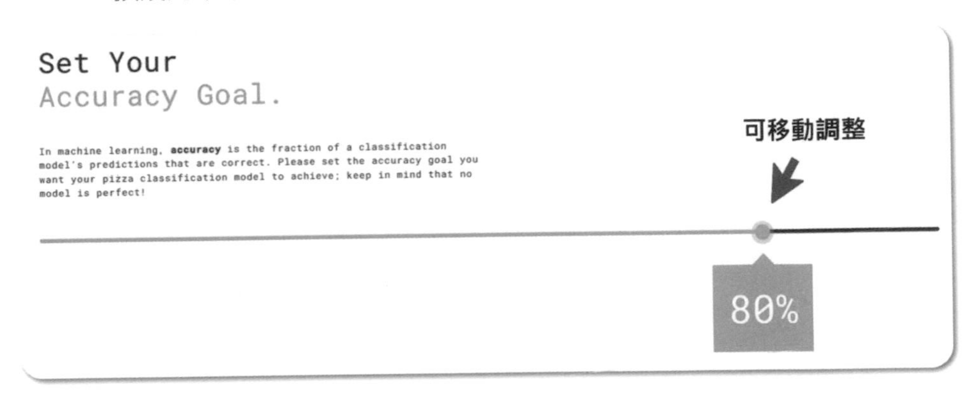

預設準確度目標 80%

你也可以自行調整想要的準確度目標。本活動將設定希望披薩分類模型可以有 85% 的準確度。

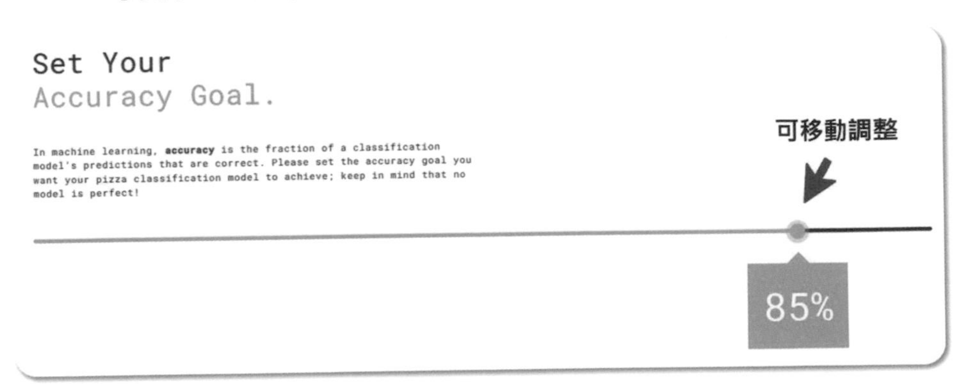

設定準確度目標 85%

STEP 2 拆分資料：

資料通常分為**訓練資料**和**測試資料**，主要是因為這種方法允許我們訓練機器時，可以用它還沒有看到的資料驗證它的準確性。此網站預先已收集好各種食物照片來做為訓練資料和測試資料。

系統在活動開始時，預設會將資料拆分成 80% 的訓練資料和 20% 的測試資料。訓練資料若太少，模型就沒有足夠的資料可學習；相反的，測試資料太少則無法測試出模型是否足夠好。

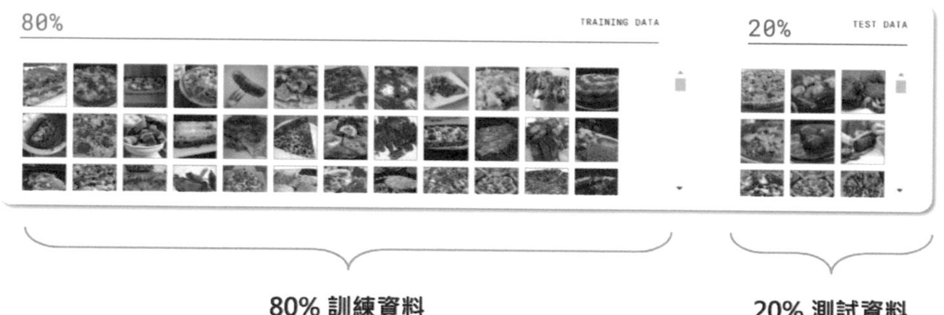

80% 訓練資料　**20% 測試資料**

訓練資料跟測試資料比例

為了訓練分類器可以區分 " 披薩 " 和 " 不是披薩 "，我們將向它提供各種食物的資料：披薩、沙拉、餅乾等等。分類器將在該資料中尋找唯一識別披薩的模式 (例如，" 大多數披薩都有奶酪 (cheese)")，並使用其發現來預測新食物。

其中每筆食物資料都包含了 " 碳水化合物 (CARBS)", " 肉類 (MEAT)", " 起司 (CHEESE)", " 卡路里 (CALORIES)", " 原產地 (ORIGIN)", " 圓形 (ROUND)", " 紅醬 (RED SAUCE)", 和 " 方法 (METHOD)" 等 8 種特徵，同時標示是否為披薩 (IS PIZZA) 用來訓練模型。

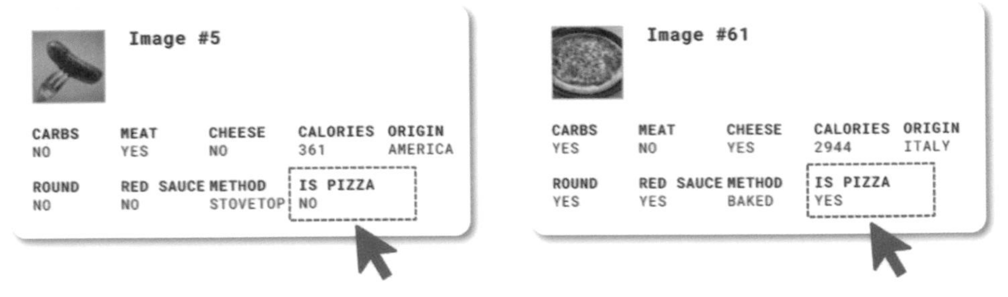

每筆食物資料特徵

STEP 3 進行訓練：

利用 80% 的訓練資料，您已經訓練了一個決策樹模型可以對披薩進行分類 (如下圖)。每個藍色矩形代表食物的一個特徵 (例如 " 紅醬 (RED SAUCE)")。若要對食物進行預測，可從樹的頂部開始。對於您遇到的每個藍色矩形，如果它包含該特徵，則遵循 " 是 (YES)" 的路徑，如果不包含此特徵，則遵循 " 否 (NO)" 的路徑。決策樹機器學習演算法非常聰明，它會自動確定樹分支的順序以獲得最佳準確度分數。

例如，選擇 " 紅醬 " 判斷是否為 PIZZA 的特徵？答案若 " 是 " 則往左走。製作方法是否用平底鍋煎？答案若 " 是 " 則往左走，即是 PIZZA，其他都會被篩選掉為不是 PIZZA。我們可以單擊菱形查看訓練資料的最終位置。

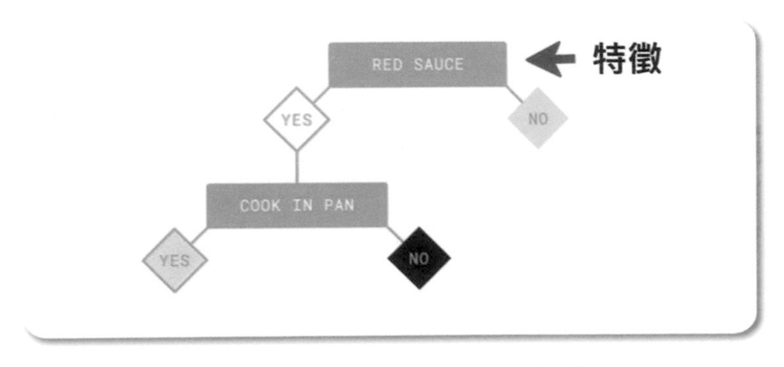

選擇 " 紅醬 " 作為判斷是否為 PIZZA 的特徵

此時根據訓練資料進行訓練可以獲得 92% 的準確度。現在，讓我們在測試資料上執行這個模型，看看效果如何。

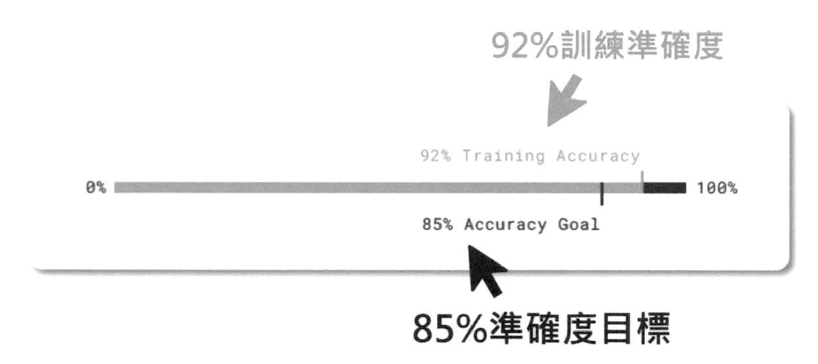

訓練後的準確度

STEP 4 預測評估：

使用 20% 的測試資料來評估這個決策樹模型，我們會得到下面這個答案。具有紅醬特徵但不是用平底鍋製作的本來會被分類為不是披薩，但可以清楚看到有部分披薩是被分到這邊 (下圖中的黑色點)。

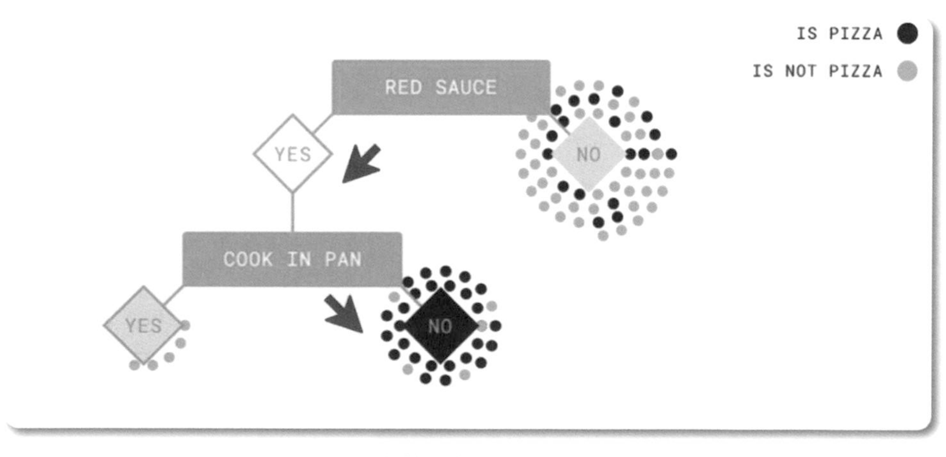

訓練後的決策樹模型

下圖則是測試資料的準確度，距離目標 85% 還有一段距離。其中您的訓練準確度很好 (92%)，但測試準確度 (75%) 卻低得多，什麼地方出了錯？

測試準確度低於訓練準確度

這是一個常見的機器學習問題，稱為過度擬合 (overfitting)。我們可以嘗試修改功能以達到或超過原設定的目標。例如調整訓練資料 / 測試資料的大小，或在決策樹中特徵的順序，以獲得更好的結果。

方法一：調整訓練資料 / 測試資料的大小

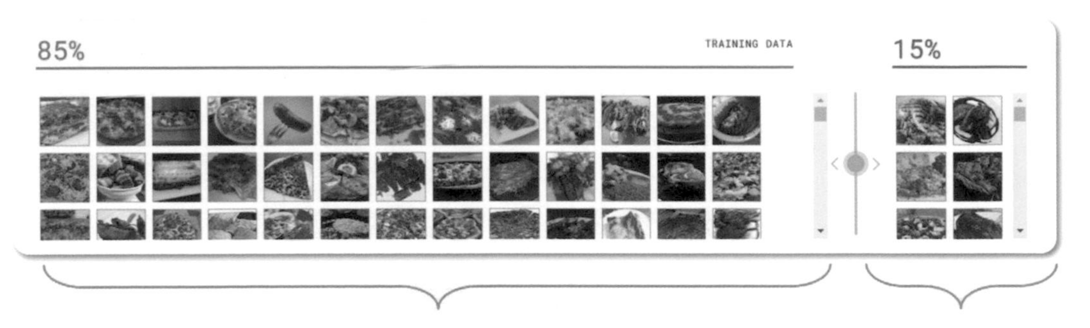

可考慮調整訓練資料跟測試資料比例

你可以左右移動中間的控制點來調整訓練資料與測試資料的比例，並看看調整效果。但要注意一件事就是如果測試資料過少，你將沒有足夠的測試資料可以知道模型有多好。

方法二：調整決策樹中特徵順序

調整過程中可以選擇 1~2 個特徵當作決策樹的分支節點，來進行模型的訓練。而模型的訓練結果將會受到所選取的特徵，以及先前所決定訓練資料集和測試資料集的大小比例而決定。當選完特徵，並且滿意此次的訓練準確度後，就可以接著下一步，測試模型預測的準確度了

在訓練過程中，您會發現到訓練資料準確度高不代表最後測試資料準確度就會高 (如下圖的特徵順序)。

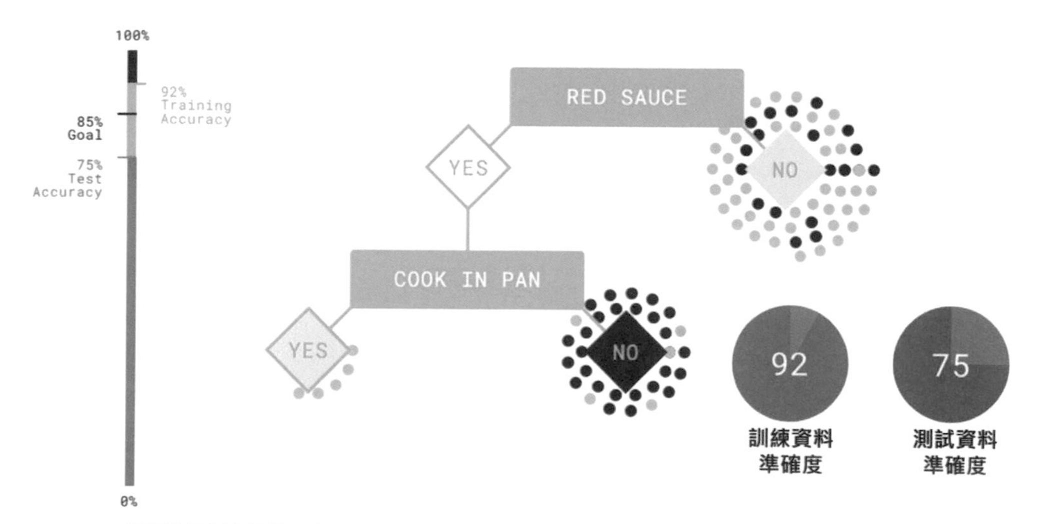

調整決策樹中特徵順序 (例如先用「紅醬」特徵做判斷，再用「平底鍋製作」特徵判斷)

而測試準確度低的代表我們選擇的某些特徵對於判別披薩是沒有用的 (如下圖的特徵順序)。經過重複多次的訓練測試，可以看到紅醬 (RED SAUCE) 不管跟甚麼特徵搭配，測試準確度都較低，所以紅醬 (RED SAUCE) 對於判別披薩的幫助不大

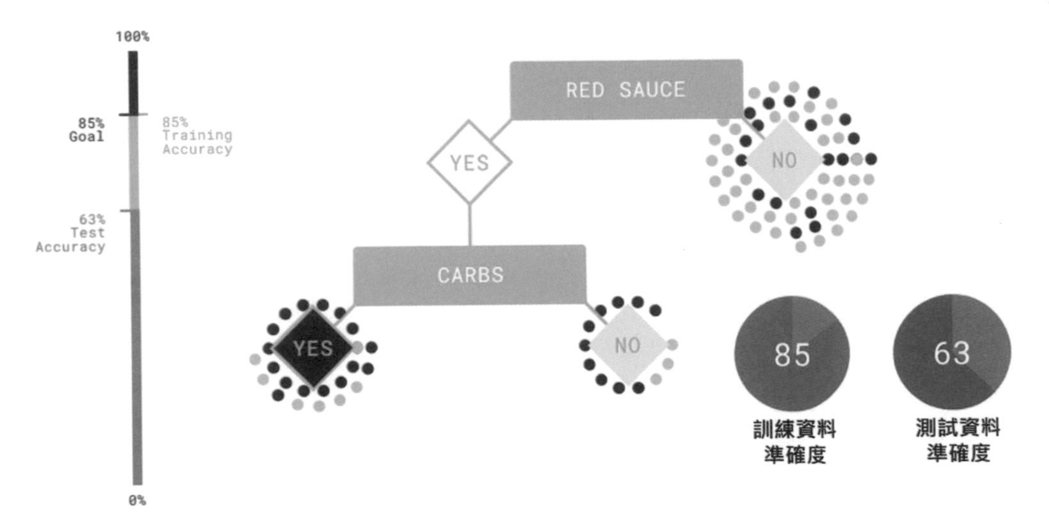

調整決策樹中特徵順序（例如先用「紅醬」特徵做判斷，再用「碳水化合物」特徵判斷

且越接近根節點的節點選擇的特徵會影響越大，靠近根節點的節點選擇的特徵會比後面的節點更早將資料篩選完，越前面的節點若選對特徵，就能大大提升判斷效率（如下圖）。

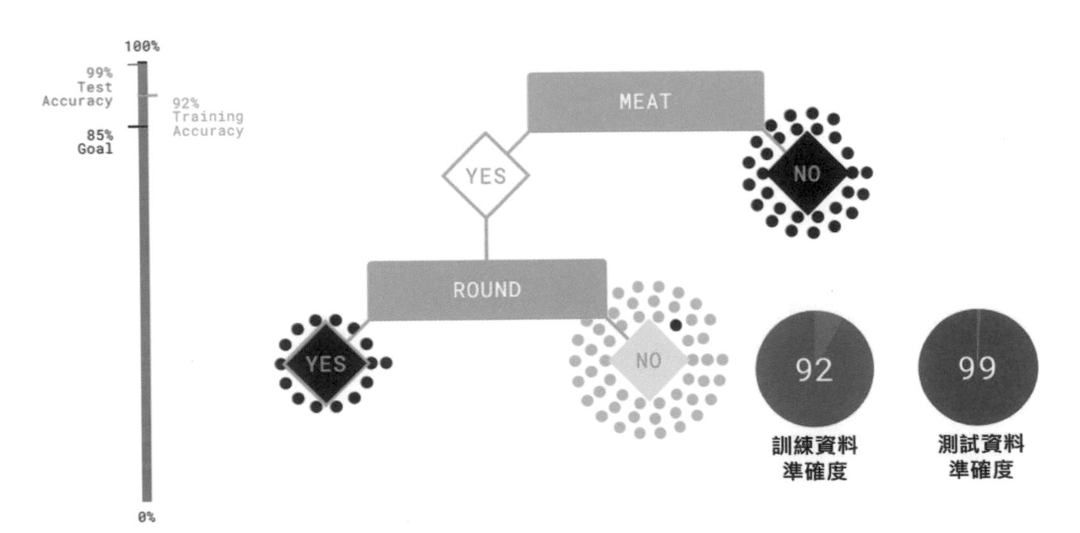

調整決策樹中特徵順序（例如先用「肉」特徵做判斷，再用「圓形」特徵判斷）

這個活動的優點是在 No Math No Code 的情況下，把機器學習中的決策樹演算法變的簡單易懂，操作上也很容易，同時可理解在監督式學習類型上的應用，對於剛接觸機器學習的人非常適合。

活動：小鳥學飛

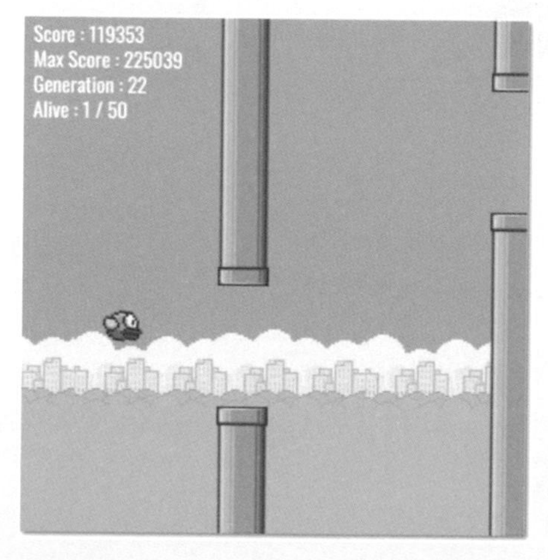

讓程式透過機器學習自行學習玩 Flappy Bird

透過 Google 實驗的 FlappyLearning 來體驗強化式學習應用。它是一個透過機器學習 (Neuroevolution) 自行學習玩 Flappy Bird 的程式。

活動目的：體驗透過機器學習玩 Flappy Bird 遊戲

活動平台：FlappyLearning (https://experiments.withgoogle.com/flappylearning)

使用環境：桌機或筆記型電腦的瀏覽器

如果讀者沒有玩過 Flappy Bird，可以考慮先玩玩看這個遊戲，看自己能得到幾分。再體驗程式透過機器學習自行學會玩 Flappy Bird 後的差別。相信讀者就能體驗到機器學習強大的地方。

玩家玩 Flappy Bird

STEP 1 安裝 Chrome 擴充功能 - "Flappy Bird Offline"

可在 Google Chrome 瀏覽器輸入 "chrome 線上應用程式商店 "，點擊連結後進入商店 (https://chrome.google.com/webstore)。

並在主頁左上角搜尋擴充功能，輸入 "Flappy Bird" 後，點擊第一個 "Flappy Bird Offline"。

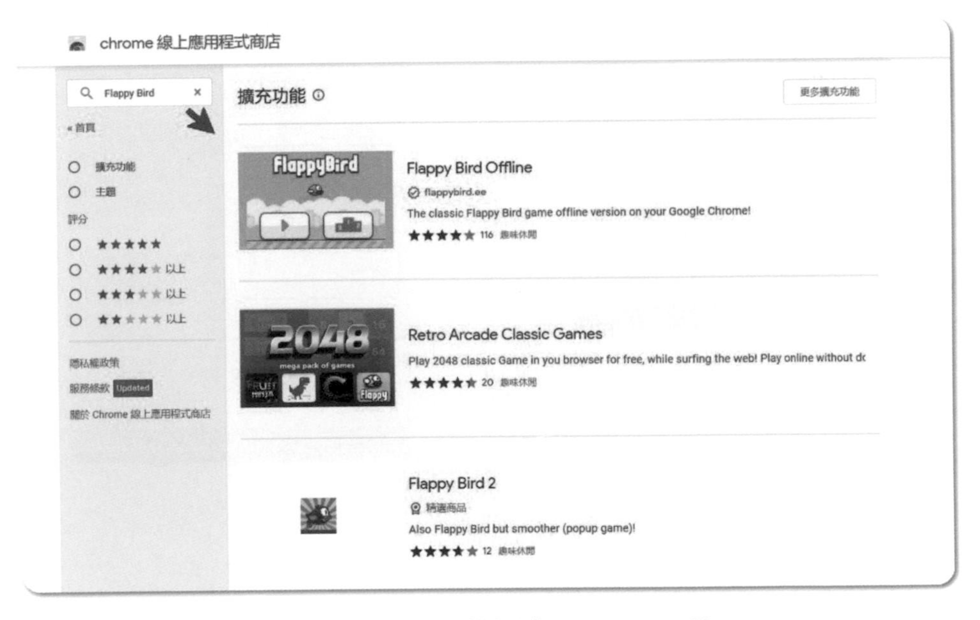

安裝 Chrome 擴充功能 - "Flappy Bird Offline

點擊 " 加到 Chrome" 即可進行安裝。安裝完成後，可在 Chrome 上方擴充功能區點擊 Flappy Bird Offline 開始玩遊戲。

STEP 2 Play Game

玩家按空白鍵就可以開始玩。

按空白鍵即可開始玩

遊戲規則是操控小鳥飛行並且避開綠色的管道。如果小鳥碰到了障礙物，遊戲就會結束。每當小鳥飛過一組管道，玩家就會獲得一分。玩家可以試試看可以得到幾分。

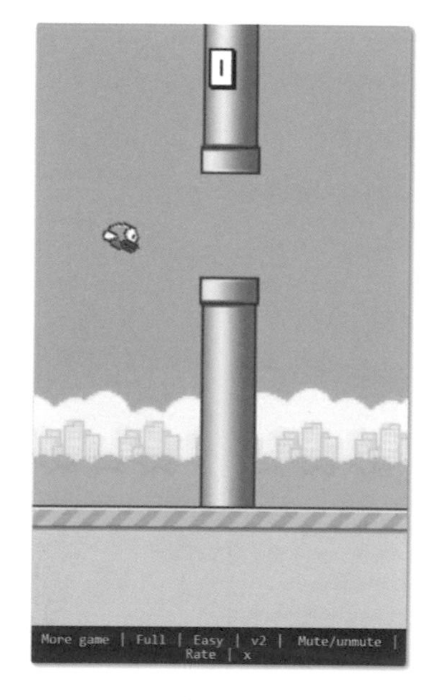

遊戲過程

電腦程式透過機器學習玩 Flappy Bird

STEP 1 連到 FlappyLearning 網頁

連到 Google 實驗 FlappyLearning 網頁

(https://experiments.withgoogle.com/flappylearning)

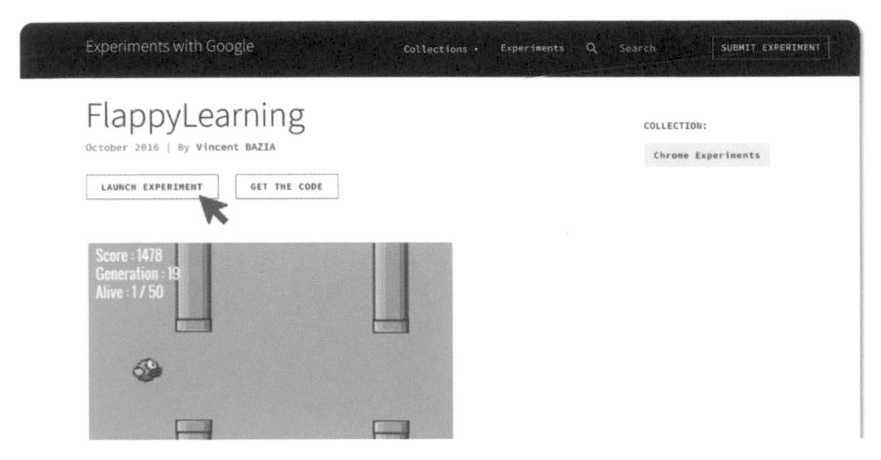

連到 Google 實驗 FlappyLearning 網頁

點擊開始實驗 (LAUNCH EXPERIMENT) 就可以連到遊戲主頁。

STEP 2 透過機器學習玩 Flappy Bird

這個遊戲是透過利用強化式學習概念，教會 AI 程式做出更合理的飛行路線，從每次迭代的成功或失敗中動態學習。你可以調整機器學習的速度，同時看到學習後的狀況與得分，是不是比自己玩還要厲害！

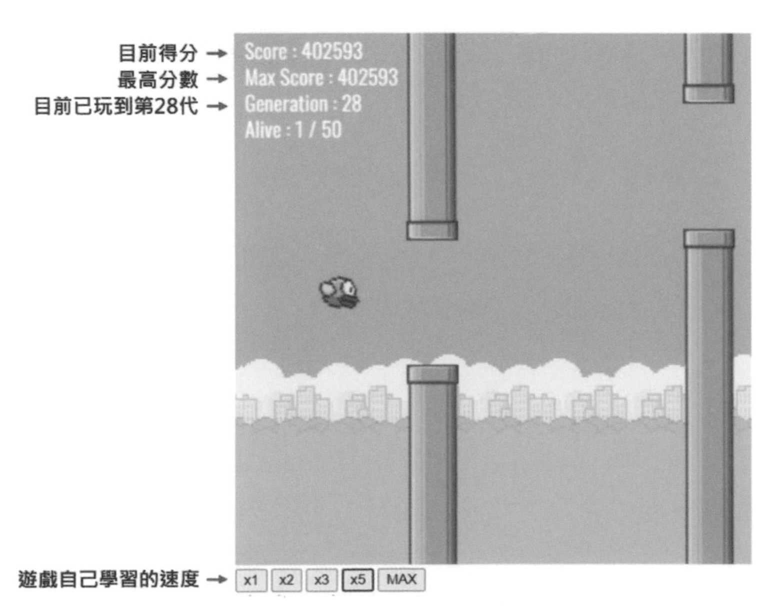

電腦程式透過機器學習自己學會玩 Flappy Bird

3.4

動手做做看：影像辨識 – 貓還是狗？

利用無程式碼機器學習平台 (AI Playground)，來實作影像辨識專案 (貓還是狗)。一方面瞭解機器學習的基本運作方式，同時視覺化整個流程，更能親手操作整個機器學習專案，並產生一個 AI 模型，未來也可以利用產生的 AI 模型來進行創作。

活動：影像辨識操作

活動目的：動手實作影像辨識服務來訓練電腦認識貓跟狗，並實際了解機器學習的三大步驟。

活動網址：https://ai.codinglab.tw/

使用環境：桌上型電腦、筆記型電腦或 Chromebook

我們可以在進行專案之前，先收集貓跟狗的照片，然後選擇平台左側影像辨識服務，作為要訓練電腦所使用的方法。平台提供三種建立圖片資料的方式，使用者可以根據需求做選擇，以本專案來說利用繪圖方式來建立大量貓跟狗的圖像比較費時，所以可以使用上傳方式來選擇收集的照片作為訓練資料。資料與對應類別 (標籤) 準備好後，可以在訓練區塊中點選訓練模型的按鈕進行，訓練完後就可以試著將貓或狗的照片來讓電腦識別，看看電腦訓練的效果，記得拿來做預測的照片不能是訓練中的照片，因為電腦已經看過，預測將毫無意義。為了讓初學者了解整個流程，所以平台採用無程式碼的方式讓大家點選，就可以完整接觸到機器是如何學習的，接下來的步驟將帶大家一步一步完成。

STEP 1 **收集資料**：為了訓練機器能識別出貓和狗，我們需要先準備許多貓和狗的圖片做為訓練資料。數量多寡會影響電腦學習成效，您可以先試著各找 10 張左右，看看學習的成效後再來調整數量。(參考來源：https://www.microsoft.com/en-us/download/details.aspx?id=54765)

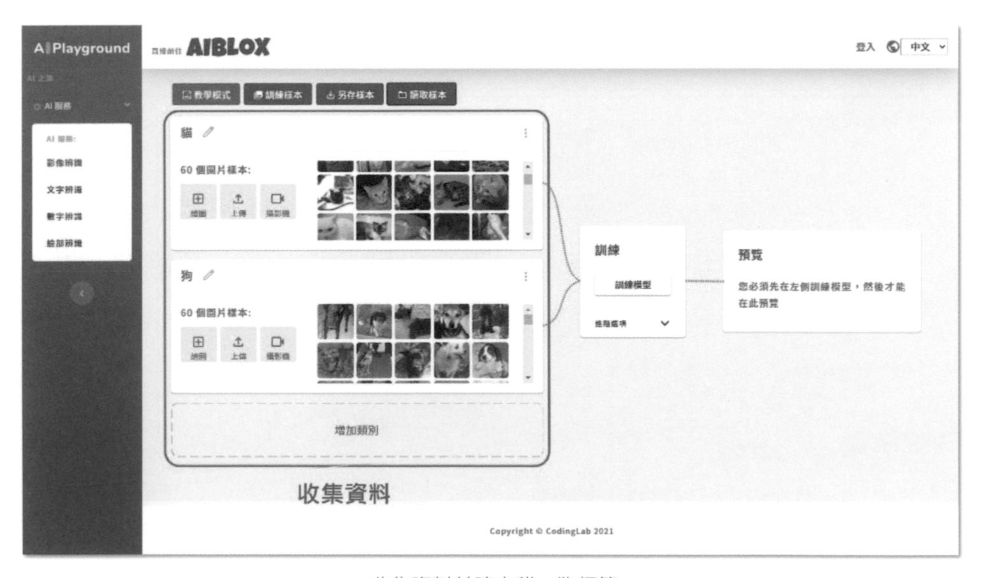

收集資料並建立貓、狗標籤

活動開始先建立貓跟狗的資料類別，利用上傳功能分別將貓跟狗的圖片資料放在對應的類別內 (如上圖)，如果想要增加電腦辨識種類 (例如牛、羊或兔子)，只需再增加訓練類別和圖片即可。本專案先以兩個類別 (貓跟狗) 做說明。

STEP 2 **進行訓練**：訓練資料準備好後，只要按下訓練區塊內的「訓練模型」電腦就可以開始進行學習。

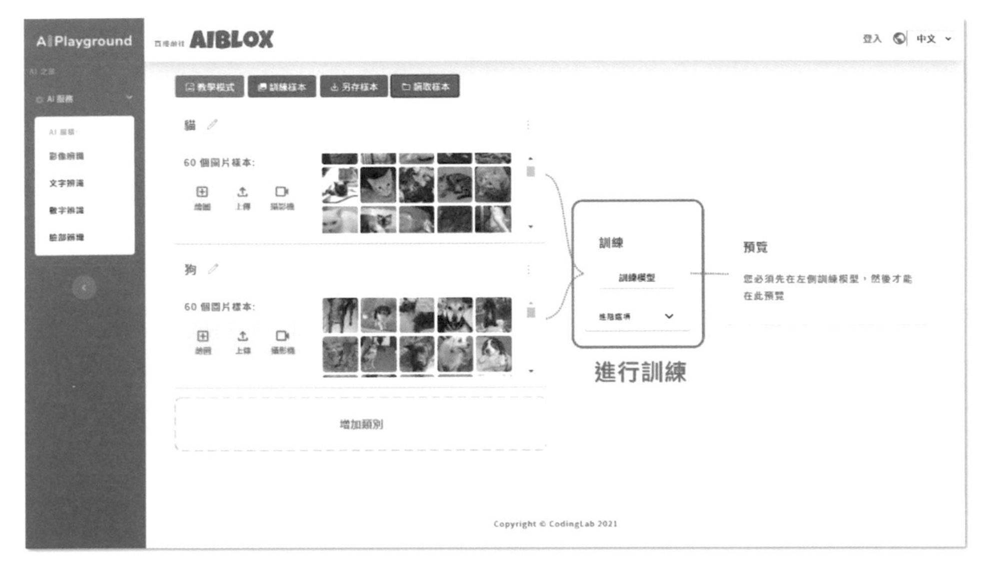

進行訓練

您也可以選擇進階選項中「檢視訓練儀表板」，畫面將會顯示訓練過程(見下圖)。當中一些參數調整主要是給進階使用者學習使用，有興趣的人可以試著玩玩看。這裡我們將直接點選按鈕進行訓練，等訓練完成後就可進入下一個步驟。

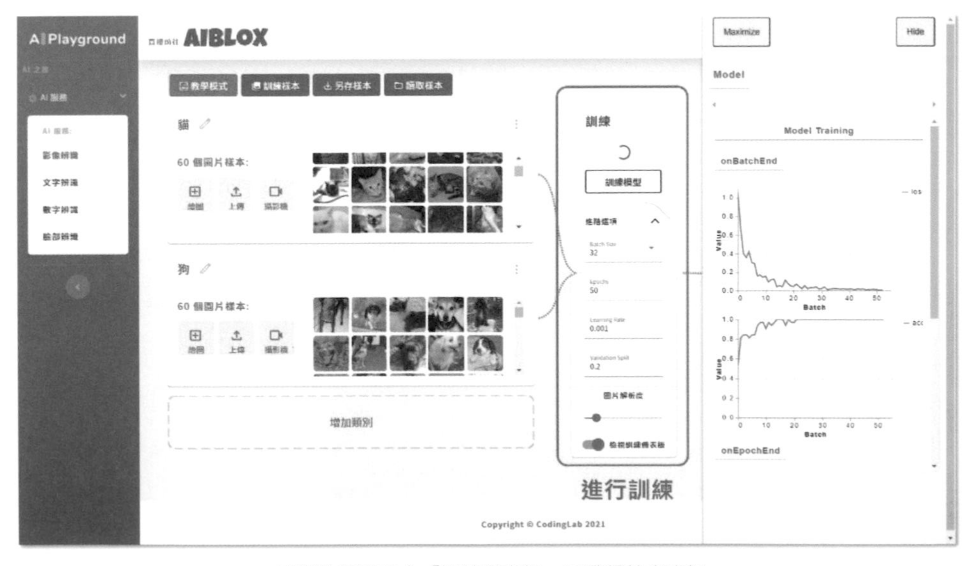

檢視進階選項中「訓練儀表板」可獲得較多資訊

電腦在此訓練階段，會有幾個小步驟如下：

將收集到的資料分為訓練資料及測試資料

電腦會重複 2 及 3 的步驟多次，以提高所訓練模型的性能及可用性。由於這幾個步驟有其複雜性，尤其有許多數學的觀念在其中，為了讓更多人瞭解及參與，我們先不深入探討中間所使用的數學知識，而將專注在觀念及素養的建立，大家可以利用 CodingLab 的無程式碼機器學習平台 (AI Playground) 動手練習，相信對機器學習會有一定的認識。未來有興趣深入的讀者，可以搭配適合的 Python 及深度學習教材進行學習。

STEP 3 **預測評估**：現在您可以使用所訓練好的模型來辨識新圖像 – 貓和狗。您可以在預覽區中，使用 3 種方式進行預覽，下圖展示使用「上傳」的預覽，顯示電腦學習效果蠻不錯，信心值也很高，如果家中有養貓或狗的朋友，也可以試著選擇攝影機的方式來預覽唷。

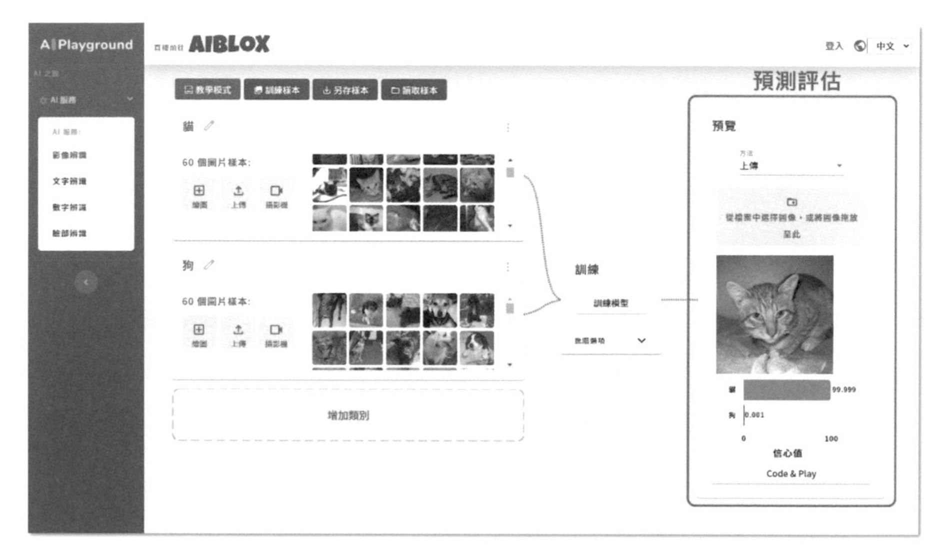

預測評估

從下圖中可以看見，拿貓跟狗照片給電腦辨識時，都可以正確的辨識出來，差別在於信心值高低，而信心值的高低都跟訓練時的資料有關。以下圖 (b)，電腦認為 95.9% 的信心值認為是狗，4.1% 的信心值認為是貓，主要是在貓的訓練資料中有一些毛長、顏色、面部特徵跟這張照片有一些相似的地方，所以訓練後的模型看到這張照片時，會覺得有一點點像。

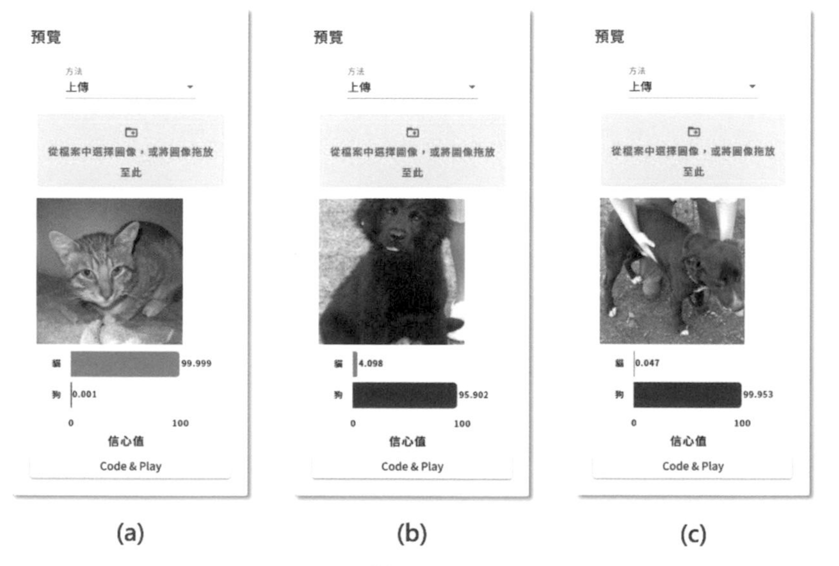

預測結果及信心值

我們試看看其它測試，來多了解機器學習的運作方式，您試著將牛及兔子的圖片提供給被訓練只會辨識貓或狗的模型辨識時，答案會是什麼？下圖兔子跟牛都被辨識成狗，並且信心值分別是 83% 跟 72.6%，很明顯此模型辨識是錯的。

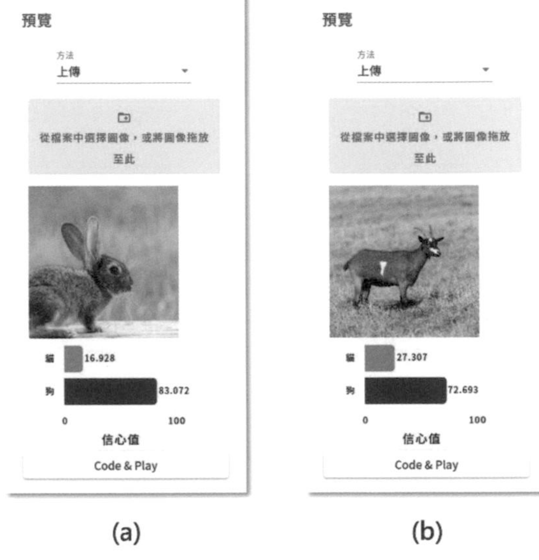

拿兔子及牛的圖片給只會辨識貓或狗的模型進行辨識

我們人類很輕易就能分辨哪一張圖片是兔子，哪一張圖片是牛。但大家想一想，這個 AI 模型是被訓練來辨識貓跟狗（還記的我們前面所提到的目標嗎？），所以我們只準備了大量貓跟狗的照片讓電腦學習，並產生為一個可辨識貓跟狗的 AI 模型。如果希望電腦也能辨識兔子的話，那我們應該要教它學習如何辨識。我們可以另外準備多張各類兔子的照片，並給予類別名稱 – 兔子（如下圖）。

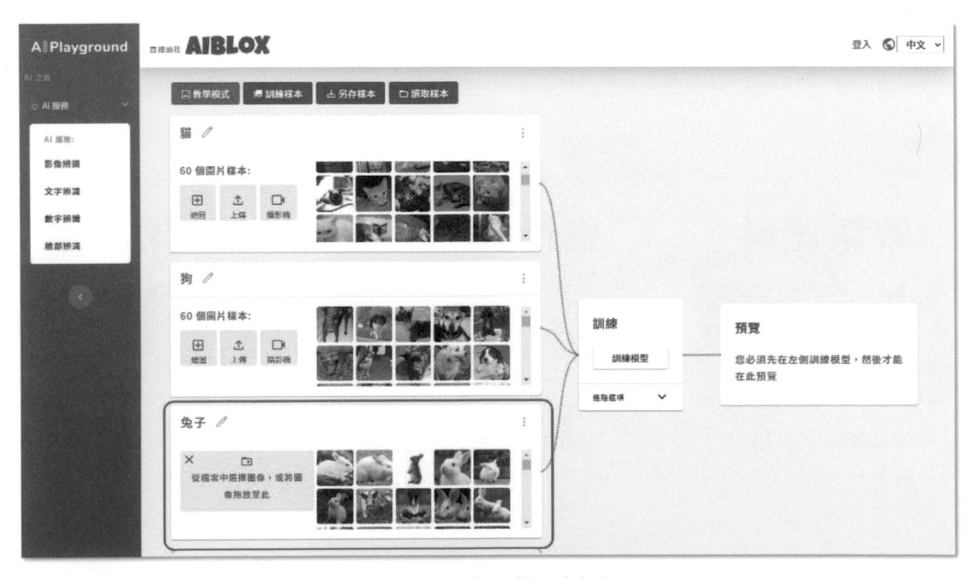

收集兔子圖片資料給機器進行學習

將兔子的訓練照片加入到資料區塊後，點選「訓練模型」按鈕重新訓練，將可產生新的可辨識兔子的 AI 模型，此時您將兔子的照片提供模型辨識時，您在預覽畫面中可以得到電腦可以正確辨識兔子，並且信心值還蠻高的 (99.95%)。不過這裡提醒大家，拿來預覽的圖片不能從訓練資料中選取，必須是電腦沒有看過的圖片，因為如果是電腦在學習過程就已經看過的圖片資料，拿來預測是不準確的。因為我們希望所訓練出來的機器學習模型是可以泛化使用，而非只記得自己訓練時的圖片資料 。

新訓練的模型可以正確辨識兔子

經由無程式碼機器學習平台 (AI Playground) 操作說明後，您將在其中學習到機器學習的基本運作方式及知識，同時也親手操作整個機器學習的過程，並產生一個 AI 模型。產生的 AI 模型未來還可以拿來創作，如果您會 Python 程式語言，您可以利用 Python 及相關框架來進行部署應用，但對初學者來說可以先試著使用比較容易上手的積木式程式語言 Scratch 來進行創作，後面章節將教大家試著做做看生活應用。

最後我們將上面整個說明簡化成下圖，讀者透過此三大步驟將可以更清楚瞭解機器學習的運作方式。

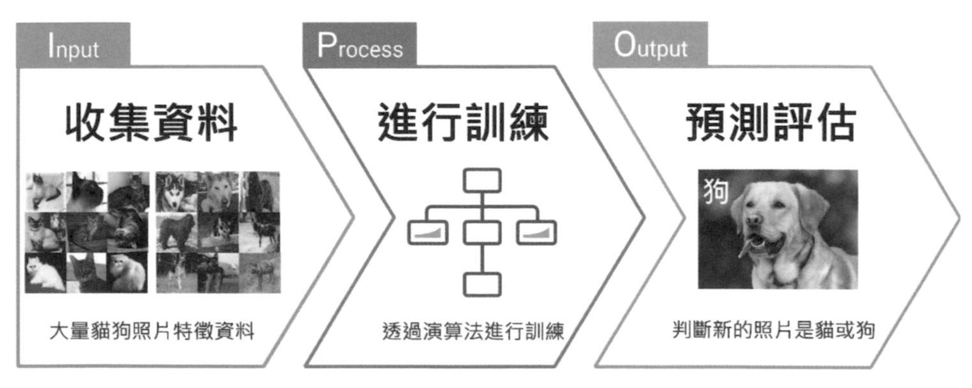

機器學習三大步驟

第 4 章

深度學習

在本章節中我們將為大家介紹深度學習 (Deep Learning)，並瞭解它為何成為當今如此熱門的話題。進入本章節前，我們可以先思考兩個問題，什麼是深度學習？以及深度學習的用途是什麼？第二個問題的答案可以毫不誇張地說，深度學習無所不在，因為它在各行各業正被以無數種方式進行應用。

例如深度學習正幫助醫療保健行業完成癌症檢測和藥物發明等任務。在互聯網服務或手機行業，我們可以看到各種使用深度學習進行圖像 / 視訊分類和語音辨識等應用 (例如 Siri、Alexa)。而在媒體、娛樂和新聞產業中，我們可以看到影片字幕、即時翻譯及許多個性化等應用 (像是 Netflix / YouTube 推薦系統)。在自動駕駛汽車的開發中，深度學習正幫助研究人員克服許多重要的問題，例如標誌和乘客偵測或車道追蹤。在安全領域方面，深度學習廣泛用於人臉辨識和視訊監控。現今火紅的生成式 AI，也是利用深度學習製作出 ChatGPT、Midjourney 等應用。而這些都只是深度學習在部分行業中的幾個應用例子，它同時還被廣泛用於其他許多領域。

而今天深度學習日益普及主要來自三個最新發展：第一是計算機處理能力的快速提升 (例如 GPU)；第二是用於訓練計算機系統的巨量資料的可用性；第三則是機器學習許多演算法和研究的進展。

4.1 什麼是深度學習

那什麼是深度學習呢？回答這個問題之前，我們先帶大家簡單回顧一下人工智慧、機器學習及深度學習間的關係。

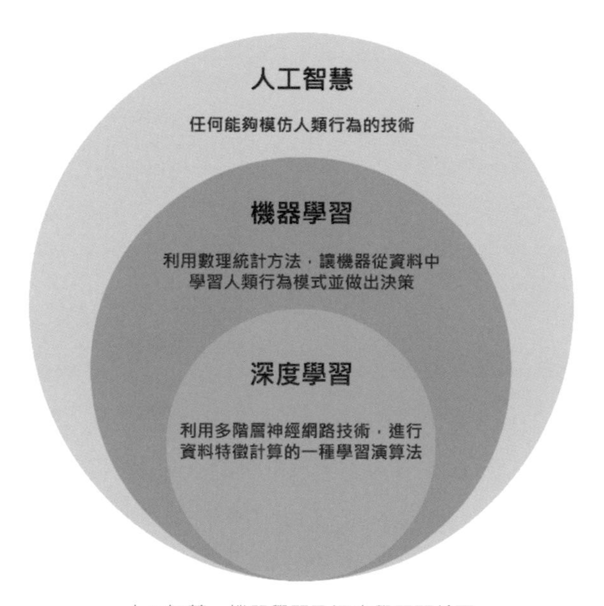

人工智慧、機器學習及深度學習關係圖

- **人工智慧**

人工智慧是一門科學，探討使機器能夠模仿人類智慧或行為的技術，同時專注在建構相關演算法來做到這一點。而這些演算法能夠查看大量資料並從中發現趨勢，以及人類極難找到的洞察力。然而，人工智慧相關的演算法並不能像你我一樣可以任意思考，他們必須經由訓練或學習才能來執行非常專業的任務。

- **機器學習**

  機器學習可以看成是人工智慧的一個子領域，主要是利用數理統計方法及資訊科技技術，來教演算法學習從資料中識別特徵或人類行為模式，並做出決策或預測，進而實現人工智慧，而不需要明確的編寫程式就可達成許多任務。機器如何學習取決於我們希望它處理什麼問題，因此不同的問題會需要不同的方法 (演算法)。

- **深度學習**

  而深度學習則是機器學習的一個子領域，探討許多可自行學習的演算法，其核心技術為神經網路 (Neural Networks)。它是一種受人腦結構啟發的機器學習技術，專注於用來自動提取原始資料中的有用模式 (patterns)，然後使用這些模式或特徵 (features) 來學習執行該任務。由於神經網路的角色是構成深度學習演算法的一個重要支柱，所以對於初學者來說，您可以將深度學習視為較多層的大型神經網路會更容易理解。

近年來經由神經網路架構所形成的深度學習技術，已經取得非常大的進步及應用，例如電腦視覺、手寫辨識、自然語言處理、語音辨識、機器人、醫藥、藝術或遊戲等許多領域，不過要直接深入這些應用領域對初學者會過於複雜，所以我們會用相對比較好理解的簡單分類問題來切入。

尋找最佳區分線

首先，您可以試著想想看是否可以畫出一條線，來分開沙灘上紅色和藍色貝殼？也許您畫出的這條線會像這樣 (如下圖)。

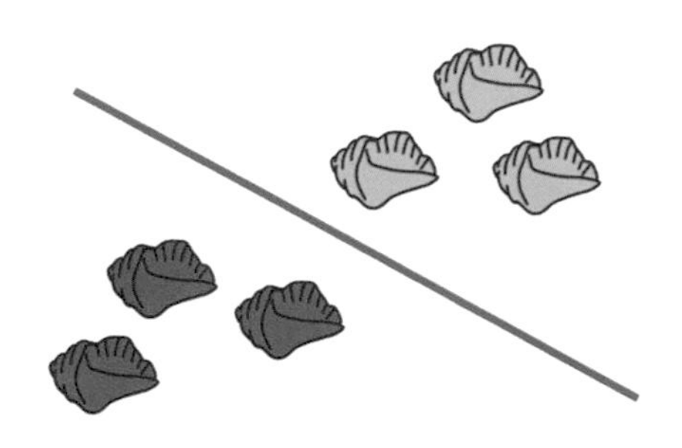

利用直線區隔紅色和藍色貝殼

這就是神經網路 (Neural Networks) 對於紅色或藍色形式的資料 (如下圖 (a))，所做的可以尋找區分它們的最佳直線。如果資料像下圖 (b) 這樣複雜，那我們可能就需要更加複雜的方法 (演算法) 來處理及尋找能夠分開這些點的複雜界線。而深度神經網路 (Deep Neural Networks) 就可以完成這個工作，所以記住這張圖 (上圖)，將有助於我們學習神經網路及深度學習。

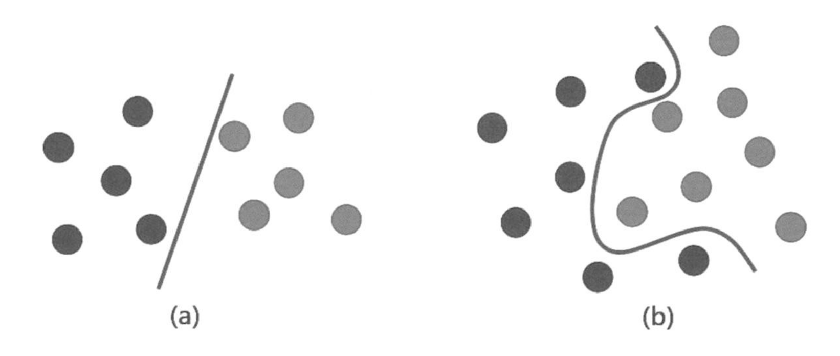

尋找區分紅色及藍色的最佳界線

4.2 深度學習的重要核心 – 神經網路 (Neural Network)

深度學習大致上可說是以神經網路 (Neural Networks, NNs) 為核心的機器學習技術。而神經網路有時也叫做人工神經網路 (Artificial Neural Networks, ANNs)，是由許多人工神經元 (Artificial Neuron) 所組成。它的名稱和結構受到人類大腦的啟發，並且希望能夠仿照人類大腦運作方式來做出決策。為了更好地理解整體的神經網路，我們將從組成它的各個單元開始討論。

由於人工神經元是透過模仿大腦中生物神經元 (Biological Neuron) 被激活 (activated) 後，互相發送信號的方式來解決問題。所以要了解人工神經元架構及如何工作之前，我們可以先了解真正的生物神經元是如何運作的。

4.2.1 生物神經元

一個大腦大約有數百億以上個稱為生物神經元的微小細胞 (沒有人確切知道有多少，大概估計從大約 500 億到多達 5000 億不等)，一個真正的生物神經元看起來如下圖。

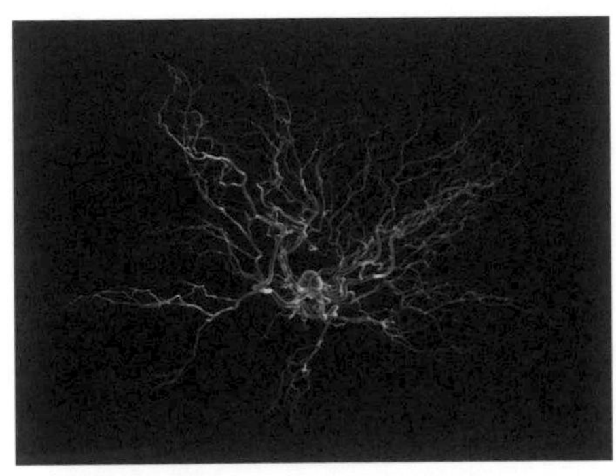

Author：Nicolas.Rougier
https://commons.wikimedia.org/wiki/File:Neuron-SEM-2.png

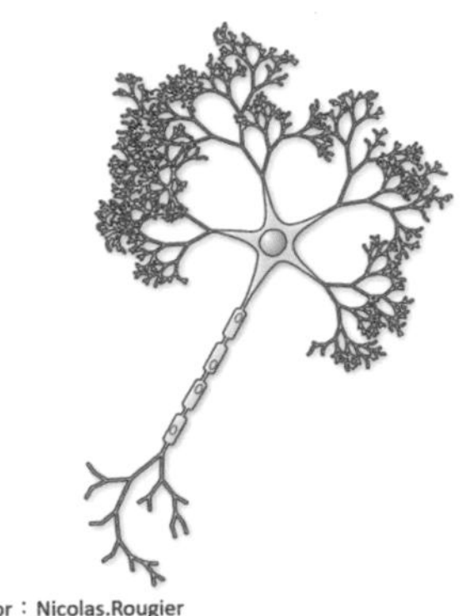

Author：Nicolas.Rougier
https://commons.wikimedia.org/wiki/File:Neuron-figure-notext.svg

生物神經元

簡化上面神經元圖形有助於了解它的一些組成要件。每個神經元最主要都由一個細胞體 (Cell body)、許多與其相連的樹突 (Dendrites)、單個軸突 (Axon) 及多個突觸 (Synapse) 所組成 (如下圖)。對單一神經元來說，它是一個很簡單的資訊處理器，每個樹突 (Dendrites) 負責從神經系統中的其它神經元接收資訊信號後，將其帶到細胞體 (Cell body) 中來處理這些資訊，軸突 (Axon) 則是負責從細胞體向其它神經元發送資訊，而每個軸突可以在稱為突觸 (Synapse) 的交叉點再連接到其它一個或多個樹突，就這樣將數百億個神經元串接起來成為生物神經網路。

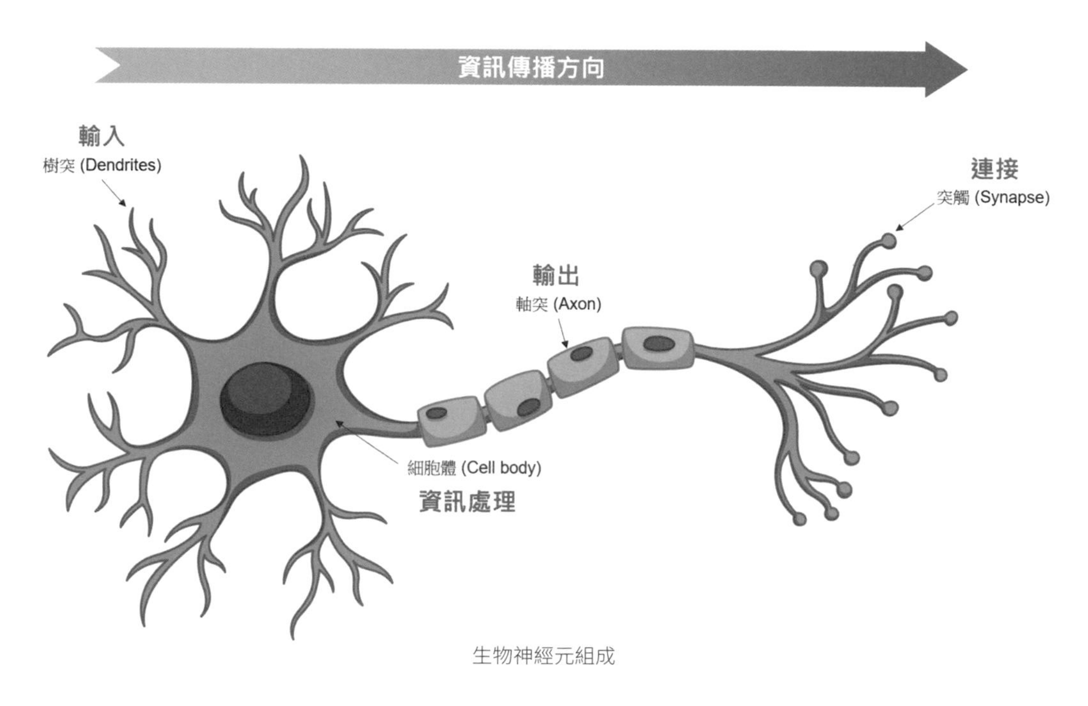

生物神經元組成

所以簡單總結生物神經元運作的四個階段，分別是：

1. **輸入**：樹突 (Dendrites) 負責神經元的接收。
2. **資訊處理**：細胞體 (Cell body) 負責神經元的資訊處理
3. **輸出**：軸突 (Axon) 負責神經元的輸出。
4. **連接**：突觸 (Synapse) 負責連接其它神經元的樹突 (Dendrites)。

試想人的大腦有上百億個神經元，然後將這麼多個神經元連接在一起(如下圖)，就像樂高一樣，用眾多小積木堆疊出各種形體，可以做出一些很棒的事情。而神經元透過突觸互相連接後，將構成非常複雜的神經網路，深深影響我們的思考與判斷。

資訊傳播方向

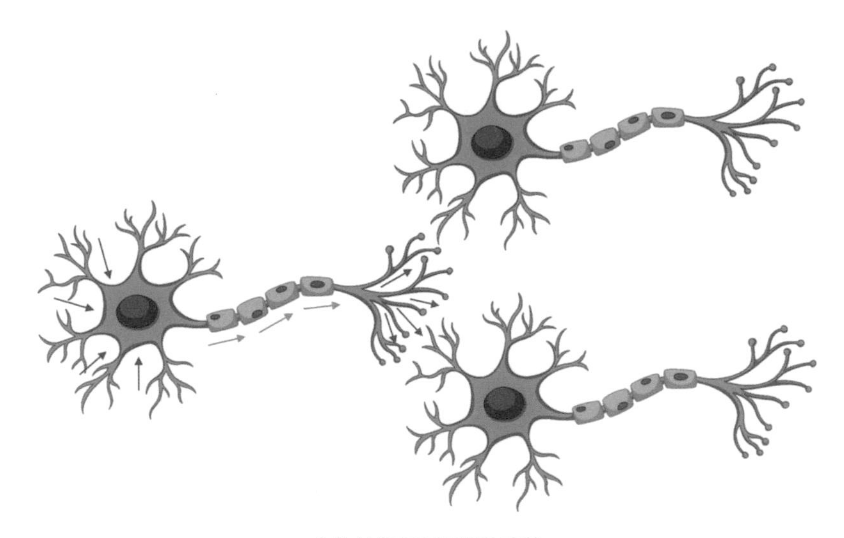

生物神經元間的訊息傳遞

人類大腦目前可能是我們所知道最強大、最高效的計算機，為了較容易瞭解其運作方式，我們先忽略一些細節。生物神經元是從與其相連的其他神經元發送和接收電脈衝訊號的細胞。一個生物神經元只有在接收到來自其他神經元的脈衝，訊號夠強才會發出電脈衝，也就是加起來要超過某個閾值(臨界點)，任何低於該閾值的訊號，生物神經元都不會做任何事情。該閾值是高是低取決於相關神經元的化學性質，並且因不同生物神經元而有差異。發射時，電脈衝會從生物神經元射出，並進入其他下游更多神經元。在大腦中，數百億個互相連結且相互交流的生物神經元構成了意識及思想的基礎。

每次你學習新東西時，這些生物神經元之間的連接都會發生變化。也因為如此，人類才會想要仿照這樣的模式，利用人工神經元來建立人工神經網路。

4.2.2 人工神經元 (感知器)

研究學者在 1943 年左右提出建立一個基於大腦工作方式的「數學模型」想法。首先，學者為單個人工神經元建立一個模型，該模型模仿生物神經元的輸入、處理 (閾值) 和輸出概念。並且與大腦一樣，神經網路是由這些人工神經元互相連接而成，而這些人工神經元也稱為「感知器」(Perceptron)。

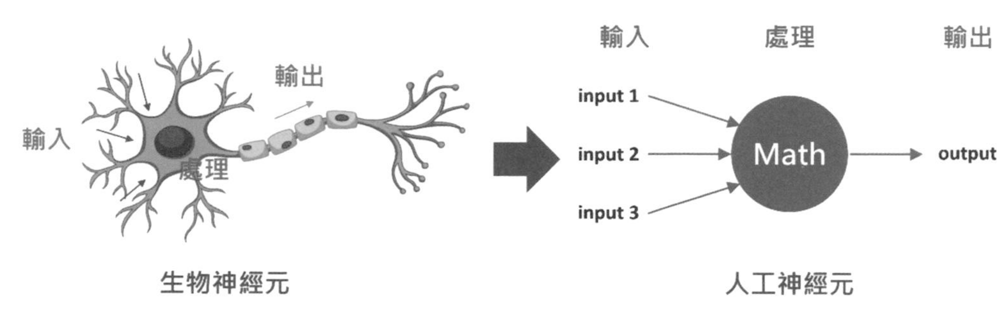

生物神經元與人工神經元

每一個神經元會接受一些輸入 (數字)，然後經過一些數學運算後產生一個輸出。例如神經元可以接受任意數量的輸入 (像是預計購買胡蘿蔔、馬鈴薯、雞蛋的數量)，然後會有對應的權重 (例如物品價格) 及一個輸出。為了得到這個輸出，神經元會先將每個輸入乘以對應的權重 (weight)，然後將它們加總 (sum) 後，添加一個稱為偏差 (bias) 的數字 (你可以想像成買這些商品後，用信用卡付款時所需的額外處理費用)。

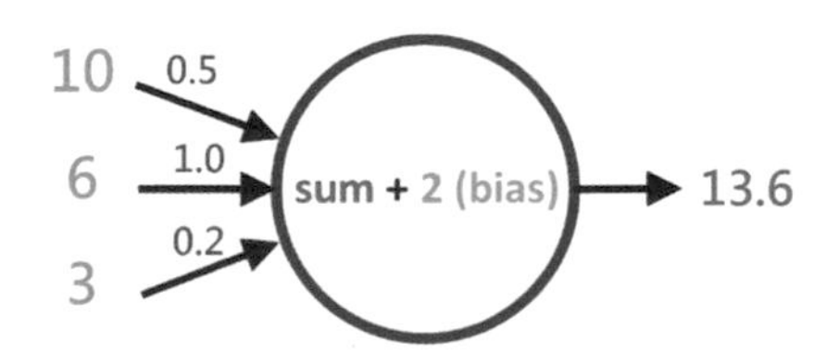

sum = 10 x 0.5 + 6 x 1.0 + 3 x 0.2 = 11.6
sum + bias = 11.6 + 2 = 13.6

簡單線性組合

此時單個神經元可以簡單地輸出一個加總值為 13.6，只是一個累加後的線性組合或線性函數 (你可以想像成只是一條直線)，用途相當有限，並且對真實世界許多複雜資料所需要建立的模型相當不靈活。但假設我們加上一個判斷，例如加總後的值是否大於 10？是，我們就覺得貴，否則就認為還不是太貴，這時候的輸出結果就有不同意義，而不再只是一個單純的加總數字。

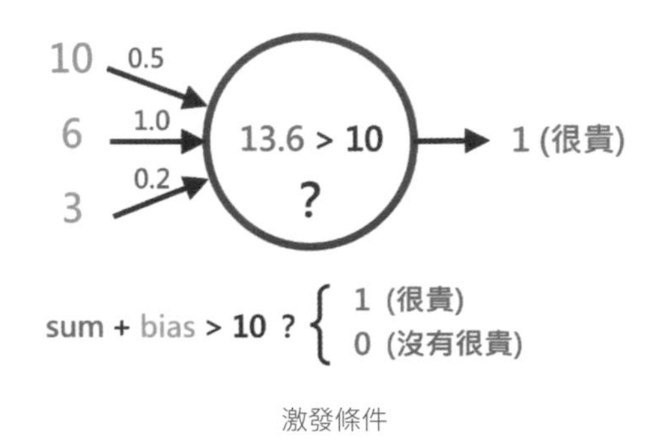

激發條件

而後面加的這個判斷，可以當作是一個激發條件，等同模擬前面提到生物神經元在傳遞訊息時，要超越某個閾值，才會激發軸突將訊號繼續傳遞到其他神經元。這也就是在神經元中需要在加總後增加一個步驟稱為激勵函數 (Activation Function)。當激勵函數接受加總後的值時，會決定是否應該激活這個神經元。

人工神經網路受到這些基本原理的啟發，將單一神經元用簡單的數學模型來表示。簡單來說就是將神經元的每個輸入 (數字)，乘以權重 (連結神經元上的數字) 後，將這些值的總和加上一個特殊的數字 (偏差)，提供激勵函數處理後輸出 (如下圖)。雖然前面的舉例簡單些，但可以讓初學者很快瞭解一個神經元的運作，以及與生物神經元間的差異。

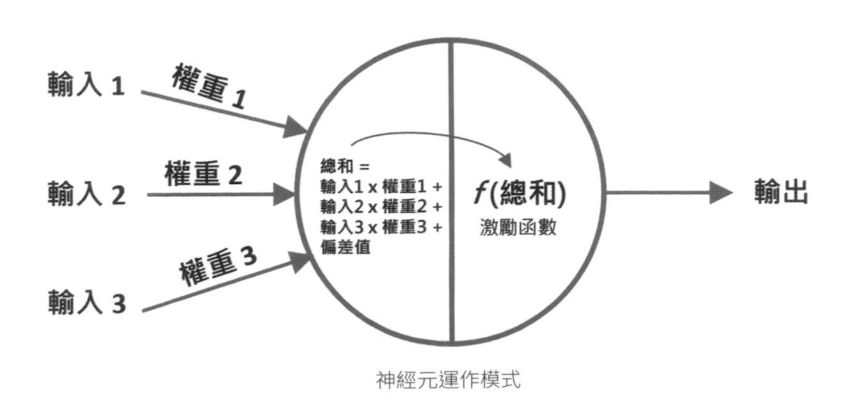

神經元運作模式

一個神經元發揮的效果有限，但當我們將單個神經元利用堆疊方式建構成神經網路時，神經網路將可提供機器做為學習之用，而它是如何做到就必須先認識其架構。接下來就讓我們看看神經網路的架構說明吧！

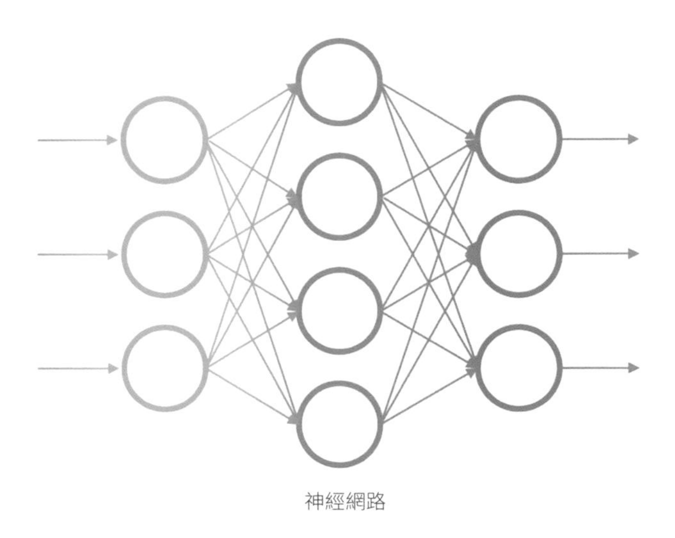

神經網路

4.2.3 神經網路架構

如前一節所提，我們可以試著增加神經元數量及多個輸出，並利用堆疊方式來建構一個簡單的單層神經網路架構。此架構最常見的有 3 種層別，分別是輸入層、隱藏層及輸出層。

- **輸入層 (Input Layer)**：該層為神經網路輸入資訊 (特徵) 所在之層，會將來自外部世界的資訊提供給網路。在這一層不執行任何計算，這裡的節點只將特徵傳遞給隱藏層 。

- **隱藏層 (Hidden Layer)**：此層節點並不會暴露於外部世界，所以狀態通常不容易觀察，對某些人來說資訊是隱藏的，所以視神經網路較為抽象的一部分。隱藏層會對經由輸入層所輸入的特徵執行各種計算，並將結果傳輸到輸出層。

- **輸出層 (Output Layer)**：此層會將神經網路所學到的資訊帶到外部世界。

在神經網路中，除了輸入層外，當其他層的每個神經元都跟前一層的每個神經元緊密相連，我們會稱這些層為「密集層」(Dense Layer)，因為彼此相連緊密的特性，所以也叫做「全連結層」(Fully Connected Layer，簡稱 FC)。

當我們需要解決複雜的問題時，可能就需要將神經網路中的單個隱藏層增加為多個隱藏層 (如下圖)，中間會有非常多的資訊透過數學模型處理後傳遞。例如，每一層都由自己的權重參數所構成的數學矩陣，與輸入參數進行數學運算傳至下一個神經元，無論是從輸入層到隱藏層或是從隱藏層到輸出層都是如此，看起來是不是變得複雜許多。

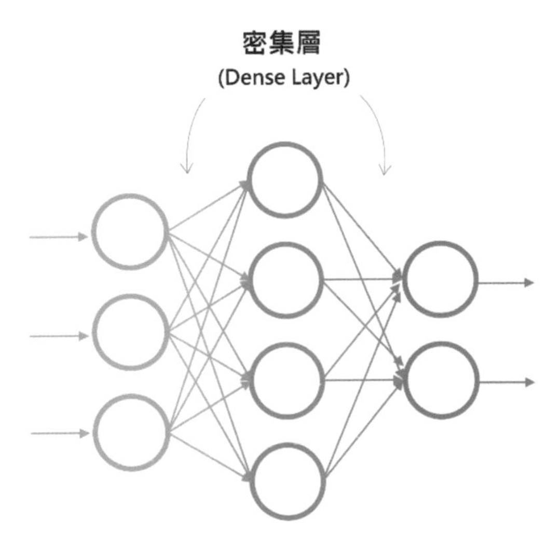

神經網路基本架構

擁有多個隱藏層的神經網路架構，我們就給它一個名稱叫做深度神經網路(Deep Neural Network)。機器利用這樣的架構來進行學習，我們就稱為深度學習(Deep Learning)，而深度學習中的 " 深度 " 是指神經網路中隱藏層的層數。目前沒有特別定義要多少層數才能叫做深度學習，但一般由三層以上隱藏層所組成的神經網路，就常被視為深度學習演算法。

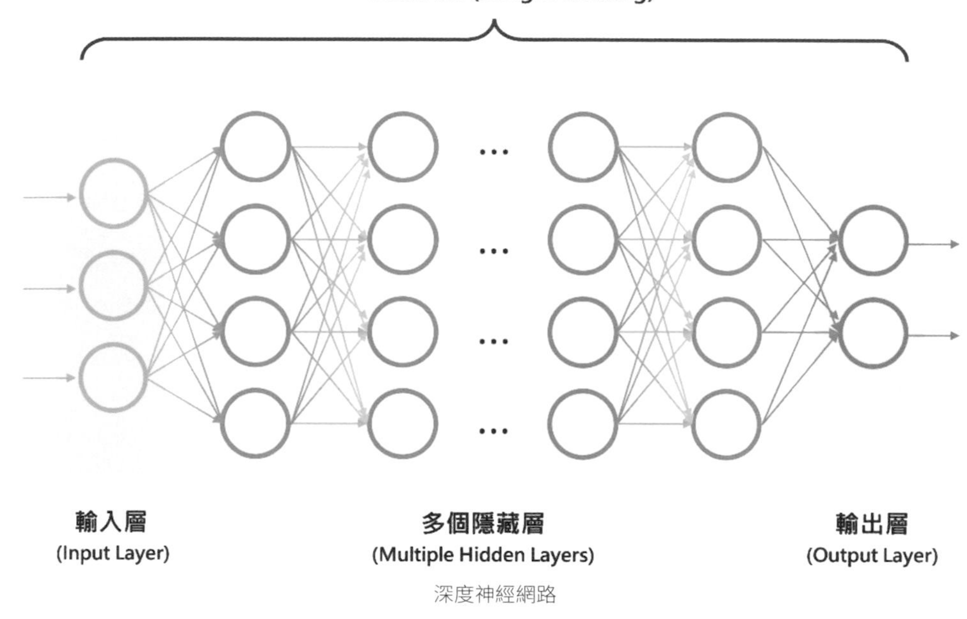

深度神經網路

若將訓練資料經由一定深度的神經網路數學運算並反覆學習後，將可訓練出一個可以做決策的模型。例如一個訓練好可以辨識貓跟狗的神經網路模型，將一張貓的圖片提供給此模型時，將可對其正確分類。由於輸入的特徵數變多，神經元的數量勢必增加，加上任務的複雜度提升，必須使用多個隱藏層，下一節我們就進一步看看多層的深度神經網路如何運作

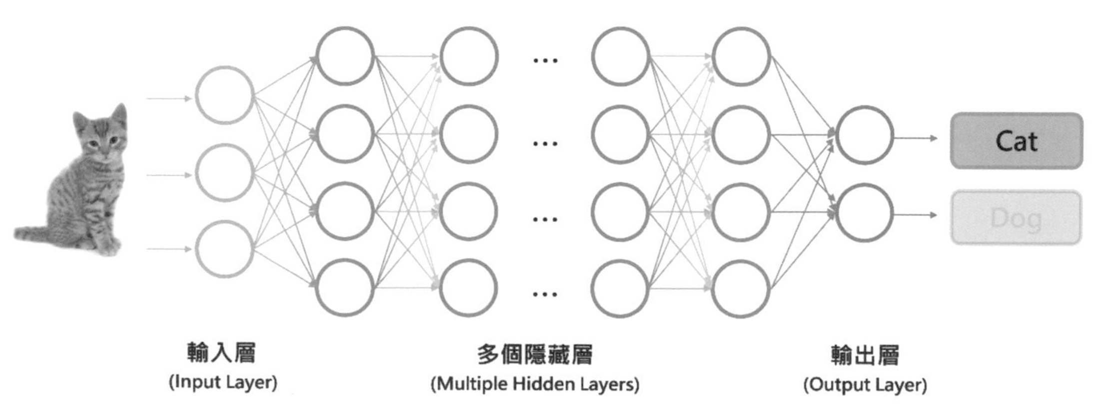

使用深度神經網路訓練的模型進行圖像辨識

4.3 神經網路如何工作

那神經網路實際是如何運作的呢？我們用一個簡單範例說明。首先，先將神經網路看成是一個黑盒子，也是一台我們還不是真正瞭解其內部運作方式的機器。我們希望這台機器可以接受一定數量輸入，並有一定數量輸出。

例如，我們希望對圖像分類(草莓或藍莓)，那麼我們希望輸入資料會是圖片中的像素，輸出則是我們擁有的類別數(草莓跟藍莓兩個類別)。

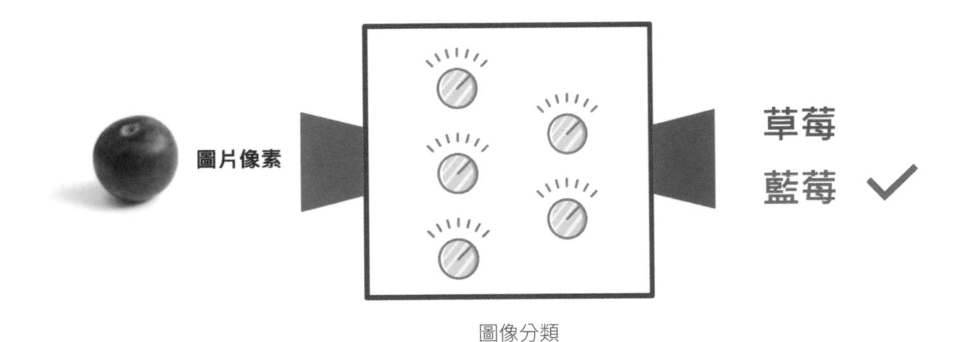

圖像分類

或是我們希望對房價建立預測模型，那麼輸入將是我們擁有的特徵，例如房屋位置、房間數量和房子坪數，而輸出將會是一個房屋預測價格

預測價格

機器有了輸入和輸出，那我們要如何控制什麼樣的輸入會產生什麼樣的輸出呢？也就是說如何改變神經網路，讓某些輸入 (例如草莓或藍莓的圖像) 給出正確的輸出 (例如，0 表示判斷為草莓，1 表示為藍莓)？我們可以把神經網路想成是一部可以產生任何輸出的萬用機器，機器上面有無數個旋鈕，只要我們將這些旋鈕調到正確的位置，就可以將輸入的內容轉換成我們想要的輸出，而這些 " 旋鈕 " 就是所謂神經網路的參數。

例如，回到草莓跟藍莓的例子，如果我們給機器一張藍莓的圖像，但機器卻告訴我們這是草莓，代表機器還沒有辦法給予我們想要的答案，那麼我們可以繼續調整機器的旋鈕 (也就是所謂的調整參數) 直到機器告訴我們它看到的圖像是藍莓，此時黑盒子就是訓練好的模型。基本上，這就是訓練神經網路的意義。

現在就利用下面的活動來實際操作並了解相關工作方式與應用。

活動：單個神經元工作方式

現在讓我們看看黑盒子裡面發生了什麼事。我們可以利用此活動，從認識單個神經元內部運作方式開始。

活動目的：利用互動式功能，瞭解單個神經元工作方式以及激勵函數的應用

活動平台：AI Playground (https://ai.codinglab.tw)

使用環境：桌機及瀏覽器

當登入這個活動平台時，讀者可以點擊下圖中左側神經網路的選項，然後會看到歡迎畫面後，可以一步一步的察看內容，也可以直接點擊上方想看的內容。

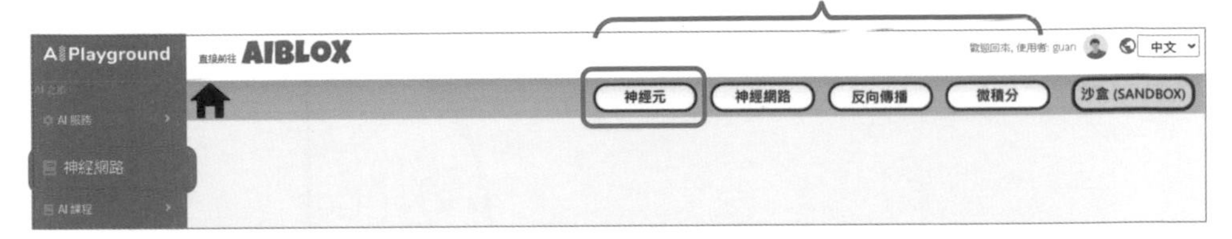

AI Playground 畫面

我們先直接點擊畫面上方「神經元」的選項，並按 next 至下方畫面 (讀者若對當中一些資訊有興趣可以停下腳步認識一下)。由於本互動網站只是讓大家做一些基本認識，所以提供的資料不會太複雜。

首先我們先提供神經網路一份藍莓的資料 (含長度及圓度兩個值)，並將其當作進入神經元的輸入。

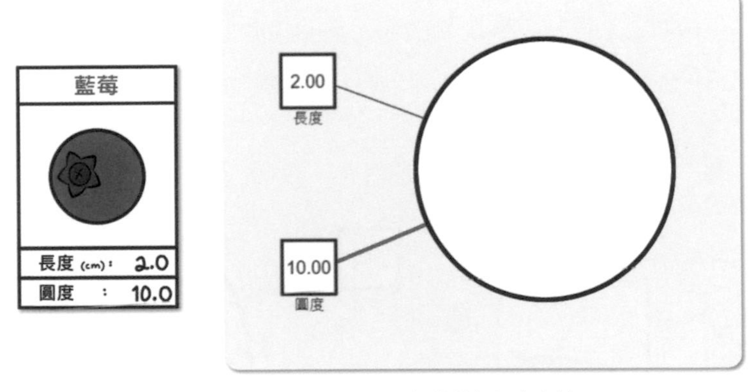

提供神經網路資料

接下來我們可以按下 next 會看到有出現紅底的互動 (interactive) 圖標，你將可以看到神經元中間的數學過程，會將每個輸入 (長度 2 及圓度 10) 乘以一個權重 (初始值是隨機數)，加總後再加上一個特別數字 - 偏差 (bias)，也就是 0.21。

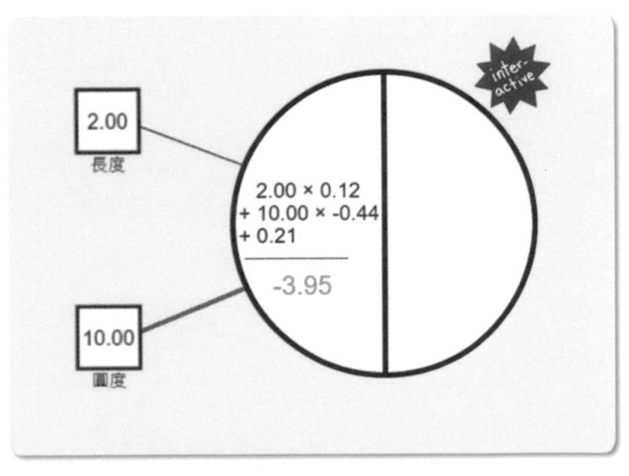

輸入資料處理過程

你可以將滑鼠游標移在線上（也就是權重），點擊如右圖中出現的 -/+ 來手動增加 / 減少權重的值，這時候你將會發現神經元內的值也會跟著改變。同時權重值如果是正的將會以藍色線呈現，反之若是負的則會以橘色線表示。

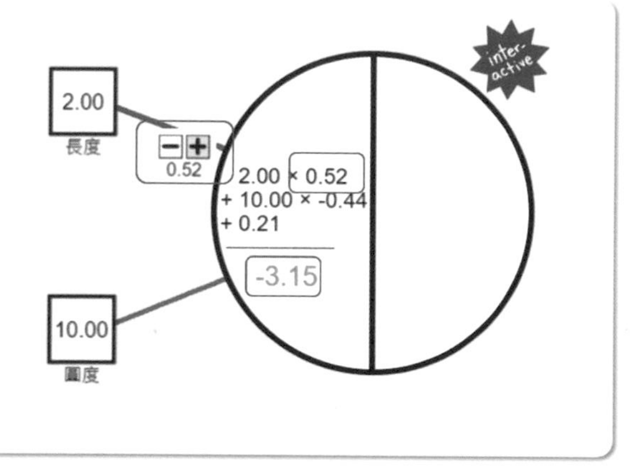

調整權重

按下 next 後，你會發現在神經元內原先的值，會放進一個激勵函數來做轉換，不會直接將加總後的值單純輸出。而下圖的激勵函數是使用 sigmoid 函數，它會將加總後的值控制在 0 到 1 之間，避免任意擴大。

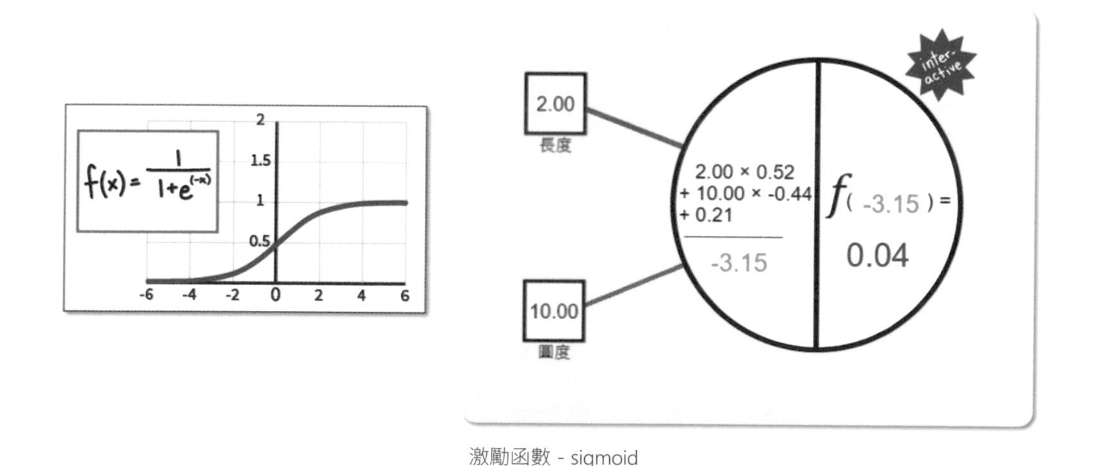

激勵函數 - sigmoid

而下圖則是另一個常用的激勵函數 ReLU，它主要是將輸出控制在非負數的狀況。

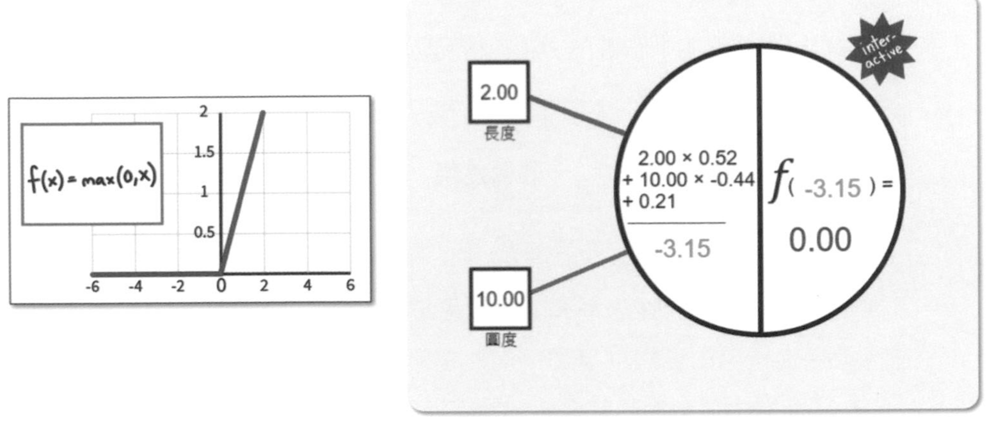

激勵函數 – ReLU

激勵函數在神經網路中是非常重要的，因為它可以將原先線性的關係變為非線性，也就是對無法用直線進行分隔的資料。使用激勵函數得到的值就是此神經元最後輸出 (也可以稱為激勵)，讀者可以試玩看看。

在本活動的互動過程中，不管是使用哪一種激勵函數，平台會將更活躍的神經元以更亮的黃色顯示，同時使用者可以將滑鼠移至神經元上面將可看到其數學公式。

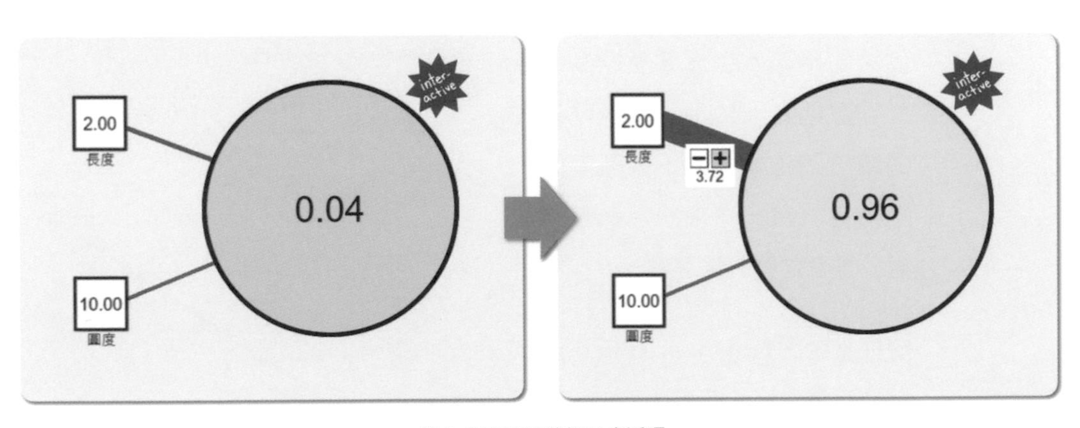

黃色愈亮顯示神經元愈活躍

經由上面的互動講解後，相信讀者對單一神經元的工作方式將會認識許多。同時也可以讓初學者很快瞭解一個神經元運作的三個步驟。

神經元運作三個步驟

這裡對激勵函數做一個小補充。由於激勵函數是神經網路設計的關鍵部分，它會確保從有用的資訊中學習，而不是陷入分析不是那麼有用的資訊困境。同時在隱藏層中的激勵函數會控制神經網路模型對訓練資料的學習程度。而輸出層中的激勵函數會定義這個神經網路模型最後可以做出的預測類型。

因此，根據訓練目標的不同，所使用的激勵函數也會不同，並且都與數學模型相關，有興趣的讀者可以朝此方向深入探討。

神經網路中的激勵函數主要有三大類型：

- **階梯函數 (Step Function)**：階梯函數取決於激活神經元的閾值。將輸入與閾值進行比較，如果輸入大於它，則神經元會被激活；反之如果輸入小於閾值的話，階梯函數則會被停用。這意味著它的輸出不會傳遞到下個隱藏層。階梯函數有一些限制，例如不能用於多種類的分類問題。

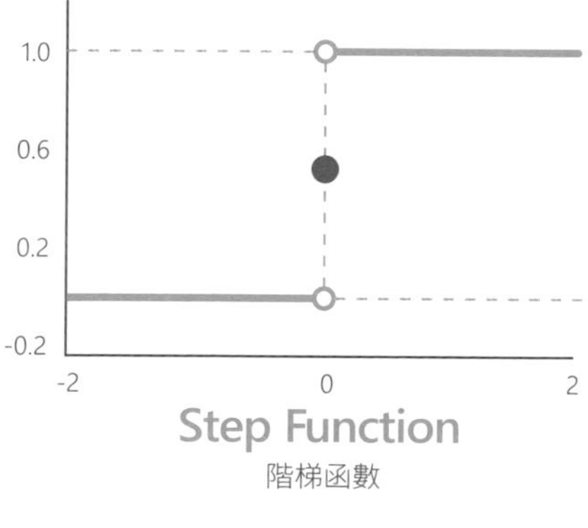

階梯函數

- **線性激勵函數 (Linear Function)**：激勵狀況與輸入成正比。

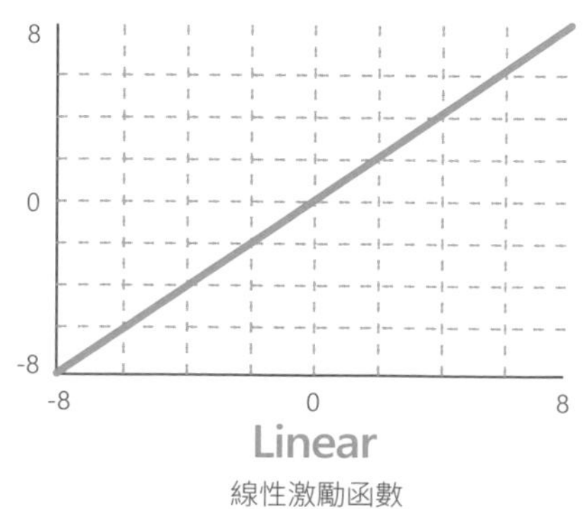

線性激勵函數

- **非線性激勵函數**：上面顯示的線性激勵函數只是一個線性回歸模型。由於其功能有限，不允許模型在網路的輸入和輸出之間建立複雜的對應性（映射）。而非線性激勵函數解決了線性激勵函數的許多限制。而下方是常見的非線性激勵函數，會根據輸出需求選擇適合的函數使用。

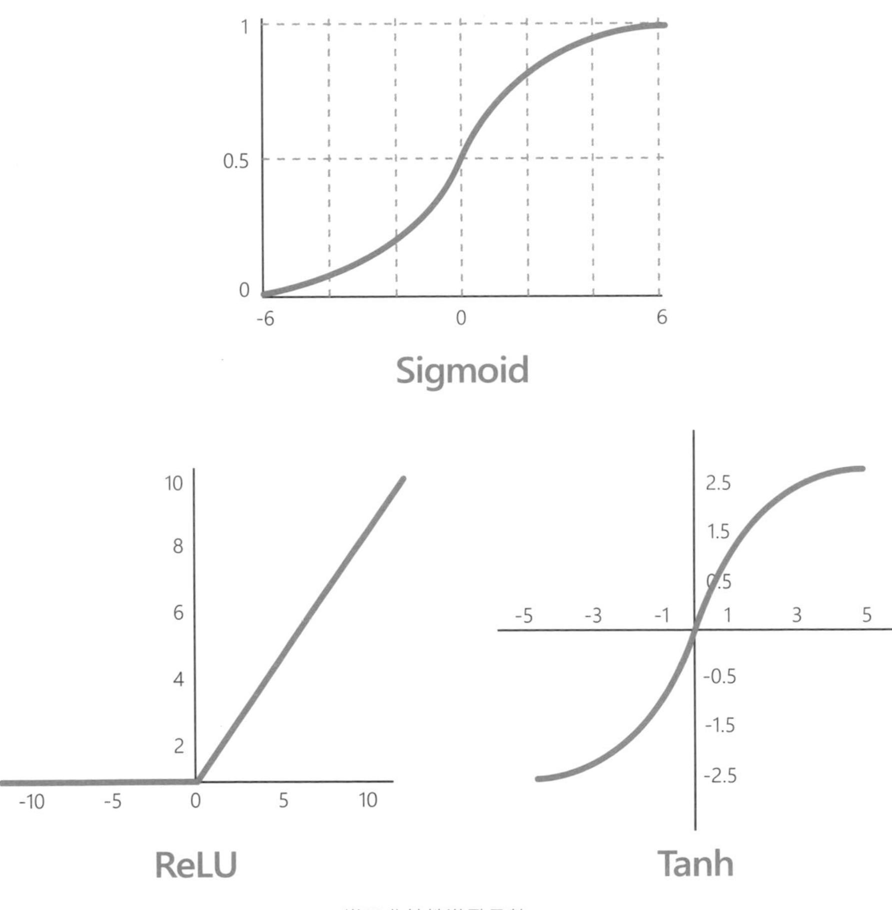

常用非線性激勵函數

◇ **Sigmoid**：是一個常用的激勵函數。它會把輸入是負數時的輸出，規範在 0 ~ 0.5 之間；而輸入是正數時的輸出，規範在 0.5 ~ 1 之間。也就是將所有輸出控制在 0~1 之間。

◇ **ReLU**：是神經網路隱藏層中最簡單也是最常用的激勵函數，公式非常簡單，如果輸入是正值，則返回該值，否則返回 0。其用意是把負值的狀況排除掉。

◇ **Tanh**：你可以把它想像輸出是會由 -1 ~ 1 的 sigmoid。Tanh 也是一個非常流行和廣泛使用的激勵函數

非線性的激勵函數種類還有非常多，大家如果對其運行內容及數學算式有興趣的話，可以參考 https://ml-cheatsheet.readthedocs.io/en/latest/activation_functions.html

接下來我們再藉由活動來瞭解多個神經元所構成的神經網路又會是如何進行的。

活動：多個神經元工作方式

活動目的：利用互動式功能，瞭解多個神經元工作方式

活動平台：AI Playground (https://ai.codinglab.tw)

使用環境：桌機及瀏覽器

這個活動一樣是使用 AI Playground 的平台。讀者進入互動式神經網路歡迎畫面後，可以直接點擊上方的神經網路按鈕，或是持續按下方 next 也可以。

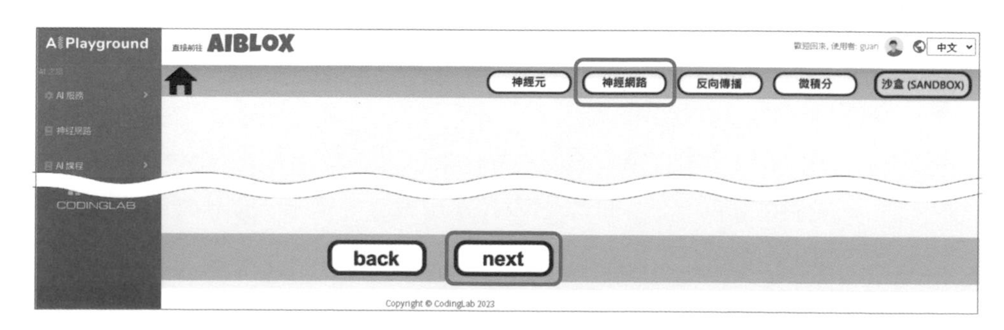

神經網路使用介面

此活動預計有 2 個分類 (草莓及藍莓)，所以我們最後的輸出層將會需要有兩個最終神經元。同時當我們左側圖像輸入是藍莓時，我們會希望達到下面這個目標，即草莓這個神經元為 0，而藍莓這個神經元為 1。

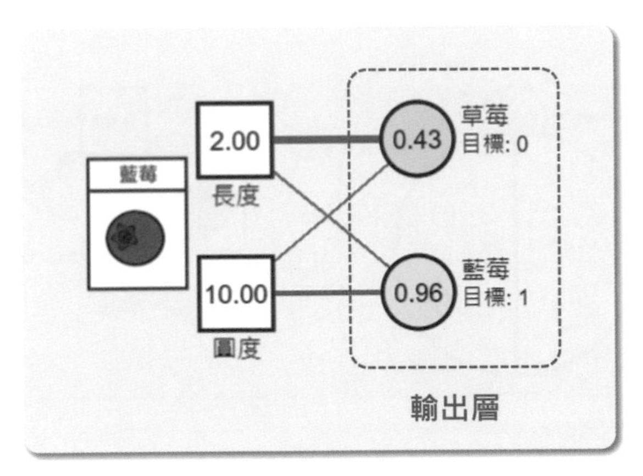

輸出層及其目標

將滑鼠移至藍莓這個神經元時，可以查看到裡面的數學變化，也就是前面所介紹將連結到此神經元的輸入乘以權重，加總起來後透過激勵函數做轉換 (如下圖左)。由於我們希望的目標是介於 0~1 之間，所以此時選擇 sigmoid 激勵函數就會比較適合。這時候我們可以調整當中的權重 (神經元間的連線)，來達到藍莓的目標值為 1，及草莓的目標值為 0(如下右圖)。

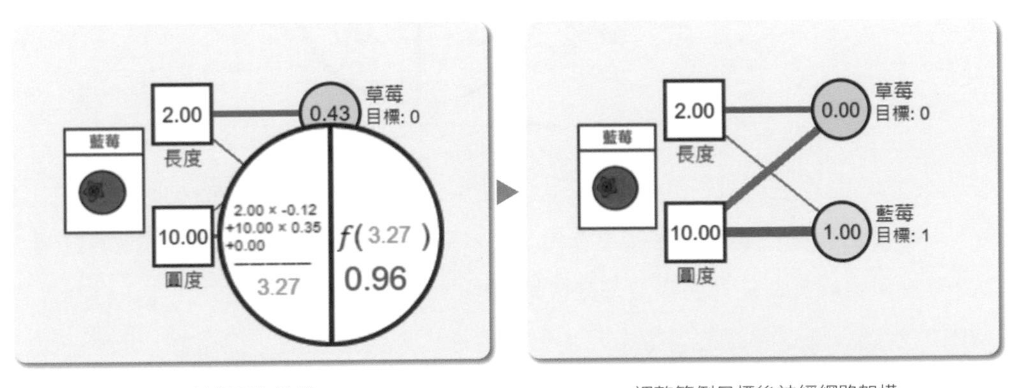

神經元內結構

調整範例目標後神經網路架構

我們可以檢視調整後神經元內的狀況，並點擊左側的圖像 (例如換草莓圖像，長度及圓度分別為 9.9 及 2.57)。此時我們要調整的目標，是草莓這個終端神經元為 1，藍莓神經元為 0。

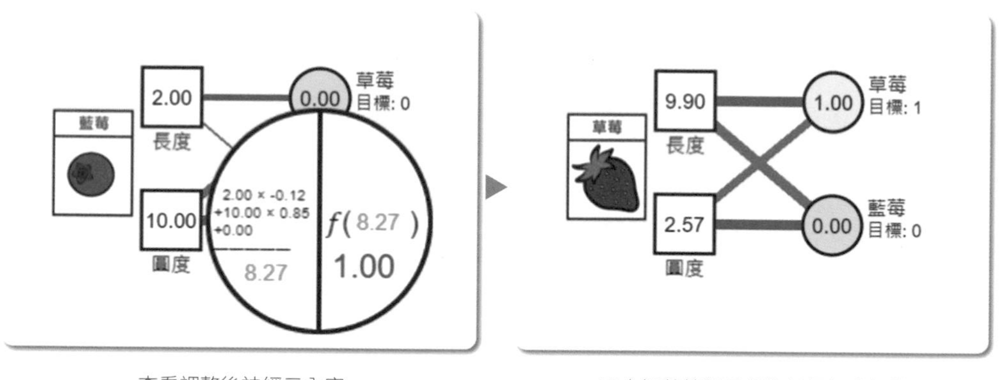

查看調整後神經元內容　　　　再次調整範例目標後神經網路架構

我們一樣可以查看神經元內調整後的數學算式。(如下圖)

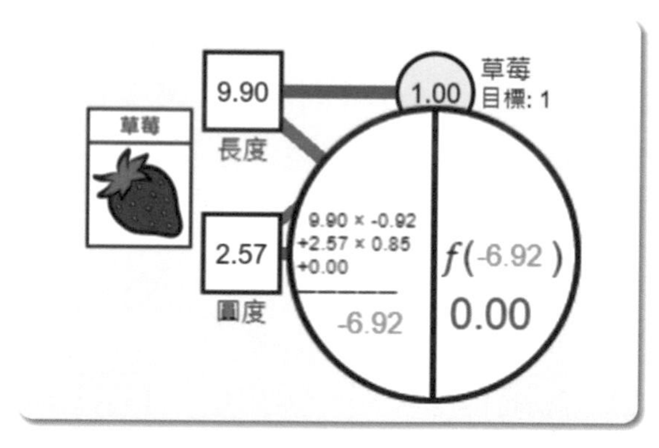

查看調整後神經元內容

根據上面兩個範例 (藍莓及草莓) 所調整的模型架構 (含參數)，我們試著將其他草莓或藍莓放進此模型來檢視其效果。大家可以發現下圖中的 (A)、(B) 及 (D)，放到剛剛調整好的模型中時，預測目標都還蠻接近的，但是 (C) 就誤差比較大了。此時就必須要再針對它做調整，但就手動調整而言是困難的，因為要滿足太多不同資料狀況，這時候就必須再利用其他方法來達到自動化的調整。

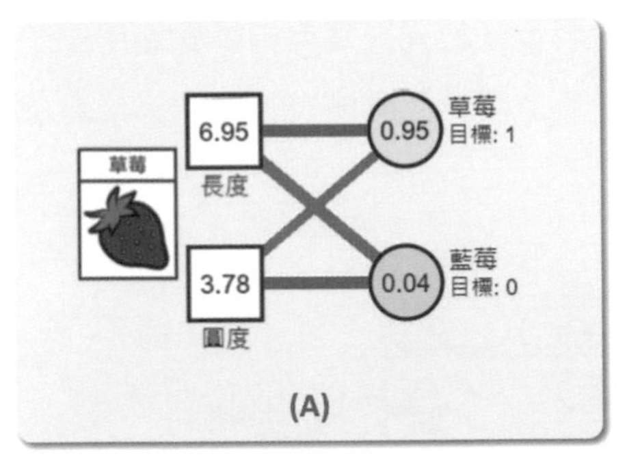

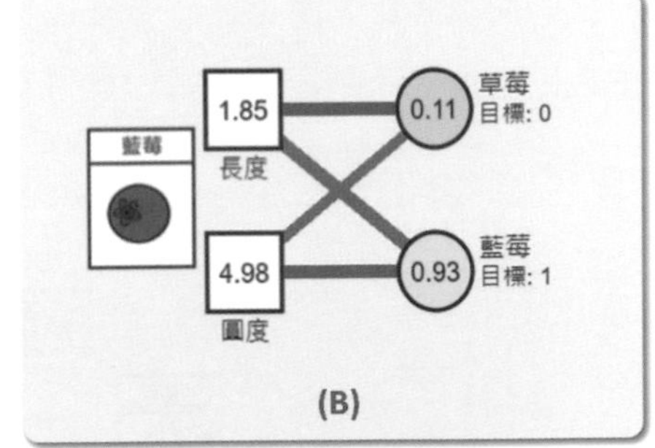

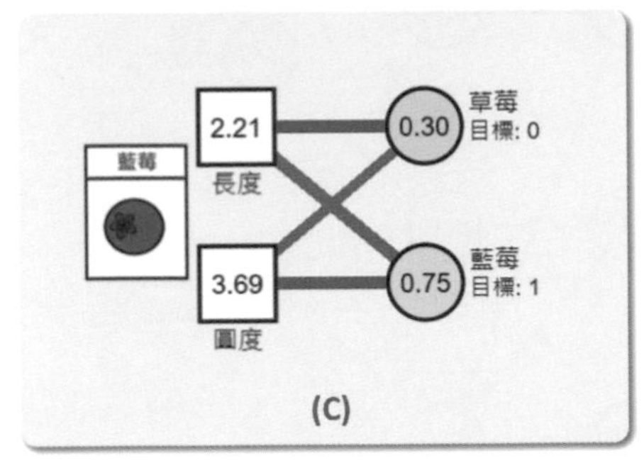

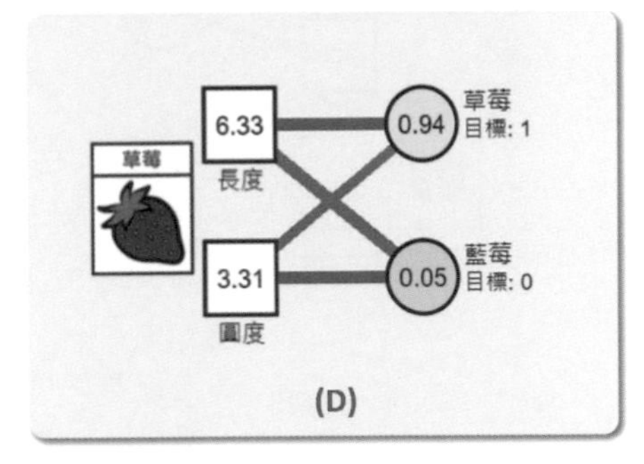

比較調整後的神經網路效果

我們可以增加隱藏層，並將神經元添加到每個隱藏層中。這時候要提醒讀者，每一層的輸出都會是下一層的輸入。而這種從輸入到最後輸出的過程就稱為「前向傳播」(Forward propagation)。

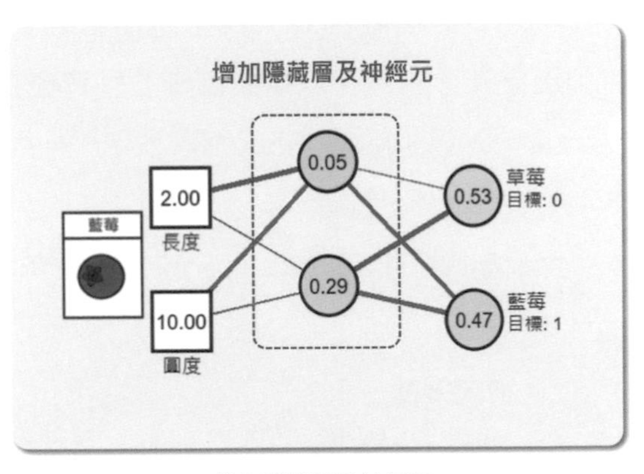

增加隱藏層及神經元

我們也可以將滑鼠移到中間新增的神經元，來看看神經元內的數學運算。

我們可以在此平台上，試著增加隱藏層及神經元來建構神經網路。由於這個平台只是提供互動展示，所以無法使用過多層的隱藏層及神經元，但真正的程式開發則是不受限的。

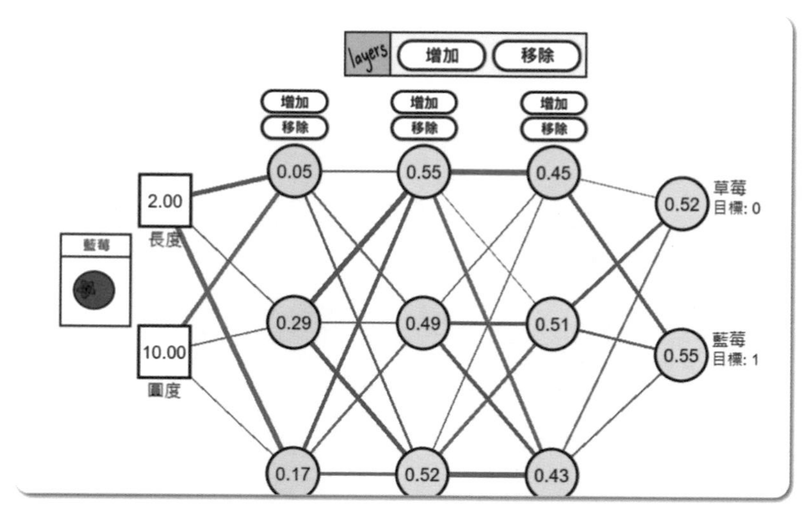

增加多個隱藏層及神經元架構

現在我們已經建立了自己的神經網路，而這樣的神經網路可以稱為深度神經網路，同時可以開始訓練它，這也是神經網路學習如何分離資料的重要階段。為了進行學習 (深度學習)，神經網路會使用一種稱為「反向傳播」(Backpropagation) 的演算法 。

而反向傳播 (Backpropagation) 最主要有 3 個步驟：

1. **前向傳播**：就是前面帶大家實際做過的活動，提供神經網路一個輸入並計算輸出。
2. **誤差計算**：計算實際輸出值與目標值相差有多少。
3. **進行更新**：不斷調整權重和偏差值，讓每次實際輸出值可以更接近這些目標值。

而這些過程都可以自動化地完成訓練，而不需要藉由你我手動處理。而其背後運作都是利用許多數學及微積分在處理，這裡就先不深入介紹。

神經網路在結構上與大腦還是有很大不同。例如，神經網路組成還是比大腦小得多，同時神經網路中使用的人工神經元單元結構也比大腦神經元簡單許多。但是儘管如此，某些像是大腦獨有的功能 (例如學習或決策)，目前可以利用神經網路在更簡單的規模上複製仿照。

每次機器開始學習新事物時，人工神經元之間的連接也會發生變化。為了追蹤所有變動，神經網路會使用稱為 " 參數 " 的數字 (例如前面所提到的權重或激勵函數)。每個參數都儲存了機器所學內容的微小資訊。它擁有的參數越多，它可以儲存的學習資訊就越多。

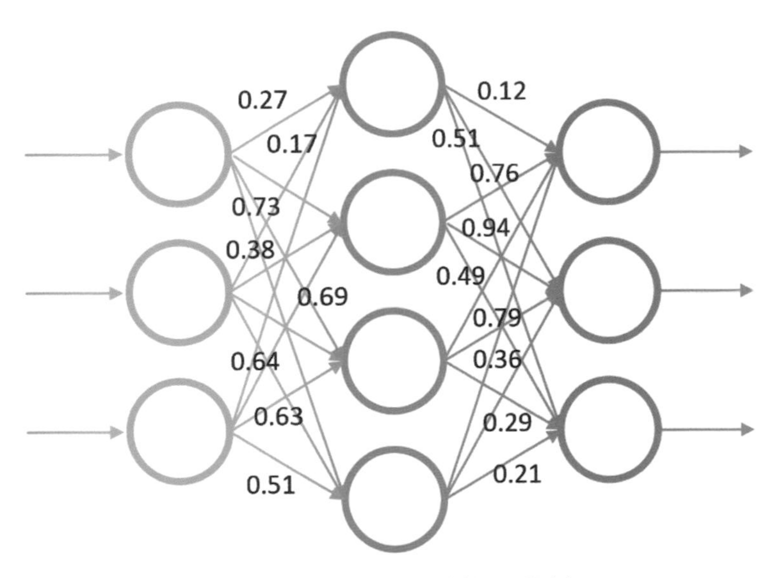

在神經網路中利用參數儲存機器所學資訊

這個神經網路很小，所以參數並不多，但今天許多大型神經網路，都擁有數十億個參數 (例如 GPT3 模型的參數為 1750 億個，GPT4 將超出更多)，因此可以學到非常多東西！而這就是人工神經元所構成神經網路最基本的概念。經有這個章節的說明及活動操作，相信大家對神經網路及深度學習都有了基本的認識，接下來就讓我們認識一些常見的神經網路類型吧！

4.3.3 神經網路的類型

神經網路會因為不同目的而有許多不同類型，常見的幾個神經網路如下：

- 感知器是最古老的神經網路，由 Frank Rosenblatt 於 1958 年創建。它只有一個神經元，也是最簡單的神經網路形式，與 4.2 節所提單一神經元架構類似 。

- **前饋神經網路** (Feedforward Neural Networks) 或多層感知器 (Multi-Layer Perceptrons, MLPs) 是我們主要關注的內容。它們由一個輸入層、一個或多個隱藏層和一個輸出層組成。資料通常被輸入到這些模型來訓練它們，所以它們是電腦視覺、自然語言處理和其他神經網路的基礎 。

- **卷積神經網絡** (Convolutional neural networks, CNNs) 類似於前饋神經網路，但它們通常用於圖像識別、模式識別或電腦視覺。這些網路利用線性代數的原理，特別是矩陣乘法，來識別圖像中的模式。

- **循環神經網路** (Recurrent Neural Networks, RNNs) 主要用於使用時間序列資料來預測未來結果，例如股市預測或銷售預測。

而這些不同類型的神經網路，我們都會在後面章節逐一介紹。

活動：用 AI 玩剪刀、石頭、布

用 AI 玩剪刀、石頭、布

這個跟 AI 玩剪刀、石頭、布的小遊戲，是由一群麻省理工學院學生利用深度學習所設計的互動遊戲。

活動目的：體會機器利用神經網路技術做深度學習後，將可以跟你一起玩剪刀石頭布的小遊戲。

活動平台：Rock Paper Scissors (https://tenso.rs/demos/rock-paper-scissors/)

使用環境：桌機或筆記型電腦的瀏覽器
建議使用 (Google Chrome 或 Firefox)

STEP 1 連結活動網址：

活動進行方式很簡單，連結到活動網站後，點擊「Play Rock Paper Scissors」就可以開始玩。由於此活動有限制使用桌機的瀏覽器 (Google Chrome 或 Firefox)，若是使用手機目前可能無法使用。

STEP 2 開始遊戲：

進入遊戲後，左邊畫面會顯示玩家的手勢狀況，右邊則會顯示電腦手勢狀況。

每局開始會由玩家在鏡頭前先出石頭，電腦就知道準備開始要玩，然後倒數 3 秒。

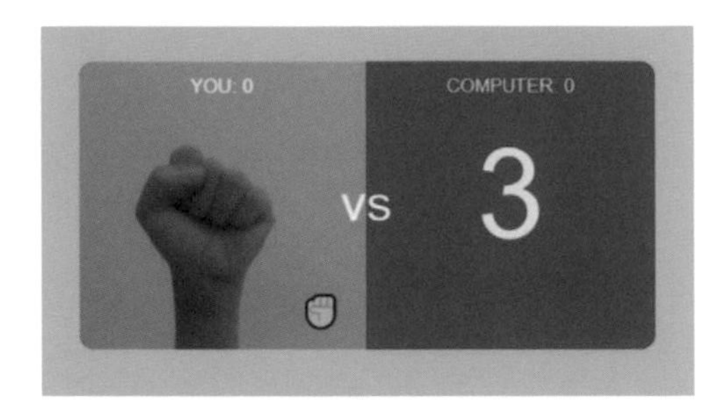

遊戲開始倒數

玩家在鏡頭前的手勢會經由神經網路立即辨識出來，然後跟電腦進行比較，以下圖為例，筆者第一局出布輸給電腦的剪刀。

遊戲結果 – 玩家輸

筆者第二局出剪刀，電腦非常快速的就辨識出來，但還是輸給電腦的石頭。

遊戲結果 – 玩家輸

STEP 3 遊戲手勢辨識：

每一局遊戲未開始前，大家可以試著做不同手勢 (記得先不要出石頭，否則會開始玩遊戲)，這時候經由神經網路辨識後，會在背景顯示辨識結果。例如下圖筆者出剪刀，背景會在最下方的剪刀列，出現辨識後的橘色訊號換布看看，會出現藍色訊號。

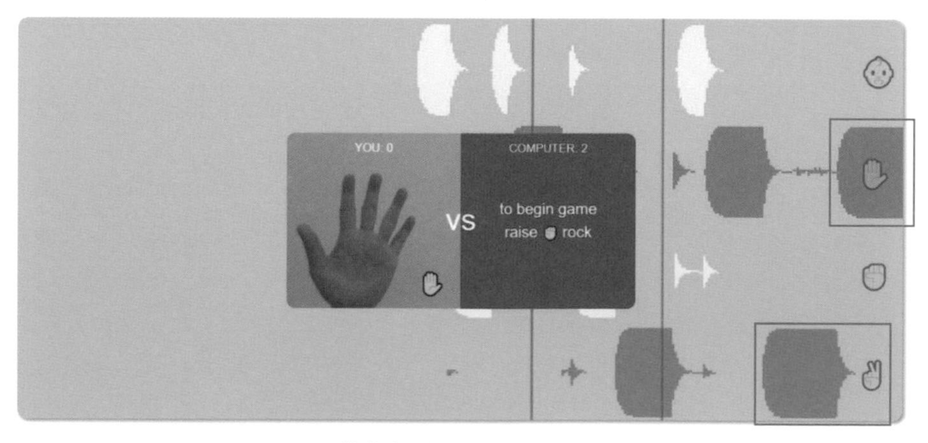

遊戲未開始時偵測訊號 – 布

如果神經網路偵測不出剪刀、石頭、布任何手勢時，則小嬰兒圖像這一列會出現白色訊號。

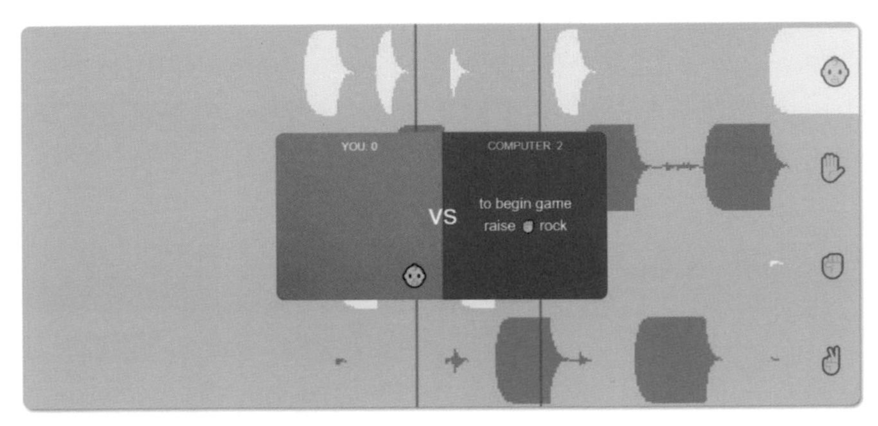

遊戲未開始時偵測訊號 – 其他訊號

當玩家再出石頭時又可以開始玩下一局。讀者可以試著玩看看神經網路在影像辨識上的這一個小應用。

活動：Emoji 實物尋寶大冒險

本活動將進行 Google 很有趣的 AI 實驗 – Emoji Scavenger Hunt。它結合神經網路和手機上的相機來辨識真實世界中 Emoji 表情符號所代表的物品。當網頁出現 Emoji 符號後，你要在一定秒數內找到現實世界中同樣的物品，並利用手機鏡頭對準進行辨識，透過這樣有趣、互動的方式來展示神經網路技術。

活動目的：利用神經網路辨識真實世界中的表情符號 (Emoji)

活動平台：Emoji Scavenger Hunt
(https://emojiscavengerhunt.withgoogle.com/)

使用環境：具攝影鏡頭的手機或平板電腦

STEP 1 準備有攝影鏡頭的行動裝置

活動進行方式非常簡單，連結到 Emoji Scavenger Hunt 網站後，點選「LET'S PLAY」，並同意使用鏡頭。

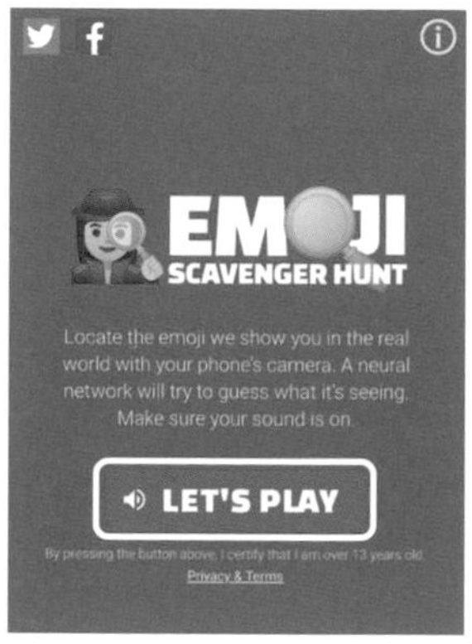

STEP 2 限時完成十項辨識關卡

開始遊戲後，會倒數三秒並顯示一個 Emoji 符號做為尋寶題目 (如下圖中的手機圖示)，接著玩家會有一定的秒數來找到現實世界中的相同物品，並用手機鏡頭對準它 (畫面的左上角亦會有尋寶提示)，答對後從而延長計時器。

辨識後判斷不是答案要的物品 (此處眼鏡自然不是答案，但 AI 也誤判成摺疊椅)

初始時間為 20 秒，找到目標後總時間會加 10 秒。若於時間內找到則會出現如右圖比讚的圖，按下「NEXT EMOJI」就會到下一關。

找到指定物品，並辨識成功

STEP 3 **完成十項辨識即挑戰成功！**

當您在現實世界中找到這些物品時，後續要找的 Emoji 符號的難度會增加。若能在規定時間內完成辨識 10 項物品，即表示挑戰成功。若未能在規定時間內找到對應的物品，則代表挑戰失敗，結束後會將找到的物品全部呈現出來。

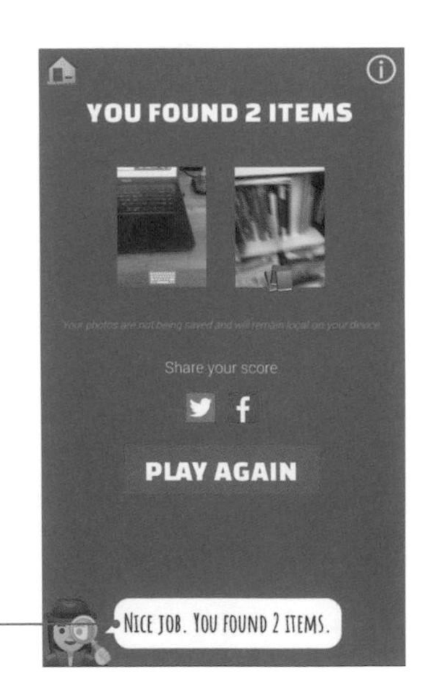

只找到 2 項物品

玩家可以從手邊可能有的物品開始，例如鞋子、書或你自己的手，然後逐漸發展到香蕉、蠟燭甚至腳踏車等物品。整個遊戲的尋寶物件約有 95 個左右 (如下一頁圖)：

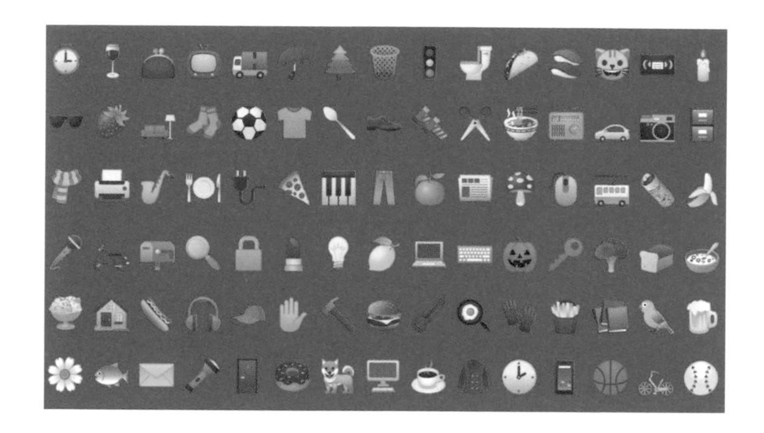

「Emoji Scavenger Hunt」玩法有點像是「支援前線」遊戲，但性質較為有趣，遊戲會顯示出想要你搜集的東西，並在過程中能體現 AI 的辨認能力。

遊戲核心功能是識別相機所看到的物品，將其與遊戲要求尋找的標的物 (Emoji) 進行比對。但是相機如何能知道它自己看到了什麼？因此需要一個可以幫助它辨識物體的圖像辨識模型。此模型架構則是如下圖的神經網路架構。

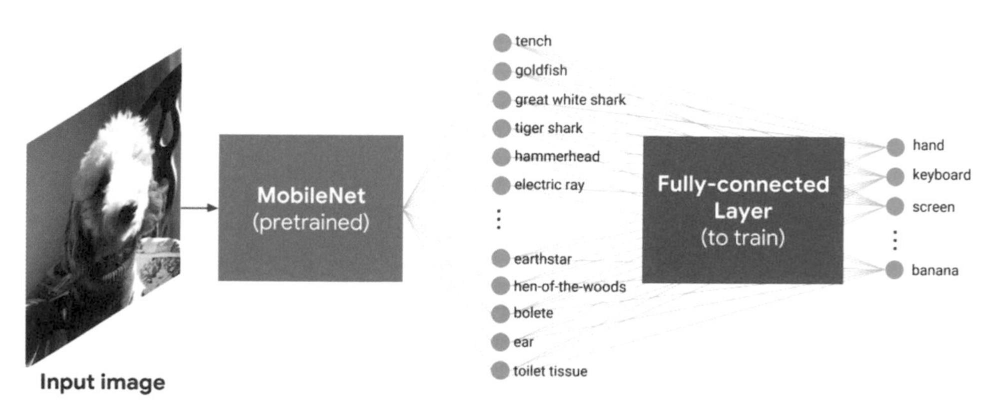

圖片出處：https://blog.tensorflow.org/2018/10/how-we-built-emoji-scavenger-hunt-using-tensorflow-js.html

不過遊戲過程中有時會遇到突然識別成功，或無法正確識別的問題，讀者可以思考看看，可能的原因會是什麼。但整體而言算是一個蠻有趣的 AI 遊戲體驗，大家不妨試一試玩玩看。

4.4 動手做做看：TensorFlow Playground

我們現在就進入由 Google 建立的 TensorFlow Playground，來教大家實作兩個簡單的專案，實作之前，先帶大家認識它的幾個特色：

1. 平台具有高度視覺化，可幫助初學者了解神經網路
2. 不需要數學及編寫程式就可以了解神經網路的最佳應用
3. 使用瀏覽器，就可以輕鬆建立一個神經網路並且立即查看結果
4. 激勵函數 (Activation Function) 可參考前一小節介紹，或 https://ml-cheatsheet.readthedocs.io/en/latest/activation_functions.html

環境介紹

在帶大家實際操作前，我們先介紹一下此學習平台的介面操作 (如下圖)，大家可以先到活動網址 (https://playground.tensorflow.org/)

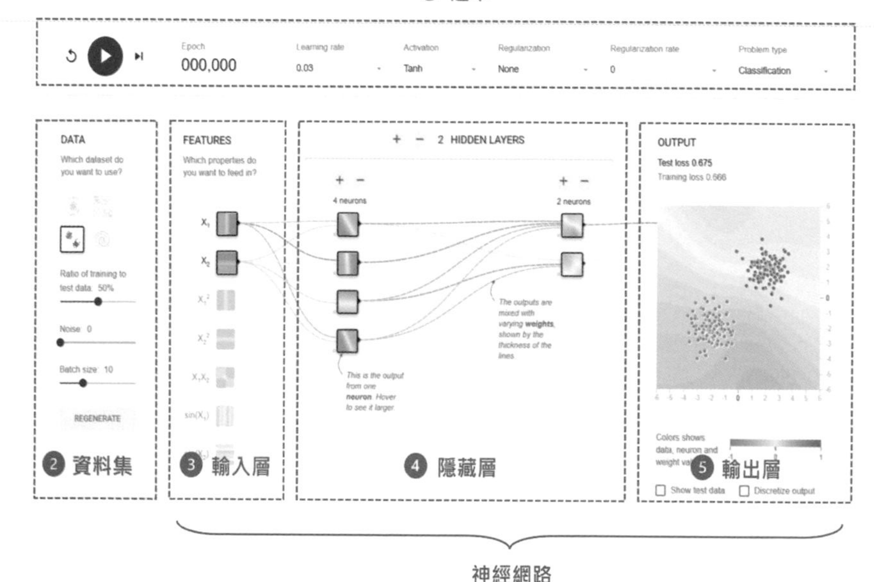

TensorFlow Playground 介面介紹

1. 選單：

- **Epoch(時期)**：對整個資料集進行完整的訓練。當進行訓練時，Epoch 數都會增加。

- **Learning rate(學習率)**：學習率決定學習速度，同時會根據需求選擇合適的學習率。

- **Activation(激勵函數)**：利用神經網路訓練時，需要選擇激勵函數類型，有關激勵函數的更多資訊可參考上一小節介紹。

- **Regularization(正則化)**：正則化主要是用於防止過度擬合 (Overfitting)(可參考 3.3.1 監督式學習)，TensorFlow Playground 提供 L1 及 L2 這兩種目前最流行的正則化方法，其中 L1 將分配較大的權重值給選擇的特徵，而未選擇的權重將變得非常小或者變成零，L2 則是減少特徵權重的差異，讓某些特徵的權重不要太突出，另外 dropout 也是一種正則化方法。

- **Regularization rate(正則化率)**：較高的正則化率將使權重的範圍更加有限
- **Problem type(問題型態)**：兩種問題類型提供選擇，分別是分類 (Classification) 和回歸 (Regression)。

2. 資料集：

- **Dataset (資料集)**：選擇不同的問題型態時，將會改變資料集的選項，其中分類問題資料集 (Classification dataset) 有四種，回歸問題資料集 (Regression dataset) 則有二種。

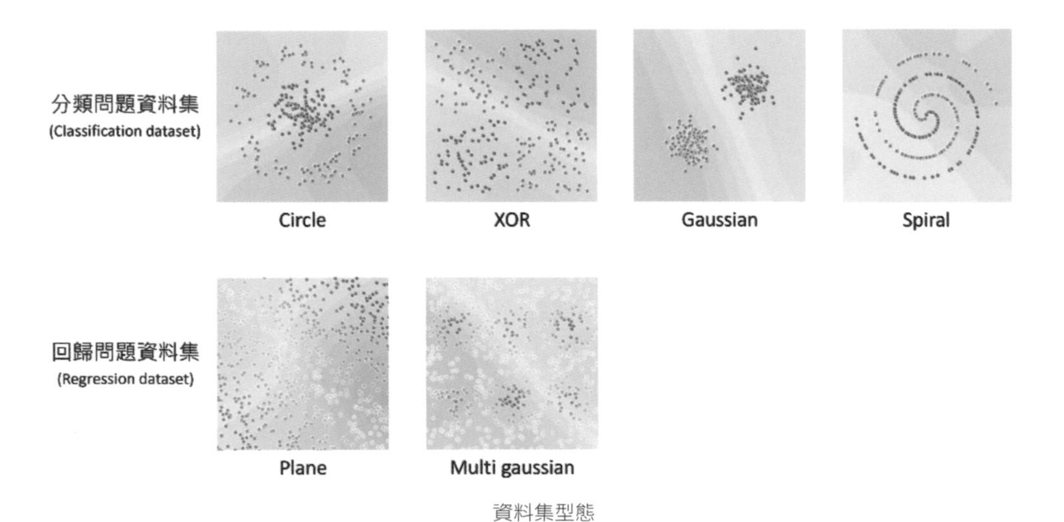

資料集型態

- **Ratio of training to test data**：可以控制訓練集與測試集間的百分比，也就是在資料集中要拿多少百分比的資料來進行訓練，其餘的當作測試資料用。其中藍色和橘色點形成資料集，橘點 = -1，藍點 = +1。

- **Noise(雜訊)**：可以控制資料集的雜訊水準，隨著雜訊的增加，資料模式變得更加不規則，調整雜訊後，可以在右邊看到資料集的分佈情況 。

- **Batch size(批量大小)**：批量大小會決定每次訓練迭代使用的資料量。

3. 輸入層：

- **Features(特徵)**：TensorFlow Playground 提供 7 種特徵選擇，以前面兩種為例，x1 是水平軸上的值，x2 則是垂直軸上的值。

4. 隱藏層：

- **Hidden Layers(隱藏層)**：隱藏層結構，TensorFlow Playground 最多允許使用者設置 6 個隱藏層，以及每個隱藏層最多可設置 8 個神經元。當然，真正在寫神經網路或深度學習的程式時，是不受這些限制。

5. 輸出層：

- **Output(輸出層)**：最右邊是輸出結果的顯示，可以看到損失值的變化情況，包括測試損失 (黑色) 和訓練損失 (灰色)，都將顯示在性能曲線中，如果損失減少，曲線將下降。

如果相關參數或環境都設定好後，按下左上角的 ▶ 就可以開始體驗神經網路的訓練。接下來我們將帶大家實際操作兩個專案，讀者將可會更了解神經網路的運作方式。

使用 1 個神經元進行分群 (clusters) 分類

專案目標：將兩個分群 (clusters) 的資料進行分類

專案設定：

1. 參數設定：

   ◇ Learning rate : 0.03
   ◇ Activation : ReLU
   ◇ Regularization : None
   ◇ Regularization rate : 0
   ◇ Problem type : Classification
   ◇ Ratio of training to test data : 50%
   ◇ Noise : 0
   ◇ Batch size : 10

2. Data：GaussiaZn

3. Features：x1，x2

4. Hidden Layer：一個隱藏層，並且只有一個神經元

設定好環境後 (如下圖)，就可以按下 ▶ 進行訓練。你將可以看到整個神經網路的訓練過程。

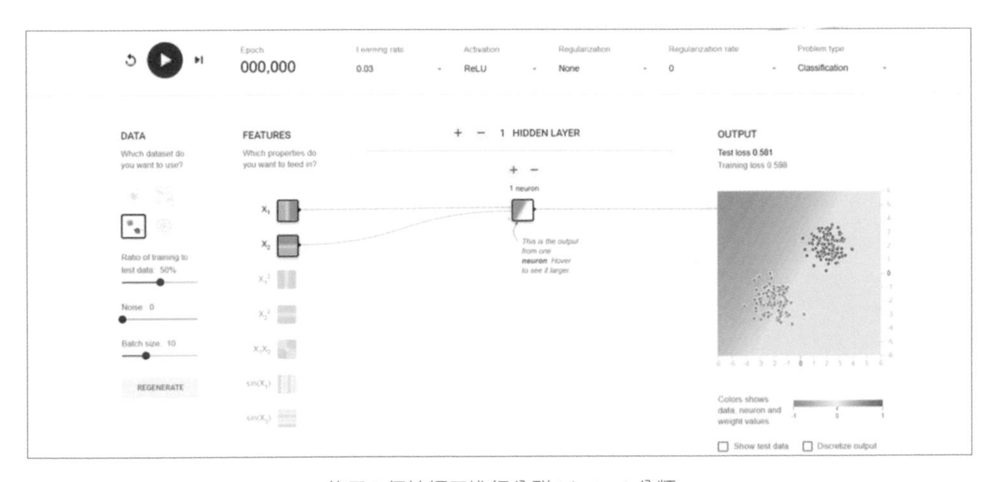

使用 1 個神經元進行分群 (clusters) 分類

訓練完成後圖形及輸出的一些資料將如下圖。訓練之前，初始化測試損失 (Test Loss) 和訓練損失 (Training Loss) 的值會不同，因為初始權重值是隨機設置，經過一層隱藏層及一個神經元的架構訓練後，測試損失和訓練損失值會變得非常小也非常快，並且它們的損失曲線將會重疊。因為這是一個簡單的問題範例，所以它會很快就執行完並且非常成功。

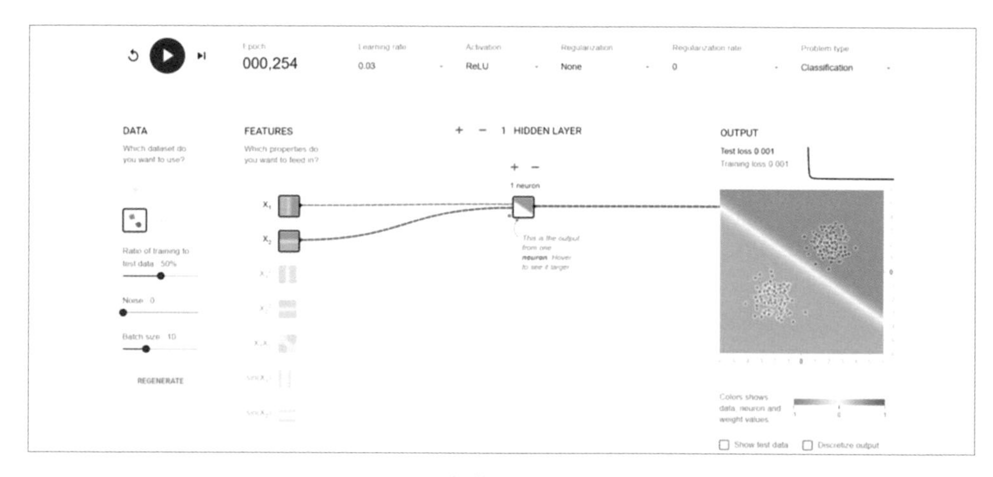

訓練後圖型

在訓練之前，神經網路無法區分橘色和藍色資料點之間 (如下圖左側)，經過訓練後，橘色和藍色區域完美被區分開來 (如下圖右側)，而中間那條分界線就是經過訓練後的模型。是不是跟 4.1 節所提的圖形很像。

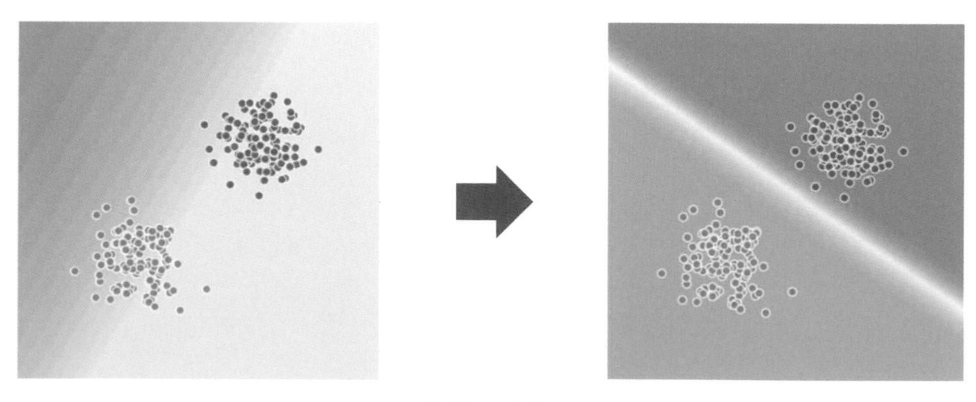

訓練前後比較

使用多個神經元進行分群 (clusters) 分類

專案目標：將區隔上圖中這兩個資料集 – 橘色資料以圓形包圍藍色資料

專案設定：

1. 參數設定：使用與專案一同樣的參數資料
2. Data：Circle
3. Features：x1，x2
4. Hidden Layer：專案 2 的問題比專案 1 的問題複雜很多，如果只利用一條直線是無法解決這個問題 (如下圖)，所以隱藏層可能需要多個神經元，所以我們可以使用 1~3 個神經元分別測試其效果

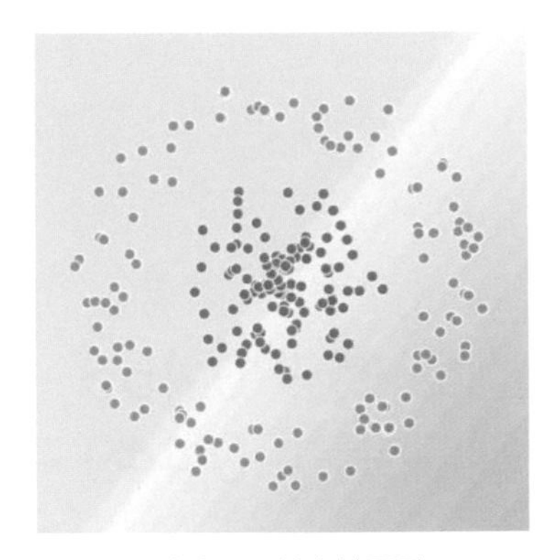

專案二原始資料圖型

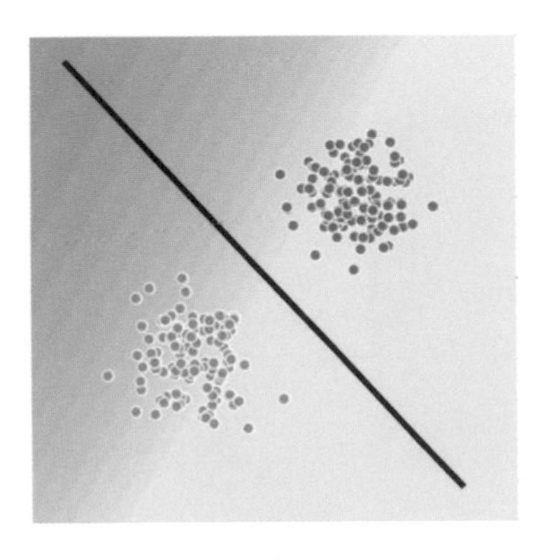

專案一

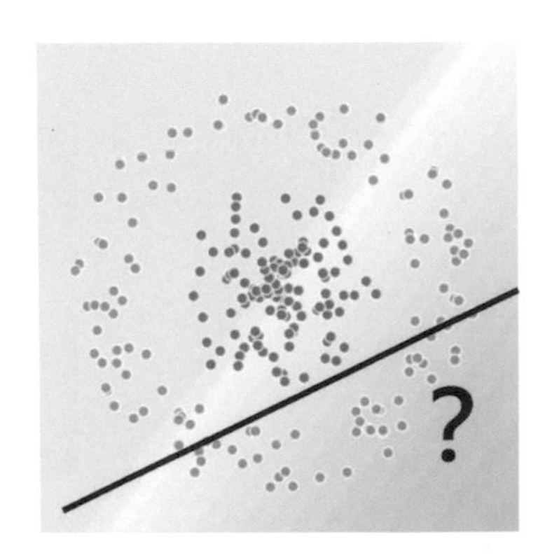

專案二

專案二的資料集無法使用一條直線做區隔

我們在只有一個隱藏層及一個神經元的情況下訓練，測試損失 (Test Loss) 0.419 和訓練損失 (Training Loss) 0.406 的輸出結果，表明分類失敗。當我

們使用兩個神經元來訓練時，性能雖然提高，測試損失 (Test Loss) 0.221 和訓練損失 (Training Loss) 0.201 的輸出結果，分類還是失敗。當我們換成 3 個神經元來訓練時，性能提升更好，得到測試損失 (Test Loss) 0.003 和訓練損失 (Training Loss) 0.001 的輸出結果，分類成功。因為神經網路就是要最小化測試損失及訓練損失。相關資料如下。也許您的數字跟作者不同，那是正常的，因為每一次訓練時出來的值不盡相同，但經過訓練後大致上會很接近。

	訓練前		1 個神經元		2 個神經元		3 個神經元
測試損失	0.466	→	0.419	→	0.221	→	0.003
訓練損失	0.449	→	0.406	→	0.201	→	0.001

不同數量神經元的訓練損失狀況

而下圖是分別使用不同神經元的分類結果，當使用 3 個神經元時，可以看到完成了我們的目標，也就是可以將橘點和藍點分類出來，而這個邊界也就是訓練出來的模型。

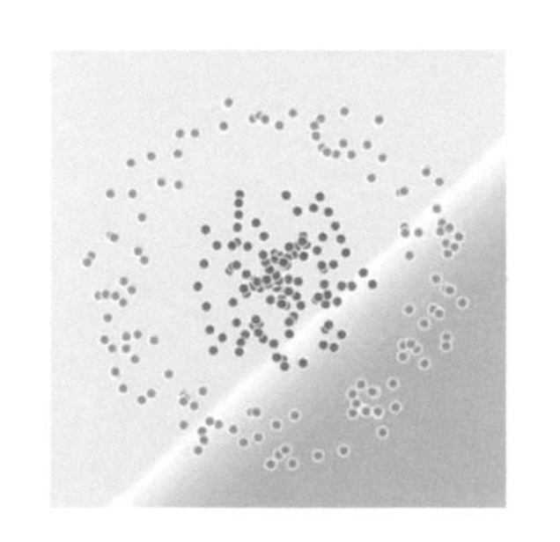

1個神經元

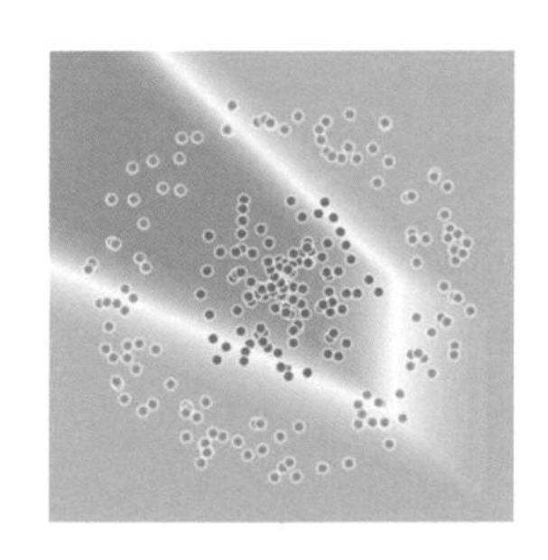

2個神經元

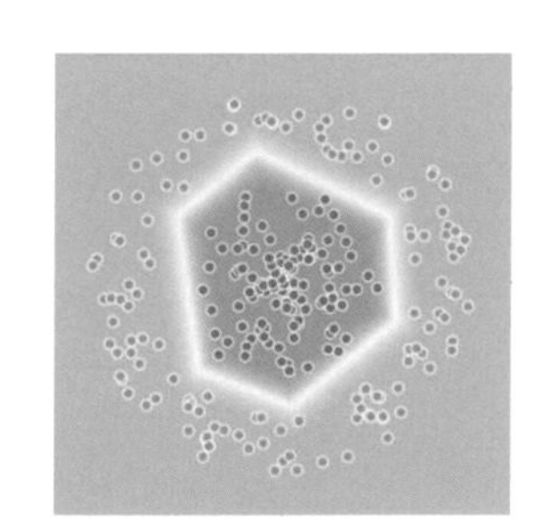

3個神經元

不同數量神經元的訓練圖型

讀者可以想像一下這些資料若是寵物的特徵，那這個邊界就相當於是可區分貓狗的模型。而當中神經元越多，神經網路將可以處理多元資料所生成的複雜邊界，同時也可以處理更多元的任務。

第 5 章

卷積神經網路 (Convolutional Neural Networks)

在第 4 章神經網路中介紹最基本的單個感知器、多層感知器到複雜的深度神經網路 (Deep Neural Network) 後，接著要跟大家介紹深度學習另外兩個天王 – 卷積神經網路 (Convolutional Neural Networks) 及循環神經網路 (Recurrent Neural Network)。本章節將先帶大家認識圖像辨識天王 – 卷積神經網路。

近年來 AI 在技術上取得巨大的進展，讓機器的感知能力更加接近人類，研究人員和許多愛好者在相關領域，投入非常多的研究工作並創造令人驚奇的成果，其中一個重要的應用領域就是電腦視覺 (我們會在第 7 章詳細介紹)，也就是讓機器具備類似人類的視覺能力。而卷積神經網路則是當今所有與電腦視覺和圖像處理有關的 AI 任務中，最重要的人工神經網路架構，可以直接從資料中學習，無需手動來提取特徵，並且具有特徵不變性 (即特徵不受平移、旋轉及尺寸大小影響)。

本章節我們將就卷積神經網路的由來、架構與運作原理進行介紹，並介紹一些生活中卷積神經網路實際應用。同時在 No Math, No Code 的情況下，用最淺顯易懂的方式來讓讀者了解，開始來進入卷積神經網路的世界！

5.1 卷積神經網路的由來

1959 年，David H. Hubel 和 Torsten Wiesel 對貓進行了實驗，這些實驗提供了對視覺皮層 (visual cortex) 結構的重要洞察。他們發現若圖像中有相似的特定圖形，在貓大腦的相同區域會變得活躍，稱之為激活，不同形狀就會讓不同區域有所反應。舉例來說，當貓看到圖像中有圈圈或類似的形狀，大腦中的某個區域固定會被激活；當看到正方形或類似的形狀，大腦中另個區域會被激活。他們同時發現，視覺皮層中的許多神經元具有小範圍的局部感受域 (receptive fields)，這意味著神經元僅對視野範圍內的視覺刺激做出反應，同時神經元的感受域可以相互重疊，而這些重疊的感受域則構成了整個視野。

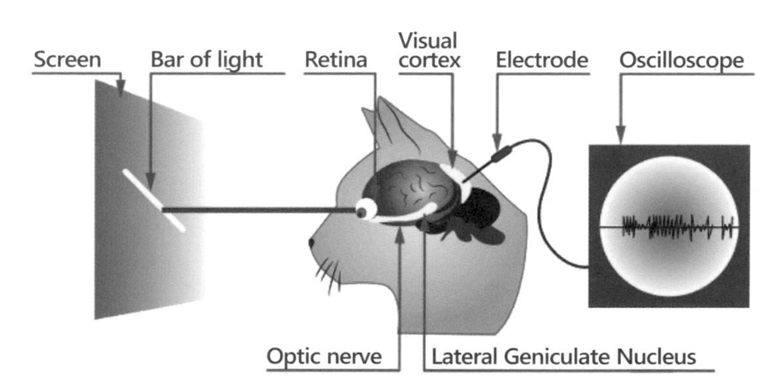

David H. Hubel 和 Torsten Wiesel 對貓進行視覺皮層結構實驗
(圖片來源：distillery.com)

另外，有些神經元只對垂直線的圖像有反應，有些則對不同角度的線有反應。有些神經元的感受域很大，將這些對基礎圖案 (例如邊緣或斑點等) 的反應組合起來，就可以識別較複雜的圖案 (例如紋理、物體)。因此，他們得到的結論就是動物的大腦包含一個神經元區域，可以對圖像的特定特徵做出反應，而每張圖像在進入大腦最深處之前，都會通過一個所謂的特徵提取器來提取特徵。

卷積神經網路的發展就是基於這個概念開始的。

Neocognitron (1980)

在 1980 年代，福島邦彥 (Kunihiko Fukushima) 博士受到 David H. Hubel 和 Torsten Wiesel 對簡單及複雜細胞工作原理的研究啟發，設計了一種人工神經網路 - 新認知機 (The Neocognitron)，可以模擬簡單和複雜細胞的功能。新認知機模型包括稱為 "S 細胞 " (人工簡單細胞) 和 "C 細胞 " (人工複雜細胞) 的元件，雖然稱為 " 細胞 "，但這些不是真正的生物細胞，而是模仿簡單和複雜細胞的演算法結構，實際上是一堆數學運算。"S 細胞 " 位於模型的第一層，並連接到位於模型第二層的 "C 細胞 "。主要想法很簡單，就是實踐「從簡單特徵 (例如尾巴、眼睛、鼻子等垂直或水平線條特徵) 到複雜組成 (例如 " 狗 " 物體組成特徵)」的概念，並將其轉化為視覺模式識別的一種計算模型，這是一種非常基本的圖像識別神經網路。

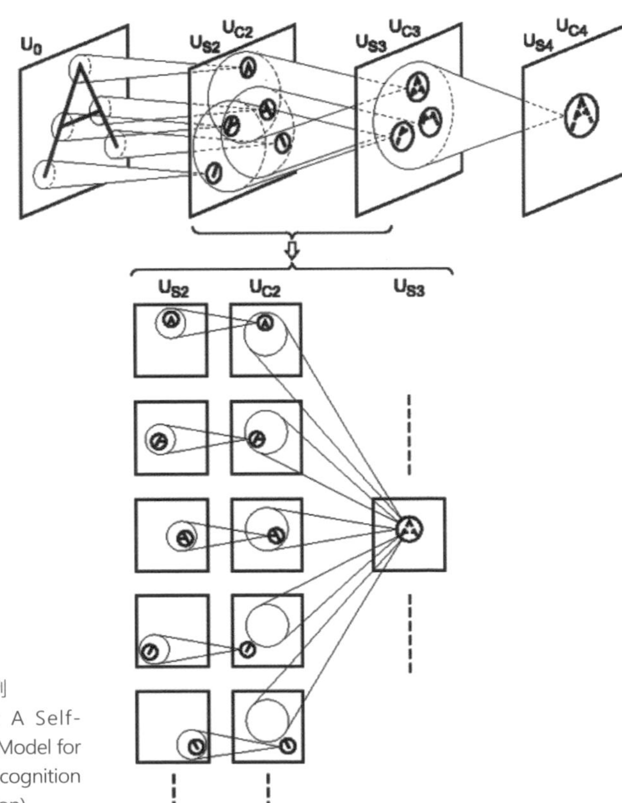

細胞與細胞之間的互連範例
(Paper – Neocognitron: A Self-organizing Neural Network Model for a Mechanism of Pattern Recognition Unaffected by Shift in Position)

LeNet-5 (1989–1998)

計算機科學博士後研究員 Yann LeCun 受到福島邦彥博士新認知機的啟發，在 1989 年發表的論文 "Backpropagation applied to handwritten zip code recognition" 中將卷積神經網路引入，並且在當時手寫辨識方面取得有意義的結果，但還不足以進行泛化 (Generalization) 套用在其它應用上。

Yann LeCun 後來在 1998 年的 論文 "Gradient-Based Learning Applied to Document Recognition" 中提出了一個名為 LeNet 的網路，證明了可以將更簡單的特徵，逐步聚合成複雜特徵的卷積神經網路模型，這也就是卷積神經網路這個名稱的起源。而 LeNet 這個卷積神經網路是使用 MNIST 資料集訓練而成，可用來辨識手寫數字。

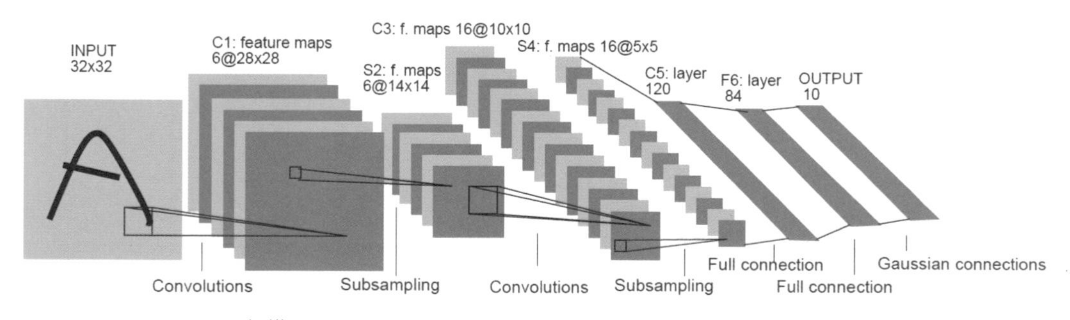

LeNet 架構 (Paper – Gradient-Based Learning Applied to Document Recognition)

MNIST 資料集主要包含來自美國人口普查局員工和美國高中生人工手寫的 60,000 張訓練圖像和 10,000 張測試圖像。此資料集包含每張圖片大小為 28x28(共 784 像素) 手寫數字 (從 0 到 9) 的灰階圖形，而其標籤則表示它們實際是哪個數字。傳統的影像辨識就能辨識數字，只是需要花時間人工處理特徵，且通用性有限。

MNIST 手寫數字資料集
(圖片來源：https://www.tensorflow.org/datasets/catalog/mnist)

AlexNet (2012)

在 2012 年，名為 AlexNet 的卷積神經網路，在 ImageNet 挑戰賽中利用 GPU 實現了 16% 的錯誤率 (比亞軍低 10%) 贏得比賽，為深度學習領域帶來了極大變革，並使卷積神經網路在全世界火熱起來。AlexNet 取得了令人難以置信的成就之後，也讓 GPU 處理器逐漸廣泛運用於電腦視覺任務，時至今日已經成為通用做法。

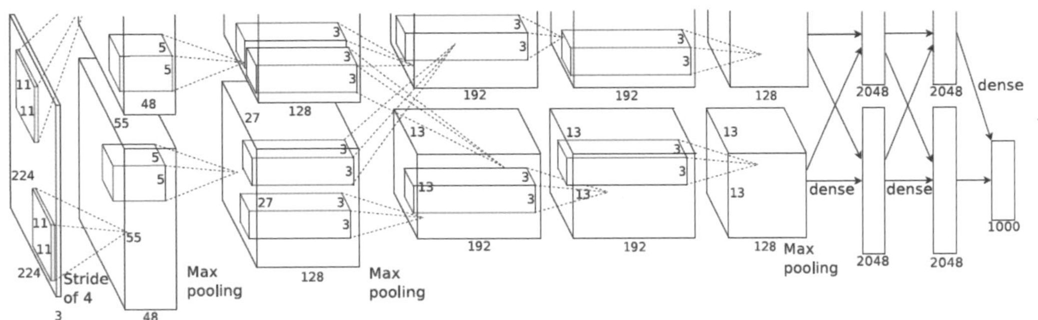

AlexNet 架構 (Paper - ImageNet Classification with Deep Convolutional Neural Networks)

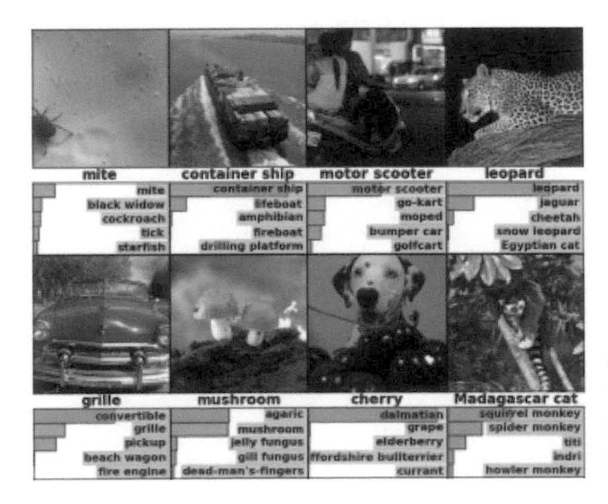

模型認為八個測試圖像最有可能的五個標籤，紅色則為正確答案 (標籤)。(Paper - ImageNet Classification with Deep Convolutional Neural Networks)

與 MNIST 資料集類似，ImageNet 是一個公共且可免費獲得的圖像資料集及其中也包含相應的真實標籤。ImageNet 專注於 " 自然圖像 " 或標記有各種描述詞的圖像，包括 " 兩棲動物 "、" 家具 " 和 " 人 " 等等。這些標籤是透過大量的人力獲得的 (也就是手動標記，要求建立標籤者為每張圖像寫下 " 這是一張什麼圖片 ")，ImageNet 目前包括將近 14,200,000 張圖像 。

在此之後，這些挑戰賽陸續發掘了越來越準確的神經網路，例如 ZFNet(2013)、VGGNet(2014)、GoogLeNet(2014) 及 ResNet(2015) 等等。而這些神經網路在對 ImageNet 資料集中的圖像進行分類時，效果也都陸續超越了 AlexNet。

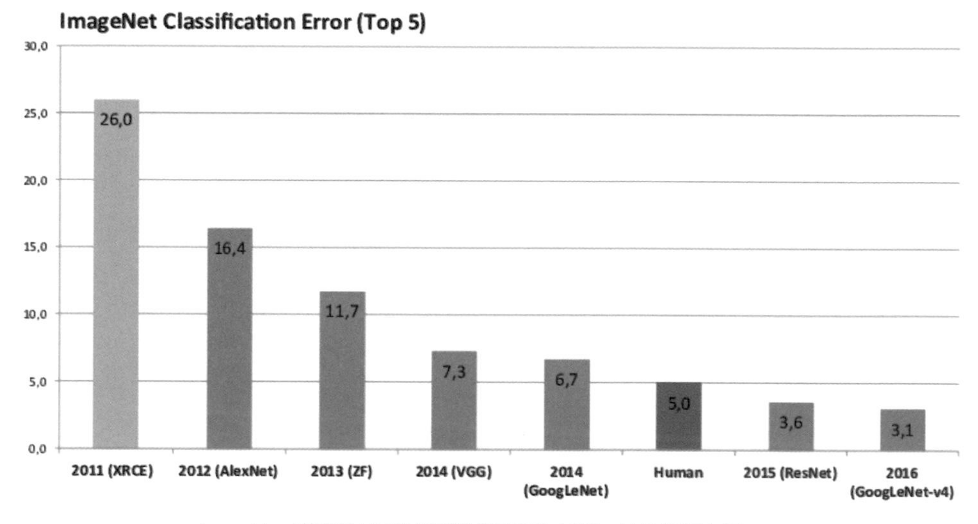

ImageNet 挑戰賽中圖像分類錯誤率逐年減低，並已超過人類 (5.0)
(圖片來源：https://devopedia.org/imagenet)

許多媒體經常談論神經網路模型是 " 直接受到人類大腦的啟發 " 而設計的。從某種意義上說也沒錯，因為卷積神經網路和人類視覺系統都遵循 " 從簡單到複雜 " 的層次結構。但是，真實的實現方式則是完全不同，大腦是利用細胞建構，以及具有非常複雜的觸發機制，而神經網路則是利用數學模式及運算建構而成。

在過去的幾十年當中，從發現人類大腦中簡單和複雜的細胞，到 3D 物體偵測的挑戰，卷積神經網路結構走過了漫長的道路，同時電腦視覺也取得了很大的進步，例如目前自動醫學圖像解釋或自動駕駛汽車及飛機等技術已經有了初步進展，未來還能有哪些進化，十分值得期待。

5.2 什麼是卷積神經網路

卷積神經網路 (Convolutional Neural Networks, CNNs 或 ConvNets) 是一種用於深度學習的網路架構，在過去幾年的機器學習社群中獲得了非常多關注，主要是因為它具有廣泛的應用，像是在物體偵測或語音識別上都表現得很出色。

例如卷積神經網路可以學會從一張圖像中挑選出一隻鳥及青蛙，即使這隻青蛙只有部分可見。

2013 ILSVRC 比賽圖像範例
(圖片來源：https://image-net.org/challenges/LSVRC/2013/index.php)

物體識別問題的解決靈感，主要來自於參考前述視覺皮層的運作方式，因為人們認為大腦中的視覺處理是分層的，也就是一層饋入下一層，逐步從簡單的 " 特徵 "(例如邊緣) 計算到複雜的特徵，然後到達大腦的決策區域做出判斷 (如下圖)。

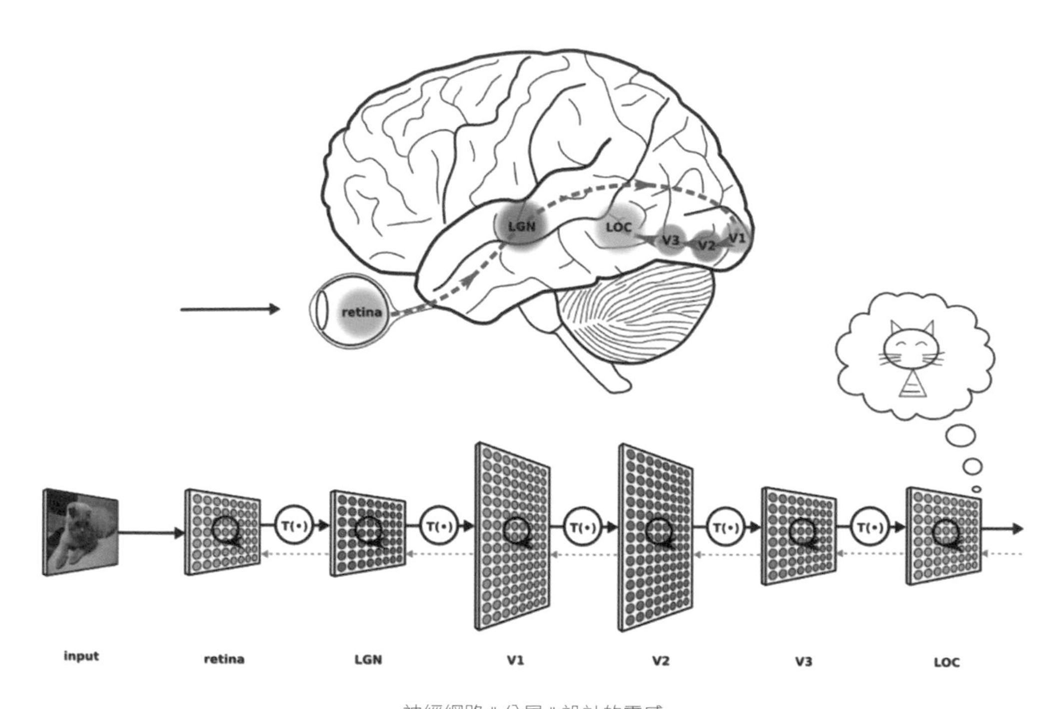

神經網路 " 分層 " 設計的靈感
(圖片來源：https://neuwritesd.files.wordpress.com/2015/10/visual_stream_small.png)

簡而言之，卷積神經網路從輸入圖像開始，先自動提取一些原始特徵，然後將這些特徵結合在一起形成局部形狀，最後再將各種不同形狀組合成物體全貌。(如下圖)。

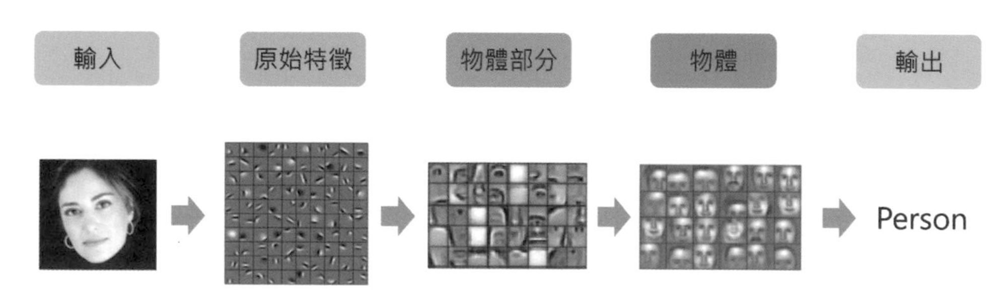

卷積神經網路學習分層特徵示意圖

從本質上來講，這是一種分層查看物體特徵的方式，也就是在第一層檢測到非常簡單的特徵，然後將這些組合起來，在第二層中形成更複雜的特徵，以此類推來檢測出貓、狗或其他物體。而卷積神經網路就是從這一系列步驟當中迭代回饋訓練多次而成，其背後運作是透過複雜數學運算及迭代訓練時更新權重來自動尋找特徵。

以上圖辨識人臉為例，在訓練階段，卷積神經網路會將許多人臉圖像作為輸入，然後卷積神經網路會自動發現人臉的最佳原始特徵 (像水平線和垂直線)，就像人類視覺皮層中的神經元一樣，卷積神經網路中的第一層在接收到具有水平或垂直線條的圖像時會做出反應。一旦將這些簡單的特徵 (如線條) 組合起來，卷積神經網路就會學習更高的抽象組成，比如人臉形狀。然後它可以使用這些基本部分來組成完整的物體，並了解整個臉部的基本外觀。

之後，如果它看到了以前從未見過的人臉圖像，卷積神經網路就可以根據其儲存的各種特徵來判斷新輸入圖像是否為人臉。學習和檢測其他物體的過程是一樣的，例如動物或汽車等。因此，如您所見，卷積神經網路是一組由層 (Layers) 所組合的網路，每個層都負責檢測一組特徵集。

卷積神經網路是一種用於深度學習且很智能的神經網路架構，它不僅可以直接從資料中進行學習，不需要藉由我們手動來提取特徵，同時具有不變性的特質。例如左邊是 X 的特徵，而右邊的 X 已經略為扭曲，它辨識得出來嗎？

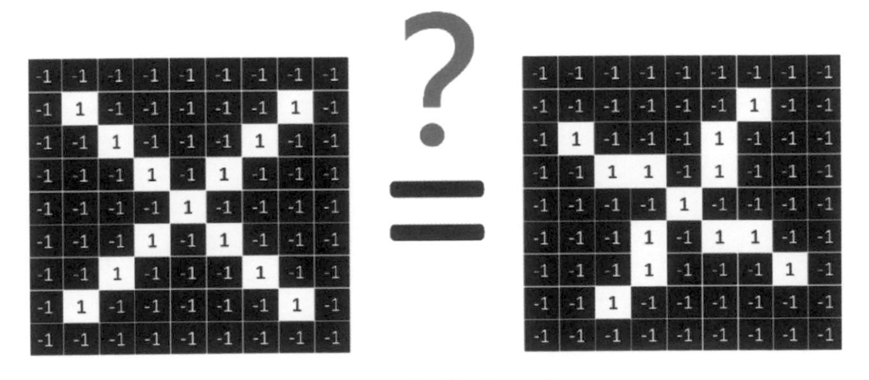

電腦會認為右邊的圖是 X 嗎？

我們可以透過卷積神經網路 (CNNs) 具有結構重複性之特性，能夠盡可能找出圖片在任何角落所具備的規律及重要特徵，也就是影像處理中所謂不變性 (特徵不受平移、旋轉及尺寸影響) 的特色，從而由右圖中識別出 X(如下圖)。也因為如此，卷積神經網路 (CNNs) 在圖像和視訊領域中的應用非常廣泛。

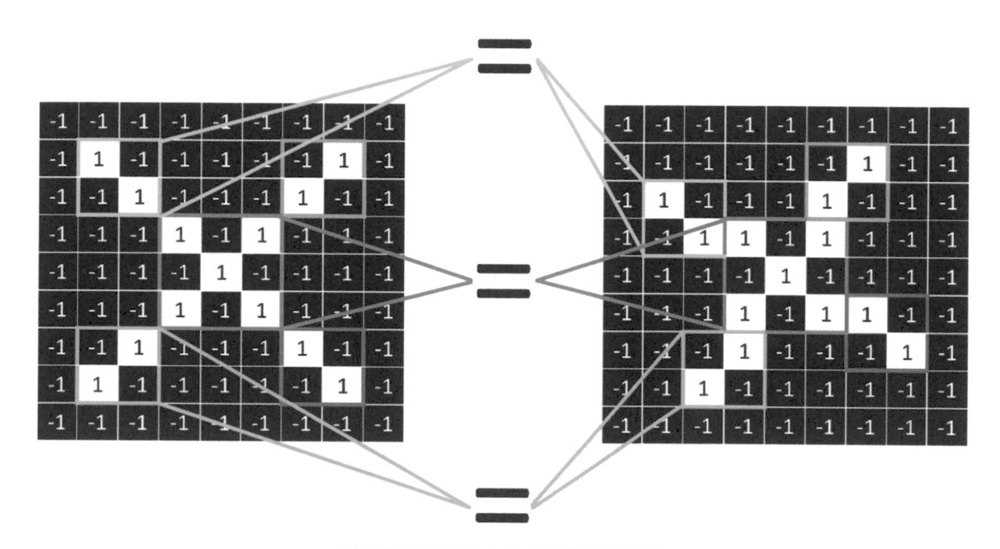

卷積神經網路具有結構重複性的特性

卷積神經網路 (CNNs) 最初的目標是希望形成我們視覺世界中最佳的表示，以用來幫助識別任務。接下來就讓我們來看看卷積神經網路 (CNNs) 的架構及運行方式吧。

5.3 卷積神經網路架構

卷積神經網路 (CNNs) 是一種神經網路，但與一般神經網路的區別在於它們在圖像方面有不錯表現，並且每個卷積神經網路都由多個不同功能的層 (Layer) 所組成，所以您可以將其看成是一個層 (Layer) 的序列。

而其中有三種主要類型的層，分別是卷積層 (Convolutional Layer)、池化層 (Pooling Layer) 和全連接層 (Fully-connected Layer)，如下圖所示，我們堆疊這些層來形成完整的卷積神經網路架構。

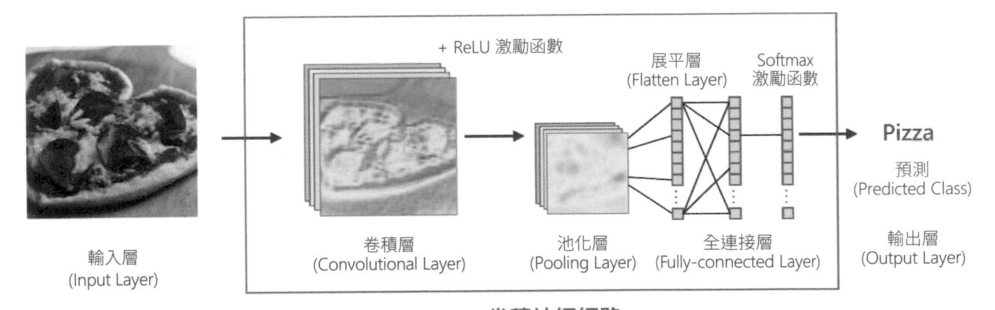

卷積神經網路基本架構

其中卷積層是卷積神經網路進入後的第一層，後面可以接著其他的卷積層或池化層，而最後一層會是全連接層。隨著每一層的使用，卷積神經網路可以辨識圖像更多部分，其複雜性也會增加。從較前面的層專注於簡單的特徵，例如顏色和邊緣，隨著圖像資料透過這些層進行處理後，它開始識別物體較大的組成或形狀，直到最終辨識出預期的物體。現在就讓我們帶讀者用活動方式來認識卷積神經網路 (CNNs) 架構中每一層的功能及運行方式。

活動：在瀏覽器中輕鬆學習卷積神經網路

這是一個讓新手認識卷積神經網路 (CNNs) 最好的活動，您可以了解如何使用簡單的卷積神經網路進行圖像分類，同時藉由此活動來認識網路中各層運作方式。

活動目的：利用互動式功能，瞭解卷積神經網路各層功能及運行方式

活動平台：CNN Explainer (https://poloclub.github.io/cnn-explainer/)。因平台會先載入訓練好的模型，所以根據使用者環境狀況有可能載入時間會較長。

使用環境：桌機及瀏覽器

進到 CNN Explainer 這個活動平台後，您將會看到如下圖具有輸入層、輸出層及卷積神經網路的畫面。此活動平台將已訓練好可識別 10 種圖像的模型提供使用，同時在畫面上方會有這些圖像類別樣本提供學習使用，平台也提供使用者自行上傳圖像進行辨識。

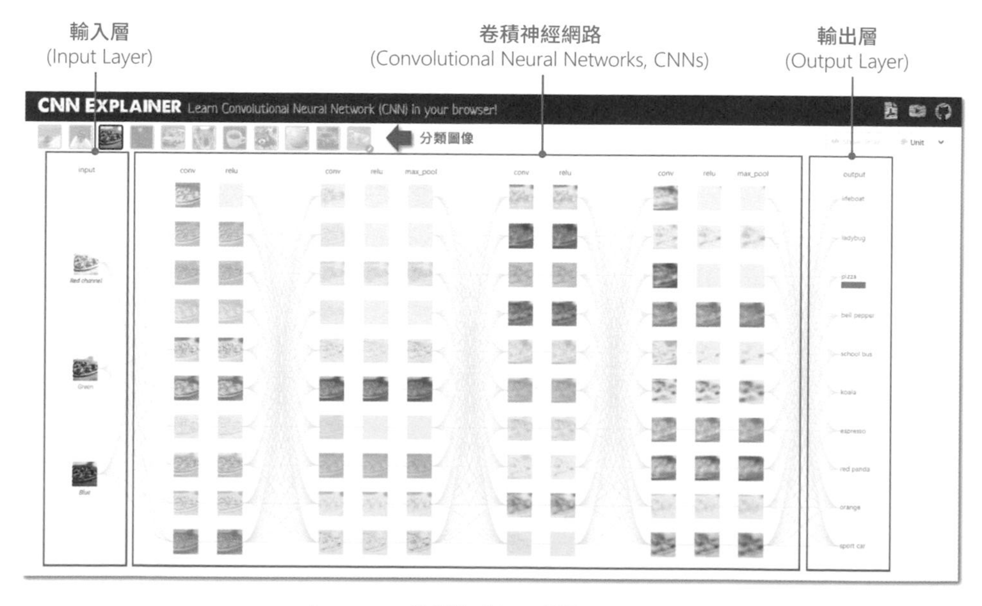

CNN Explainer 介面

現在就讓我們點選左上角的披薩並依序來看看網路中的每一層的功能介紹及運行方式。

輸入層 (Input Layer)

輸入層 (最左邊的層) 表示輸入到卷積神經網路的圖像，神經網路及電腦會將輸入的圖像視為數值網格，如果你輸入的是灰階圖像，您將看到灰階圖像放大部分 (如下圖)。圖像會被分解成一個一個的網格，每個網格單位被稱為一個像素，而每個像素都會是一個介於 0 到 255 之間代表不同深淺的值，以此處灰階圖像來說， 其中 0 代表的是黑色，255 則是白色，一般見到的灰色則會是介於兩者之間。

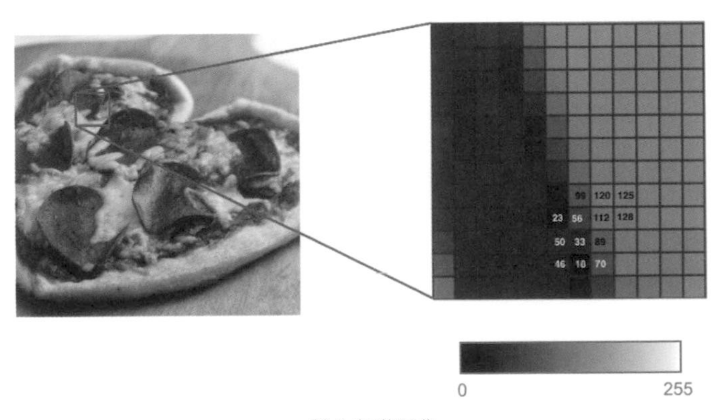

輸入灰階圖像

如果我們輸入的是彩色圖像，則每個像素 (x, y) 位置都有 RGB(紅色、綠色和藍色) 像素值。我們可以將其視為是由三個圖像 (紅色、綠色和藍色) 所組成的堆疊。您可能會看到一個顏色像素值會寫成三個數值的列表。例如，對於一個 RGB 像素值，[255, 0, 0] 是紅色和 [255, 255, 0] 是黃色。透過這種方式，我們可以將任何圖像視為具有一定寬度、高度及顏色深度的三維資料，其中彩色的顏色深度為 3，而前述所提的灰階圖像的顏色深度則為 1。

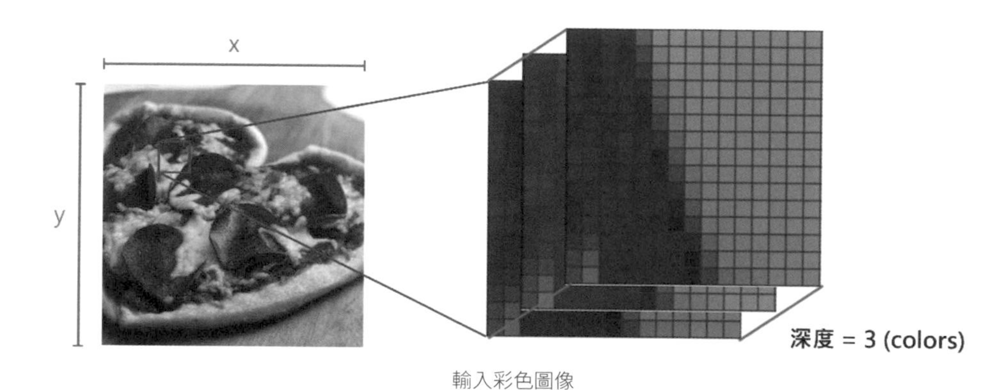

輸入彩色圖像

因為此平台使用 RGB 圖像作為輸入，所以輸入層會有 3 個通道，分別對應於紅色、綠色和藍色通道，如圖所示。同時點擊右上方的 Show detail 時，可以查看到這一層和其他層更詳細的資訊。

Red channel
Green
Blue
輸入層

輸入彩色圖像
RGB 三個通道

當您單擊上面的圖像時，如果您只看一小部分披薩的圖像，您會發現每張圖像的像素值確實不同，而輸入層後面所接的卷積神經網路各層（例如卷積層），就是要處理這些不同像素值所形成的特徵。

卷積層 (Convolutional Layer)

卷積層是卷積神經網路的核心建構區塊，是大部分數學計算發生的地方，同時也是這個神經網路的特徵提取器，它會學習如何在輸入圖像中找到特徵。

所以它需要一些組成元件來完成，例如輸入資料 (Input Data)、內核 (Kernel) 及特徵圖 (Feature Map) (如下圖所示)，我們將對這些組成元件做基本的介紹。

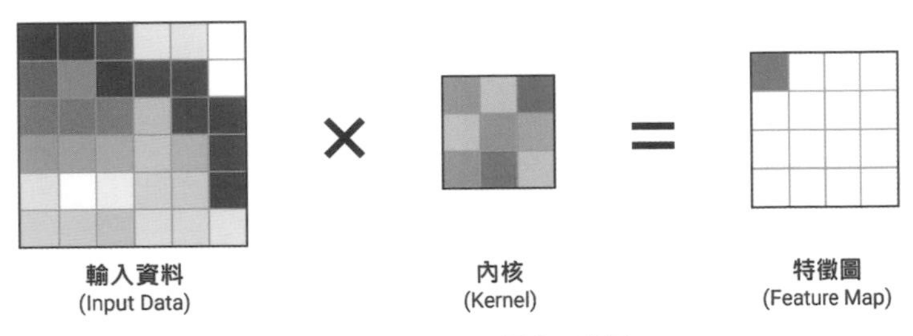

卷積 (Convolution) 運作示意圖

- **輸入資料** (Input Data)：其中會先將輸入圖像轉成對應的像素值 (0~255)。本平台對輸入的圖像資料有做預先處理，也就是將每個像素控制在 0~1 之間。
- **內核** (Kernel)：也可以叫過濾器 (Filter)，我們會利用內核 (Kernel) 在輸入圖像的感受域 (receptive fields) 中移動來提取某些 " 特徵 "。您可以將內核視為是卷積神經網路的眼睛，在整個圖像上由左到右、由上到下的掃過一遍。而在圖像處理中，內核其實就是用於模糊、銳化、邊緣檢測等的數學小矩陣 (如下圖)。

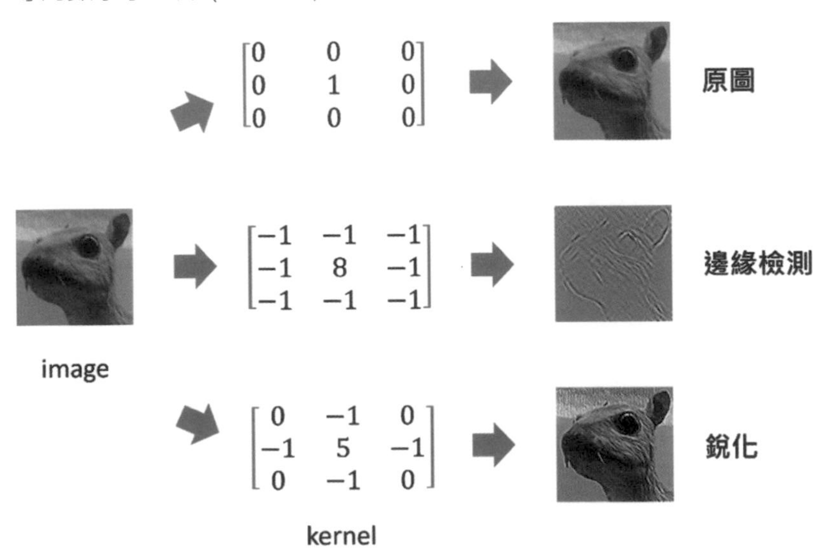

$$\begin{bmatrix}0&0&0\\0&1&0\\0&0&0\end{bmatrix}\quad\begin{bmatrix}-1&-1&-1\\-1&8&-1\\-1&-1&-1\end{bmatrix}\quad\begin{bmatrix}0&-1&0\\-1&5&-1\\0&-1&0\end{bmatrix}$$

經由不同內核可實現不同效果之示意圖

我們可以想像，卷積神經網路訓練過程就是不斷地在迭代回饋中改變內核 (Kernel) 來凸顯這個輸入圖像上的特徵。

- **特徵圖** (Feature Map)：過程中會將內核與輸入圖像資料進行數學運算後產生特徵圖 (Feature Map)，這個過程就稱為卷積 (Convolution)。

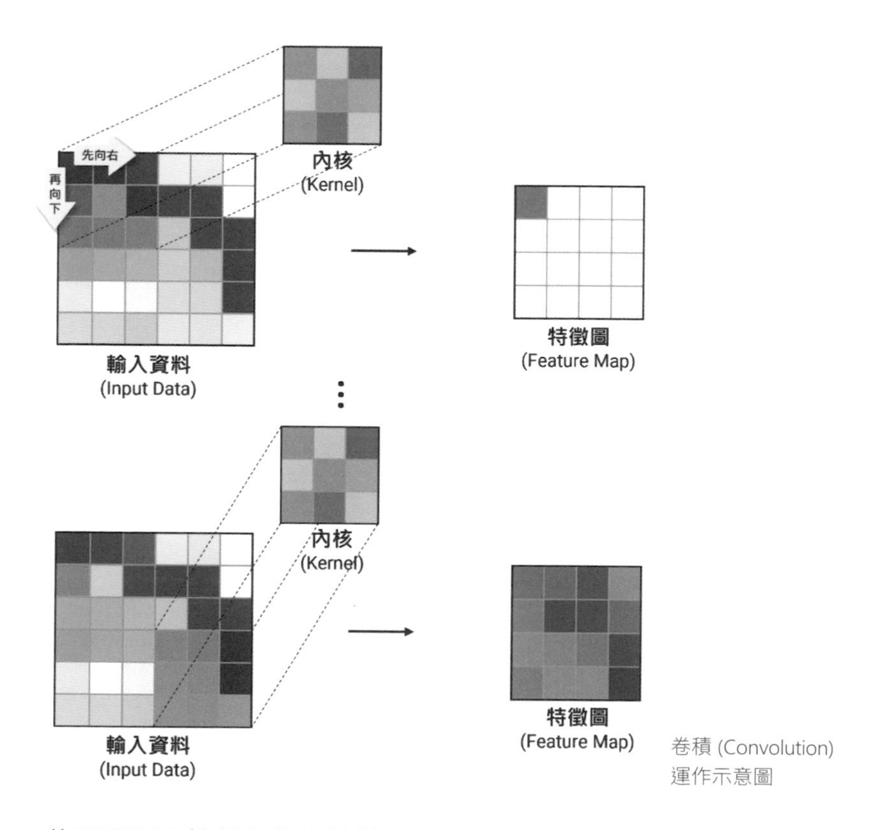

卷積 (Convolution) 運作示意圖

使用不同內核所產生的特徵圖會不一樣 (如下圖)，例如強化垂直或水平邊緣的特徵圖，將會使用適合邊緣檢測的內核。

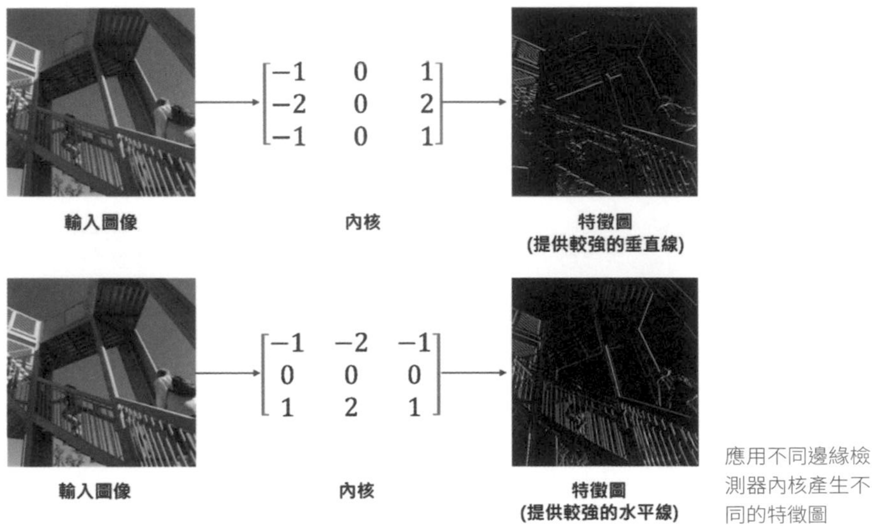

應用不同邊緣檢測器內核產生不同的特徵圖

我們可以在平台上看一下架構中的第一個卷積層。這一層卷積層有 10 個神經元，要掃描前一層 3 個通道的圖像資料，因此要讓卷積層每個神經元都與前一層的各神經元做連接，讀者可以照下面標示的位置得到許多資訊。

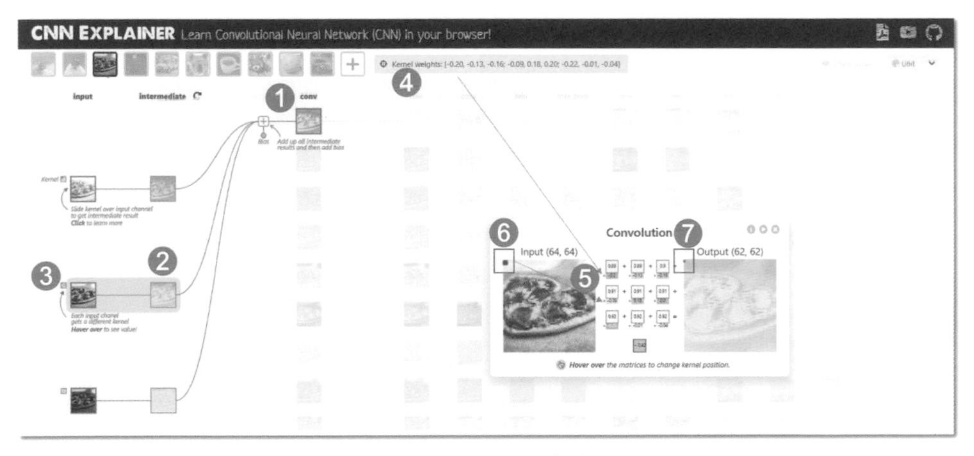

卷積 (Convolution) 操作

首先可以試著點擊上圖中❶ 的神經元，系統將會展開讓你看到連結狀況。

接著點擊 ❷ 或 ❸ 後，就會在圖中右側出現卷積視覺化的過程。

滑鼠移至 ❸ 的位置時，可以在 ❹ 的地方看到目前卷積所使用的內核參數是多少。以此圖為例，你將會看到內核值為 [-0.20, -0.13, -0.16; -0.09, 0.18, 0.20; -0.22, -0.01, -0.04]。這些值就如同右圖的表示，同時也會在 ❺ 的箭頭所指位置呈現這些內核值，此處看到的內核參數 (權重) 是已經訓練完成，訓練過程這些數值會持續變化，直到輸出結果令人滿意為止。

-0.20	**-0.13**	**-0.16**
-0.09	**0.18**	**0.20**
-0.22	**-0.01**	**-0.04**

內核參數

❻ 的地方就是內核要處理的像素區域，然後依序向右移動。

❼ 的部分則是輸入資料與內核運算後的結果。我們利用下面的對照圖就可以了解卷積的運算方式。

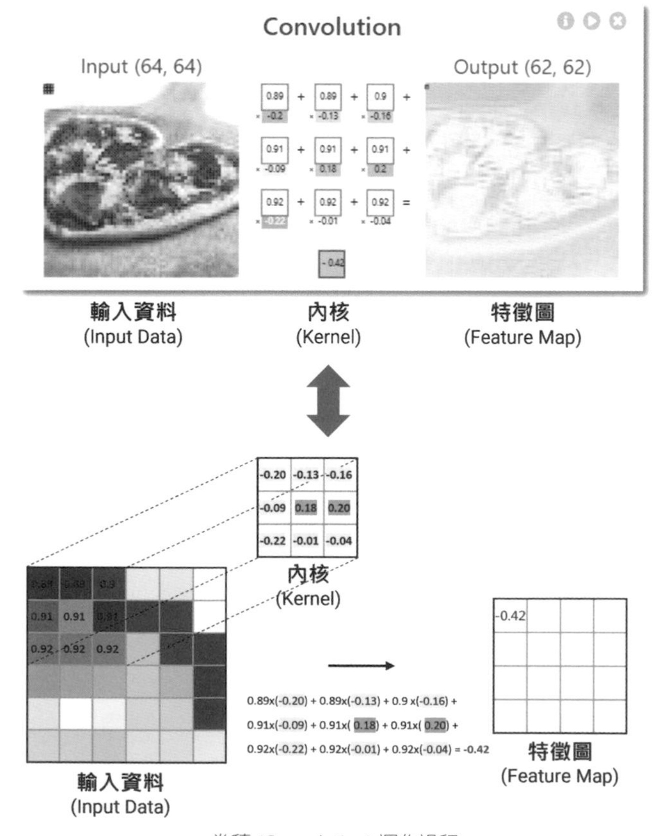

卷積 (Convolution) 運作過程

而這些內核大小實際上會是由神經網路架構設計者指定的超參數 (Hyperparameters)，但平台目前以互動為主所以無法調整。但在平台下方則提供了另外一個互動區域，可以讓使者在不寫程式情況下控制這些超參數，並認識其用途與變化。就讓我們帶大家一起來認識。

超參數 (Hyperparameters)

將網頁移到下方，還會看到有內核的超參數設定。常見的超參數有填充 (Padding)、內核 (Kernel) 及步長 (Stride)，其示意圖及說明如下：

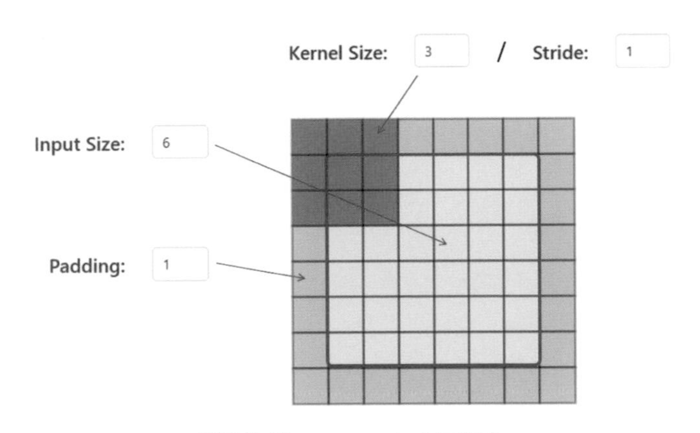

超參數 (Hyperparameters) 示意圖

- **填充** (Padding)：以上圖為例，假設輸入資料大小為 6(藍色框形區域)，有時候為了保持在卷積後的輸出有一致大小，會在外圍進行填充 (灰色區域)。但若考慮性能、簡單性和計算效率則會選擇零填充。

- **內核尺寸** (Kernel Size)：內核尺寸是指輸入時滑動窗口的大小。以上圖為例內核大小設為 3，就是紅色 3×3 這塊區域大小。這個超參數在圖像分類任務上有很大影響，例如，較小尺寸的內核可以從輸入資料中提取大量特徵資訊 (特徵圖會較大)，反之則資訊較少 (如下圖)。選擇怎樣的內核大小通常會取決於您的任務需求和資料集種類。

內核尺寸小(3x3) → 特徵圖尺寸大(6x6)

內核
(Kernel)

特徵圖
(Feature Map)

內核尺寸大(6x6) → 特徵圖尺寸小(3x3)

內核
(Kernel)

特徵圖
(Feature Map)

- **步長** (Stride)：指的是內核一次移動多少像素。例如上圖中設定為 1，表示步長移動為 1。較小的步長，可以提取更多資料並學習到更多的特徵，但也會導致有更大的輸出層。反之，步長的增加也會導致特徵提取將更有限。而這一些都是設計此神經網路架構的設計者需審慎處理的一項職責。

接下來就讓我們試著動手玩玩看幾種情況。

◇ **Case 1**：Input Size = 6、Padding = 0、Kernel Size = 3、Stride = 1

你將會看到輸入尺寸為 6×6，並在 3×3 的 Kernel 一次一步掃描下，輸出將變為 4×4。

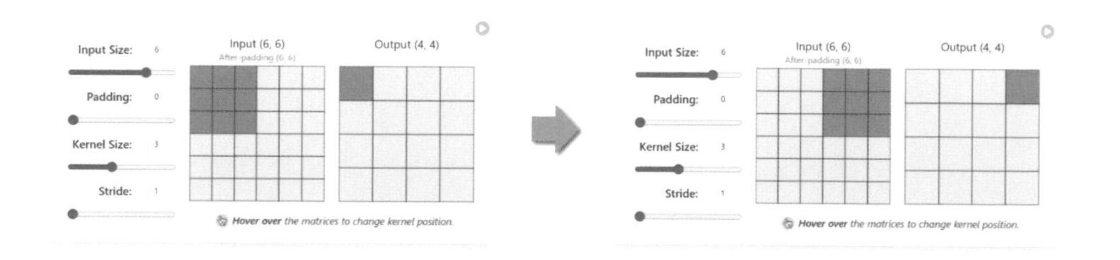

◇ **Case 2**：Input Size = 6、Padding = 1、Kernel Size = 3、Stride = 1

你將會看到輸入尺寸為 6×6，外圍增加一層 Padding，並在 3×3 的 Kernel 一次一步掃描下，輸出依舊為 6×6。

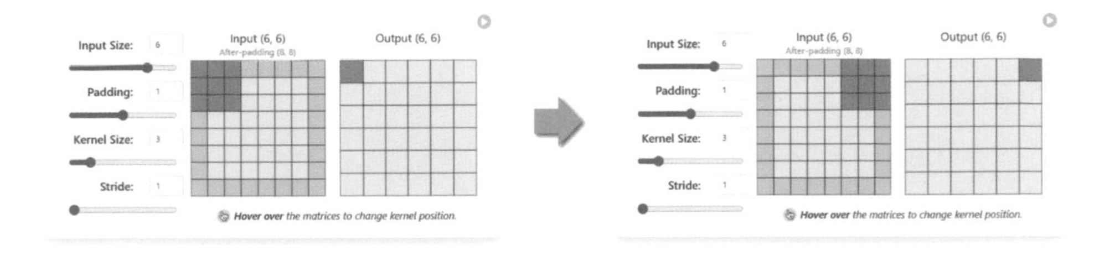

◇ **Case 3**：Input Size = 6、Padding = 0、Kernel Size = 2、Stride = 1

你將會看到輸入尺寸為 6×6，並在 2×2 的 Kernel 一次一步掃描下，輸出將變為 5×5。

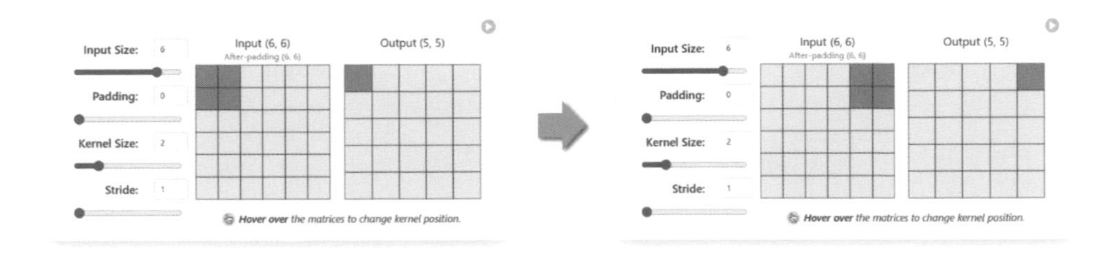

◇ **Case 4**：Input Size = 6、Padding = 0、Kernel Size = 3、Stride = 1

你將會看到輸入尺寸為 6×6，並在 2×2 的 Kernel 一次 2 步掃描下，輸出將變為 3×3。

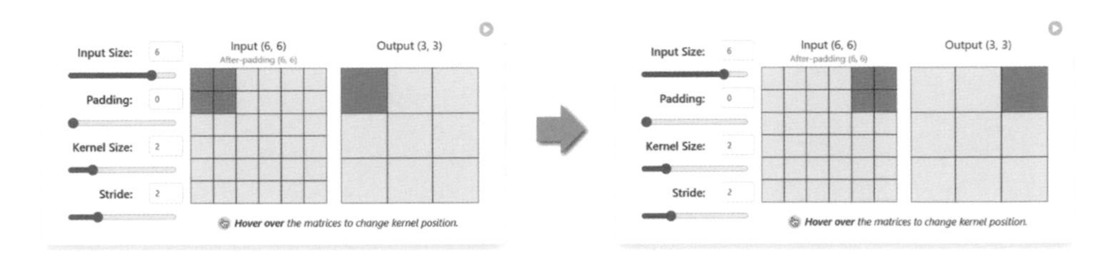

激勵函數 (Activation)

每次經過卷積操作後，卷積神經網路都會對特徵圖使用 ReLU 激勵函數 (取 0 跟輸入值比較後的最大值，可參考 Ch4 介紹) 做變換，目的就如同前面章節所說，可以產生非線性的模型。

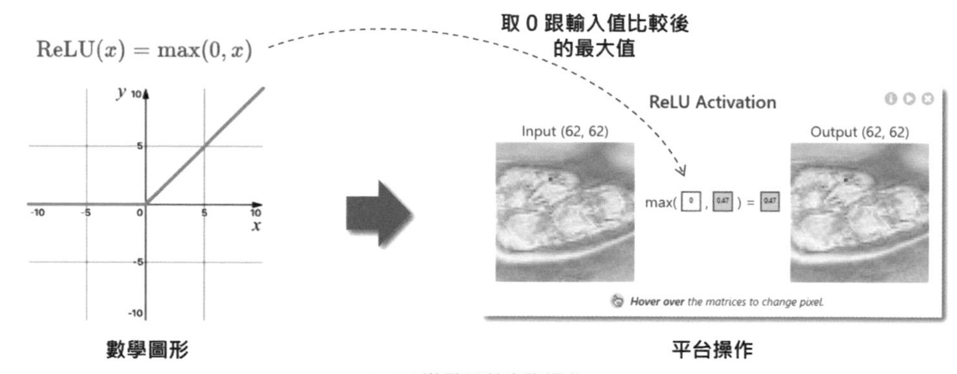

ReLU 激勵函數實際運作

而在最後一層則會使用另外一個 softmax 激勵函數來操作，其關鍵目的在於確保卷積神經網路辨識圖像後的機率輸出總和為 1。例如目前此神經網路模型可辨識的圖像有 10 個類別，當輸入一個新的圖像進入卷積神經網路處理後，透過 softmax 函數會對每一個類別對應一個它辨識後的機率值，而這 10 個類別機率總和會是 1。

例如下圖判斷結果，模型認為是 pizza 的機率是 0.9906：

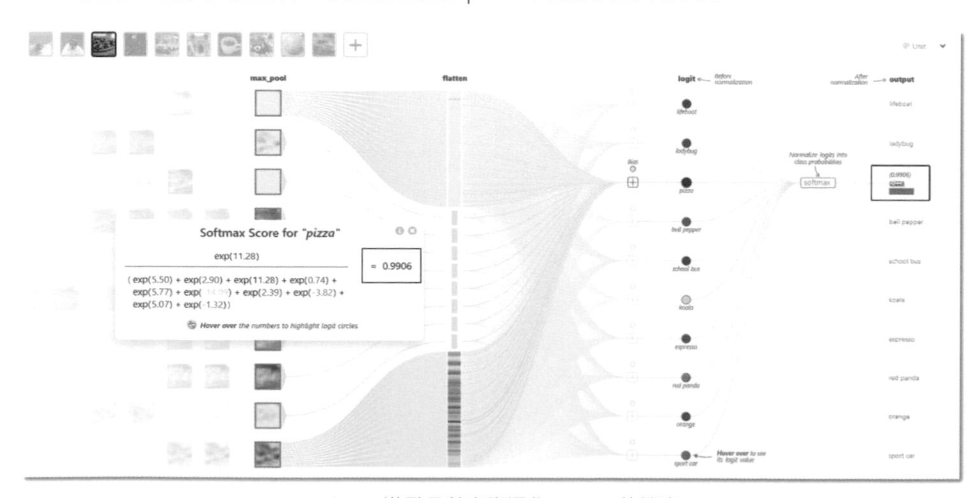

softmax 激勵函數實際運作 – pizza 的機率

而認為是 ladybug 的機率則是 0.0002

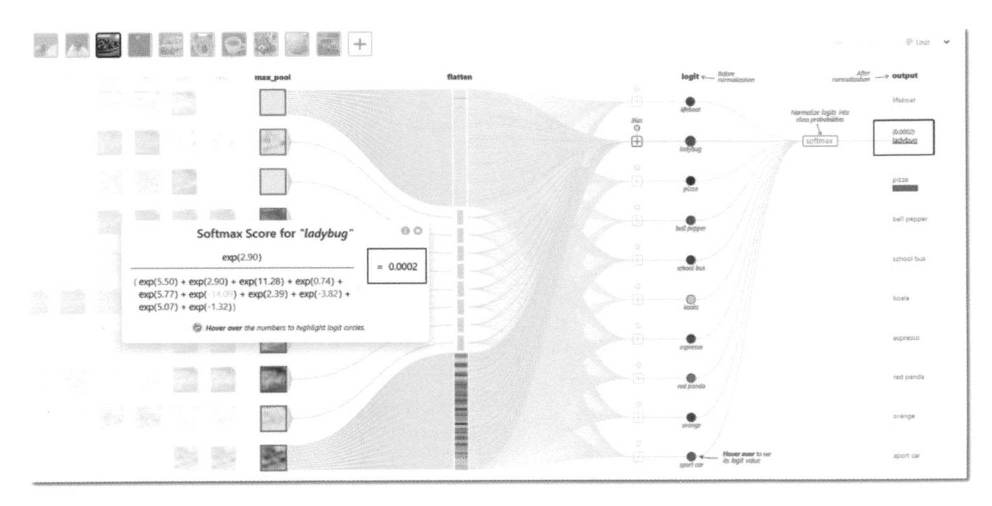

softmax 激勵函數實際運作 – ladybug 的機率

池化層 (Pooling Layer)

接在卷積層之後是池化層，也叫做降採樣 (downsampling)。池化層負責減小卷積特徵的空間大小，這是為了透過降維及減少輸入中的參數數量，例如 4 個特徵值只取 1 個平均值或最大值代表，來降低處理資料所需的計算能力。同時，它有助於提取旋轉和位置不變的特徵，進而保持模型有效訓練的過程。池化有兩種方式，最大池化 (Max-Pooling) 及平均池化 (Average pooling)，以下圖為例，採取的是最大池化，就是在對應區域內尋找最大值的方法。

> 若採平均池化則是返回計算對應區域所有值的平均值。

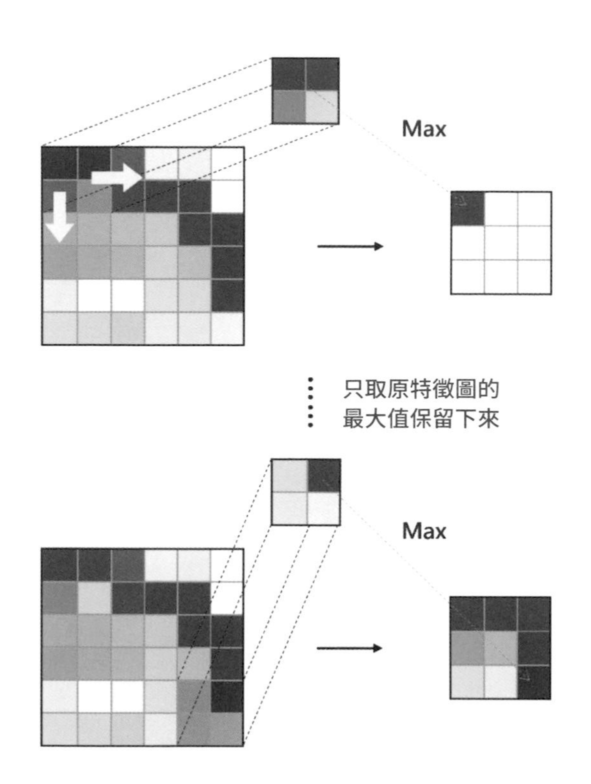

而本互動平台採用的是最大池化 (Max-Pooling)，並且使用內核大小為 2x2 及步長為 1 的架構。使用者可以點擊神經網路中的一個池化層神經元來查看，該操作會以指定的步長在輸入資料上滑動內核，同時僅從輸入中選擇每個內核掃描切片處的最大值以產生輸出值 (如下圖)。你會發現經過池化後的大小減少一半，並且保有其重要的特徵值。

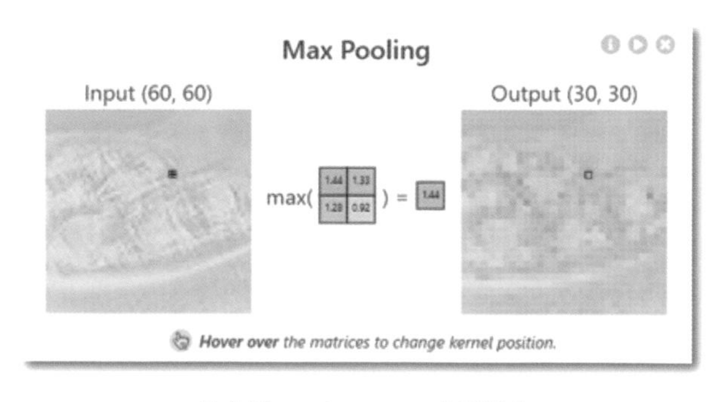

池化層 (Pooling Layer) 實際運作

雖然池化層會丟失許多資訊，但它對卷積神經網路來說有很多好處，例如它們會有助於降低複雜性、提高效率並限制過度擬合 (overfitting) 的風險。

全連接層 (Fully-connected Layer)

在卷積神經網路的末端，是一個全連接層，也叫做密集層 (Dense Layer)。全連接意味著是在最後一個池化層產生的每個輸出，都是這個全連接層中每個節點的輸入 (如下圖)。雖然卷積層和池化層傾向於使用 ReLu 激勵函數，但全連接層通常會利用前面所提的 softmax 函數來對輸入進行適當分類，然後對每一項分類產生 0 到 1 的機率。

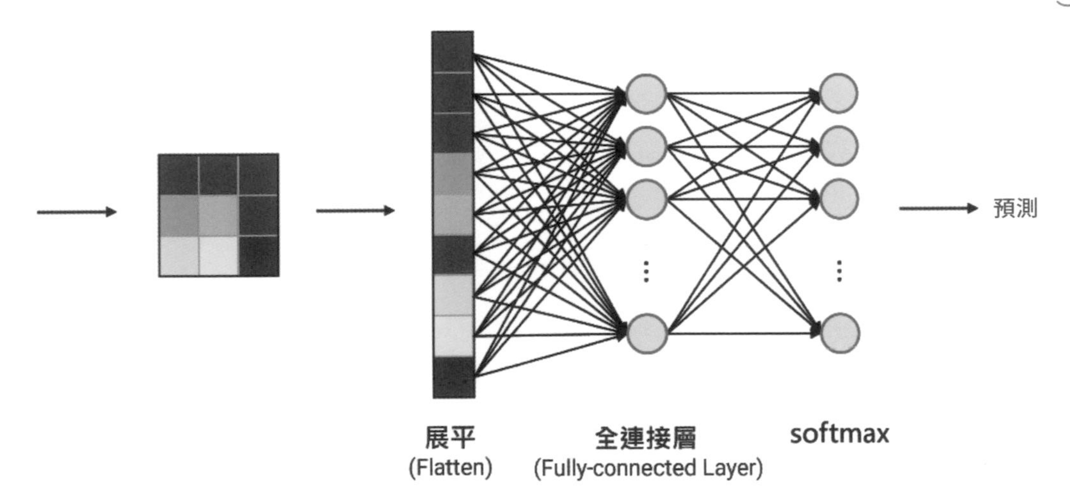

全連接層 (Fully-connected Layer)

由本小節的活動及說明，相信讀者對卷積神經網路應該會有基本的認識，同時可以理解前一章節所提的神經網路只是一個基礎，許多專家學者都會在此基本神經網路上根據需求發展許多不同架構，而卷積神經網路就是一個非常具代表性的進階神經網路架構，如果讀者想要對此平台做進一步了解，可以在網站最下方有許多說明連結可供參考。

活動：利用 CNN 進行塗鴉識別

我們將為大家介紹 Quick Draw Recognizer 這個卷積神經網路互動網站，它是一個使用 TensorFlow.js 建立的深度學習網站，並且已經在 Google 的 Quick Draw 資料集上進行訓練。此訓練好的模型可將繪製圖像分為以下 100 個類別，使用者可在自己的瀏覽器中執行此預先訓練好的卷積神經網路。

紅綠燈	蛇	雲	電源插座	帳篷	眼鏡	吊扇	回形針	鬍鬚	勺子
冰淇淋	笑臉	鉛筆	花	鬧鐘	橋	收音機	注射器	步槍	刀
T恤	臉	蠟燭	齒	長椅	鳥	梯子	熱狗	劍	太陽
頭盔	籃球	甜甜圈	錘子	耳機	掃帚	棒糖	棒球	鼓	車輪
貓	蜘蛛	時鐘	葡萄	椅子	門	鬍子	眼睛	自行車	咖啡杯
傘	砧	剪刀	三角形	床	燈泡	筆記型電腦	信封	圓圈	手提箱
相機	枕頭	跳水台	彩虹	褲子	麵包	鋸	線	麥克風	螺絲刀
鑰匙	平底鍋	正方形	停止標誌	閃電	比薩	杯子	曲奇餅	蘋果	短襪
扇子	短褲	斧頭	飛機	蝴蝶	網球拍	樹	帽子	書	鏟
蘑菇	啞鈴	手機	手錶	棒球棒	車	山	月亮	桌子	星星

平台模型可辨識的類別

此卷積神經網路模型包含 3 組卷積層 + 最大池化層，最後在加一個全連接層，下圖顯示了所使用的神經網路的架構。

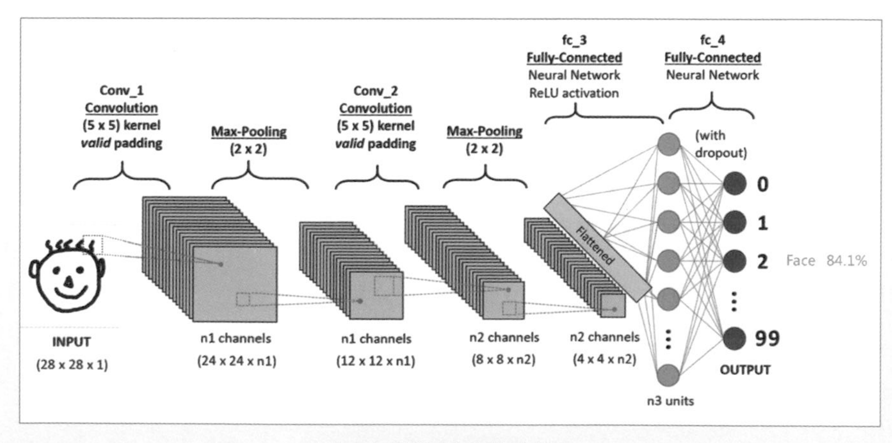

此平台卷積神經網路的架構

上圖僅顯示了 2 個卷積層，而模型使用了 3 個卷積層。

活動目的：將手繪圖像經由卷積神經網路處理後進行預測。

活動網址：https://www.cgupta.tech/quickdraw.html

使用環境：桌上型電腦或筆記型電腦

STEP 1 操作畫面

進入網站後將會看到下方這個互動網頁，在網站左側是您可以繪圖的區域，繪製的圖像會透過卷積神經網路輸出預測的分數，並在右邊預測區顯示您所繪製的圖像，模型預測將機率轉為各項可能類別的百分比，你也可以選擇清除重畫，現在畫一些圖像看看此卷積神經網路運行的效果。

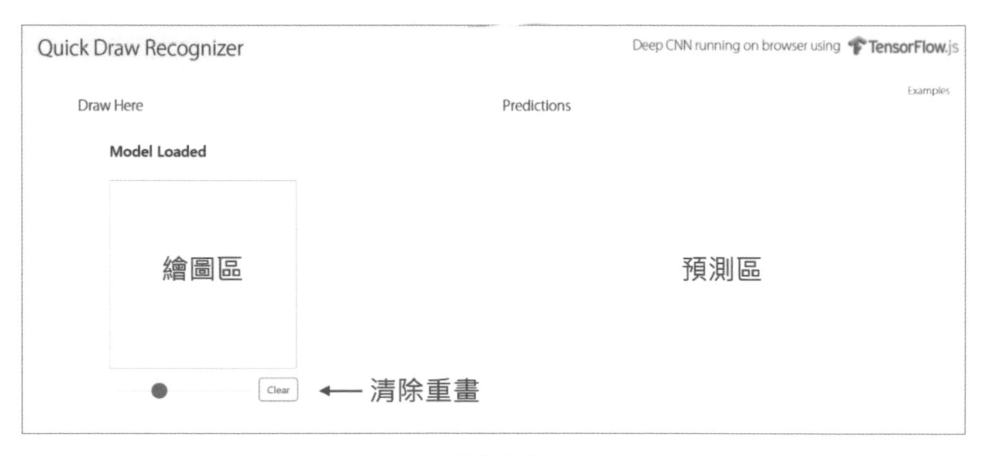

操作畫面

STEP 2 畫一個圓

首先我們畫了一個圓，讓卷積神經網路辨識看看，模型辨識後認為 38.6% 像是線。(如下圖)。這可能跟它訓練的狀況有關 (例如訓練資料、迭代次數、架構超參數等)

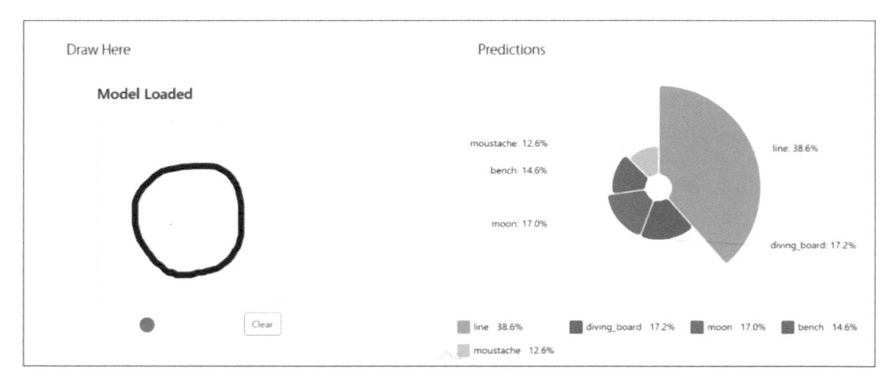

先畫一個圓，看看辨識效果

STEP 3 畫一個眼睛

當我們試著在當中畫一個點當作眼睛時 (讀者也可以畫一個空心圓圈試看看效果)，模型辨識結果可能認為多一個點不像線，反而認為 62.1% 像是圓形 (如下圖)。

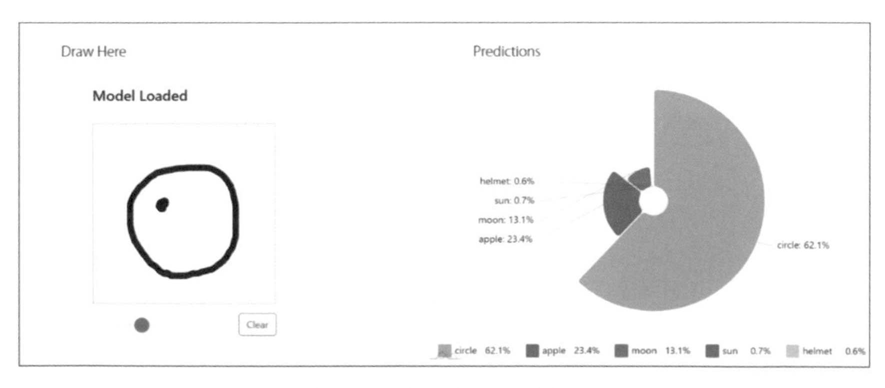

開始畫眼睛時，辨識度開始變好了

STEP 4 畫眼睛及嘴巴

我們試著將眼睛及嘴巴畫齊全，這時候模型辨識後認為 34.2% 像是笑臉，30.1% 像是餅乾。(如下圖)

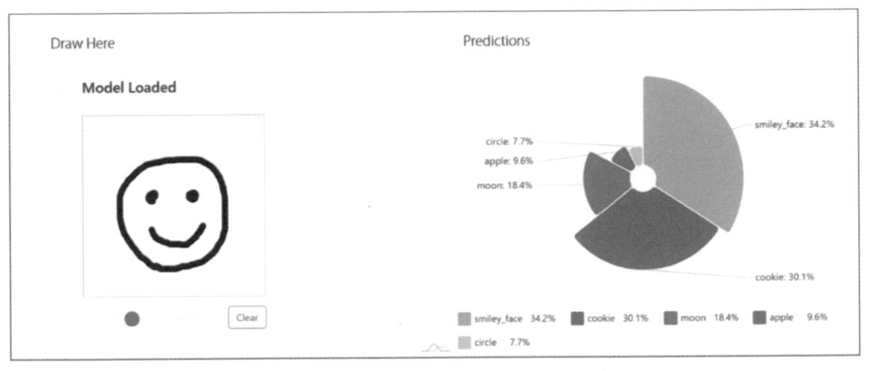

畫了眼睛及嘴巴後，可以辨識出是笑臉

STEP 5 畫耳朵及鼻子

我們將耳朵、鼻子也補上後，這時候模型認有 84.1% 非常高的機會是臉，笑臉則降為 13.2% (如下圖)

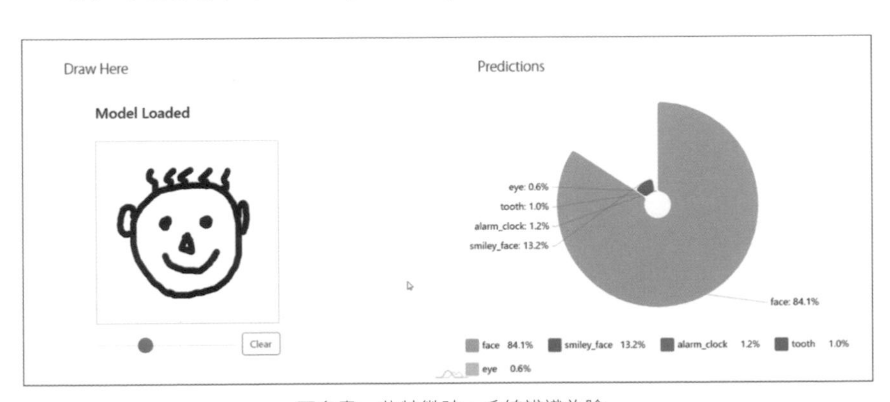

再多畫一些特徵時，系統辨識為臉

由於整個卷積神經網路在全連接層後，會經由 softmax 激勵函數，顯示辨識後各類的機率值，我們也可以將機率值轉為百分比的方式顯示。大家可以看到，每一次辨識後，預測區的類別百分比加總後會是 100% (也就是機率 1)。

5.4 卷積神經網路應用

卷積神經網路為圖像識別和電腦視覺任務提供許多動力，而電腦視覺也是人工智慧的一個子領域，它使計算機和系統能夠從數位圖像或視訊輸入中獲取有意義的資訊，並根據這些輸入採取行動，因此在日常生活中有許多應用，例如臉部辨識軟體、圖像分類應用程式等等，構成了許許多多類似像 Instagram 這樣精通圖像的社交媒體網路，豐富了我們的日常生活，最後我們介紹卷積神經網路的一些關鍵應用：

- **臉部辨識**：臉部辨識可以透過卷積神經網路，來識別圖像中的每一張臉，具有識別特徵的獨特功能，並將所有收集到的資料與資料庫中建立的資料進行比較，以識別相關人臉。

臉部辨識

- **行銷**：社交媒體平台根據以往圖像資料，提供相片中可能是誰的建議，進而方便使用者在相簿中標記朋友，提供一些服務。

社群媒體行銷

- **醫療保健**：電腦視覺已被納入放射學及許多醫療技術，協助醫生能夠更好地識別解剖影像結構中的惡性腫瘤。

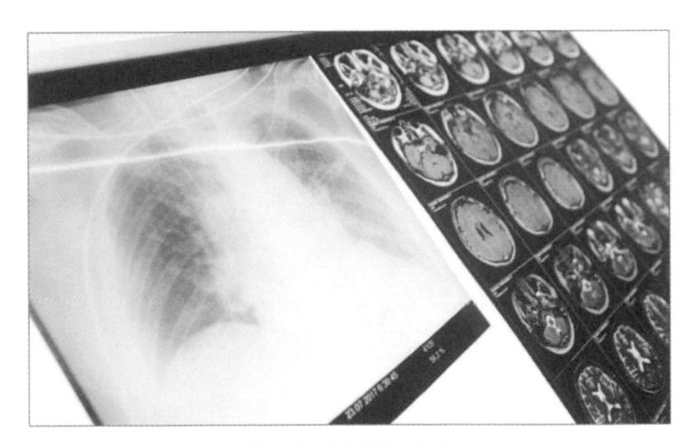

識別解剖影像腫瘤

- **零售**：電腦視覺也被廣泛用在一些無人商店，分析使用者購買商品的行為，並且辨識商品後自動結帳，例如 Amazon Go。

電腦視覺應用在零售

- **汽車：**雖然自動駕駛汽車的時代還沒有完全到來，但底層技術已經開始進入汽車領域，透過辨識交通標誌、行人車輛物體及車道線等功能，做出適當的行駛決策，來提高乘客的安全。

自動駕駛汽車辨識路上各種物體

卷積神經網路的應用還有非常多，帶來的經濟產值也很大，主要歸功於其成熟的技術及不斷精進的研究。有望不久的將來，將其更為成熟的導入自動駕駛汽車、模仿人類行為的機器人、人類遺傳圖譜專案、預測地震和自然災害，甚至是遠距醫療的協助診斷，這些應用卷積神經網路都將可以做的更好。相信大家從卷積神經網路的架構、運作模式到實際應用，都有進一步的認識。

本書在沒有複雜的數學運算講解及程式設計實作的情況下，藉由 CNN Explainer 介紹整個卷積神經網路的架構及運行方式，並帶大家動手玩玩看由卷積神經網路所設計的一個互動網站。相信讀者可以輕鬆了解目前最紅的圖像天王 – 卷積神經網路，同時多了解一些生活應用，最重要是可以增加人工智慧素養。

接下來就讓我們進入下一個章節，認識另外一個進階神經網路 - 具有記憶的循環神經網路 (Recurrent Neural Network, RNN)。

第 6 章

循環神經網路 (Recurrent Neural Networks)

循環神經網路 (RNNs) 是一種使用序列資料或時間序列資料的人工神經網路，也是一種深度學習網路結構。此神經網路可用於處理順序性及時序性的問題，例如語言翻譯、自然語言處理 (NLP)、語音辨識和圖像描述；因此它們也被整合到日常生活中常見到的各種應用當中，例如 Siri 和 google 翻譯。

6.1 序列性資料

什麼是序列性資料 (sequential data)？我們先來舉一個非常簡單且直觀的例子，假設有一張球的圖像如右圖，我們想要預測它接下來會去那裡，相信那是不容易猜測的。

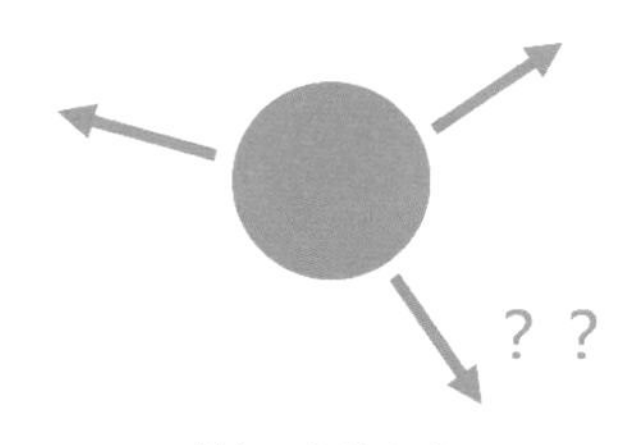

球接下來的方向？

但是除了當前的位置外，如果還提供了球之前的位置 (如下圖)，問題應該就變得簡單多了，相信大家應該同意球將由左往右繼續前進。希望這個直觀的例子可以讓你了解，在序列上要建立模型以及序列上來預測的意思。

知道球之前的位置，接下來的方向是不是就容易多了

因此只要在資料集 (Dataset) 中的點依賴於其它點，我們就可以稱此為序列性資料。一個常見的例子是時間序列，例如股票價格 (如下圖標準普爾 500 指數)，其中每個資料點代表某個時間點的觀察結果。其他序列性資料的例子還有句子、基因序列和天氣資料…等。

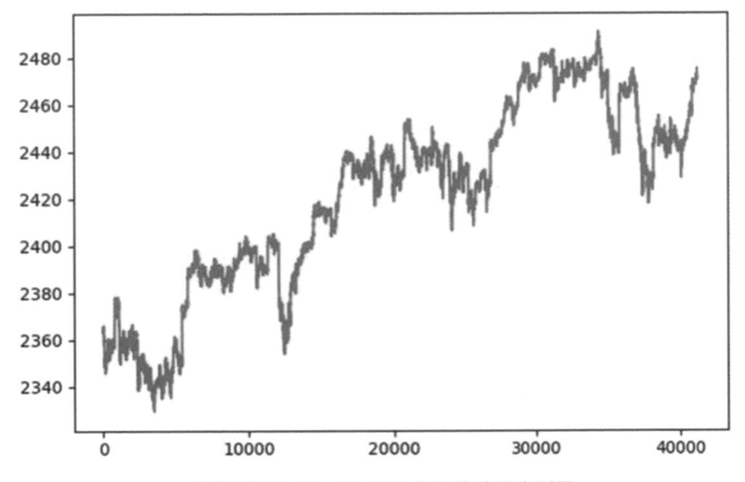

標準普爾 500 (S&P 500) 指數的時間序列圖

A **recurrent neural network** (**RNN**) is a class of artificial neural netw
where connections between nodes can create a cycle, allowing outpu
some nodes to affect subsequent input to the same nodes. This allow
exhibit temporal dynamic behavior. Derived from feedforward neural
networks, RNNs can use their internal state (memory) to process vari

一段關於循環神經網路 (Recurrent Neural Networks) 的句子

C T G T G T G A A A T T G T T A T C C G C T CA CA A T T

基因序列

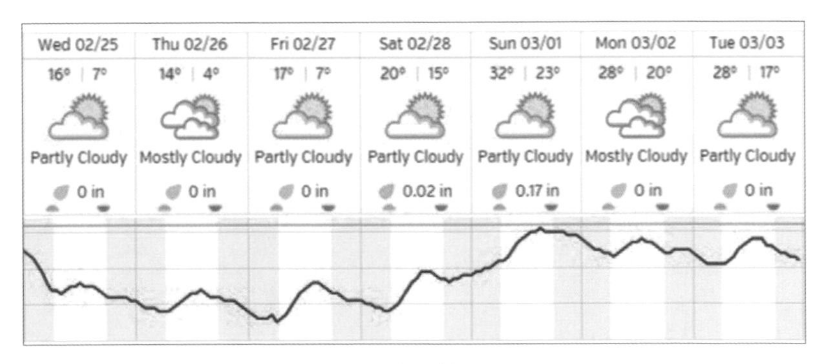

天氣資料

除了上述這些例子外，像是醫學上的心電圖波型等，也都會需要處理序列式的問題，這時候循環神經網路 (RNNs) 就是一個很好的方式。

6.2 什麼是循環神經網路

為了說明什麼是循環神經網路 (RNNs)，現在先舉一個例子讓大家實際了解。

假設有一位體育老師每天都會做運動，主要的運動種類有 3 種，分別是呼拉圈、瑜珈及跳繩。她對自己的運動有規則性，所以她會先看看外面的天氣，如果晴天，她的運動會是呼拉圈，如果下雨，她會做瑜珈。

根據不同天氣做不同運動

這時候我們可以將這個情況透過前面學到的神經網路，簡單表示出來。當輸入是晴天時，輸出會是呼拉圈；以及輸入若是雨天時，輸出則是瑜珈。

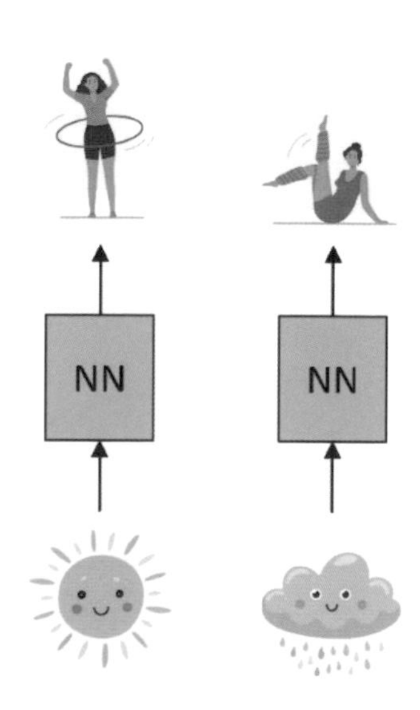

使用神經網路示意圖

現在我們來解決一個稍微複雜的問題，假設體育老師依然每天都會運動，但她現在的運動不再以天氣為基礎，而是非常有條理的按順序運動，假設她先做呼拉圈，那麼第二天她就會做瑜珈，再隔一天就會跳繩，然後隔天又做呼拉圈，再來是瑜珈，接著就是跳繩，以此類推下去，所以我們可以根據老師前一天做什麼運動來推測她今天要做什麼運動。例如，體育老師星期一如果是呼拉圈，星期二就會是瑜珈，星期三則是跳繩，星期四又會是呼拉圈，星期五是瑜珈，星期六是跳繩，星期日又會是呼拉圈。

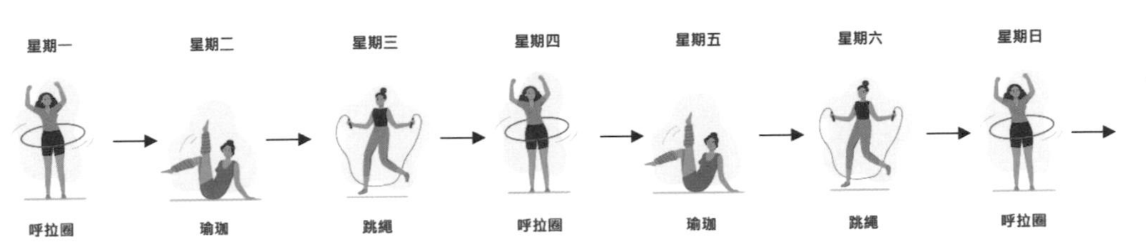

體育老師條理性的按順序運動

讀者可以思考看看上圖的例子，此週期性的運動跟日期無關，主要是依靠前一天做的運動來預測，所以這不再是一般性的神經網路，我們可以用下面示意圖來表示體育老師目前的運動情況，這樣的網路就被稱為是循環神經網路(RNNs)，如下圖所示。

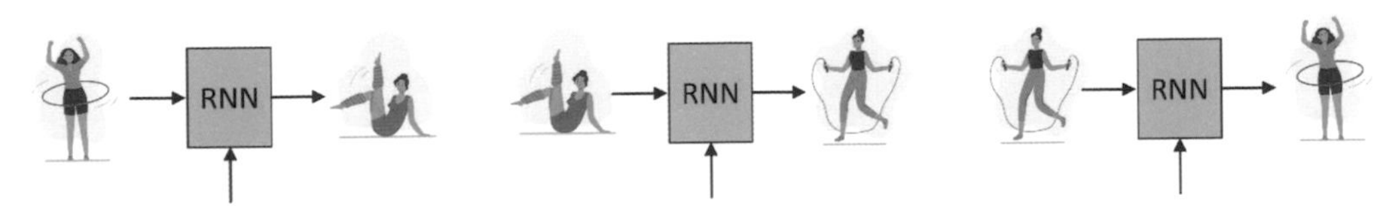

循環神經網路示意圖

在這種情況下，因為不需要輸入天氣所以底部箭頭沒有給任何資料，而輸出則會做為下一次的輸入。所以如果體育老師昨天做了呼拉圈，並將它做為輸入，則今天輸出的運動會是瑜珈；如果今天將瑜珈做為輸入，那麼跳繩會是輸出，意味著明天將會做的運動是跳繩，依此類推。所以這個神經網路看起來的像是右圖這樣。

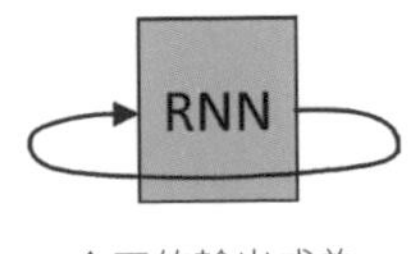

今天的輸出成為明天的輸入

我們也可以將神經網路展開成右圖這個樣子，右邊節點的輸出將會是左邊節點的輸入，這就是為什麼它被稱為循環神經網路，因為它的輸入不僅僅是單純一件事，而是可能源自於前一次的輸出，構成一個非常簡單的循環神經網路 (RNNs)。

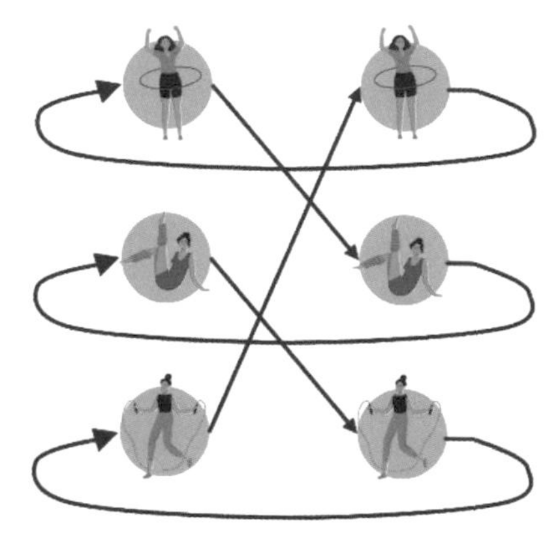

循環神經網路 (RNNs)

我們現在來看一個更複雜的範例，如果體育老師每天的運動規則是前面兩個規則組合，她仍然會按照順序來運動，也就是呼拉圈、瑜珈及跳繩，但每天要做什麼運動將會取決於天氣。

做什麼運動將會取決於天氣

如果天氣是晴天，她會做跟昨天一樣的運動，如果是雨天她就會做下一種運動，因此我們就可以得到序列中的下一件事。

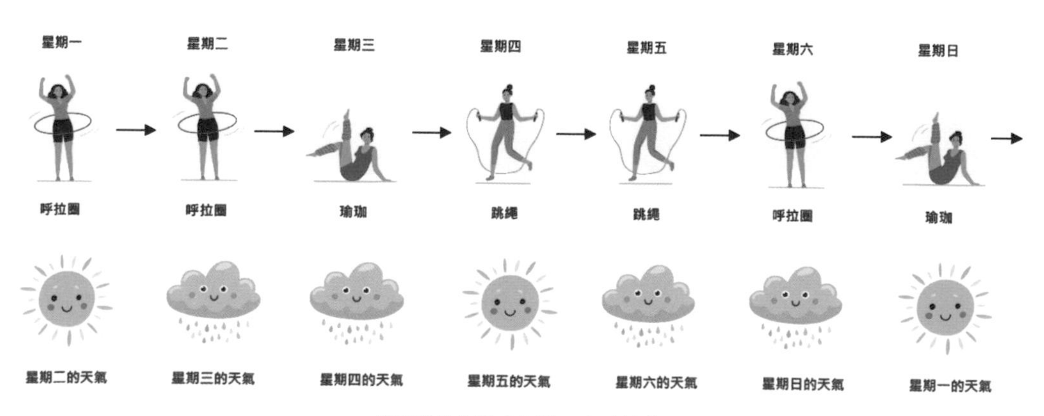

每天做的運動會根據天氣來決定

我們這裡有一個範例，假設老師星期一做呼拉圈，星期二的時候要檢查一下天氣，結果是晴天，那星期二的運動就跟昨天一樣做呼拉圈，希望上圖將星期二的天氣放在星期一的下方，不會讓讀者感到困惑，這只是為了示意圖的表達方式而已。後來檢查星期三的天氣是雨天，所以星期三的運動會是下一個順序瑜珈，接著檢查星期四的天氣也是雨天，所以星期四的運動會是下一個順序跳繩，以此類推。

如果昨天的運動是呼拉圈，今天的天氣是雨天，這兩個資訊輸入到神經網路後，將會輸出今天的運動是瑜珈，這個神經網路看起來將會像是下圖這樣。

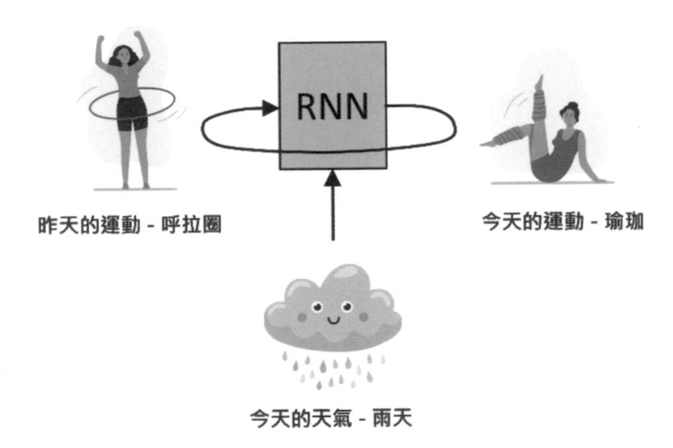

將昨天的運動與今天的天氣作為輸入，將得到今天要做的運動

透過上面幾個序列性資料的範例介紹，可以了解到循環神經網路 (RNNs) 就是適合處理這類資料的網路結構。利用輸出來做為輸入反饋到神經網路當中，這就是基本循環神經網路的概念，並且可以循環學習並記錄，是非常好用的一種神經網路架構。

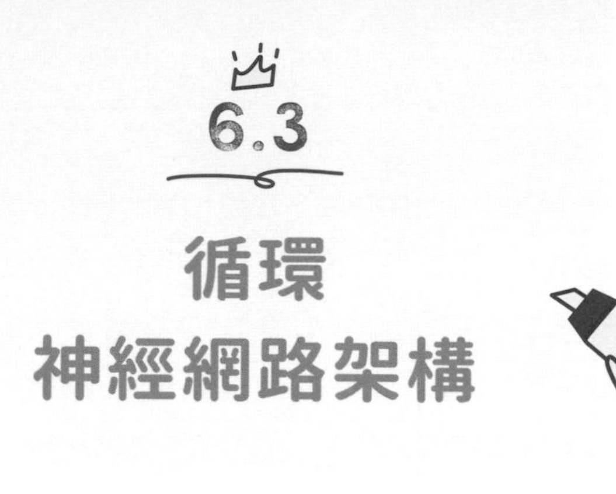

循環神經網路架構

我們將上一頁的圖，展開循環神經網路的單一節點，顯示資訊如何透過網路移動以獲取資料序列。

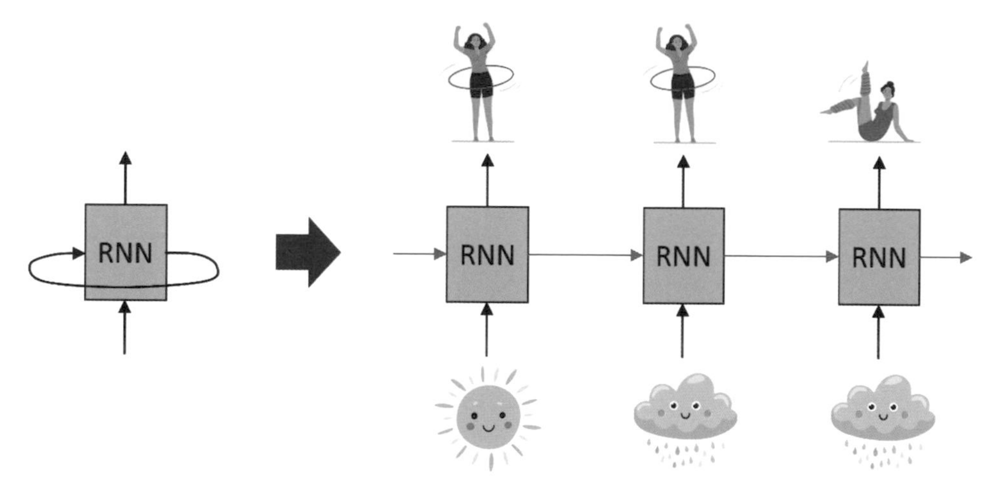

將循環神經網路單一節點展開

不過這種方式有一個缺點，如果天氣不是原來的晴天或是雨天，而是連續幾天的下雪天，運動方式就沒有按照前面的規則，這時候如果又出現雪天時，將如何預測會做什麼運動呢？

下圖對於前面出現晴天後的資訊，從最左邊的呼拉圈開始一路傳過來，當中透過神經網路的激勵函數 (例如 Sigmoid) 反覆壓縮，同時使用反向傳播演算法 (backpropagation) ，幾乎讓較久之前的晴天，所產生的資訊都丟失了 (梯度消失等問題)，這是循環神經網路的問題，因為所儲存的記憶通常是短期記憶

(序列性資料中位置距離目前較近處)，很難儲存長期記憶(序列性資料中距離目前位置較遠處)，而這正是長短期記憶網路 LSTM(Long short-term memory) 可以派上用場的地方。

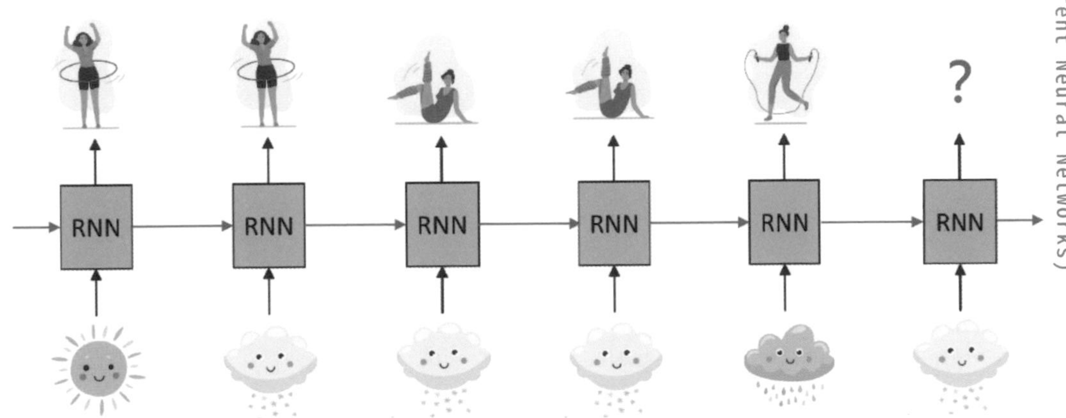

又出現雪天時，將如何預測會做什麼運動呢？

這裡我們先對循環神經網路 (RNNs) 及長短期記憶網路 (LSTM) 簡單整理一下工作原理。對 RNN 來說，記憶進入後會與當前事件合併，輸出則為對輸入內容的預測，而且作為下一次迭代輸入的一部分 。以類似的方式，LSTM 的工作原理則是，它不僅追蹤記憶還追蹤長期記憶輸入及輸出，還有短期記憶也是如此，並且在每一個階段事件中的長期記憶和短期記憶將其合併，因此我們會獲得新的長期記憶、短期記憶和預測，如果有必要此網路可以記憶很久以前的事情。

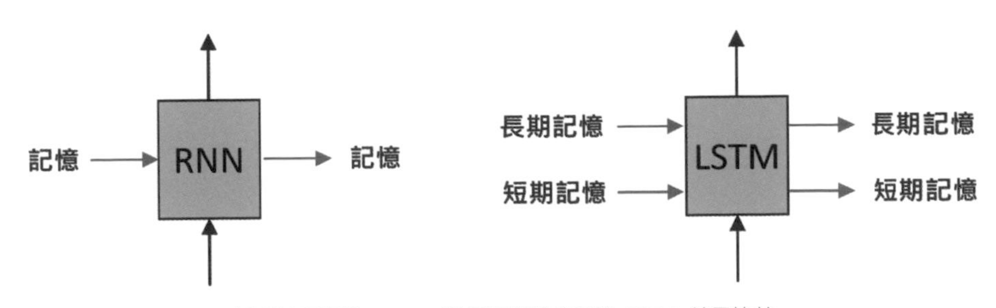

循環神經網路 (RNNs) 與長短期記憶網路 (LSTM) 差異比較

長短期記憶網路 (LSTM) 會有下圖這樣連接成一條類似鏈的結構，同時以一種非常特殊的方式進行互動。

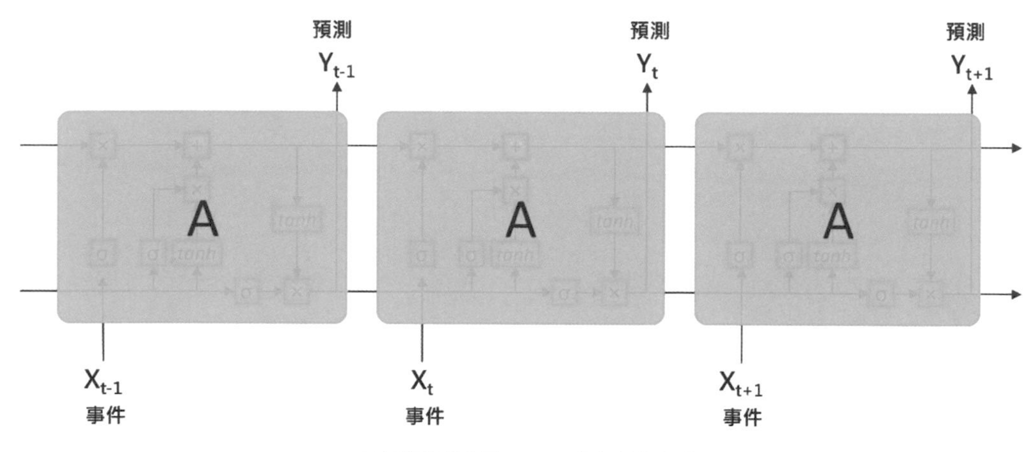

長短期記憶網路 (LSTM) 類似鏈的結構

實際上長短期記憶網路 (LSTM) 的隱藏層內部架構會如下圖，並且含有大量數學元素與運算，對初學者來說相對較為困難，也會增加學習門檻。

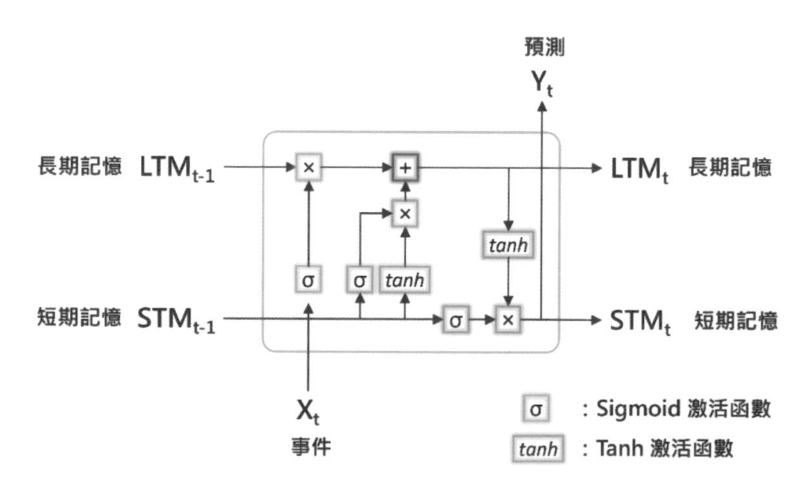

長短期記憶網路 (LSTM) 的隱藏層內部架構

所以我們將其簡化，並進一步說明 LSTM 內部的工作原理。如下圖所示，有三條資訊會進入節點內部並進行一些數學運算，分別是長期記憶、短期記憶及當前事件，然後更新資訊並進入到新長期記憶、新短期記憶及對事件的預測，

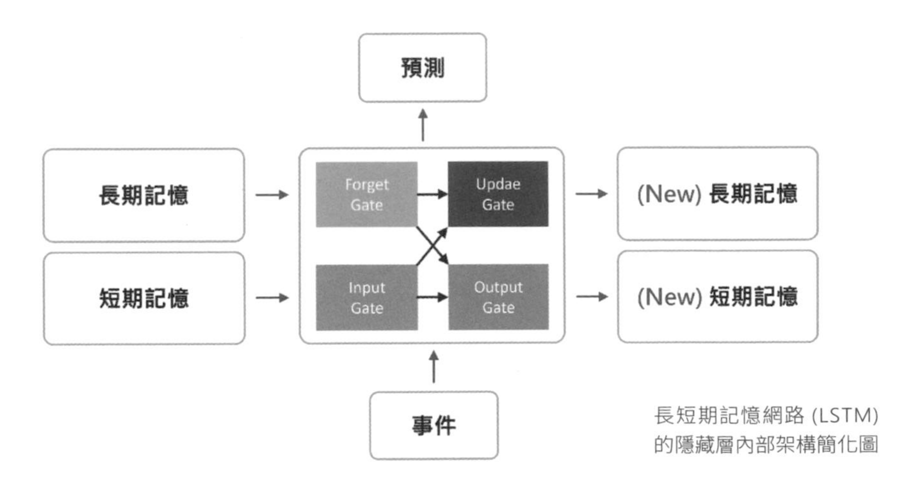

長短期記憶網路 (LSTM) 的隱藏層內部架構簡化圖

LSTM 架構的隱藏層有 4 個主要閘門 (Gate)，每一個都有自己要做的事，分別如下：

- **Forget Gate**：它需要長期記憶，並決定保留或忘記哪些部分。
- **Input Gate**：它將短期記憶及事件組合起來，然後忽略其中一部分，保留其中重要的部分。
- **Update Gate**：這一個閘門要做的事比較簡單，它將來自 Forget Gate 出來的長期記憶，和從 Input Gate 出來的短期記憶中簡單地結合在一起。
- **Output Gate**：它將從 Forget Gate 出來的長期記憶裡獲取有用的內容，和從 Input Gate 出來的短期記憶中獲取有用內容，產生成新的短期記憶及輸出的方法。

LSTM 網路使用額外的閘門來控制隱藏單元中的資訊，使其成為重要輸出及下一個隱藏狀態。這允許網路可以更有效地學習資料中的長期關係，因此 LSTM 可以說是最常見的 RNN 類型。

6.4

循環神經網路類型

我們認識了基本的循環神經網路後，可以了解序列資料的重要性，接著來看看不同類型的循環神經網路在現實世界中，具體發揮的應用範例，例如音樂生成、情感分類和機器翻譯等等，一起來認識不同的應用範例吧！。

一對一 (One to One)

一對一 循環神經網路 (RNNs) 是最基本的神經網路，具有單個輸入及單個輸出，它的功能類似於具有固定輸入和輸出大小的傳統神經網路。

- 範例：二元分類 (Binary Classification) 或圖像分類 (Image Classification)，例如我們可以建立一個「學生申請入學的二元分類問題」模型，並對其訓練，然後將學生申請入學成績，透過該模型來預測是否會通過 (通過 / 不通過) 。

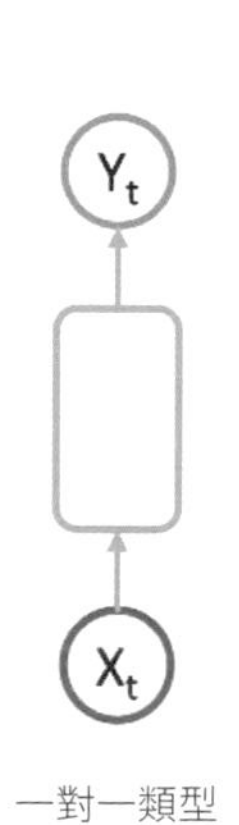

一對一類型

一對多 (One to Many)

這種架構可以處理固定大小的資訊作為輸入，並將資料序列作為輸出。

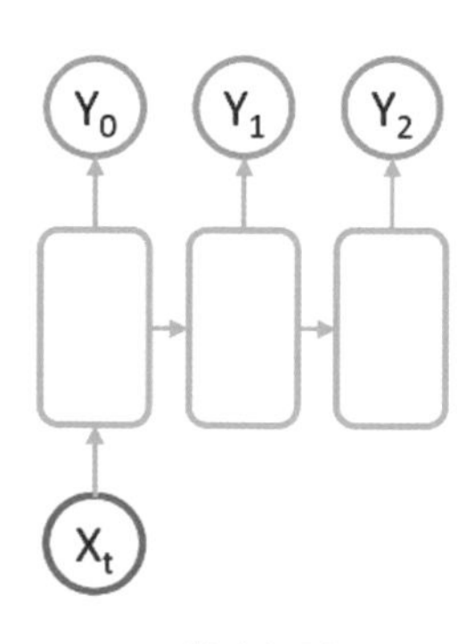

一對多類型

- 範例：圖像描述 (Image Captioning) 可以將圖像作為輸入，並輸出具有多個單詞的句子 (如右圖)。也可以用在音樂生成等應用。

一個人站在雪地裡玩雪
圖像描述 (Image Captioning)

多對一 (Many to One)

將一系列資訊作為輸入，並有固定大小的輸出。

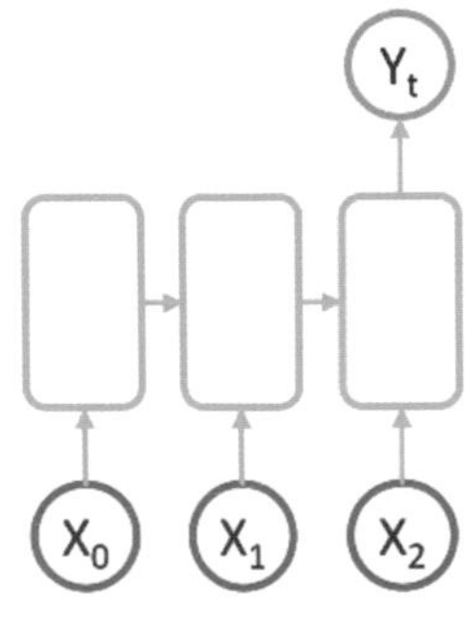

多對一類型

- 範例：情感分析 (Sentiment Classification)，可將文字中的句子 (具有很多單詞)，分析歸類為表達正面或負面情緒。

Test with your own text

I am very happy to have dinner today

Classify Text

Results

TAG	CONFIDENCE
Positive	98.2%

情感分析

多對多 (Many to Many) – 輸入和輸出大小相同

輸入和輸出層具有相同大小的情況，這可以理解為每一個輸入都有一個輸出。

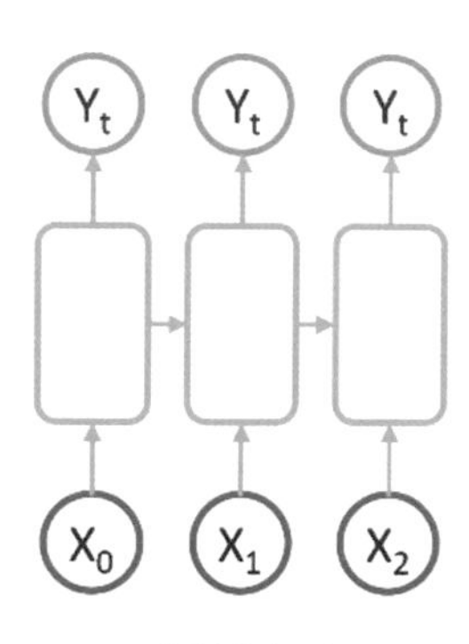

多對多類型

- 範例：專有名詞辨識 (Named Entity Recognition)，是這一類型常見的應用。如下圖由史丹佛大學利用 RNN 製作的一個 DEMO 網站，我們試著輸入美國有線電視新聞網 CNN 的一段新聞內容後，系統會將一些可能的類別標籤列出，並在文章中標記出各類別的關鍵字 。

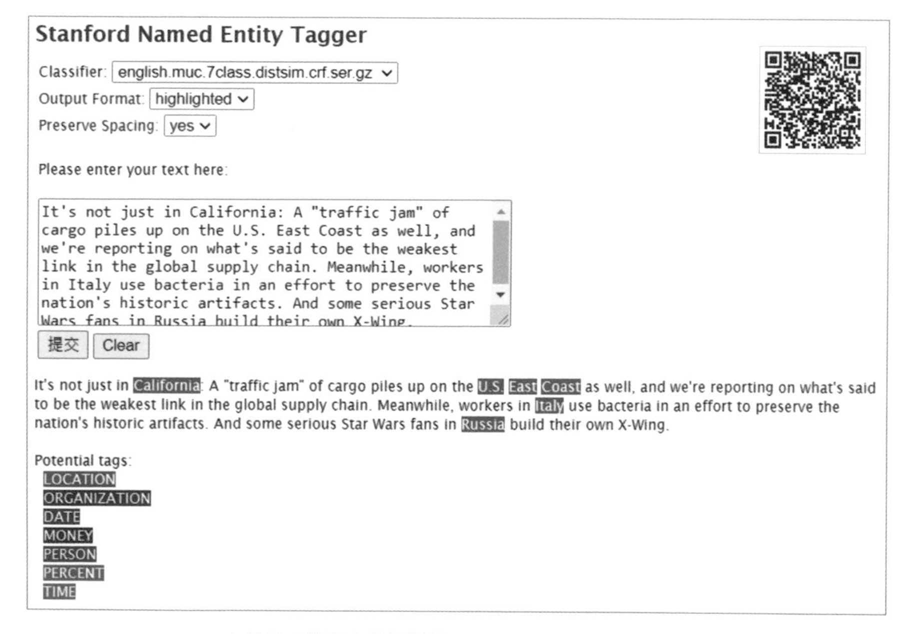

史丹佛大學專有名詞辨識 (Named Entity Recognition)

多對多 (Many to Many) – 輸入和輸出大小不同

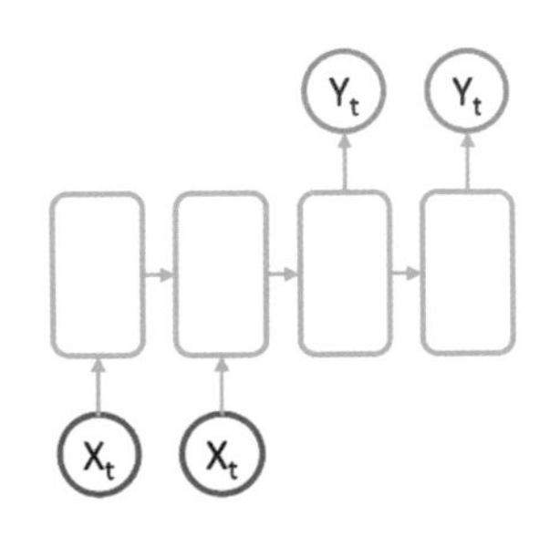

使用輸入和輸出層大小不同的模型來表示，這種循環神經網路架構最常見的應用是機器翻譯。例如，英文 "I love you"3 個單詞，在西班牙文中只翻譯成 "Te quiero"2 個單詞。因此，機器翻譯模型能夠返回比輸入字元串更多或更少的單詞。

- 範例：機器翻譯 (Machine Translation)。透過循環神經網路讀取英文句子，然後輸出日文句子 (如下圖)。

Google 翻譯

活動：讓 AI 陪你一起畫畫 I

抽象的視覺交流一直都是人們互相傳達想法的關鍵部分。孩子們從很小的時候，就已發展出描繪物體的能力，只需幾筆就可以表達情感，而大人也可以藉此做為描述或討論使用。這些簡單圖畫可能不像照片所顯示的真實 (如下圖)，但它們確實告訴我們一些關於人們如何表達周圍世界的圖像。

由 Sketch-rnn 產生的向量圖

由 Google Brain 團隊所做的一個互動式網路實驗，可以讓使用者與循環神經網路 (RNNs) 模型一起繪製的 sketch-rnn。這個實驗主要是利用 Quick, Draw! 所收集的數百萬筆塗鴉資料來訓練這個神經網路繪畫模型，每個草圖都表示控制筆的一系列運動動作，包括移動方向、何時抬起筆以及何時停止繪圖等，因此適合使用循環神經網路 (RNNs) 來完成。

從你開始繪製的第一個物體開始，sketch-rnn 就會想出許多可能的方法，從你停下來的地方繼續繪製這個物體，這也是與之前塗鴉活動之所以不一樣的地方。

活動目的：將手繪圖像經由循環神經網路處理後進行預測。

活動網址：https://magenta.tensorflow.org/assets/sketch_rnn_demo/index.html

使用環境：桌上型電腦或筆記型電腦

STEP 1 操作環境：我們先來簡介使用環境，如下圖所示，您可以讓系統挑選或是自行挑選預測模型，然後在畫布區域中進行創作，每次停筆後模型就會預測可能後續的畫法，你可以在此過程中繼續繪畫，系統也會持續預測。若要儲存作品則可以點擊右上角儲存圖示。就讓我們看看挑選蒙娜麗莎 (mona lisa) 模型實作的狀況。

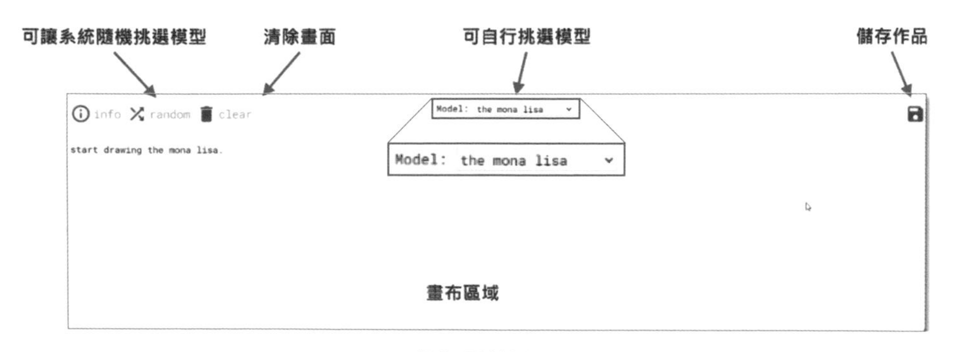

操作環境簡介

STEP 2 選擇模型：當你選擇的模型是蒙娜麗莎 (the mona Lisa)，Sketch-rnn 會根據一些使用者繪圖所產生的輸入資料進行預測 (如下圖)，例如 Sketch-rnn 會將你繪製的起始草圖做為輸入，然後嘗試使用特定模型完成您的草圖。例如，它可以學習完成蒙娜麗莎的素描！

STEP 3 儲存作品：完成後，當你想要儲存你的作品時，可以點選畫面右上方的儲存圖示，挑選 svg 或是 png 兩種圖形格式儲存。下圖中黑色的線條是使用者畫的，紫色線條則則是由 Sketch-rnn 預測完成的。

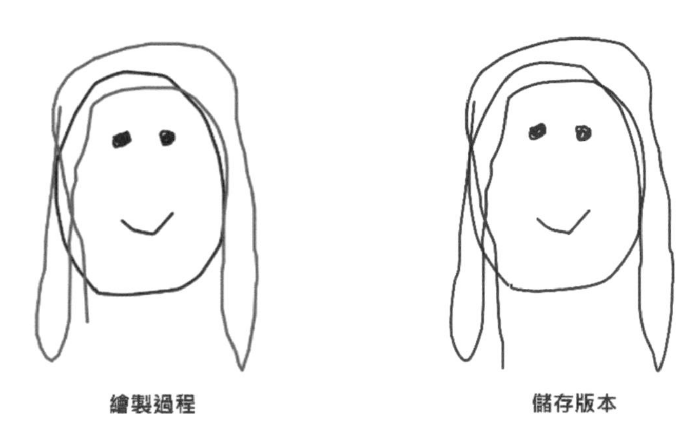

紫色部分為 AI 模型幫你完成的

而右圖則是用來訓練此蒙娜麗莎 (the mona lisa) 模型用的資料集，提供大家參考。

Sketch-rnn 大概訓練了約 100 個模型，可以協助使用者完成不同主題的畫作，其中有一些模型是在多個類別上進行訓練學習的。

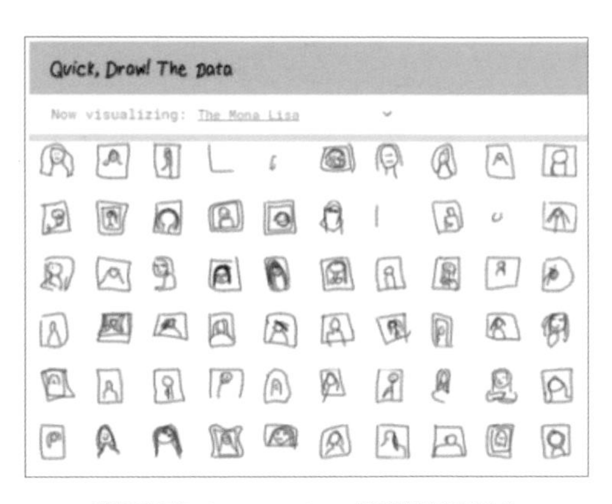

蒙娜麗莎 (the mona lisa) 模型訓練資料集
(https://quickdraw.withgoogle.com/data/The_Mona_Lisa)

活動：讓 AI 陪你一起畫畫 II

活動目的：試看看另一個可多重預測的循環神經網路 (RNNs) 活動網站。

活動網址：https://magenta.tensorflow.org/assets/sketch_rnn_demo/multi_predict.html

使用環境：桌上型電腦或筆記型電腦

循環神經網路 (RNNs) 多重預測

此版本中，您可以在左側區域內繪製草圖的開頭，而模型則會在右側較小框內預測其餘繪圖。這樣，您就可以看到模型預測的各種不同的狀況。預測的結果有時會讓人覺得在意料之中，有時會是出人意料或是怪異，大家可以試試看循環神經網路 (RNNs) 這個有趣的應用。

第 7 章

電腦視覺

「如果我們想讓機器思考，我們就需要教他們看 (If We Want Machines to Think, We Need to Teach Them to See)」(李飛飛 Fei-Fei Li, 史丹佛大學教授及 AI 實驗室主任)。

本章將介紹電腦視覺領域的基本概念，並了解其在真實世界的許多重要應用，同時會利用幾個活動及專案，帶領讀者親自動手玩玩看，加深對電腦視覺的理解。

7.1

什麼是電腦視覺

(Computer Vision)

首先，讓我們了解什麼是電腦視覺(Computer Vision)？你在右圖中看到了什麼？我們可以清楚地看到這是一張蘋果的圖像。作為人類的我們，當看到這一張圖像時，可以瞬間識別圖像的內容並解釋它，但您是如何從這張圖識別出來的呢？而電腦又是如何能夠識別它呢？

你知道它是蘋果，
電腦如何知道呢？

這是一個有趣的問題，電腦視覺就是探討關於這方面的技術，同時電腦視覺也是一個快速發展的人工智慧領域。它提供電腦可以從數位圖像、視訊和其他視覺輸入中 " 看到 " 世界，並且使用先進的機器學習演算法來分析所擷取到的視覺資料，獲取當中有意義的資訊，並根據這些資訊採取行動或提出建議。如果人工智慧讓電腦能夠思考，那麼電腦視覺則是使它們能夠看到、觀察和理解這個世界的重要技術。

由於電腦視覺需要大量資料，所以需要一遍又一遍地執行資料分析，直到它辨別出差異性並最終識別出圖像。例如本書第三章機器學習活動中，要訓練電腦識別 " 貓 " 或 " 不是貓 "，就需要輸入大量不同種類及角度的 " 貓 " 及 " 不是貓 " 的圖像，來讓電腦學習相關特徵或差異，進而學會識別 " 貓 " 或 " 不是貓 "。

電腦視覺快速增長的驅動因素之一就是我們今天產生的資料量，可以用於訓練和改進電腦視覺。我們的世界擁有無數來自移動裝置內置攝影鏡頭可擷取大量圖像與視訊，伴隨著巨量的視覺資料（每天在線上利用各種方式分享超過了 30 億張圖像），分析資料所需的計算能力變高，費用也變得更實惠。隨著電腦視覺領域相關硬體及演算法的不斷精進發展，物體識別的準確率也不斷地提高，在不到十年的時間裡，現在的系統已經可以從只有 50% 的準確度提升到了 99% 的準確度，這使得它們在對視覺輸入的快速反應方面比人類更準確也更快。

第 1 章我們有看過利用 AI 來「尋找威利」的應用，電腦視覺可以在大量圖像中鎖定人臉進行識別，並且瞬間找出威利 (Waldo)，同時利用機器手臂將其正確地指出，雖然降低了人類尋找威利的樂趣，但也證明了電腦視覺的進步是非常大的。

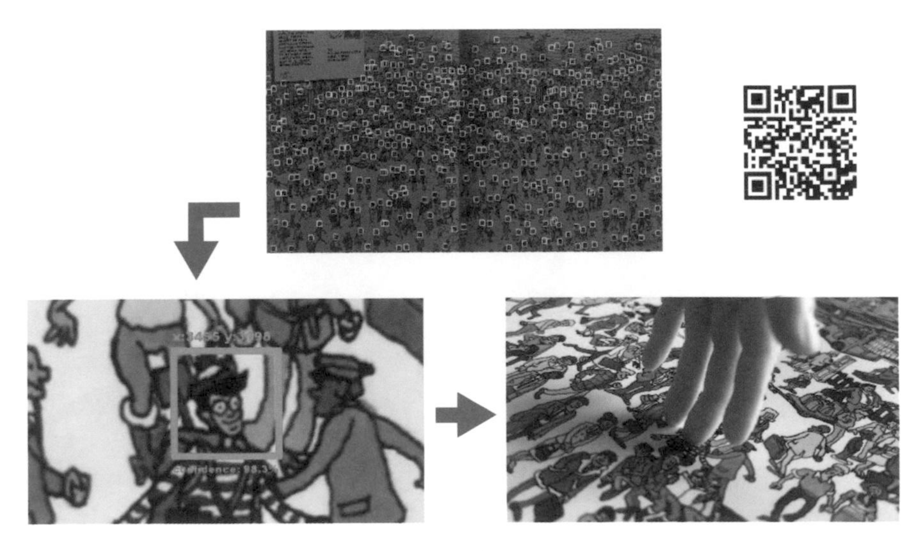

電腦視覺應用

電腦視覺能夠做的應用不單只有辨識貓狗或是尋找威利而已，從一般的物體辨識及分類、產品檢驗、醫學協助腫瘤及癌症診斷到自動駕駛等應用都呈現指數級的增長。同時在能源、公用事業、製造及汽車等各個行業，相關市場應用及經濟價值也都正在持續增長，預計到 2022 年將可達到約 500 億美元的產值。

7.2

電腦視覺如何工作

電腦視覺的目標是希望讓電腦看到圖像後能像人類一樣解釋它，甚至可能比我們解釋的更好。那電腦視覺是如何工作的呢？電腦視覺的工作原理與人類視覺非常相似，只是人類具有較領先的優勢。人類視覺包括可以捕捉光及圖像的眼睛 (Eye)，並用來獲取光及圖像的大腦受體 (Receptors)，以及用來處理光及圖像的視覺皮層 (Visual Cortex)。也因此人類視覺可以在毫不費力的情況下，自然且有效地執行多項視覺任務，那視覺資訊在生物系統中是如何處理和理解的？讓我們看個簡單的例子，假設有人向你扔球，你很自然地接住了它，看起來像是一項簡單的任務，但實際上這是一個複雜的理解過程。

讓我們嘗試逐步分析這個任務。首先，球的影像透過雙眼，刺激他們各自的視網膜。視網膜在發送視覺回應之前會進行一些初步處理，透過視神經到達大腦的視覺皮層，視覺皮層負責全面分析的繁重工作。大腦利用其知識庫，對物體進行分類，也分析物體維度及大小，並預測了它的路徑，然後透過發送訊號來決定採取移動手並接球等行動。這些都發生在極短的時間內完成，最主要是取決於之前進行過非常多次的接球練習，而得到的直覺反應動作。

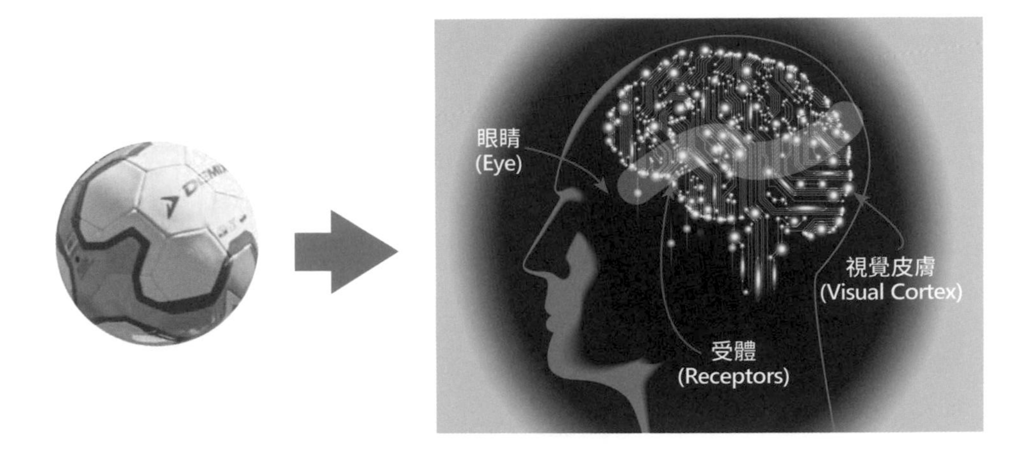

電腦視覺採取與人類視覺非常相似的方法，我們將其運作簡單分為 4 個步驟如下：

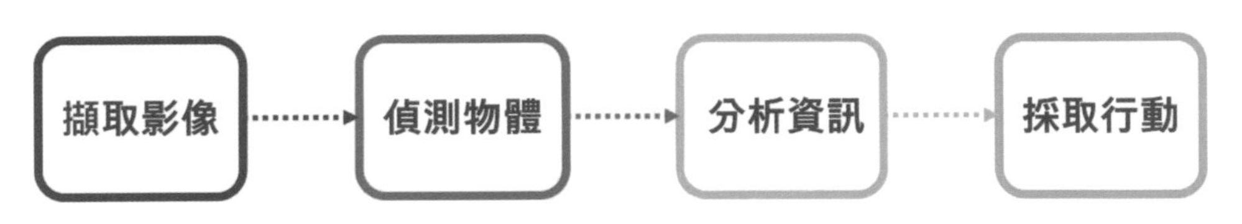

電腦視覺 4 步驟

- **擷取影像**：利用相機或攝影機等傳感器來擷取影像
- **偵測物體**：處理在影像中偵測到的物體及特徵
- **分析資訊**：識別物體特徵並分析資訊
- **採取行動**：根據資訊決定並採取行動

根據上面步驟，我們來看看以自動駕駛汽車為例，在不涉及過於技術層面的角度，它會是如何運行的。首先，自動駕駛汽車能夠感知周圍環境並安全行駛，運行過程中幾乎不需人工介入。

STEP 1 擷取影像

讓我們看看如果有行人進來，汽車會如何反應，首先是擷取影像。自動駕駛汽車使用車上的攝影機來獲取行人及周遭環境圖像，並以很快的速度進行圖像處理，假設汽車的攝影機已經獲取了右邊這張圖片。

自動駕駛汽車上的攝影機會先擷取影像

STEP 2 偵測物體

接著是電腦處理圖像並開始識別圖像中的所有物體，同時列出物體及其位置。在這種情況下它可以偵測並識別出道路上有東西，但是電腦仍然無法知道它是什麼物體。

擷取影像後偵測及辨識圖像中的物體

STEP 3 分析資訊

下一步則是分析物體資訊。電腦會將每個物體分為不同的類別。以下圖為例，它將物體辨識為行人及號誌，有時它還會將一些資訊標記在這些物體上，例如可能危險距離或其他參數，而這些標記是用來做為下一階段決策時的較高級資訊。

將偵測出來的物體分析是什麼類別

STEP 4 採取行動

自動駕駛汽車得到這些分析資訊後，會採取煞車的行動以避免撞到行人。

綜合上述，我們了解到自動駕駛汽車將取得的圖像資料轉為數字後(如第三章機器學習提到數字是機器重要的溝通資訊)，透過一些深度學習的方法(例如利用第五章卷積神經網路對圖像分析處理方式)，電腦即可辨識及分析圖像的意義，採取對應的行動。

因此只要提供足夠多跟任務相關的影像，電腦視覺最後就能正確辨識出物體，其準確性可以媲美與人類執行相同的圖像辨識任務。但與人類一樣，這些訓練後的模型有時候並不完美，也確實會犯一些錯誤，就像是下圖中的牧羊犬和拖把的圖像，即使對我們來說也很難完全區分兩者。但若是透過特定類型的神經網路，例如前面章節提到的卷積神經網路(CNNs)，就能改善這些問題。

拖把還是牧羊犬？
(https://www.beano.com/posts/sheepdog-or-mop)

卷積神經網路 (CNNs) 透過將圖像分解為給定標籤及標籤像素後，來幫助機器進行 " 觀察 "，並對其 " 看到 " 的內容進行預測，並在一系列迭代中來檢查其預測的準確性，直到預測開始成真，然後它就會以類似於人類的方式來辨識或查看圖像。相信大家經過說明，對電腦視覺應該有了初步的認識，接下來就讓我們來看看電腦視覺會有那些常見的任務。

7.3 電腦視覺任務

現在讓我們看一下電腦視覺的一些任務 (Task)，許多電腦視覺應用都會嘗試識別圖片中的事物，所以常用來進行下面這些任務，例如：

- **圖像分類** (Image Classification)：將看到的圖像利用機器學習模型對其進行分類，例如貓狗、蘋果、汽車或人臉。也就是給定一張圖像，它能夠準確預測屬於某個類別。例如右圖中，將圖像分類為狗，或是應用在社群媒體中，用來自動識別和隔離用戶上傳不妥的圖像。另外，像是第四章利用神經網路來辨識藍莓及草莓的活動，也是屬於這一類的任務 。

圖像分類

- **物體偵測** (Object Detection)：另外一個不同類型的電腦視覺任務稱為物體偵測，主要是可以針對輸入圖像，告訴我們不同物體在圖片中的什麼地方，以及這些物體的種類。例如下圖中，辨識出狗及球，並且也知道它們在圖像中的位置及大小，可以將辨識出來的物體用矩形框起來並標示分類名稱。

物體偵測

- **圖像分割** (Image Segmentation)：圖像分割的方法對電腦視覺來說就更進一步了，下圖就是圖像分割演算法的輸出，它告訴我們不只是狗和球的位置，也告訴我們每一個像素，以及這些像素是不是狗或球的一部分。所以會在它找到的物體周圍繪製非常精確的邊界，這在醫學上有很大的幫助，例如在看 X-ray 圖或一些人體圖像，利用圖像分割演算法，可以清楚標示相關構造，然後可以小心地分割出肝臟、心臟或者骨頭等位置後進行必要的治療。

圖像分割

- **物體追蹤** (Object Tracking)：電腦視覺也可以應用在影片，其中一個應用任務就是追蹤，下圖中不僅僅是偵測到騎腳踏車的人，也可以追蹤騎腳踏車的人是否隨著時間在移動，所以紅色矩形框的線條顯示演算法追蹤正在騎腳踏車的人，並幫助電腦計算物體移動的軌跡。

物體追蹤

- **臉部識別** (Facial Recognition)：電腦視覺的另一個任務是臉部識別。然而，臉部識別不僅僅是識別圖像中出現了誰的臉，在這個電腦視覺領域還可以偵測圖像中的人臉，並嘗試分析每張臉以從臉部表情中解讀情緒、確定性別、估計年齡和其他許多事情。

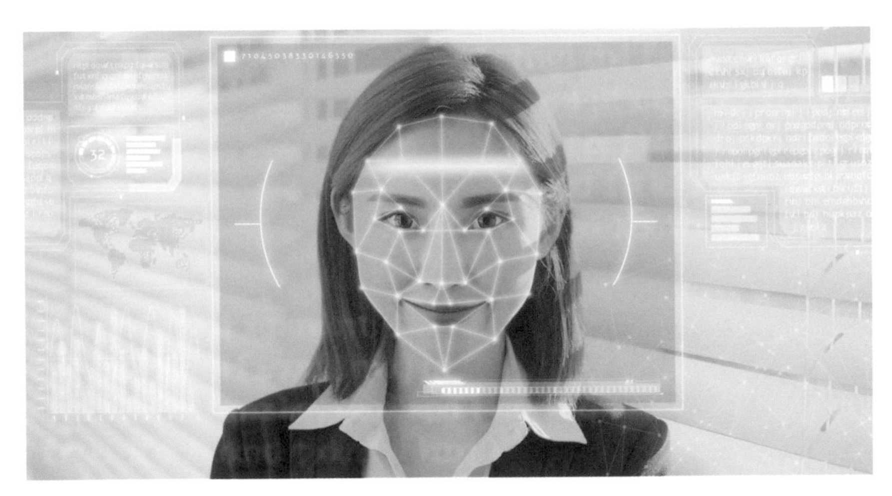

臉部辨識

除了上面這些常見的任務外，電腦視覺還會用在許多方面，例如光學字符識別 (Optical Character Recognition, OCR) 用來從圖像和掃描文件檔中提取印刷和手寫文字，並將其呈現為數位文字，以方便進行索引、搜索和分析。另外像是姿態估計 (Pose Estimation)，可以透過識別各種身體關節來估計圖像中人物的姿勢，做為運動科技上使用。

接下來請試著在 Google Cloud Platform (GCP) 上動手玩玩看，貼近我們生活的 GCP 應用小範例！我們所使用的就是號稱 Google 機器人的眼睛 –Vision AI，這是由 GCP 官網所提供的遊戲區，就讓我們一起來看看實際的測試結果吧！

活動：Google Vision AI

本活動將透過 Google 的 AutoML Vision，使用預先訓練的 Vision AI 模型，將雲端或其他裝置中的圖片中進行深入分析並獲得結果。

活動目的：使用 AutoML Vision 機器學習模型，解讀圖片內容、偵測情緒、理解文字及其他應用

活動網址：https://cloud.google.com/vision/?hl=zh-tw

使用環境：桌上型電腦或筆記型電腦

STEP 1 進入活動網頁

連結活動網址後，進入 GCP 官網的 Vision AI 介紹頁。

Google Cloud　選用 Google 的理由　解決方案　產品　定價　開始使用

Cloud Vision API

STEP 2 更改語系

若要更改語系，可在畫面右上角處選擇你要的語言，例如「English」或「中文 - 繁體」。

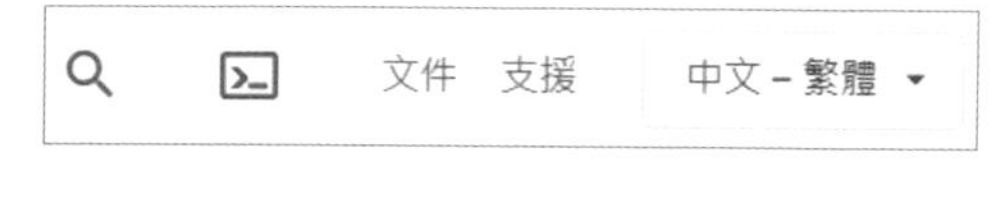

STEP 3 Try The API

找到試用 API (Try The API)，點選虛線方格即可選擇你要測試的圖片，也可以直接拖曳圖片到此處！現在我們可以開始動手玩看看唷！

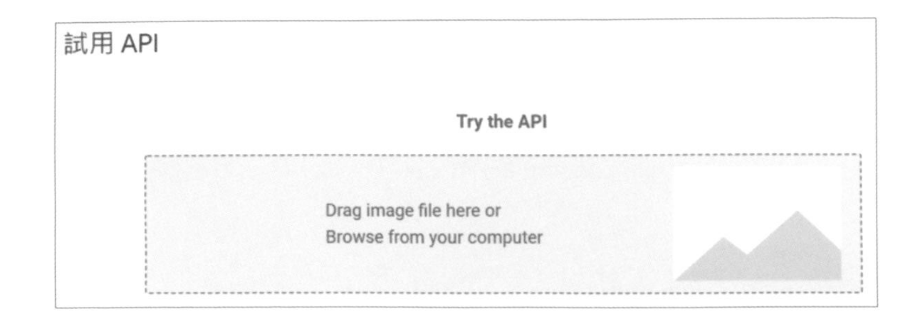

STEP 4　分成兩個部分來測試，一個是測試有人臉的照片，另一個則是使用有風景的照片來測試。

(Part I) 選擇有人臉的照片來測試

人臉偵測

上傳一張有人臉的照片，經系統分析後點選上面 Faces 功能，系統會顯示使用人臉偵測演算法後的結果，不僅標示出臉框，也利用當中的圖片情緒分析對照片中識別出來的人臉進行分析，這是一張小朋友詢問地圖的照片，因為都是側臉，所以情緒表示不明顯，但是你可以看到能夠分析出喜悅、悲哀、生氣或驚訝等等許多情緒！

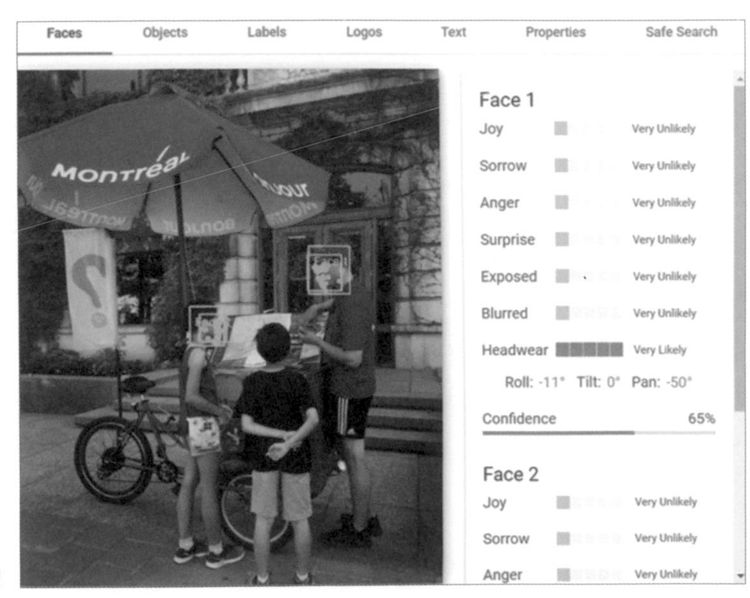

人臉偵測

物體偵測及辨識

點選上面 Objects 功能，系統會顯示偵測出來的物體有哪些，並且將其辨識名稱及信心閾值顯示出來，點選右側物體名稱時，左側長方形圖會以粗框呈現。

物體偵測及辨識

光學字符識別 (OCR)

此功能是將文字影像轉換為機器可讀文字格式的一種應用，例如當您掃描表單或收據時，電腦會將掃描結果儲存為影像檔案，然後透過 OCR 的技術 (目前主流利用 CNN+RNN)，將影像轉換為文字文件，並儲存為文字資料。

因此點選 Text 功能時，可偵測圖片中文字並使用長方形框顯示出來，同時將它識別後的文字在右側顯示。

光學字符識別

(Part II) 選擇有風景的照片來測試

地標偵測 (Landmarks)

下圖是小朋友在湖中划獨木舟，Cloud Vision API 根據圖像辨識出是在加拿大班夫國家公園，同時也辨識出圖中的湖是明尼旺卡湖 (Lake Minnewanka)，並且在右側利用 Google Map 顯示地圖位置！

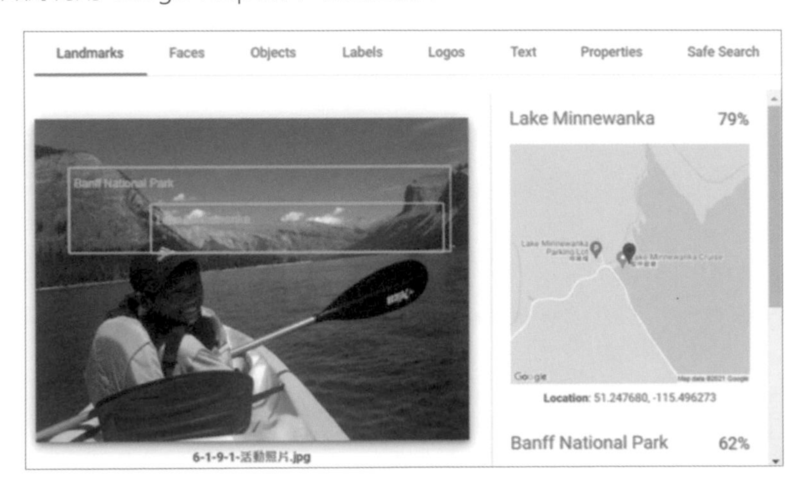

地標偵測

標誌偵測 (Logo Detection)

此功能可以偵測圖像中流行的產品或公司標誌 (logo)，如下圖所示系統偵測出船槳公司的 logo 名稱及位置。

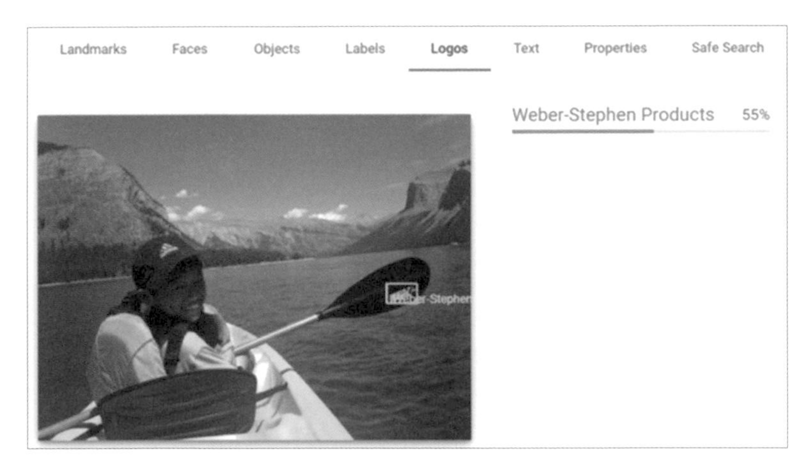

標誌偵測

情緒分析 (Sentiment Analysis)

這張照片因為是小孩的正面照，所以系統將人臉偵測出來後，進一步辨識它的情緒時，可以得到開心的表情結果，同時也偵測到他有帶頭飾 (如帽子)

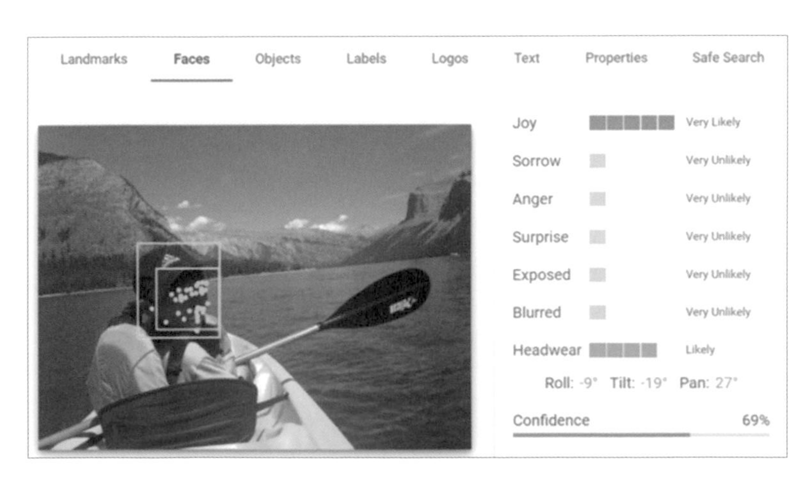

情緒分析

相信大家在 GCP 上動手做做看後，對電腦視覺的一些基本任務應該有了更多認識，接下來會介紹一些電腦視覺所帶來的重要應用。

7.4 電腦視覺應用 (Applications)

電腦視覺在許多領域中有很多實際應用，舉凡商業、娛樂、教育、金融、交通、醫療保健和日常生活中處處可見電腦視覺的重要應用。而這些應用程式成長快速的一個關鍵因素就是來自於智慧型手機、安全監視系統、交通攝影機和其他許許多多視覺儀器裝置上的大量視覺資料，而這些資料對於各種電腦視覺演算法發揮了重要作用，也對所有行業的公司產生了巨大影響，先舉幾個例子提供讀者參考。

自動駕駛汽車 (Self-driving car)

想像一下，您目前正坐在汽車上去大賣場購物，但卻沒有人開車，儘管聽起來很瘋狂，但現在確實已經存在可以自動駕駛的汽車，因此你在車上可以專注於其它事情，並且能夠安全的帶你去大賣場購物。這些都歸功於使用了許多人工智慧的技術，尤其是電腦視覺技術，使汽車能夠自行駕駛。

但是它是如何做到的呢？由於自動駕駛汽車在整個設計上是非常複雜的，為了讓讀者多一點認識自動駕駛汽車在電腦視覺上的應用，我們以 Google Waymo 自動駕駛汽車為例，利用前面介紹的電腦視覺步驟，將 Waymo 複雜運作簡化成下圖。

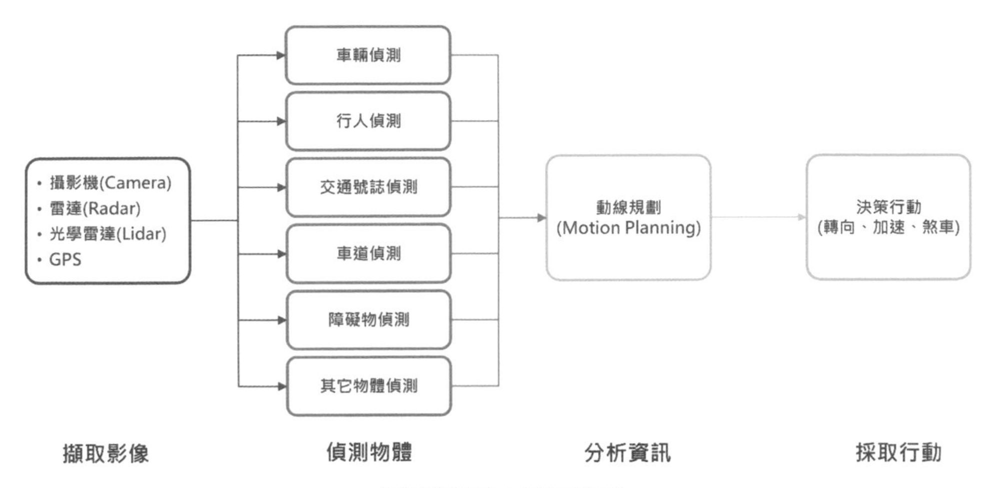

自動駕駛汽車 4 個關鍵步驟

讀者可以至下面網址親身體驗 Waymo 360° 全自動駕駛之旅，你可以進入此 360° 視訊並利用滑鼠來控制攝影機，透過汽車的 " 眼睛 " 來觀看外圍環境，同時配合下面說明將會更了解電腦視覺在無人駕駛上的重要應用。

全自動駕駛 360°之旅

STEP 1 擷取影像

自動駕駛汽車基本上可以透過使用許多傳感器 (sensors) 來感知周圍的一切 (如下圖)，傳感器就像汽車的眼睛一樣，能夠收集汽車安全駕駛所需的所有資訊，其中像是攝影鏡頭、雷達 (Radar)、光學雷達 (Lidar) 和可以幫助汽車進行地理資訊定位的 GPS。攝影鏡頭可以幫汽車看到環境影像，光學雷達可以感知物體有多遠，GPS 可以告訴汽車它目前在地球上的位置。這些汽車上有很多的傳感器，可以讓它們看到和感知到 360 度。

自動駕駛汽車使用許多傳感器來感知周圍環境

STEP 2 偵測物體

將感知到的這些圖像資訊，利用電腦視覺的技術來進行對行人、汽車、交通號誌等相關物體的偵測與辨識。例如，如果你乘坐一輛自動駕駛汽車，一隻狗突然衝出來，汽車就能感應到狗和附近的任何汽車或物體，然後，汽車的超級電腦將能夠處理所有資訊，並就如何盡快做出反應，而做出最安全的決定。

自動駕駛汽車利用電腦視覺技術偵測及辨識物體

STEP 3 分析資訊

根據偵測及辨識的物體資訊，以及感知器蒐集的重要資訊進行分析後，提供給相關系統進行規劃，也就是所謂的動線規劃 (Motion Planning) 系統，它將計算動作或計算你想讓車輛行走的路徑，這樣就可以往你的目標前進，並且可以同時避免任何碰撞。

動線規劃

STEP 4 採取行動

一旦車輛動線規劃好後，就會將你的方向盤轉換成特定的轉向角度、加速或剎車的命令，也就是踩油門踏板和煞車踏板的程度，來控制加速或剎車多少，好讓你的車以所需的角度和速度移動

由以上簡單的 4 個步驟，可以了解電腦視覺在自動駕駛汽車上的應用，不僅如此，電腦視覺技術也同樣可以應用在無人飛機或無人空中計程車。在 AI 時代，自動駕駛汽車是最令人興奮的產品之一，它不僅讓人驚訝這項應用成就，最重要是可以幫助任何人到達他們需要去的地方，尤其是可以幫助無法駕車的盲人。

臉部辨識

臉部辨識可能是我們許多人最熟悉的電腦視覺功能之一，它是一種使用識別人臉技術，並用來確認個人身份的方法。同時臉部辨識系統可用於識別照片、視訊或即時影像中的人。這些功能主要目的是在分析及提取有關人臉的相關資訊，一般可以將其分為兩大類，臉部偵測 (Face detection) 及臉部辨識 (Facial recognition)，你也可以將其視為兩大步驟。

STEP 1 **臉部偵測** (Face detection)

臉部偵測是用來發現和識別圖像或視訊中的人臉，並對識別出的人臉進行分析以檢測臉部多種屬性，例如年齡、性別、頭髮顏色和其他各種特徵；或是一些關鍵因素包括眼睛間的距離、眼窩的深度等等。它意味著臉部偵測是一種可以識別出圖像或視訊中存在著人臉，但它無法識別出是那個人。

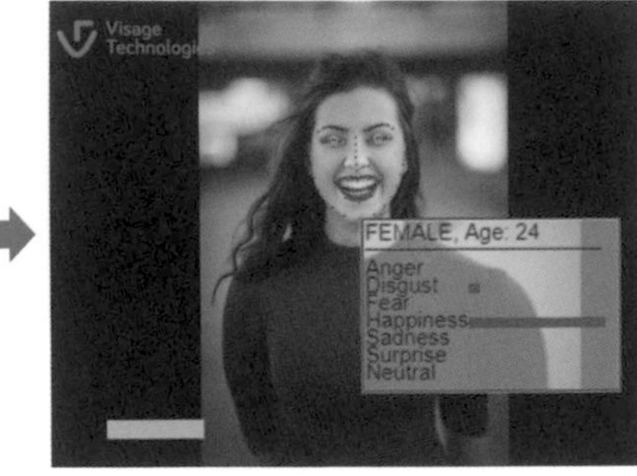

臉部偵測
(Photo by Michael Dam on Unsplash)

STEP 2 **臉部辨識** (Facial recognition)

而臉部辨識則是經由臉部偵測後，將其提升到能夠根據儲存於資料庫中的臉部特徵資料進行比對，並進而識別偵測到的臉是誰的。

如下圖，臉部識別功能將偵測到的臉部特徵進行比較，來判斷是否屬於同一個人臉，或是根據足夠多的相似特徵而標記為相似人臉。

驗證結果：這兩張臉屬於同一個人。 **信心為 0.91693。**

微軟臉部辨識服務

正如上面所述，臉部偵測和臉部辨識之間存在一些顯著差異，但是兩者卻有著緊密的關係。而這樣的臉部辨識技術可以應用在許多地方，例如：

手機解鎖

各種新款智慧型手機，包括最新的 iPhone，都使用臉部辨識來解鎖設備，一方面可保護個人資料，確保手機不會被存取敏感資料。

執法

根據 NBC 新聞的報告，執法部門經常使用臉部辨識技術協助辦案，這項技術的使用在美國執法機構中正在增加，其他國家也是如此。警方收集被捕者的臉部照片，並將其與地方、州和聯邦臉部辨識資料庫進行比較，一旦逮捕了被捕者的照片，他們的照片將被增加到資料庫中，以便警方進行另一次刑事搜查時可以進行掃描。或是建立失蹤人員和人口販賣受害者的臉部資訊資料庫，執法部門會在臉部辨識系統識別後立即收到警報，利用此技術來協助尋找失蹤人口。

機場和邊境管制

臉部辨識應用已成為世界各地許多機場的熟悉景象，越來越多的旅客持有生物識別護照，可以透過自動電子護照檢測系統快速通關，臉部辨識不僅可以減少等待時間，還可以讓提高機場安全性。

改善零售體驗

商店中的售貨處可以識別客戶，同時根據他們的購買歷史紀錄提出產品建議，並為他們提供正確方向。" 人臉支付 " 技術也可以讓購物者跳過傳統支付方式，不用在長長的結賬隊伍慢慢等待，此技術可提供改善客戶零售體驗的潛力。

市場行銷及廣告

行銷人員可以使用臉部辨識來增強消費者體驗。例如，冷凍披薩品牌 DiGiorno 在行銷活動中使用了臉部辨識技術，分析了 DiGiorno 主題派對上人們的表情，來衡量人們對披薩的情緒反應，並藉此分析評估喜歡何種口味。許多媒體公司也使用臉部辨識技術測試觀眾對電影預告片、電視試播中的角色以及電視宣傳的最佳位置的反應。

銀行業

銀行可以使用此技術做為生物識別的方法之一，讓客戶可以通過智慧型手機和電腦來授權交易，而不是使用一次性密碼。有了臉部辨識，駭客就沒有密碼可以破解。如果駭客竊取了您的照片資料庫，搭配活體辨識技術就可以防止他們用來冒充，因為活體辨識技術可以用來判斷是否為活生生的真人，避免有人利用照片、影片、面具或冒用他人臉部資訊等方式的不當使用。

臉部辨識的優勢非常多，像是可以提高安全性、減少犯罪、更方便及更快的處理速度。但缺點也不少，像是用來監視及侵犯隱私等等，這些都是值得留意及探討的議題。

圖像轉換

圖像轉換是一種電腦視覺和圖形的應用延伸，其目標是學習輸入圖像和輸出圖像之間的映射，可應用於風格轉換、季節轉換或照片增強等廣泛應用。例如加州大學柏克萊研究團隊致力於從一種圖像場景轉換到另一種表示的圖像，例如下圖將斑馬的圖像轉換至一般的馬圖像上，反之亦然。或將圖像的場景從夏季更改為冬季，這就是圖像轉換 (Image-to-Image Translation) 應用。

Image-to-Image Translation

Everybody Dance Now 則是研究團隊使用電腦視覺技術，執行從一個對象的動作轉移到另一個對象。讀者可以看下面研究團隊的成果影片，給定一個人表演舞蹈動作的視訊來源，這個人的舞蹈動作可以轉移到業餘目標對象上。

Everybody Dance Now

7.5 動手做做看

活動：物體偵測 –「捷運搭乘守則」

這個專案我們希望電腦可以利用物體辨識技術，來模擬偵測捷運車廂內是否有違反規定的物品，例如飲食、攜帶刀械或腳踏車等等。我們將使用 AIBLOX 中包含物體辨識、文字轉語音及視訊偵測等擴充功能來進行實作。

活動目的：學習利用電腦視覺的物體偵測功能，實作偵測相關物體是否違反捷運車內規定

活動網址：AI Playground (https://ai.codinglab.tw/)

使用環境：桌上型電腦或筆記型電腦

STEP 1 登入平台

如果已經有 AI Playground 的帳號可直接登入，如果尚未有使用者帳號則可以註冊一個免費帳號後登入。

登入平台

STEP 2 進入 AIBLOX

由於本專案無需進行機器學習，而是使用訓練好的 AI 模型，所以點擊畫面上方「直接前往 AIBLOX」，直接進入 AIBLOX 進行專案製作。

進入 AIBLOX

STEP 3 角色及背景環境準備

進入 AIBLOX 後，首先將預設角色 Pola 刪除，我們需要新增一個空白的角色作為攝影機進行辨識活動，並將背景透過上傳圖片或繪畫等方式裝飾成「捷運車廂內部」。

於角色區點擊「繪畫」，不對角色進行任何造型編輯，將角色名稱改為「偵測」。

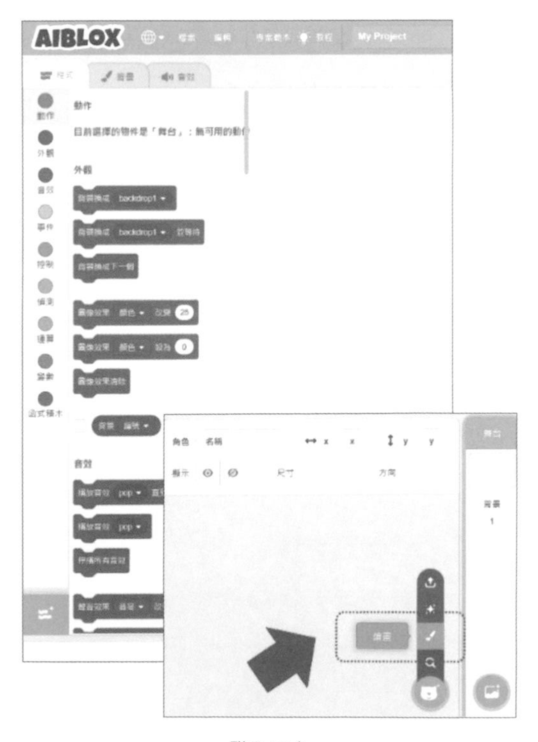

登入平台

背景的部分可以依照您的喜好佈置為主題「捷運車廂內部」。

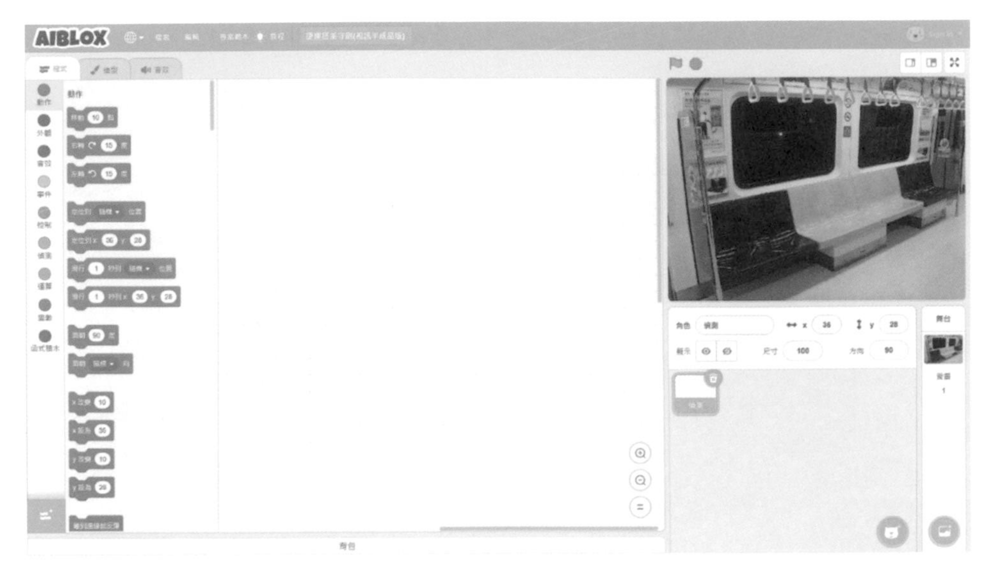

布置背景

STEP 4 擴充功能使用

本專案需要使用 AIBLOX 的「擴充功能」來進行視訊、偵測及語音輸出等功能，讀者可以按照以下步驟添加功能：

1. 於 AIBLOX 積木區，點擊左下角「添加擴展」進入「選擇擴充功能」頁面。

2. 因為需要對物體進行偵測辨識，所以添加「物體辨識 Object Detection」擴充功能。

「物體辨識」擴充功能

3. 接下來，因為專案中會需要更改視訊透明度，所以添加「視訊偵測」擴充功能。

4. 最後，添加「文字轉語音」擴充功能，可以讓您的專案說話。

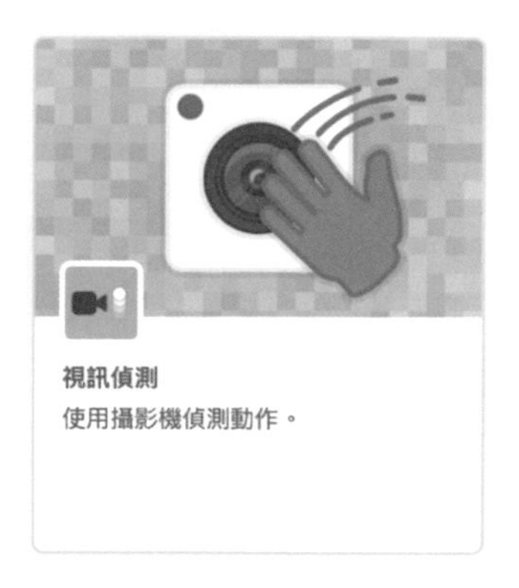

「視訊偵測」擴充功能

「文字轉語音」擴充功能

將環境建立完成後，就可以按照腳本進行專案的製作囉！

STEP 5 專案製作

接下來，開始依照腳本進行積木的建立：

1. 設置攝影機

首先需要開啟並設置攝影機，進入角色「偵測」的程式區：

◊ 將「當綠色旗子被點擊」積木添加至角色「偵測」的程式區中。

◊ 拖曳出積木 [開啟 ▾ 攝影機]，從下拉選單將選項設為「開啟」。

◊ 若您是初次在 CodingLab 使用攝影機功能，請先進入網頁的「設定」→「網頁設定」→「codinglab.tw」，將攝影機的權限設為「允許」。

將攝影機的權限設為「允許」

◇ 使用積木 視訊透明度設為 20 來修改視訊透明度，以便我們可以更清晰地查看影像，填入數值 20 並與其他積木組合 (如右圖)。

2. 偵測及預測

接下來，需要偵測攝影機拍攝到的內容：

◇ 拖曳出積木 攝影機 顯示 即時偵測結果 ，可以即時在舞台上顯示即時偵測的結果。

◇ 再來放入積木 預測 攝影機 並組合成如右圖，就可以進行預測攝影機內容，並將預測結果存下來。

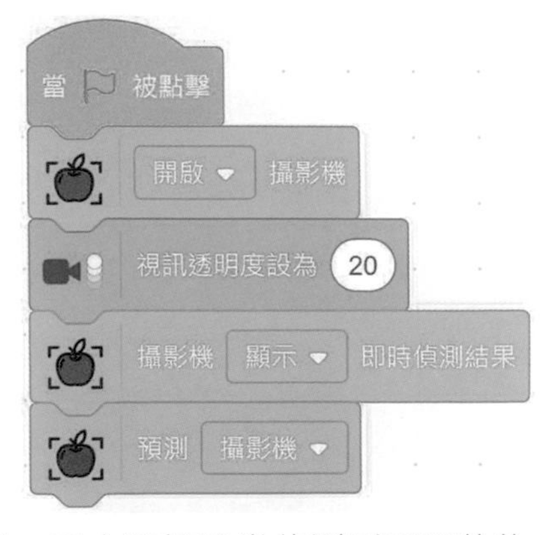

到這裡我們完成了對影像的預測，再來要設置當偵測到不同的物體，要讓程式給予不同的回應。

3. 偵測到 < 熱狗 >

首先是當偵測到「熱狗」，可以設置語音告知乘客捷運上不可以飲食的規定：

◇ 拖曳出積木 ，於條件式位置放入積木 ，從下拉選單中將偵測的物體變更為「熱狗」，這樣當執行預測攝影機時，預測結果中含有「熱狗」，就會執行接下來的條件成立的程式。

◇ 再來就可以製作條件成立時，我們要執行的動作，插入積木 ，讓角色替您說話，填入內容「你好！捷運車廂內禁止飲食，請將食物妥善收好」。

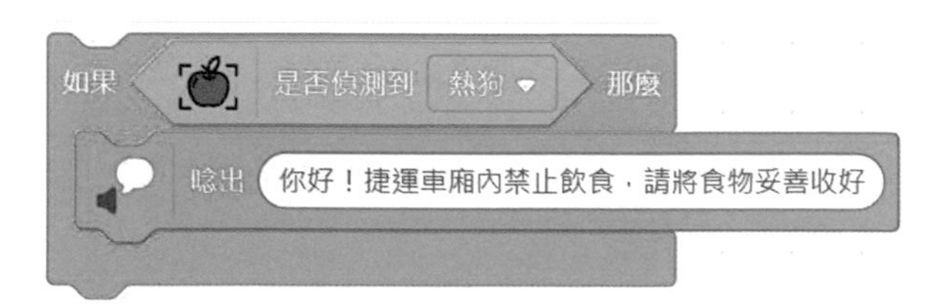

4. 偵測到 < 剪刀 >

完成偵測到「熱狗」的程式後，可以運用相同的積木組合去做出偵測不同物體的程式內容，接下來製作偵測到「剪刀」的程式：

◇ 將 的積木組合進行複製，從下拉選單中將積木 的物體更改為「剪刀」，並修改文字轉語音的內容為「你好！捷運攜帶刀具等危險用品，請妥善包裝收好」。

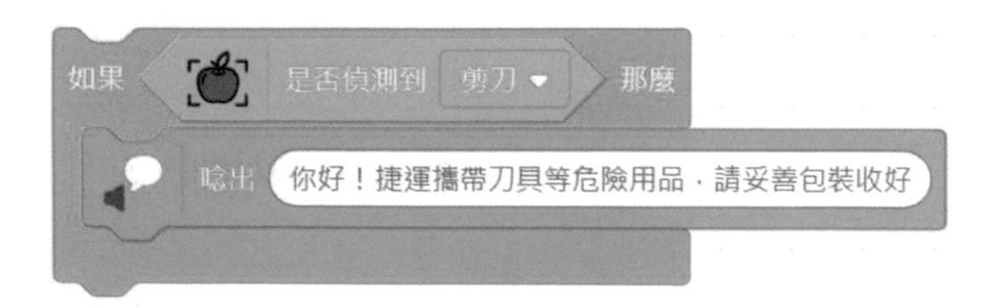

5. 偵測到 < 腳踏車 >

最後我們再新增一個偵測的物體為「腳踏車」：

◊ 同樣複製積木組合，首先將偵測物體更改為「腳踏車」，並修改文字轉語音的內容為「你好！捷運攜帶腳踏車搭乘，請妥善折疊收好」。

到這裡，將目前所有積木進行組合如右：

6. 重複偵測行為

到目前為止，我們的專案已經可以進行特定物體辨識並讓角色語音說出相關的注意事項，但您執行完程式後，可以發現專案偵測的行為只會執行一次，所以接下來插入積木 重複無限次 ，使專案可以重複運行：

◇ 拖曳出積木 重複無限次 放入程式，將 預測 攝影機 以下的所有積木包在其中，這樣每次語音結束後要重新偵測時，就會從預測攝影機拍攝到的物體開始重新執行。

STEP 6 **專案完成**

到這裡您的專案已經製作完成，點擊綠色旗子後 AI 就會開始偵測捷運車廂內的物體是否有不符合捷運規定囉！

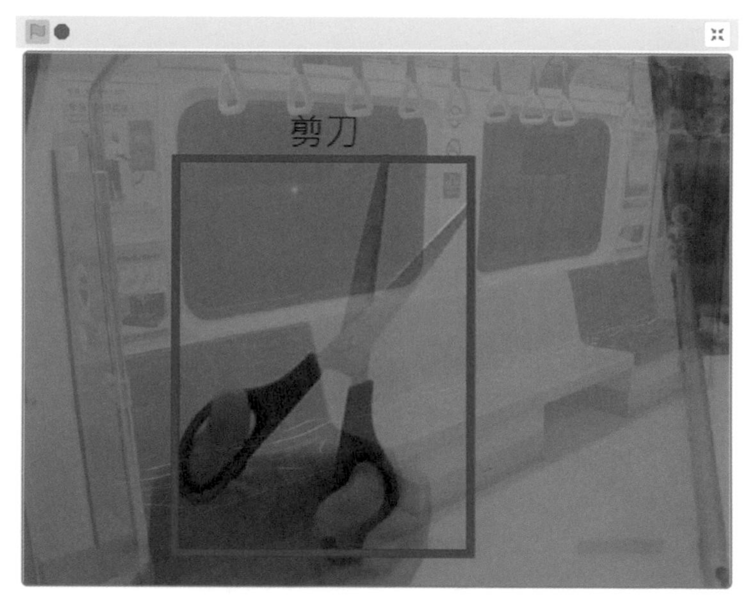

專案完成

活動：臉部辨識 –「猜猜我的年紀」

這個專案我們希望電腦可以利用臉部辨識技術，來猜測使用者的年紀及表情，我們將使用 AIBLOX 中包含專用於偵測及辨識人臉的擴充功能。

活動目的：利用電腦視覺的臉部辨識技術，實作猜測玩家的年紀與表情

活動網址：AI Playground (https://ai.codinglab.tw/)

使用環境：桌上型電腦或筆記型電腦

STEP 1 登入平台

註冊及進入方式都跟前面的專案一樣，若有不清楚處，讀者可以參考前面專案說明。

STEP 2 擴充功能

本專案需要使用 AIBLOX 的「擴充功能」來進行臉部辨識，讀者可以按照以下步驟添加功能：

1. 於 AIBLOX 積木區，點擊左下角「添加擴展」進入「選擇擴充功能」頁面
2. 因為需要對臉部進行辨識，所以添加「臉部辨識 Facial Recognition」擴充功能

「臉部辨識」擴充功能

完成添加後，就可以在積木區看到擴充功能的相關積木，

STEP 3 專案製作

接下來，開始依照腳本進行積木的建立：

1. **開啟攝影機**

   將你的視訊鏡頭打開 / 關閉，並將畫面顯示在舞台背景 (角色) 上。

2. **預測攝影機**

   預測指定目標 (此專案選擇預測攝影機)，並將預測結果存下來

3. 重複無限次

如果我們希望能一直跟電腦進行互動，可以選擇使用「重複無限次」積木來使用，並且將剛剛預測攝影機置放在迴圈當中來控制，這樣就能讓電腦不斷預測攝影機前的人臉

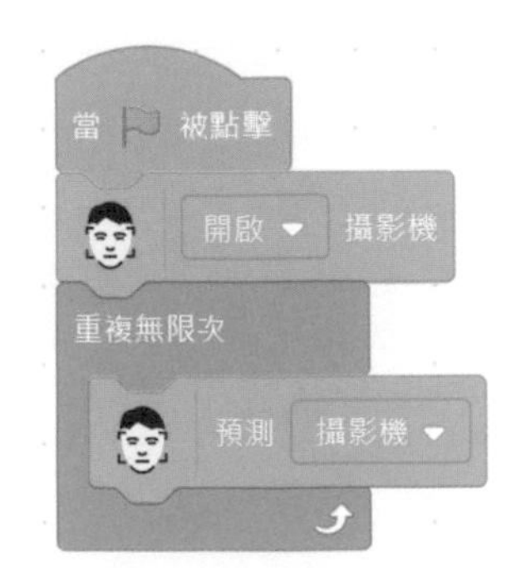

4. 字串組合

接下來我們可以利用字串組合積木，將相關想要敘述的文字及預測結果合併輸出。首先我們可以先將 " 我猜您應該是 " 與臉部辨識年齡的預測結果合併。

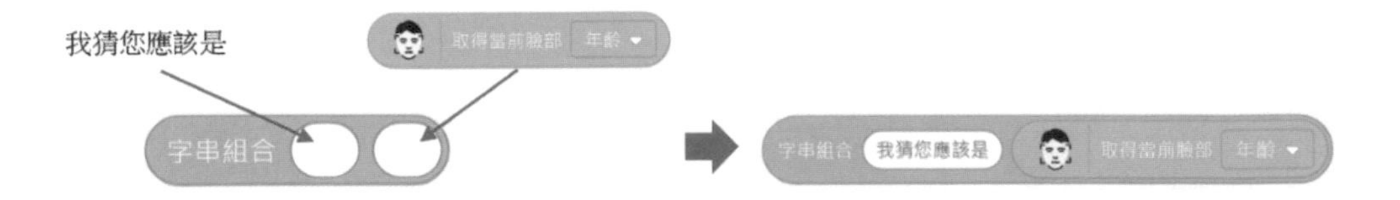

接著再與 " 歲？" 進行組合，如果讀者有不同的敘述方式，那這一個組合不一定要有。

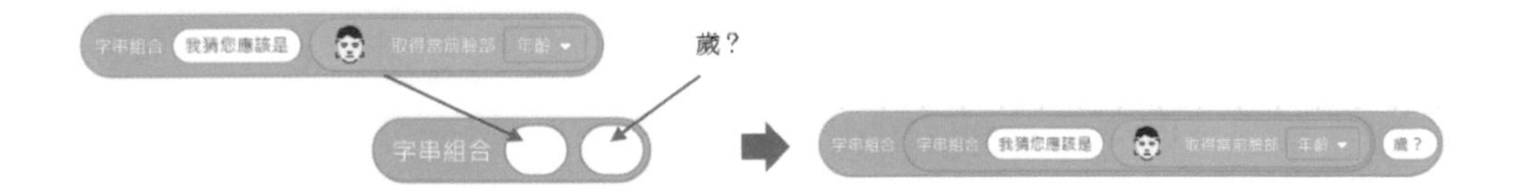

將 " 表情是 " 與臉部辨識表情的預測結果合併。

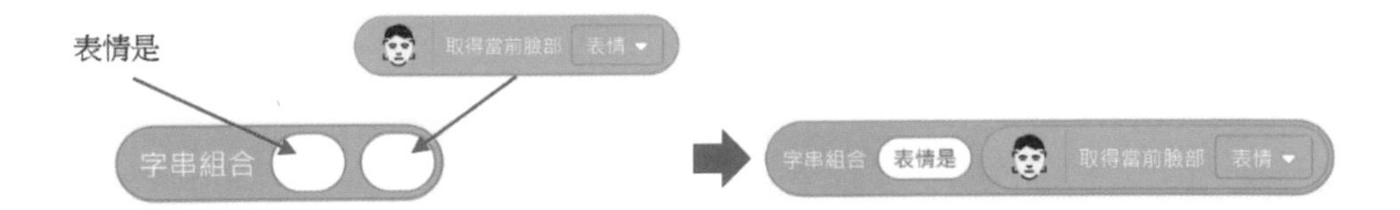

最後再將上面年齡預測的組合與表情預測的組合合併在一起，就完成了主要的臉部辨識功能。

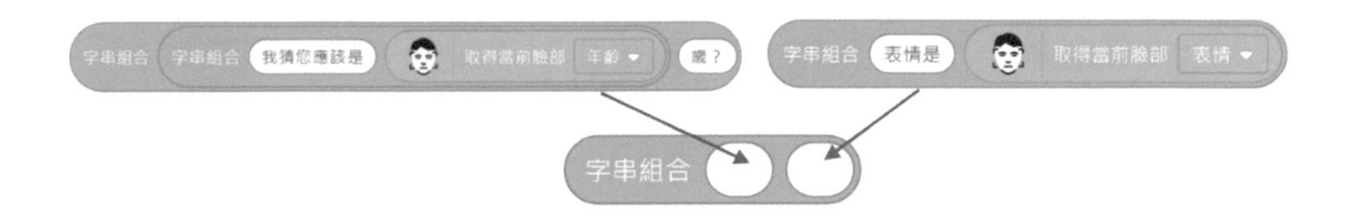

最後再利用說出的積木，就可以讓電腦不斷偵測攝影機前面的人臉，並且預測年齡及表情後說出答案。

將目前所有積木組合如下：

到這裡您的專案已經製作完成，點擊綠色旗子後 AI 就會開始預測攝影機前的人臉，進行年齡及表情預測囉！

第 8 章

自然語言處理

相信大家都還記得星際大戰 (Star Wars) 中的金色機器人 C-3PO，能夠跟人自然交談及回應互動，原先以為這是存在遙不可及的科幻電影情節中，但現在已經成為生活上每天見到的事實了。

C-3PO (Photo by Lyman Hansel Gerona on Unsplash)

例如，在網路上透過 email 回答你問題的人、手機上的 Siri 語音助理，Alexa 的智慧音箱或是透過 internet 撥打的客服電話，甚至是目前火紅的 ChatGPT，所有這些服務都有一個共通點，他們都不是真正的人。也許你會懷疑他們真的不是人類嗎？怎麼能夠發出這麼像是人類的聲音，或是回覆像是人類所打出的文字內容呢？他們又是如何聰明且清楚地回應我們的呢？這些神奇的部分，就是所謂自然語言處理 (Natural Language Processing, NLP) 的魔法。

Alexa (Photo by Lazar Gugleta on Unsplash)

8.1

什麼是自然語言處理 (NLP)

人類擁有最先進的交流方式，即自然語言 (例如英語、法語、日語、西班牙語或普通話等等)。雖然人類彼此之間可以透過電腦互相發送語音和文字訊息，但電腦並非天生就知道如何處理這些自然語言。當我們與 Alexa 或 Siri 語音助理互動交談時，他們是否能夠理解我們呢 (如右圖)？

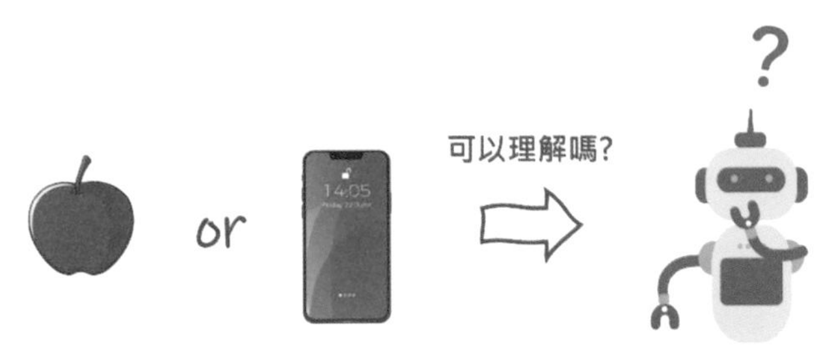

電腦能夠理解我們講的話嗎？

這當中主要是利用自然語言處理使機器能夠識別、理解人類語言 (無論是語音或文字)，並做出適當的回應。那什麼是自然語言處理呢？自然語言處理是計算機科學家對此領域稱呼的名稱，本質上與計算語言學同義 (語言學家對該領域的名稱)。因此自然語言處理 (Natural Language Processing, 以下簡稱 NLP) 剛好處於計算機科學、語言學和人工智慧的交匯點。

而科學家努力讓計算機可以用人類語言做一些聰明的事情，以便能夠像人類一樣使用這些自然語言來理解和表達自己，因此自然語言處理 (NLP) 可以算是人工智慧的一個分支領域，與電腦視覺 (第七章介紹)、機器人技術、知識表示及推理等技術，同為人工智慧相關重要領域。

但是自然語言在人工智慧中有一個非常特殊的部分，因為自然語言是人類溝通的獨特屬性；當我們經由表達想法來進行溝通時，自然語言很大程度上是我們思考和交流的工具，所以它一直是在人工智慧中考慮的關鍵技術之一，也是許多科學家希望能讓計算機處理及理解人類語言，以便執行有用的任務與目標。因此許多大型科技公司，像是 Apple 的 Siri、Google 的 Google Assistant、Amazon 的 Alexa 或是 Microsoft 的 Cortana，他們都正在積極地使用自然語言處理技術，以推出可以與使用者交流的產品。

自然語言處理 (NLP) 是由自然語言理解 (Natural Language Understanding, NLU) 及自然語言生成 (Natural Language Generation, NLG) 所組成（如右圖），這三者雖然有相關，但它們是屬於不同的主題。

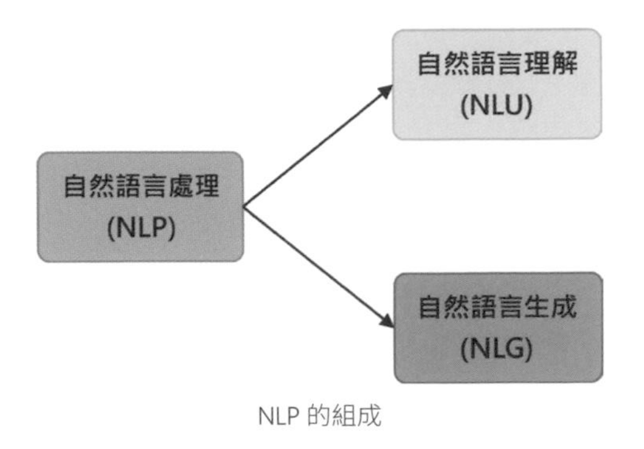

NLP 的組成

NLP 主要是將非結構化語言資料轉換為結構化資料格式，透過相關演算法的訓練，使電腦能夠容易理解語音和文字，並製定相關的上下文來回應。自然語言理解 (NLU) 是 NLP 的一個子集合，著重在透過句子的語法結構及語意分析來確定句子的含義，幫助電腦理解資料，進行機器閱讀理解，使其能夠確定句子的預期含意。而自然語言生成 (NLG) 則是 NLP 的另外一個子集合，著重於給定資料集並進行訓練後，由電腦生成文字或建構各種語言的文字，使電腦能夠進行寫作。

自然語言處理 (NLP) 的應用非常多，從電子郵件過濾器、語音助理、智慧音箱、線上搜尋、聊天機器人、機器翻譯等等，都可以看到自然語言處理 (NLP) 應用的許多例子。

8.2 自然語言處理如何工作

對於許多人來說，自然語言處理是困難的。為什麼呢？它不就是一些單詞序列，只要閱讀單詞的順序就可以了，為什麼會很困難呢？其中一個原因是因為人類語言不像程式語言被建構時需要明確性，例如 "else" 會與最近的 "if" 一起使用，或是在 Python 程式語言中必須正確使用縮排等等。而人類語言並非如此，有時候會是模稜兩可而不容易理解，或是常需要從上、下文中找出其理解性，例如下圖範例，對許多人來說可能都會有不同程度的理解想法，何況要讓計算機能完全理解更是不容易。

I never said my dog ate my homework. (別人說的)
I ***never*** said my dog ate my homework. (我沒說)
I never ***said*** my dog ate my homework. (我只是暗示)
I never said ***my dog*** ate my homework. (也許我的貓吃了它)
I never said my dog ***ate*** my homework. (它只是撕了它)
I never said my dog ate ***my homework***. (牠吃了我的作業)

你在想什麼？

為了讓自然語言處理能在人工智慧中達到所期待的目標，科學家結合了 NLP 及深度學習這兩方面的相關技術。其中利用神經網路、深度學習及特徵學習來表示這些想法，並將它們應用到自然語言理解、自然語言處理等方面的問題，來達到許多不同層次的應用，例如單詞、語法、語義的理解，或是機器翻譯、情感分析、對話代理人應用等等。深度學習的部分讀者可以參考第四章的內容，而 NLP 的部份我們將分別對詞向量 (word vector) 及自然語言處理管線 (NLP Pipeline) 進行介紹。

詞向量 (Word Vector)

為了認識自然語言處理 (NLP) 的基本工作方式，我們可以先回想在第七章電腦視覺時曾經提到，對於影像而言，我們關心的是辨識物體的構成像素（數字），但相對於自然語言來說，讓電腦看懂人類語言的第一步，則是轉換成電腦可以理解，並且可以方便運算的「詞向量 (Word Vector)」數學形式。因為向量就是一堆數字列表，方便用來解決一些數學問題。因此科學家提出利用向量來表示每一個詞 (vector representation)，如此一來，就能把一段由許多詞組成的文句，轉換成一個一個詞向量來表示，並把這樣數值化的資料，傳送到神經網路裡做後續處理及應用。

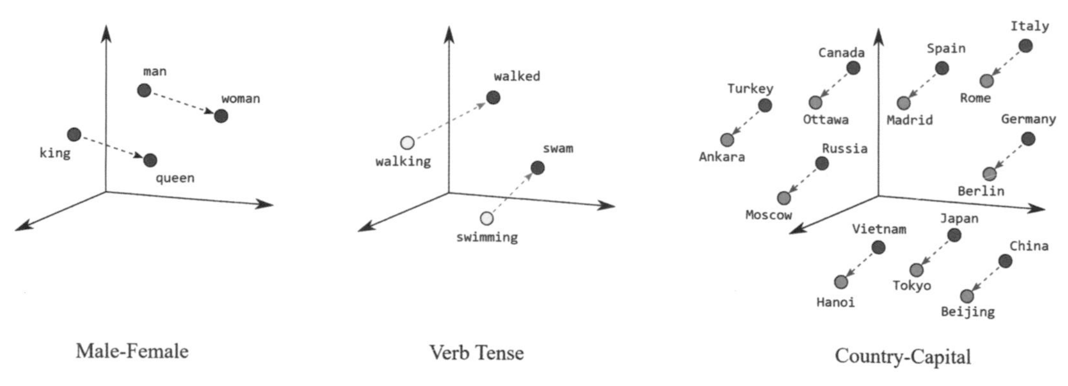

詞向量的幾何圖形關係 (Google Developers)

詞向量最傳統作法是使用一個叫做 one-hot encoding 的方式。其概念很簡單，每一個單詞 (word) 都會用一個向量 (vector) 來表示，而這個向量 (vector) 的維度 (dimension)，就是單詞數目。例如右圖範例中有 6 個字，我們就將其轉成六維向量。

```
man    = [1 0 0 0 0 0]
woman  = [0 1 0 0 0 0]
king   = [0 0 1 0 0 0]
queen  = [0 0 0 1 0 0]
apple  = [0 0 0 0 1 0]
orange = [0 0 0 0 0 1]
```

one-hot encoding 示意圖

而這個向量在代表每個單詞時，只有一個維度為 1，其餘為 0。所以 man 的第一維是 1，其他都是 0，woman 則是第二維是 1，king 則是第三維為 1，以此類推。若這個世界上有 10 萬個單詞，那 one-hot encoding 的維度就會是 10 萬維度，一般人超過 3 維度 (3D) 就不太容易想像圖形如何呈現，所以 10 萬維度這個數字將會是非常複雜的。同時利用這種方式來描述一個單詞，向量具有的資訊密度相當低 (因為大多數會是 0)，無法從這些詞向量中得知詞與詞之間的關係，例如，queen 跟 orange 就看不出有什麼關係。

為了改善 one-hot encoding 的許多缺點，許多研究團隊陸續發展出稱為詞嵌入 (Word Embeddings) 的技術，較為著名的有下面兩種技術：

- **Word2vec**：由 Google 研究團隊所創造 (Tomas Mikolov)。
- **GloVe**：由史丹佛 (Stanford) 研究團隊所創造。

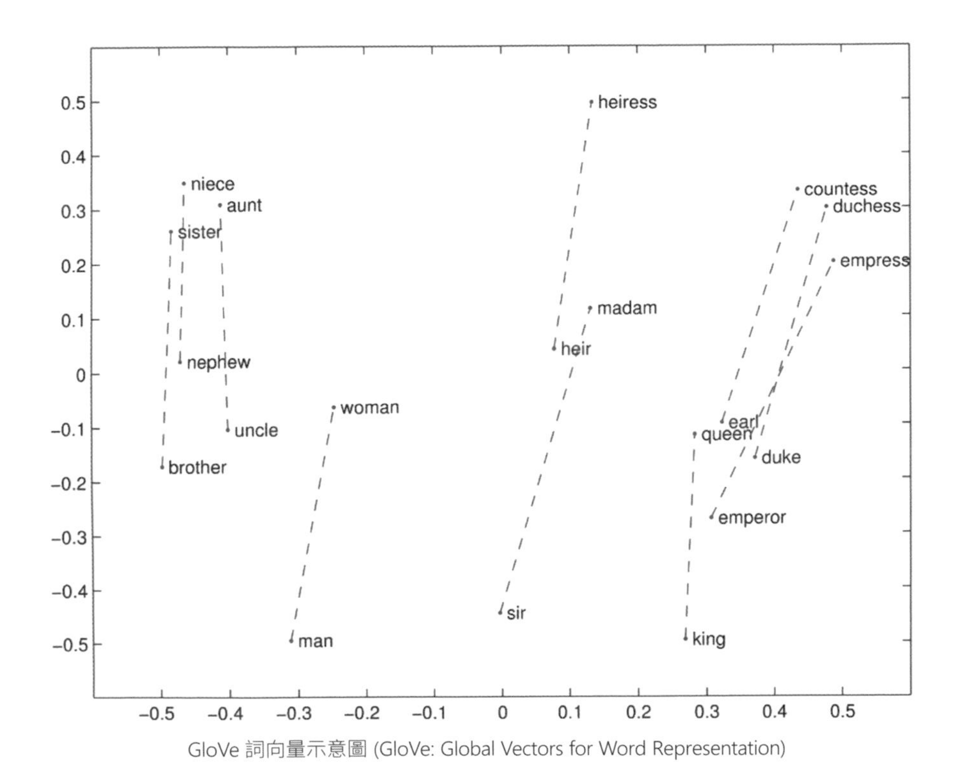

GloVe 詞向量示意圖 (GloVe: Global Vectors for Word Representation)

此兩種詞嵌入 (Word Embeddings) 技術都是藉由計算單詞在文件中出現的次數，進而統計其出現機率來決定其相似性，目的是希望能把原本資訊密度較低但維度高的向量，調整成資訊密度較高但維度降低的向量，並用來代表一個詞。而在這個低維度向量空間中的詞向量會有著一種特性，就是當詞與詞的意思越相近，他們在向量空間中就會越為接近，並且向量夾角會越小。

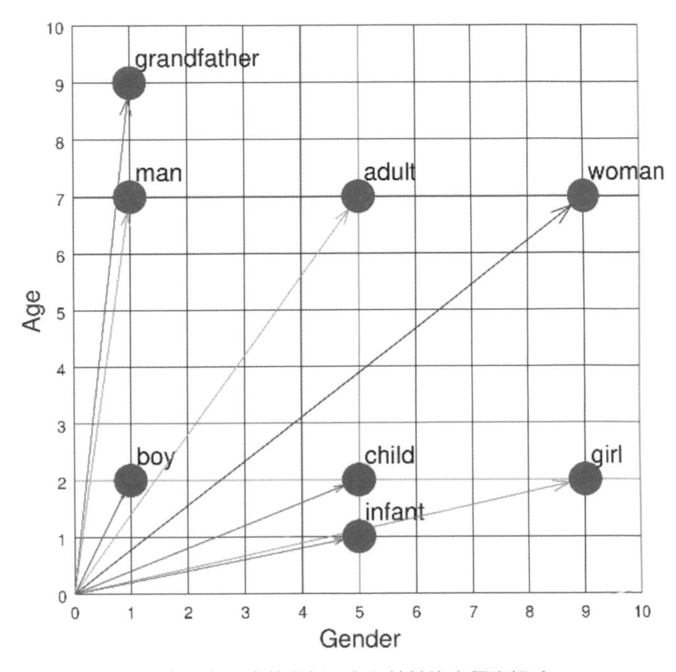

2D 向量空間中的單詞（卡內基美隆大學資訊系）

電腦在計算處理的部分做得非常好，因此對單詞或文字特徵計算時，可以使電腦確定在一段文字中是否包含諷刺、霸凌等字眼，或是在情緒表達上是否為正面或負面。我們可以利用單詞出現的頻率，同時考慮上下文後來進行計算，而計算就成為是電腦如何理解自然語言很重要的基礎。

自然語言處理管線 (Pipeline)

許多自然語言處理任務都涉及到語法分析 (Syntactic analysis) 和語意分析 (Semantic analysis) 等兩大類。語法分析有時也稱為解析或句法分析，主要是識別文字中的語法結構和單詞之間的依賴關係，常會使用分析圖來表示。例如"She enjoys playing tennis."，利用語法分析圖，會呈現如右圖。

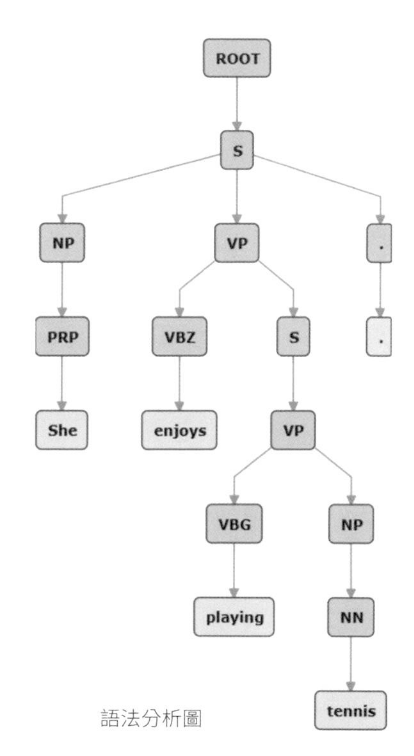

語法分析圖

語意分析則是著重於識別語言的含義，通常會根據分析句子結構及單詞間互動等相關概念，來試圖發現單詞的含義，以及理解文字的主題是什麼。由於語言常有多種涵義及模棱兩可情況，所以語意分析被認為是在自然語言中蠻具有挑戰性的領域之一。

當我們欲建構自然語言處理 (NLP) 應用程序時，由於是一項複雜的任務，通常會根據需求將問題分解成子任務，然後嘗試一個逐步開發的過程，並由不同的專家來解決它們。由於涉及自然語言處理，我們還會列出每個步驟所需的文本處理形式。這種對文本的逐步處理就稱為管線 (Pipeline)，它是建構任何 NLP 模型所涉及的一系列步驟。這些步驟在每個 NLP 專案中都很常見，像是一袋工具包，處理不同任務時會使用各自對應的工具。

整個自然語言處理管線 (NLP Pipeline) 中，常見的子任務如下圖，而這些同時也是語法分析和語意分析的一些主要任務。

Text → 句子偵測 (Sentence Detection) → 標記化 (Tokenization) → 停用詞 (Stop Words) → 詞幹提取 (Stemming) → 詞性還原 (Lemmatization) → 詞性標記 (POS Tagging) → 專有名詞辨識 (NER) → Parsed Text

自然語言處理 (NLP) 常見任務

假設今天有一段文字如下，讓我們來看看這些任務會如何處理。

"The boy gave the frog to Michelle. The boy's gift was to Michelle. Michelle was given a frog in Paris."

- **句子偵測** (Sentence Detection)：將整個文件檔案分解成組成句子，你可以將文章沿其標點符號（如句號和逗號），進行分割來實現這個任務，好讓相關演算法理解這些句子。

The boy gave the frog to Michelle.
The boy's gift was to Michelle.
Michelle was given a frog in Paris.

句子偵測 (Sentence Detection)

- **標記化** (Tokenization)：我們從句子中得到每一個單詞，並將他們單獨解釋給我們的演算法做處理，因此我們將句子分解為其組成單詞並儲存他們，我們就稱為標記化 (Tokenization) 或斷詞，其中每個單詞都被稱為標記 (Token)，例如下圖。

Michelle | was | given | a | frog | in | Paris

標記化 (Tokenization)

- **停用詞** (Stop Words)：我們可以透過去除不必要的單詞（單字）來加快學習過程，尤其是那些不會給我們陳述增加太多意義的單詞 (word)，只是為了讓我們的陳述聽起來更有凝聚力。

Michelle | was | given | a | frog | in | Paris

停用詞 (Stop Words)

- **詞幹提取** (Stemming)：現在我們有了文檔的基本形式，我們需要向我們的機器解釋它，我們首先解釋一些詞，如 skipping、skips、skipped 是同一個詞，添加了前綴 (prefix) 和後綴 (suffix)。

give
gives
gave
given

詞幹提取 (Stemming)

- **詞性還原** (Lemmatization)：依據字典規則作詞性還原，例如 was -> be, having -> have。

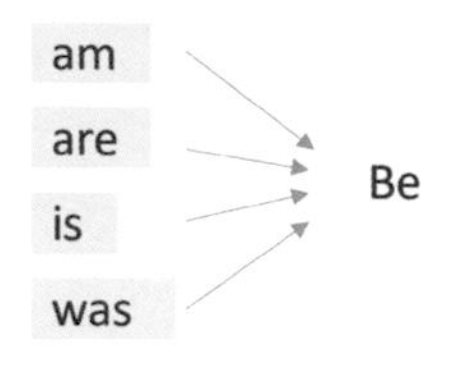

詞性還原 (Lemmatization)

- **詞性標記** (Parts of Speech (POS) Tagging)：我們透過這些標籤添加到我們單詞中來向機器解釋名詞、動詞、冠詞和其他詞性的概念。

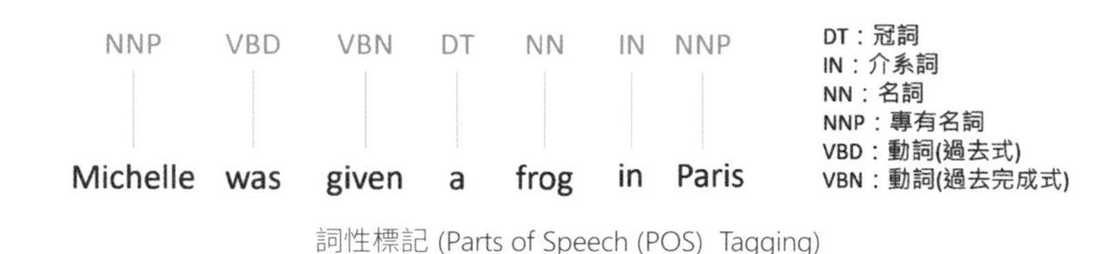

詞性標記 (Parts of Speech (POS) Tagging)

- **專有名詞辨識** (Named Entity Recognition, NER)：又稱為命名實體識別，接下來，我們透過標記可能出現在文件檔案中的電影重要人物或地點等名稱，讓機器可以辨識這些專有名詞。

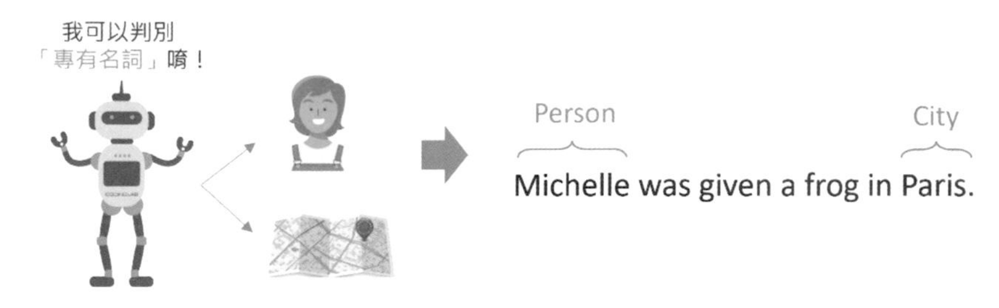

專有名詞辨識 (Named Entity Recognition, NER)

除了上面這些常見的任務外，有時還會包括文字分類 (Text Classification)、意圖檢測 (Intent Detection)、主題建模 (Topic Modeling)、語言檢測 (Language Detection)、句法成分解析 (Constituency Parsing) 及句法依存解析 (Dependency Parsing) 等等，有興趣的讀者可以繼續深入研究。

8.3 自然語言處理應用 (Applications)

自然語言處理是許多真實世界應用中人工智慧背後的驅動力，儘管自然語言處理目前還在不斷發展，但今天已經有很多應用在使用，並且大多數情況下，您會在不知不覺中接觸到自然語言處理，這裡有一些應用範例：

機器翻譯 (Machine Translation)

將文字和語音翻譯成不同語言一直是 NLP 領域的主要應用之一。真正有用的機器翻譯不僅僅只是使用一種語言的單詞來替換另一種語言的單詞，而是必須精準捕捉輸入語言的含義和語氣，並將其翻譯成與輸出語言具有相同含義和預期影響的文字。人類從 1954 年第一次成功將約 60 句的俄文自動翻譯成英文，再到目前使用的深度學習神經系統來進行翻譯，這當中雖然還存在著許多挑戰，但目前確實已經取得包括準確性在內非常顯著的進步。

Google Translate、Microsoft Translator 和 Facebook Translation App 是目前一般性的機器翻譯較為領先的平台。如 Google 翻譯為例 (如下圖)，它可以直接鍵入你欲翻譯的文章或檔案，然後根據需求翻譯成你所需要的語言結果。Google 翻譯服務目前提供超過 100 種的語言可進行翻譯，同時也可以使用語音輸入欲翻譯內容，以及聽取翻譯後的文字內容。

Google 翻譯

機器翻譯另一個有趣發展是客製化的機器翻譯系統，此類系統適用於特定領域並經過機器訓練以理解特定領域（醫學、法律或金融）相關的術語。例如 Lingua Custodia 就是一種使用深度學習技術，用來專門翻譯技術及財務文件的機器翻譯工具。

數位寫作協助 (Writing Assistant)

數位寫作協助是 NLP 最廣泛的應用之一，可以自動檢查使用者所書寫的英文是否存在文法、拼寫或標點等錯誤，例如在 word 中會根據你所寫的句子文法上的錯誤進行檢查（如下圖）。

微軟 Word 的數位寫作協助

另外像是 Grammarly 此類文法檢查工具，也是使用了人工智慧和自然語言處理技術的數位寫作輔助工具，可檢查出上百種文法錯誤，幫助使用者編寫更好的內容。這些工具可以糾正文法、拼寫，建議更好的同義詞，並幫助提供更清晰和更吸引人的內容。它們還有助於提高內容的可讀性，從而使您能夠以最佳方式傳達您的信息。如果你曾經看過多年前文法檢查的應用情況，你會發現他們幾乎沒有今天這麼好的能力。

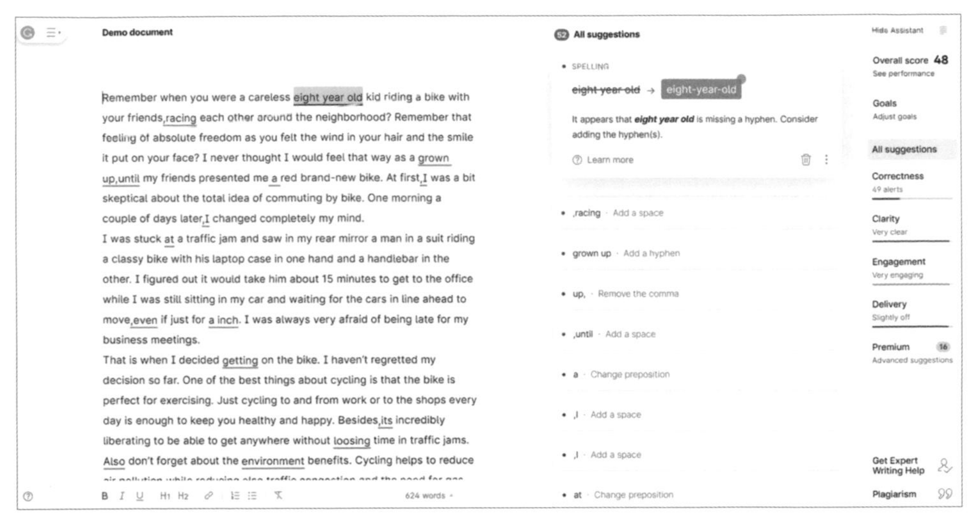

Grammarly 文法檢查工具

語音助理 (Voice Assistants)

相信所有人都非常熟悉亞馬遜的 Alexa、蘋果 Siri 以及 Google Assistant 等語音助理。語音助理是一種軟體，它使用 NLP 深度學習和語音識別技術來理解和自動處理語音請求，並執行相對應的操作。例如從設定早晨的鬧鐘到為幫我們尋找餐廳，語音助理幾乎可以做任何事情。它們為許多使用者及企業打開了一扇新的機會之門。

右圖是 Alexa 的簡單運作示意圖，展示透過自然語言處理的 AI 技術，將語音轉換為單詞的過程。

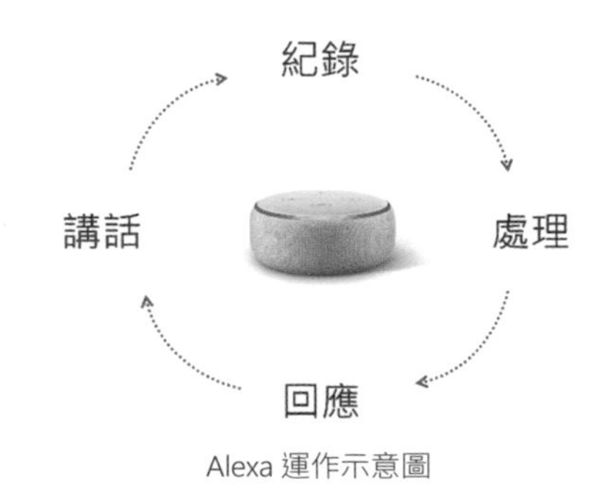

Alexa 運作示意圖

其工作方式簡單介紹如下：

1. **記錄**：首先 Alexa 會先記錄您的講話，然後將此錄音傳送到 Amazon 的伺服器 (Server) 來進行有效的分析。

2. **處理**：系統會將錄音分解成單詞的聲音，然後查閱包含各種單詞的發音資料庫，來找出最接近對應的各個單詞聲音。

3. **回應**：接著識別關鍵字來讓任務具有意義，並執行可對應的功能。例如，如果 Alexa 或相關語音助理注意到 " 天氣 " 或 " 溫度 " 之類的單詞關鍵字，它將打開天氣應用程式並進行對應處理功能。

4. **講話**：Amazon 的伺服器 (Server) 會將資訊傳送到您的裝置，例如智慧音箱。如果語音助理 Alexa 需要對您說些什麼話，它將按照上面的過程進行，但方向會相反。

自然語言處理演算法允許個人使用者在沒有額外輸入的情況下，可以對語音助理進行自定義訓練，從以往的互動中進行學習，回應相關查詢並連接到其他應用程式上。語音助理應用預計將會繼續呈指數級增長，因為它們已被廣泛被用於控制家庭安全系統、家庭電器 (如電視、恆溫器、燈) 和汽車，甚至讓你知道冰箱裡的食物是不是過期或不足。今天，他們已經變成了一個非常可靠和強大的朋友，大多數人應該都無法想像沒有語音助理的生活會是多麼的不便。

文字生成 (Text Generation)

文字生成 (Text Generation) 是自然語言處理 (NLP) 的一個子領域，它利用電腦語言學和人工智慧方面的知識自動生成自然語言的文字，並滿足一定的互動需求，簡單來說就是透過訓練深度學習模型，以最簡單的形式產生隨機但希望有意義的文字。

我們可以先提供文字生成系統有關的提示 (Prompt) 資料，也就是訓練模型的初始文字輸入資料，並且期望經過訓練的模型能夠正確處理提示資料以生成合理的文字，例如：

- **輸入**：While not normally known for his musical talent, Elon Musk is releasing a debut album（如右圖）

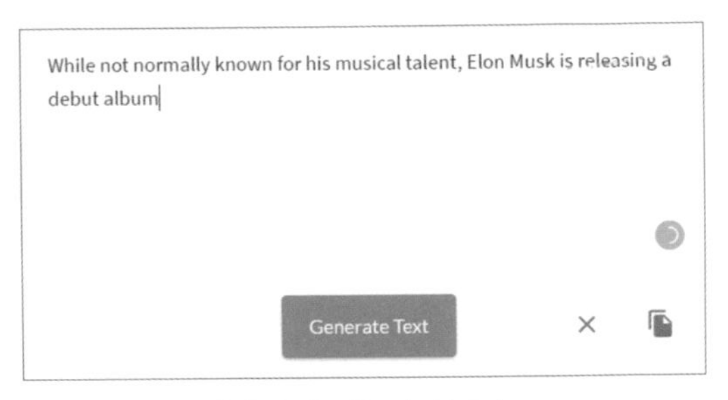

文字生成－輸入初始文句

- **完成**：While not normally known for his musical talent, Elon Musk is releasing a debut album on iTunes and Spotify later today, featuring a cover of Jeff Buckley's "Hallelujah."

  The upload of the album has apparently sparked a lot of controversy among the music world, with some criticizing... (continued)

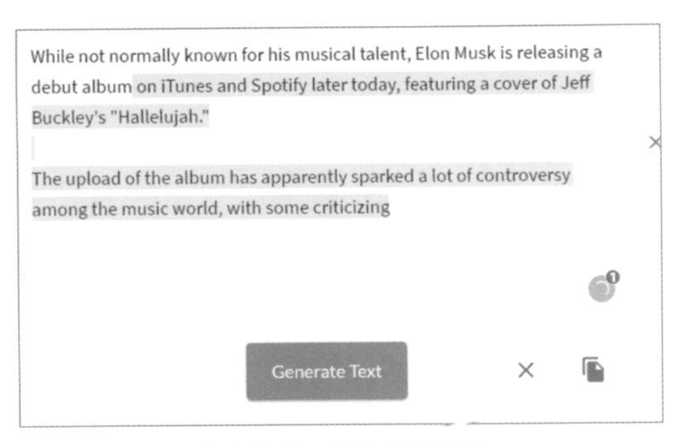

文字生成－產生輸出結果

如果你想要系統繼續產生適當的文字，可以按下「Generate Text」的鈕將會繼續產生文字（如右圖）

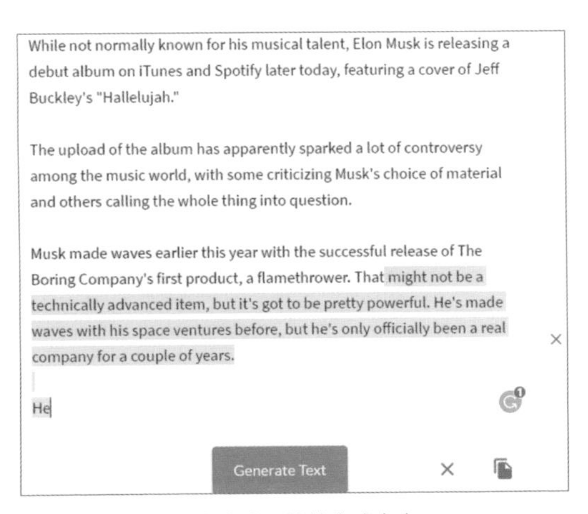

文字生成－持續生成文字

文字生成技術的應用很廣，訓練出來的模型可以生成不同複雜度和不同語氣的文字。如果您需要生成預先定義好類型的內容，例如社交媒體上的評論、線上商店中的庫存描述、說故事 (Storyteller) 及預定義主題範圍的文章等等，那它將會是很有幫助的應用。您也可以透過選擇不同的資料集進行額外訓練，讓您訓練出來的模型符合某些風格，例如將托爾斯泰 (Tolstoy) 的所有作品提供給模型訓練，那它將用相同的語氣來自動書寫文字作品。

情感分析 (Sentiment Analysis)

情感分析是 NLP 一個重要的應用，當 NLP 工具將文字特徵提取並轉換為機器可以理解的內容，並利用機器學習演算法將輸入的訓練資料及預期輸出 (標籤) 之間建立關聯 (如下圖所示)，電腦將會使用統計分析方法來建立自己的 " 知識庫 "，也就是一個分類模型，同時對從未見過的資料 (新文字) 進行預測，辨別哪些特徵最能代表對應的情感標籤，如正面情緒 (Positive)、負面情緒 (Negative) 及中立 (Neutral)。提供這些 NLP 演算法輸入資料越多，文字分析模型準確度也將愈高。

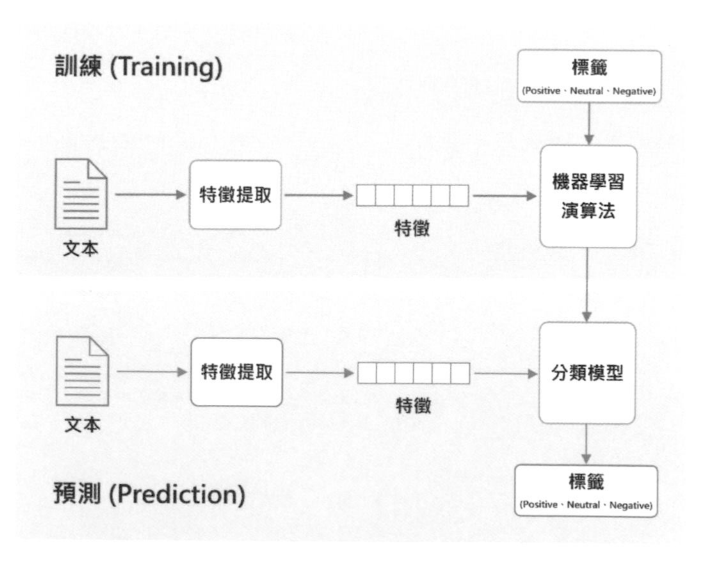

情感分析工作流程示意圖

以下圖為例，IBM 的文件分析器針對輸入的文字進行情緒分析後，顯示單詞及整篇文字為何種情感標籤。

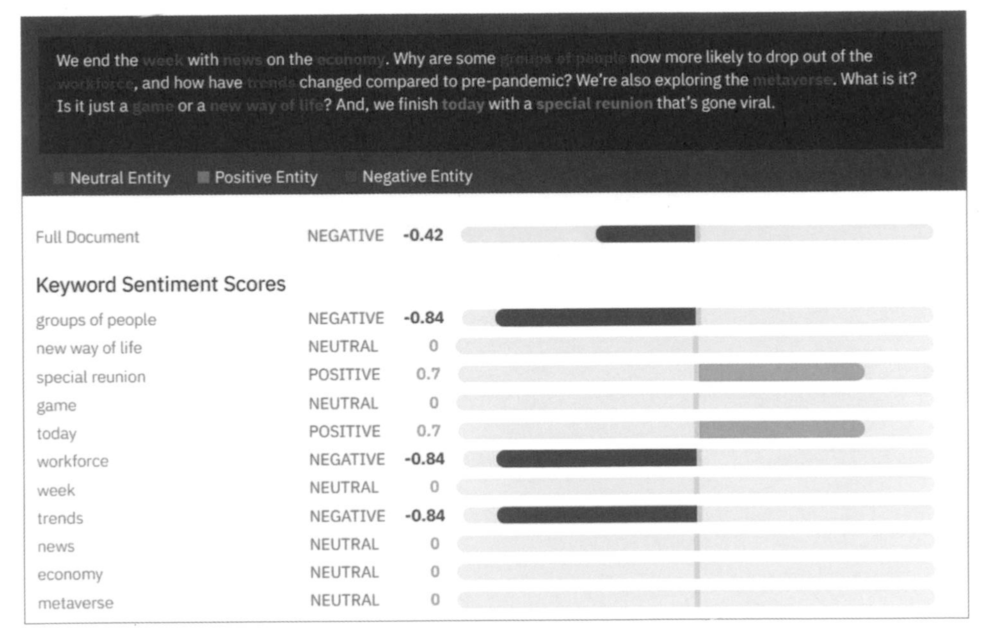

IBM Text Analysis

除了上述 NLP 的應用外，其他像是垃圾郵件檢測、社交媒體監控、人員招聘、社交媒體分析、瞄準目標受眾廣告等等的應用非常多，但若是不當使用，例如生成假新聞、發布仇恨評論、垃圾郵件或建立惡意內容，都將會造成極大的影響，值得大家留意與深思。

動手做做看

活動：情感分析

本活動將透過 IBM Watson 的自然語言處理 (NLP) 模型來進行活動，利用已訓練好的模型對新的文章進行情緒分析與判斷。

活動目的：透過 IBM 已訓練好的 NLP 模型，輸入文字來進行情緒分析

活動網址：https://www.ibm.com/demos/live/natural-language-understanding/self-service/home

使用環境：桌上型電腦、筆記型電腦

我們將分別使用平台提供的樣本及使用者自行輸入的文本進行分析。

STEP 1 使用樣本進行情緒分析

選擇金融領域文本

1 SAMPLE IN[illegible]OMAINS: Legal Financial Media

TRY YOUR OWN: Input Text URL

2 IBM and Red Hat are off to a fast start together as we show the power of this combination to clients. This quarter, we introduced significant innovations to our software portfolio, including the containerization of our middleware through IBM Cloud Paks. We also announced Red Hat OpenShift on IBM Cloud and on IBM Z, and we added consulting and technology services for Red Hat. In its first quarter as an IBM business, Red Hat's revenue growth accelerated to 20 percent. ...

Neutral Entity　Positive Entity　Negative Entity

3 Extraction　Classification　Linguistics　Custom

語意分析

4 Sentiment　Emotion　Categories

JSON</>　FEEDBACK

5

Full Document	POSITIVE	0.8

Entity Sentiment Scores

IBM	POSITIVE	0.8
Red Hat	POSITIVE	0.82
20 percent	POSITIVE	0.65
first	POSITIVE	0.65

IBM 的文字分析（使用樣本）

STEP 2 自行輸入一段文字進行情緒分析

本範例使用加拿大總理杜魯道在臉書上的一段發言來進行情感分析，讀者也可以使用其他資料或自行輸入文章。

其內容如下：

Filmed this just before landing - we've now touched down in the Netherlands, ahead of tomorrow's meetings with Minister-president Rutte and others. We've got a busy schedule and plenty of work to do, but I'll keep you posted throughout the day. Stay tuned.

將其複製貼上至 IBM Watson 網站後，會得到下方分析結果。

IBM 的文字分析（自行輸入）

如之前所介紹，機器學習模型的最大優勢就是它們能夠自行學習，無需手動定義規則。您只需要一組相關的訓練資料，其中包含您要分析的標籤的幾個範例，藉由先進的深度學習演算法，您就可以將多個自然語言處理任務（如情感分析、關鍵字提取、主題分類、意圖檢測等）串接在一起，來同時獲得不同的結果。

活動：單字聯想遊戲 Semantris

Semantris 是由 Google 開發的一組以自然語言理解 (Natural Language Understanding) 為基礎，並且利用詞嵌入 (Word Embeddings) 技術的單字聯想遊戲，裡面包括「ARCADE」與「BLOCKS」兩款遊戲，都是讓我們透過關鍵字聯想來輸入單字。每次輸入線索時，AI 都會查看遊戲中的所有單字並選擇它認為最相關的單字。由於 AI 已接受了數十億個跨越各種主題對話的文字範例進行訓練，因此它能夠進行多種類型的關聯。

「ARCADE」版本會有時間壓力，「BLOCKS」版本則沒有時間要求，這使得它可以成為嘗試輸入短語或句子的好地方。

活動目的：試著發揮單字聯想力，瞭解 AI 在自然語言理解上詞嵌入 (Word Embeddings) 的應用。

活動網址：https://research.google.com/semantris/

使用環境：桌上型電腦、筆記型電腦

活動網站提供兩款遊戲 –「ARCADE」與「BLOCKS」，玩家可以任意選擇遊戲，同時提供音樂開關及單字顏色選擇。

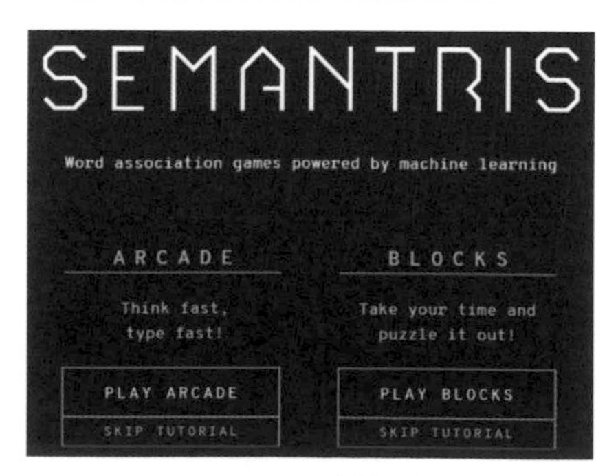

Semantris 活動網站

ARCADE

- **玩法**：主要是要考驗玩家英語單字的快速聯想能力！進入「ARCADE」遊戲後，你會看到一串的單字列表，單字列表會被一條線所分開。然後會看到箭頭指向選中的單字，玩家則需要在下面灰色框中，輸入自己認為和選中的字有關聯的單字或短語，但不能是與箭頭指向同一個單字，例如顯示的是「Library」，玩家如果輸入「books」，遊戲會判斷是否有關聯(如右圖)，如果關聯性很高，就會將它排到最下方。如果同時有多個字都有關聯，則會依關聯性依序排列。

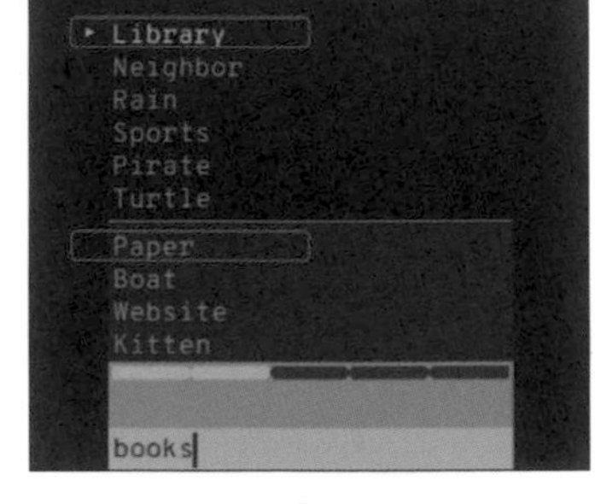

books 與「Library」及「Paper」都有關連

由於輸入的 books 與「Library」及「Paper」都有關連，並且 AI 判斷關聯性「Library」比「Paper」高，所以會將「Library」放在最下方，再來是「Paper」。(如右圖)

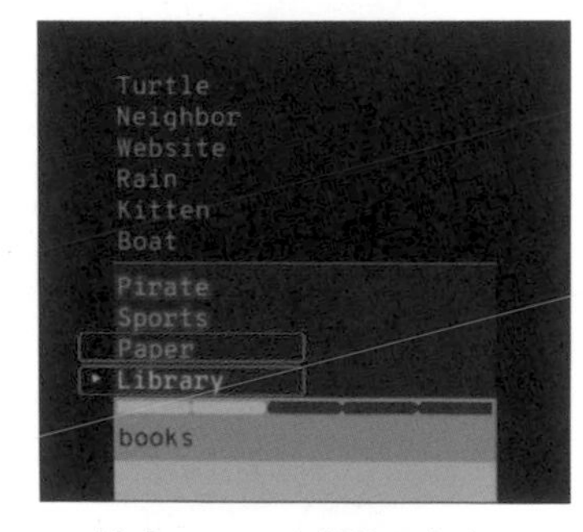

當「Library」在橫線下方時，橫線下的單字都會消除

由於指定的「Library」移動到橫線下方，所以會將橫線下的單字全消除掉，玩家就可以得到分數。然後遊戲會再掉下新的類型方塊(如右圖)，就這樣越掉越快，玩家也要越回越快，如果掉下來的單字疊滿了螢幕畫面，遊戲就會結束囉！

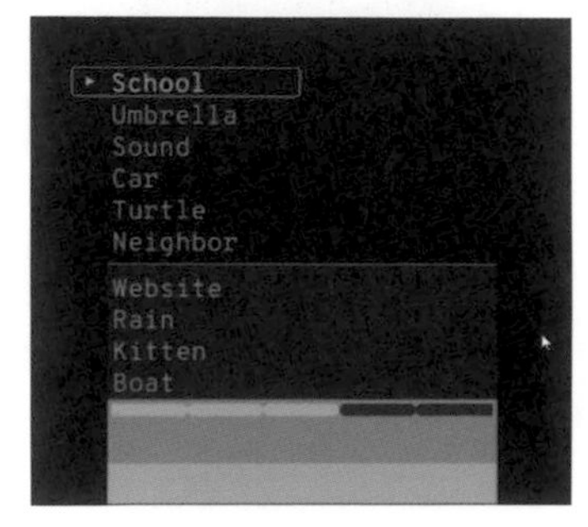

玩家會得到分數，遊戲會再掉下新的單字

輸入區上方 5 格長條圖形，它會顯示成功輸入的次數，每完成一定次數後，上方的單字會全部掉落並被消除。整個遊戲的趣味點在於速度要快，否則有點類似俄羅斯方塊，如果消除的慢則遊戲將會結束。

「BLOCKS」

- **玩法**：「BLOCKS」的玩法類似「ARCADE」，只是掉下來的是各種顏色及大小不一的方塊，類似俄羅斯方塊一樣會逐步往上堆疊。遊戲邏輯很簡單，玩家可以從這些單字中任意選擇一個，並且輸入你認為可以跟它對應的單字或短語，如果有關聯，方塊就會消除。例如你輸入「table」(如下圖)。

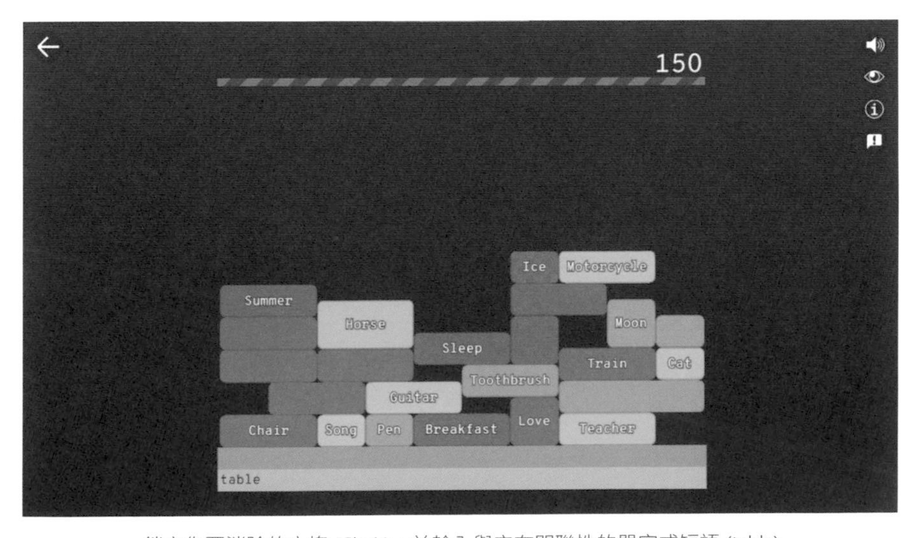

鎖定你要消除的方塊 (Chair)，並輸入與它有關聯性的單字或短語 (table)

AI 會認為最有關聯性的是「Chair」，所以會將「Chair」以及周圍相同顏色的方塊一樣消除 (如下圖 a)，並得到分數，然後從螢幕上方不斷地落下新的方塊 (如下圖 b)。

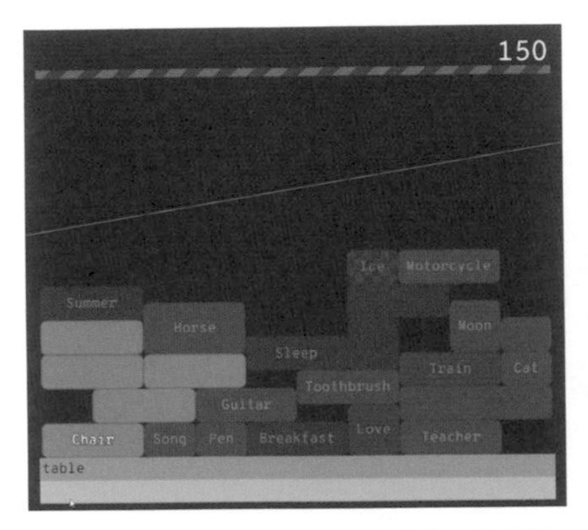

a. 將「Chair」方塊及相連同色方塊一起消除

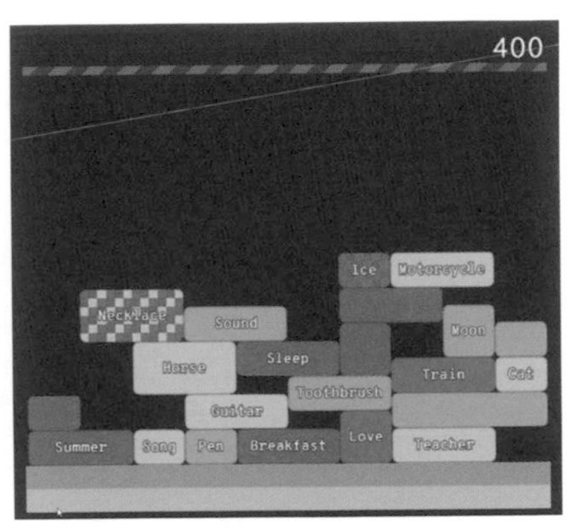

b. 方塊消除後會在掉下新的方塊

有些方塊是花色的，當它被消除時，周圍和它彩色方塊中任何相同顏色的方塊，也都會被消除。例如右圖中，當你輸入「song perform」短語，AI 覺得與彩色方塊「Singing」關聯性最高，會將周圍與它相同彩色方塊一併消除，然後掉下新的方塊。

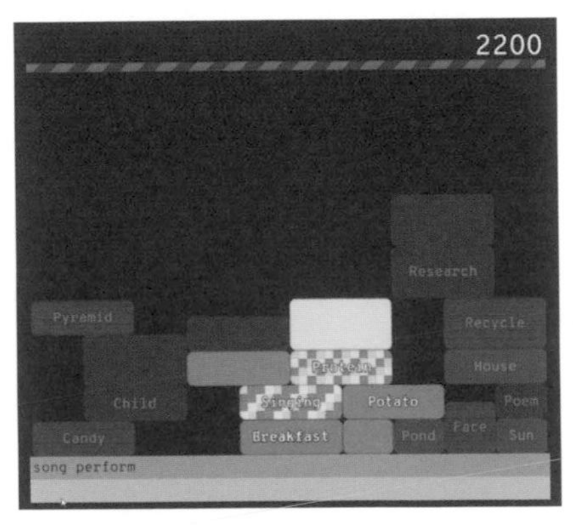

將與「Singing」彩色方塊相連並有關的顏色消除

掉下的方塊如果堆疊到達紅色線就表示遊戲結束 (如右圖)。

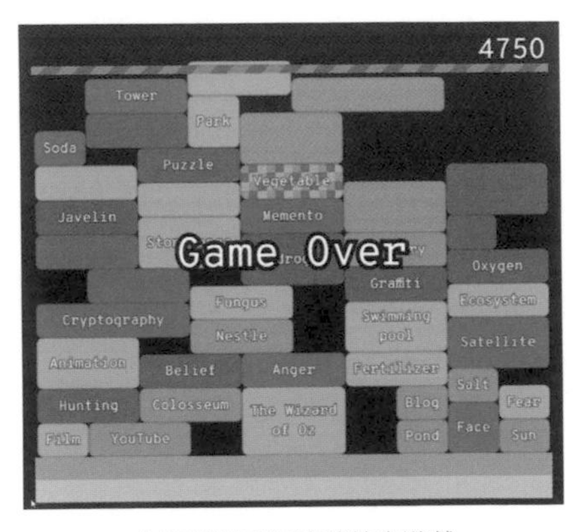

方塊碰觸到紅線就結束遊戲

Google 這款 AI 遊戲的目的是利用大量聯想詞的訓練，來幫助 AI 理解「如果看到一個單字，通常和它一起出現的單字會有哪些？」，如果 AI 能夠做到這一點，那麼它將可以完成「當人類和 AI 對話時，AI 就更能夠理解人類說的意思及對話流，並做出更合適的回應。」。所以 Google 希望用數十億甚至更多的大數據來訓練這個可以理解語意的 AI，教會 AI 與人類真實的對話情況應該是什麼樣子。一旦 AI 從這些資料中學習，它就能夠預測一個敘述跟隨著另一個敘述，並做為回應的最佳可能性。

在此遊戲中，AI 只是將玩家輸入的內容視為開場白，然後查看許多可能的回答，並且找到最有可能的回答做回應。大家可以試著玩玩看，一方面測試自己的單字聯想能力，一方面也可以見識到自然語言處理 (NLP) 中的自然語言理解 (NLU) 在生活上的另一種應用，其它潛在應用還包括分類、語意相似性、語意分群、語意搜尋或是從許多備選方案中選擇正確的回應。

活動：文字辨識 –「智慧教室」

如果我們想要控制教室一些設備，例如風扇、電燈、投影機、電腦或是門窗，我們可以如何控制他們呢？這個專案將使用文字辨識，教電腦識別文字的意義，並進行和機器之間的對話。同時在 Scratch 中試著設計一個智慧助理，使您可以控制這些虛擬設備。

活動目的：利用 NLP 技術進行文字辨識，並可以控制虛擬裝置

活動網址：AI Playground（https://ai.codinglab.tw/）

使用環境：桌上型電腦或筆記型電腦

如果已經有 AI Playground 的帳號可直接登入，如果尚未有使用者帳號則可以註冊一個免費帳號後登入。完成登入後，點擊「文字辨識」，您就可以在開始進行機器學習的流程。

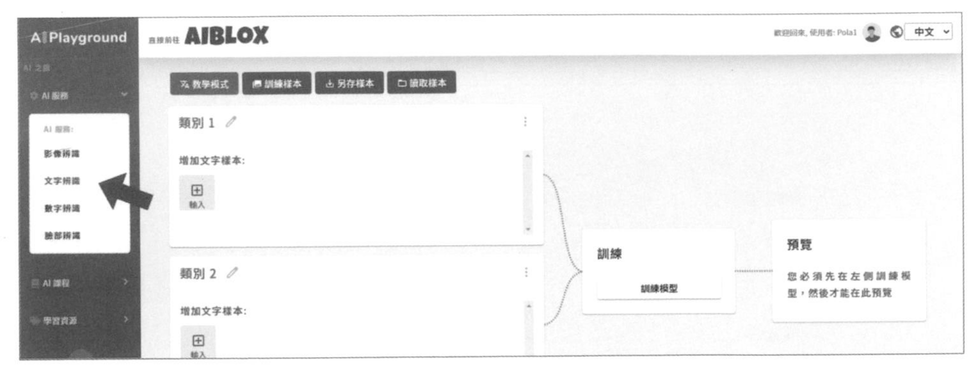

登入平台並點擊「文字辨識」服務

同時我們將根據下面三個步驟來完成文字辨識的機器學習：

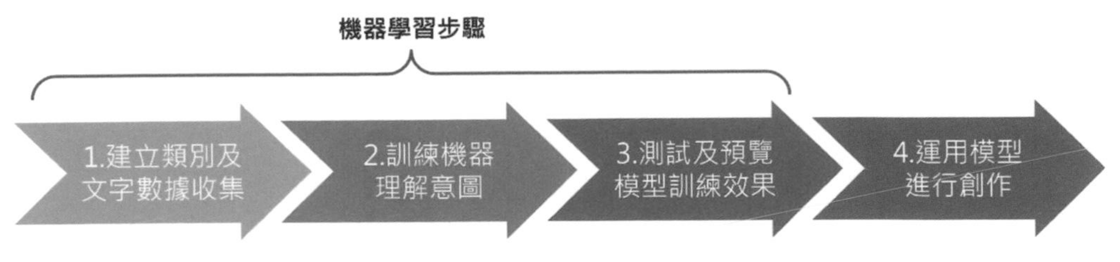

機器學習步驟

進行機器學習

STEP 1 建立類別及文字資料收集

1. 首先，進入 AI Playground 的無程式碼機器學習平台。
2. 完成登入後，點擊「文字辨識」，您可以在其中進行機器學習模型的流程。
3. 此專案預計建立兩個設備（風扇及燈）的開與關功能。因此點擊資料區塊左上角並建立類別名稱，例如「開風扇」、「關風扇」、「開燈」、「關燈」。

4. 然後點擊 " 輸入" 為每一個類別建立相關文字樣本，記得一定要改變每個文字樣本及語意盡量清楚。

5. 建議每個類別至少有 10 筆資料以上，資料愈多訓練效果過愈好。

建立文字資料

6. 本書提供一些範例如下。讀者也可自行建立資料，建立時可以腦力激盪一下，你想要電腦認識那些字或是意圖。

◇ **開風扇**類別：好熱、很熱、太熱了、今天好熱、打開風扇、打開電風扇、開風扇、開電風扇、房間內有點熱、房間內很熱、幫我開啟風扇、幫我開啟電風扇、我需要開啟電風扇、我需要開啟風扇、請將電風扇開啟、請幫我開電風扇、請幫我開風扇、今天好熱，需要開風扇、室內好熱，幫我開啟風扇。

◇ **關風扇**類別：好冷、很冷、太冷了、今天好冷、關閉風扇、關閉電風扇、關風扇、關電風扇、房間內有點冷、房間內很冷、幫我關閉風扇、幫我關閉電風扇、我需要關閉電風扇、我需要關閉風扇、請將電風扇關閉、請幫我關電風扇、請幫我關風扇、今天好冷，需要關風扇、室內好冷，幫我關閉風扇。

◇ **開燈類**別：開燈、燈打開、開啟電燈、打開電燈、請開電燈、請開燈、將電燈打開、將燈打開、幫我打開電燈、把電燈打開、太暗了、太暗了，看不清楚、現在好暗、感覺好暗唷、有夠暗、裡面好暗。

◇ **關燈類**別：關燈、燈關閉、關閉電燈、關閉燈、請關電燈、請關燈、將電燈關閉、將燈關閉、幫我關閉電燈、把電燈關閉、太亮了、太亮會反光、現在好亮、感覺好亮唷、有夠亮、裡面好亮。

STEP 2 訓練機器理解意圖

1. 如果對您的類別（或標籤）及樣本資料感到滿意，您可以點擊 " 訓練模型 "。
2. 訓練過程不需要使用或設定任何 API Key，可讓您方便進行機器學習。

訓練電腦理解意圖

STEP 3 測試及預覽模型訓練效果

1. 讀者可使用一些文字短語（需與您訓練時的資料不同），來測試您的訓練模型，以確保它被正確訓練。
2. 您的測試結果會以信心百分比做為識別結果，並以您的類別名稱之一做為回傳結果。
3. 如果您的測試給了錯誤類別名稱，可以考慮增加更多文字資料並重新訓練，來改善您的訓練結果。

預覽
請輸入預覽句子
現在好熱
預測
信心值: 99.834
預測值: 開風扇
Code & Play

預覽
請輸入預覽句子
我感覺好冷
預測
信心值: 99.467
預測值: 關風扇
Code & Play

預覽
請輸入預覽句子
太暗了，看不清楚
預測
信心值: 100
預測值: 開燈
Code & Play

預覽
請輸入預覽句子
請幫忙關掉房間的燈
預測
信心值: 100
預測值: 關燈
Code & Play

測試及預覽模型訓練效果

接下來，我們要將剛剛訓練好的 AI 模型導入到雲端積木環境，進行 AI 專案的創作，讓我們開始吧！

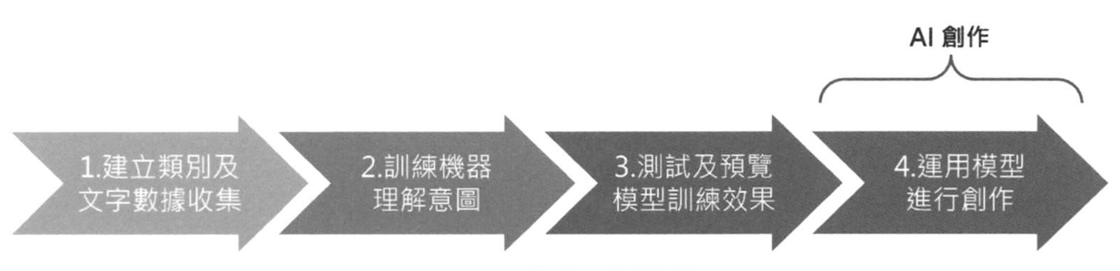

進行 AI 專案創作

STEP 4 運用模型進行創作

1. 點擊預覽區的「Code & Play」，將訓練好的模型導入到 AIBLOX。

將訓練好的模型導入到 AIBLOX

2. 進入到雲端積木平台 (AIBLOX) 進行 AI 專案創作。此時系統會將在機器學習環境中所訓練的模型帶到此環境裡，並且產生對應的類別積木做使用。

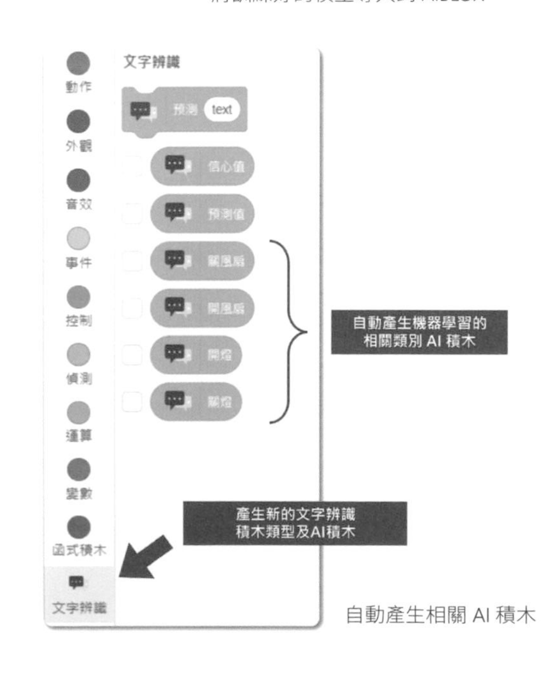

自動產生相關 AI 積木

3. 為了簡化專案製作的流程，讀者可以直接點擊上方的專案範本，並選擇智慧教室的樣板，讀者也可以自行設計自己的創作背景及角色造型。

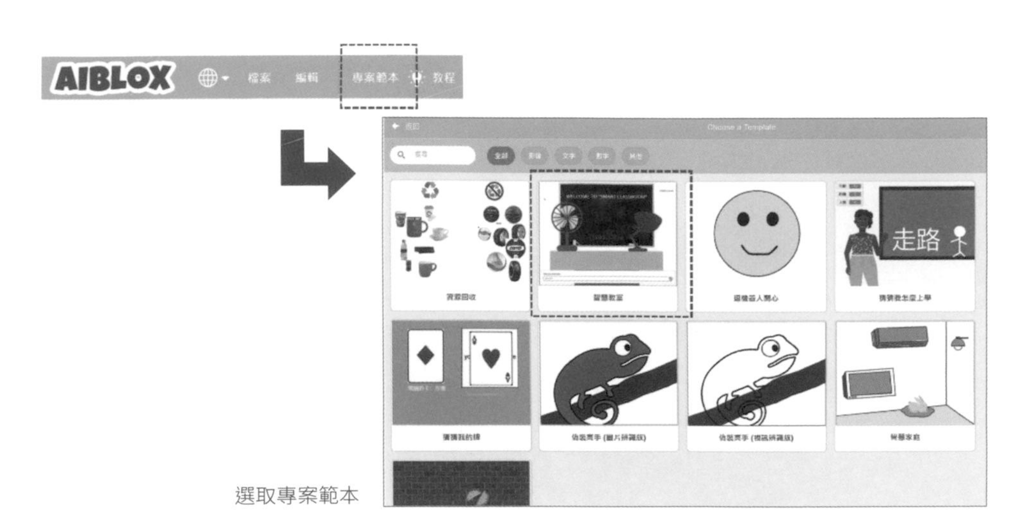

選取專案範本

4. 讀者可以試著點擊綠色旗子執行範例程式，並在訊息框中輸入程式中已設計好的指令，例如 " 打開風扇 "、" 關閉風扇 "、" 打開電燈 "、" 關閉電燈 "，程式將會做出打開 / 關閉風扇及電燈的動作。

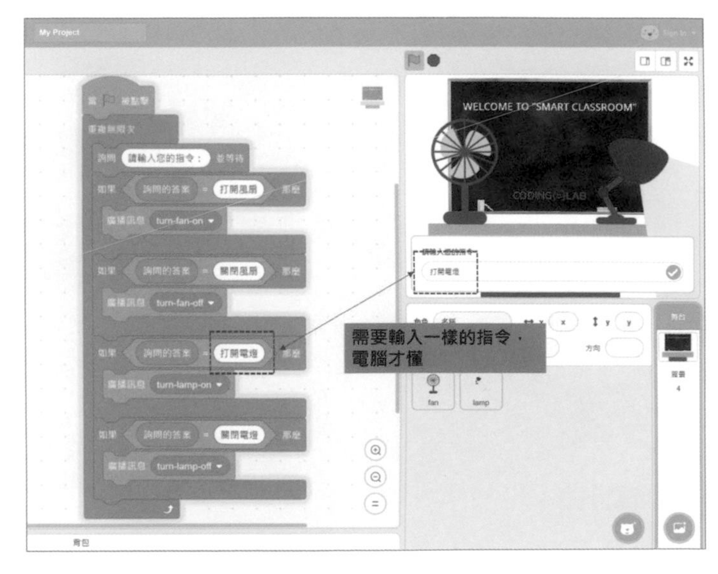

輸入指令
進行控制

5. 讀者一旦輸入的指令不是程式中固定的指令，例如你將 " **關閉風扇** " 的指令改為 " **現在太亮了** "，電腦將完全不知道你的意圖，所以將不會有任何動作。

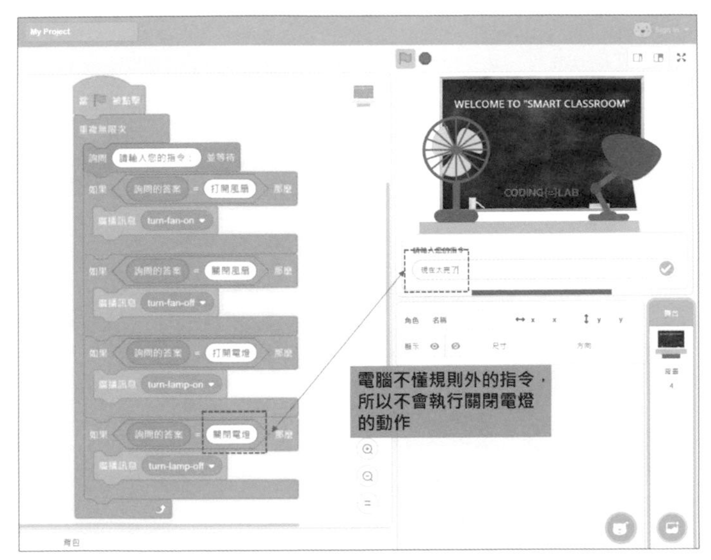

改變指令電腦將無法執行

6. 將程式改為具有機器學習功能的程式積木試試看。

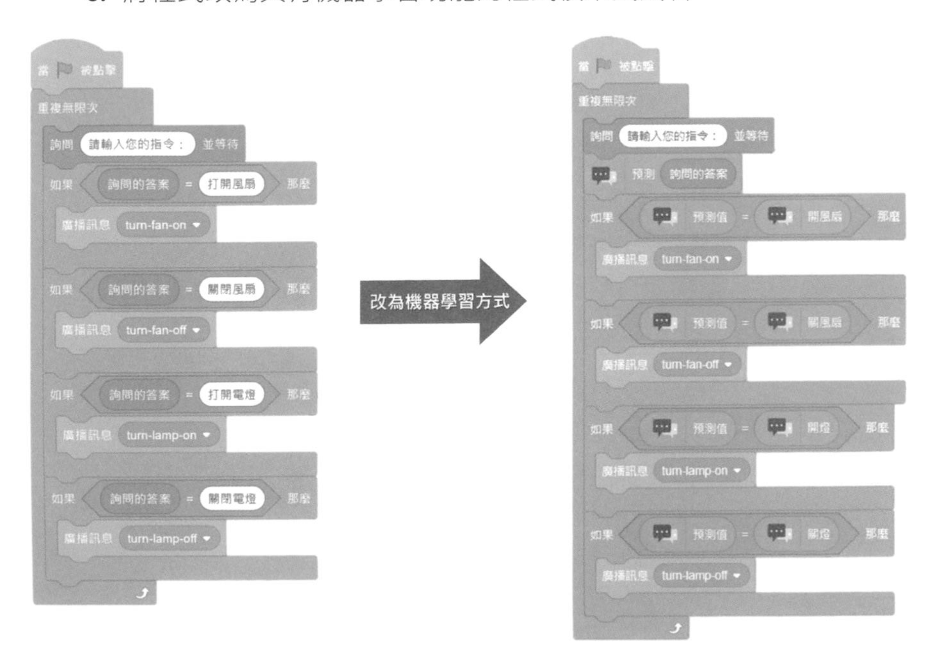

將規則式程式改為機器學習方式

7. 這時候輸入 " 現在好暗唷 "，電腦將可以完全知道你的意圖，並且幫你打開電燈。

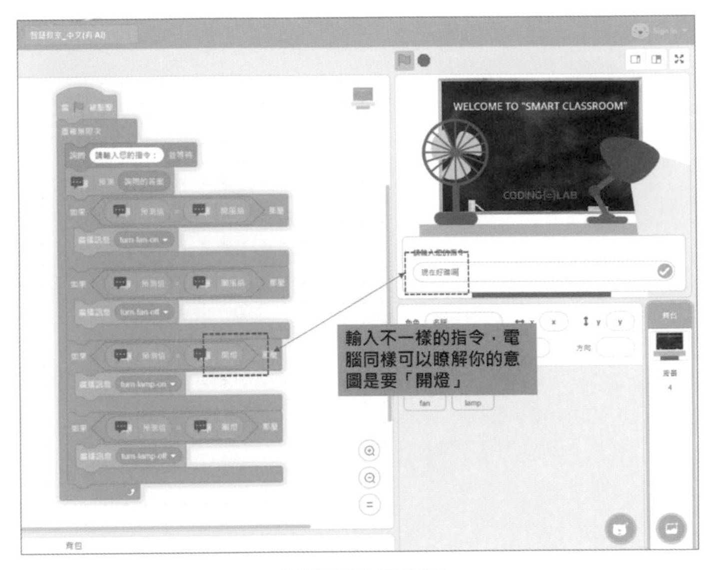

電腦完全理解意圖

到這裡您的專案已經製作完成，你將瞭解使用「機器學習方法」來代替傳統程式中「基於規則 (rule-based) 方法」是非常方便的，同時讓電腦瞭解及辨識文字的意義，幫助電腦瞭解人類的意圖，進而做出許多應用。如果想要進一步用語音來控制這些電子設備要怎麼達到呢？讀者可以試著加上之前所提到的語音辨識 (Speech to Text) 擴充積木就可以做到囉，有興趣的讀者不妨也試試看。

本章節帶讀者認識及探索了 AI 應用程序中的自然語言處理 (NLP)，以及不同生活應用是如何影響人類。除了電腦視覺外，自然語言處理 (NLP) 也是人工智慧在許多現實世界應用程序中背後強大的驅動力。

MEMO

第 9 章 聊天機器人 (Chatbot)

本書將在這個章節中介紹什麼是聊天機器人 (Chatbot) 及其運作方式，同時也會介紹在生活中聊天機器人的應用及所帶來的重要性，最後會教讀者學習在不需要編寫任何程式碼的情況下，如何建構一個以自然語言處理為基礎的聊天機器人。

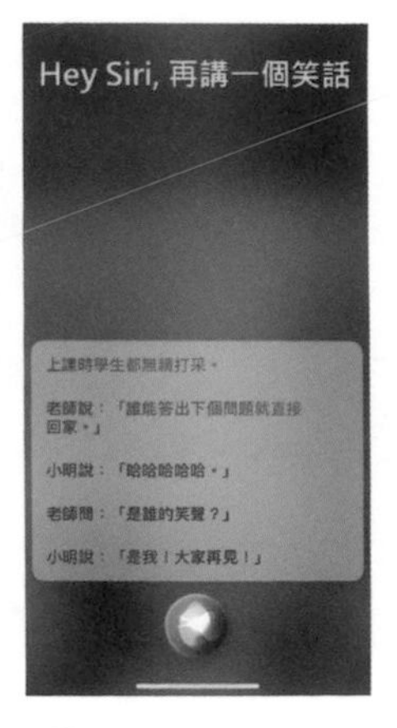

跟 Siri 互動

什麼是聊天機器人

當我們拜訪某些網站時常遇到網頁會彈出類似 " 您好！有什麼需要服務的嗎？"，例如 Facebook 的 Messenger 及 Drift 網頁，這些都是常見的聊天機器人。

常見的聊天機器人

傳統大家對聊天機器人的印象，其實是一問一答非常制式化的對話互動，若要機器人更聰明、更懂得你在說甚麼，就必須搭配像是第八章所提到的自然語言處理技術，讓 Bot 更能理解人類的語言，進而提供具有個性化的服務。而各大科技公司，如 Google、Microsoft 及 IBM 等，對於機器人代理程式會稱之為交談式 AI （Conversational AI)。為了讓讀者與生活上常見的應用做連結，我們這邊會先以聊天機器人 (Chatbot) 這個名稱來做介紹。

聊天機器人自 60 年代末就已經出現，第一個聊天機器人 Eliza 功能還很基本（可參考第一章），但它在當時就證明了聊天機器人的潛力。那為什麼聊天機器人在經過半個世紀後的今日，突然變得如此受歡迎呢？關鍵因素是認知計算 (Cognitive Computing) 的出現，因為如果聊天機器人可以與人交談，但無法理解使用者想要什麼並做出適合的回應，那麼這項技術的用途就變得很小了。

聊天機器人主要有兩大類型，一種是基於規則 (Rule-Based) 聊天機器人，另一種則是人工智慧驅動 (AI-powered) 聊天機器人。

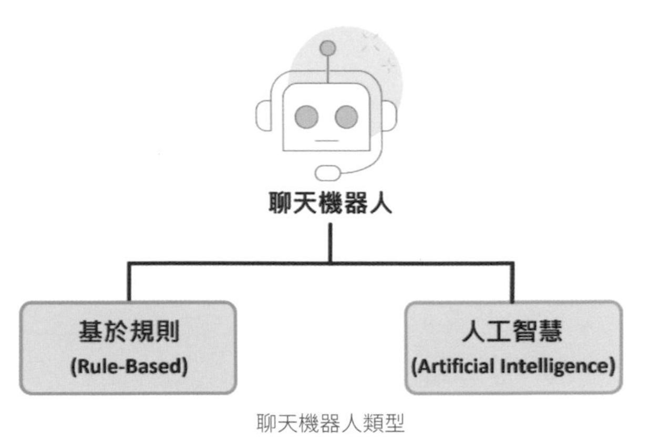

聊天機器人類型

基於規則 (Rule-Based) 聊天機器人

基於規則聊天機器人也可以說是決策樹聊天機器人（如第 3 章所說，就是儲存很多 if-then 分支的集合），因為它們使用一組特定的規則進行程式編寫，主要目的在於解決特定查詢。潛在的對話過程就像一個流程圖，每個可能的問題都事先有了答案。規則可以很簡單，也可以很複雜，並且此類聊天機器人不能回答任何與規則無關和隨機的問題，所以基於規則的聊天機器人只提供已經編寫程式的問題及其答案。此類聊天機器人常用於回答簡單問題，例如預訂餐廳席位、購買電影院門票或使用線上送貨服務等等。

基於規則 (Rule-Based) 聊天機器人只能提供簡單回應

人工智慧驅動 (AI-powered) 聊天機器人

與基於規則 (Rule-Based) 的聊天機器人不同，人工智慧驅動 (AI-powered) 類型的聊天機器人可以使用自然語言處理技術來理解意圖和對談上下文，一個簡單的範例，如果我們對聊天機器人輸入 "Hello"，它會理解這個類似 "Hi" 或 "Good morning"。但有時同一個詞可能意味著不同東西，例如 " I'm doing fine" (做得很好) 和 " I'm giving you a fine" (我給你罰款)，電腦需要瞭解上下文才能瞭解你的意思。

因為在過去的幾年裡，大家所熟知的人工智慧、機器學習、深度學習及自然語言處理都取得了非常好的發展，讓聊天機器人可以透過這些技術來理解客戶的問題，模擬人類對話來自動回覆他們，並且聊天機器人也正日益改變著我們與軟體互動的方式，提供一種經濟實惠且可擴展的解決方案，也為許多各類型的公司帶來不同需求的商機。隨著時間的推移，人工智慧驅動的聊天機器人可以從反饋和錯誤中學習，以提供更準確的回應。

人工智慧驅動 (AI-powered) 聊天機器人提供較為精確的回應

使用者可以透過打字或聲音的方式與聊天機器人進行互動，實際狀況取決於所提供的聊天機器人的類型。就像 Apple Siri 或是 Amazon Alexa 等虛擬助理都是目前流行的聊天機器人之一，其主要是透過語音而不是文字的方式來進行互動。

聊天機器人對消費者和企業都非常有幫助，因為它們在減少技術障礙、簡化導覽和優化互動等使用者體驗發揮著重要的作用，並降低企業相關支援成本非常多。多項研究顯示，在大多數的情況下，具有人工智慧的聊天機器人將提供比人力支援更為精確、更快速的結果回覆，並且大幅提升業務成功的可能性。

接下來就讓我們來認識日常生活中所熟悉的聊天機器人是如何工作運行的。

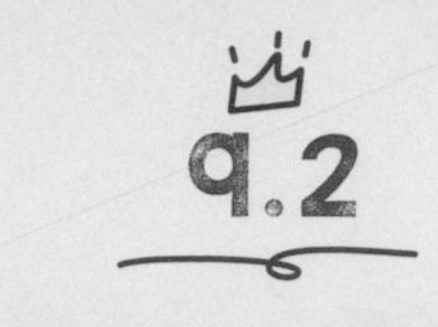

9.2 聊天機器人如何工作

越來越多的企業對聊天機器人表現高度興趣，但隨之而來的問題是它們實際上是如何工作的？尤其是面對該領域不斷出現的進步、改進和應用。然而要回答這個問題，我們將再次區分基於規則 (Rule-Based) 聊天機器人和人工智慧驅動 (AI-powered) 聊天機器人做介紹，因為它們背後的工作方式有很大不同。

基於規則 (Rule-Based) 的聊天機器人工作方式

基於規則聊天機器人會根據您在系統後端中所設計流程，引導使用者沿著預定路徑前進。這類型的聊天機器人可以透過提供可點擊的選項 (事先設計好的問題) 或透過識別特定的關鍵字 (例如訂房) 或關鍵字組 (生日禮物) 來進行對話。

例如，您可以設計一個基於規則的聊天機器人，是有銷售或自行獲得問題解答的兩種路徑。在銷售路徑部分，可以設計用來獲取聯絡資訊，設定回電時間並獲取銷售人員進行交談。另一種路徑設計方式，則是讓使用者從不同選項中選取問題，進而將使用者引導至特定的回應。您也可以讓他們回覆 " 告訴我有關 A 選項更多的資訊 "，其中觸發機器人的關鍵字是 "A 選項 "。然後再根據原先設計的路徑 (決策樹下一層) 來讓聊天機器人給予適當答案。

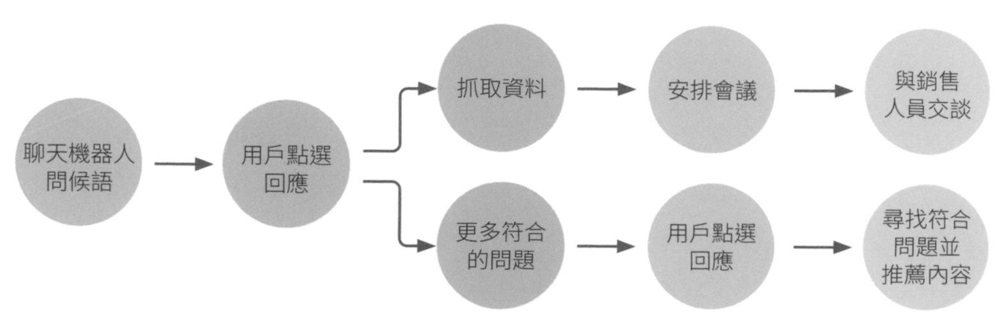

基於規則 (Rule-Based) 的聊天機器人工作方式

人工智慧驅動 (AI-powered) 聊天機器人工作方式

首先，每個這類型的聊天機器人都需要知識庫。知識庫是幫助聊天機器人找到使用者提出問題的正確答案。其次，我們需要一個具有自然語言處理功能的聊天機器人，它可以從使用者請求和話語中提取意圖 (Intents, 判斷一句話背後的用意)、實體 (Entities, 句子中提到的重要資訊) 和關鍵短語 (phrases)，在 9.4 節的活動中我們實際舉例，你會對這幾個名詞更加了解。最後，我們必須確保機器人可以透過使用者喜歡的互動管道進行交流。這種具有人工智慧的聊天機器人會有幾種方式進行互動，分別是文字型、語音型及混合型。

首先，當使用者發送文字時，該訊息將透過聊天管道發送到聊天機器人。聊天機器人將使用自然語言處理技術來理解使用者的意圖並查看知識庫以獲得答案，一旦找到答案，就會將回應傳遞給使用者 (如下圖)。

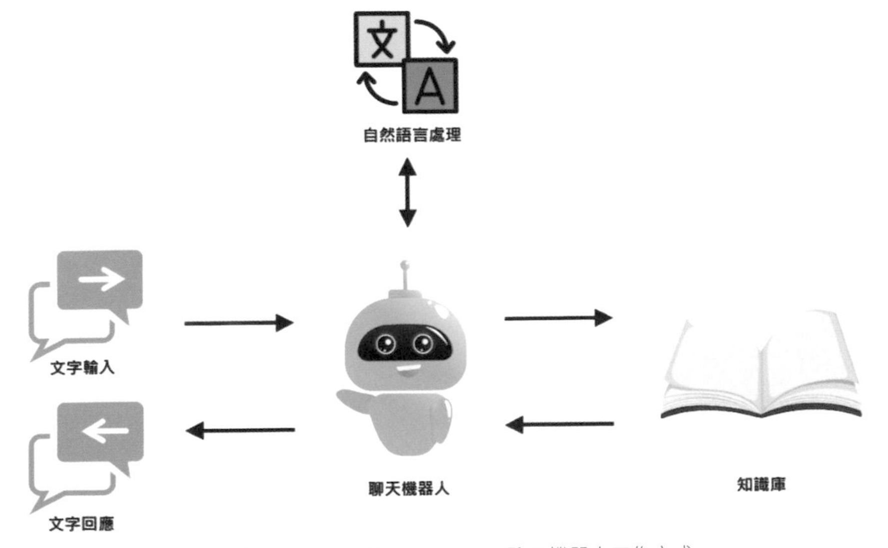

文字型人工智慧驅動 (AI-powered) 聊天機器人工作方式

而支援語音的聊天機器人大致的處理流程也相同，只是輸入和輸出需要進行語音識別和語音合成。當使用者利用語音輸入時，語音會先被直接先進行語音識別後，發送給聊天機器人以進行進一步的意圖提取和知識庫搜尋，一旦找到答案，訊息就會透過語音合成技術將語音發送給使用者 (如下圖)。

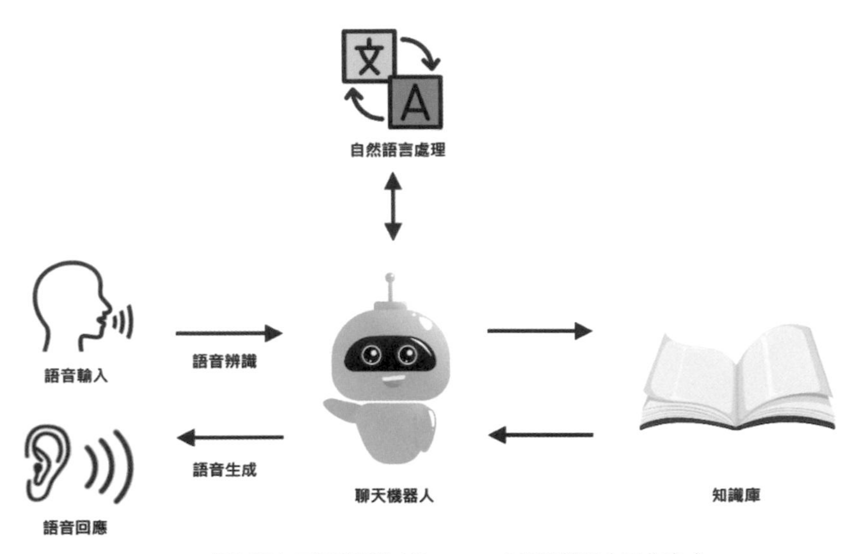

語音型人工智慧驅動 (AI-powered) 聊天機器人工作方式

而許多個人助理會同時使用文字及語音功能，這將有助於使用者選擇他們想要的適當溝通管道。但要特別注意的是，即使我們有多個管道，設計上仍然只會有一個聊天機器人和一個知識庫的服務，這將降低了企業整體解決方案的開發和維護成本。

在設計聊天機器人時，我們應該要盡量遵循三個基本原則：

- **原則一**：避免在回覆中使用是 (Yes) 或否 (No)。如果您的聊天機器人未能正確解釋問題，可能會產生誤導或提供錯誤資訊。例如下圖，"Yes" 在這裡對使用者來說是沒有作用，而回應像是 "Yes, 運送是免費的 "，這樣的設計比較好。

避免在回覆中使用是 (Yes) 或否 (No)

- **原則二**：如果可能，請在您的回答中包含使用者問題的一部分。例如在訂房服務中，會將日期及人數出現在回覆文字的一部分。

盡量在您的回答中包含
使用者問題一部分

- **原則三**：聊天機器人回答的長度，如果能夠提供簡潔又準確的答案會是最好的。

好的聊天機器人可以在設計範圍內以非常自然的方式來回應，他們會讓使用者感到被理解並得到了幫助。聊天機器人經常會為使用者提供某種形式的幫助，例如旅遊公司的聊天機器人可以詢問使用者與旅行相關的問題，以簡化預訂旅行安排的過程。線上音樂串流平台的聊天機器人可以讓使用者尋找歌曲，並在社群媒體上與朋友分享時變得更為容易。連鎖咖啡店的聊天機器人會允許您直接透過聊天訂購您最喜歡喝的拿鐵咖啡。除了提供客戶服務或銷售支援類型的聊天機器人外，我們會在下一個章節為大家介紹聊天機器人的許多應用。

9.3 聊天機器人應用

飯店、零售商和銀行都正在使用聊天機器人，以協助客戶（例如客戶服務）或與客戶互動（例如銷售和行銷）。以下是一些實際的應用場景及企業。

1. 電子商務及線上行銷

在電子商務行業中聊天機器人帶來的好處很多，當目標是銷售產品、行銷宣傳以及服務時，能夠 24 小時隨時隨地跟客戶直接溝通及互動是很重要的。例如很多人所熟悉的 H&M 或 eBay，他們所使用的聊天機器人為他們改善了溝通並在短時間內大幅增加這些公司的收入。不僅如此，人工智慧聊天機器人還有許多其他方式可以幫助電子商務企業，例如：

- **取代電子郵件溝通方式**：企業將不需要寫大量的電子郵件，只需讓聊天機器人與您的客戶直接溝通即可。
- **解決未結帳購物車的問題**：客戶經常將產品先放到購物車中，但最終不會結帳購買。早期電子商務行業的行銷人員會發送電子郵件提醒用戶他們的購物車尚未結帳，但自從使用聊天機器人技術後，這一段過程發生了許多變化，例如聊天機器人可以隨時對客戶發個短訊息 "Hey，您的購物車還在等著您唷！" 用友善的方式做溫馨小提醒。
- **銷售漏斗管理**：銷售漏斗是指所有潛在客戶轉換成購買客戶之前，所經歷的一個銷售過程。而聊天機器人可以確定哪些客戶屬於哪種銷售漏斗，這將有助於企業選擇最佳方法來轉換它們並提高轉化率。

- **增加互動性**：AI 聊天機器人具有高度互動性的技術，讓客戶感覺他們好像正在與真實的人聊天互動，增強參與度和使用者體驗。同時可幫助客戶感覺好像網站已經知道他的選擇，使他們更渴望購買已經看過和喜歡的東西，來增加品牌銷售量及交叉銷售的機會。

2. 飯店及旅遊業

聊天機器人可以為飯店及旅遊業提供 365 天全天候 24 小時的服務，讓客戶可以隨時隨地預訂行程和房間，這對企業來說不僅增加營業收入，服務人員也不需要大量接聽電話並一遍又一遍地重複做同樣的事情，客戶只需將要求發送到聊天機器人即可，將可大量降低成本。

包括像是荷蘭皇家航空公司、Waylo、萬豪酒店和 Wynn Las Vegas 都正在利用 AI 聊天機器人提高他們的服務品質及營業收入單量，並透過下列多種方式受益：

- **吸引客戶並增加參與度**：當客戶向聊天機器人詢問某件事時，AI 聊天機器人就可以分析他們所寫的內容來產生個性化內容。例如，當客戶詢問飛往洛杉磯的航班及機票資訊時，客戶將會收到有關合作酒店房間供應情況及了解附近餐館資訊，甚至於會提供天氣預報及當地租車服務。由於能夠一次瞭解這麼多有用的資訊，很容易吸引客戶一次又一次地繼續使用聊天機器人。
- **預測客戶需求並建議**：AI 聊天機器人可以從每次互動中學習，當聊天機器人對客戶的旅行及住宿習慣有足夠的了解，就更容易根據他們之前的請求來提供非常棒的服務。例如客戶在一年當中每個月都會去多倫多旅行一次，那 AI 聊天機器人可能會在旅行前幾天向他們提供有關房間可用性的資訊及天氣預報。
- **提供自動化服務**：飯店的聊天機器人可以提供許多自動化的自助服務 (Self-service)，允許客人提出訂餐或客房服務，而無需打電話給任何人。

- **全天候 24 小時服務**：AI 聊天機器人可以為客戶提供全天候服務，使客人有任何疑問時能夠在隨時得到他們的答案，而不必等待真實的服務人員來回應。

3. 銀行和金融業

全球許多銀行及金融機構都已經將聊天機器人與其相關服務整合在一起，例如 Visa、萬事達卡、美國運通、PayPal、美國銀行等等都利用 AI 聊天機器人為客戶提供無縫整合服務，並且透過下面這些應用來改善客戶體驗：

- **帳戶警示及訊息通知**：聊天機器人可以在您的帳戶發生異常活動時通知您，以確定是否是您本人，例如登入新裝置、瀏覽器及位置。它也可以通知客戶即將發生的費用等服務。
- **財富管理提示及建議**：聊天機器人可以幫助客戶根據過去的收支找出最有效的花錢方式。例如，它可以監控客戶相關訂閱，然後提醒哪一些訂閱已不再使用，建議可以停止繼續付費。同時聊天機器人也可以根據過去的交易歷史，為客戶提供有效投資組合或投資方式建議，來管理自己的財富。
- **客戶服務**：全天候即時回覆客戶需求。

4. 衛生及醫療保健

像醫療保健這種關係到生命的重要單位，沒有什麼技術可以代替真正的專業人士。但是在某些情況下，AI 聊天機器人技術則是可以透過促進健康生活和幫助病患解決一些重要問題而成為另一個重要幫手。例如聊天機器人可以引導病患應對緊急情況，為他們提供步驟式的 CPR 說明，或是解釋如何幫助腎臟疾病患者注意事項，當然它有可以執行下面許多其他任務：

- **提醒吃藥喝水**：聊天機器人非常適合應用於提醒吃藥、喝水或是做復健練習。
- **自我監控及照顧**：聊天機器人可以支援自我監控及自我護理，並且幫助病患追蹤他們的健康。例如，如果患者向聊天機器人提供血壓、體重及脈搏等資訊，聊天機器人可以協助分析並提供醫療數做為建議，也可以協助預約醫生的時間。
- **提供可靠的醫療資訊**：在安全的情況下連接到各種醫療資料庫，AI 聊天機器人可以為病患提供相關可靠資訊，幫助病患獲得更好的資訊並了解自己的健康狀況。

除了上述介紹的一些應用場景之外，AI 聊天機器人也愈來愈廣泛應用在各種商業領域、公共服務及教育學習等地方，但與許多新技術一樣，仍然存在一些挑戰需要面對，例如隱私安全及使用者顧慮。為了能更智慧及個性化地提供客戶回覆及詢問服務，需要收集大量客戶數據，也容易受到隱私和安全漏洞的影響。同時當使用者意識到他們正在與機器而不是人互動交談時，也會擔心個人資訊及機敏性資料外洩的疑慮，這些都會是大家需要更審慎面對及思考的問題。

9.4 動手做做看

這個小節我們將帶領讀者利用 Google Dialogflow 的平台，完整瞭解聊天機器人的建構方式及應用，同時在不用編寫程式的情況下，輕鬆建立屬於您的第一個聊天機器人，並以不同形式呈現，如下圖：

專案目標

Google Dialogflow 簡介

Dialogflow 是 Google 的一個自然語言處理平台，可以讓使用者輕鬆設計具有對話式使用者介面 (conversational user interface) 的聊天機器人。對於技術人員則可以輕鬆將其整合至相關行動應用程式、Web 應用程序、互動式語音回覆系統 (IVR) 及其他裝置，並與企業產品或服務進行互動。

Dialogflow 提供強大的自然語言理解 (NLU) 技術，可以分析來自客戶輸入的多種類型，包括文字或音訊等輸入，然後透過文字或合成語音的多種方式來回應您的客戶，為使用者提供與您的產品互動的新方式，同時具有下面三大特色：

1. 自然且準確地互動
2. 視覺化建構工具
3. 輕鬆管理虛擬專員 (聊天機器人)

使用 Dialogflow，您可以很快地建構對話體驗，使其能夠更有效地吸引客戶，並擴大您的平台及應用程式的影響力。透過利用平台上這些功能以及開發人員提供的輸入訓練數據，Dialogflow 會為每個特定的對話代理程式 (聊天機器人) 建立了獨特的演算法，並且隨著越來越多的使用者與您設計的對話代理程式進行互動，這些演算法會不斷學習並為您進行調整 (如下圖示意圖)。

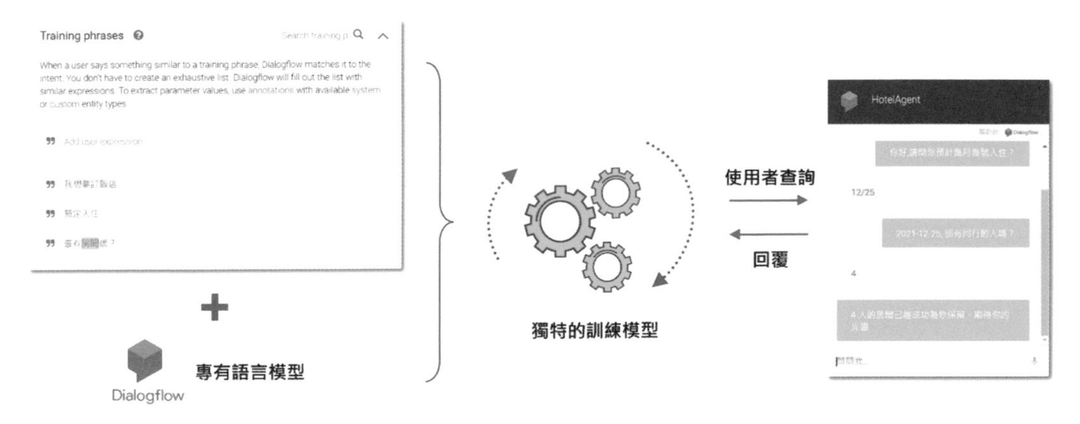

Dialogflow 互動示意圖

接下來介紹 Dialogflow 當中幾個基本概念，它將會幫助您更輕鬆理解聊天機器人的運作模式，為了讓讀者在下一小節進行專案操作時能夠與系統畫面一致，所以我們會保有原 Dialogflow 所使用的英文，同時輔以中文讓讀者瞭解。現在就讓我們來開始深入認識 Dialogflow 的部分重點。

首先，我們一開始會先建立一個 Dialogflow 的 Agent(代理程式)，您可以把它想像成是一個聊天代理人的應用程式。它會收集使用者所說的內容，然後對內容中的語句進行分析並預測其意圖 (Intent) 為何，同時提取語句中的一些關鍵字成實體 (Entity) 做為處理，然後將其意圖對應到最適合的動作，做出準確的回應。這就是使用者調用聊天機器人的方式，整個簡單的流程可以參考下圖。

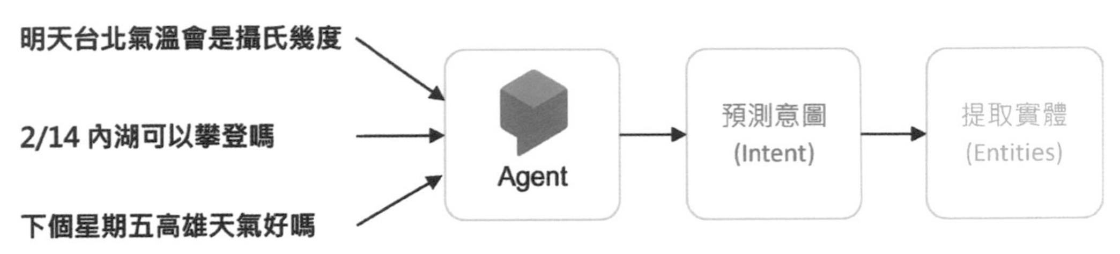

利用 Dialogflow 建立聊天機器人流程

所以，當我們對聊天機器人提出 "我想要預訂一張從台北飛往多倫多的機票"，整個句子就叫做 Utterance(語句)，而這個語句會將 "預訂" 視為整個語句的 Intent(意圖)，同時提取語句中相關的關鍵字也就是 Entities(實體)，然後找出最適合這個意圖所對應的回應(如下圖)。

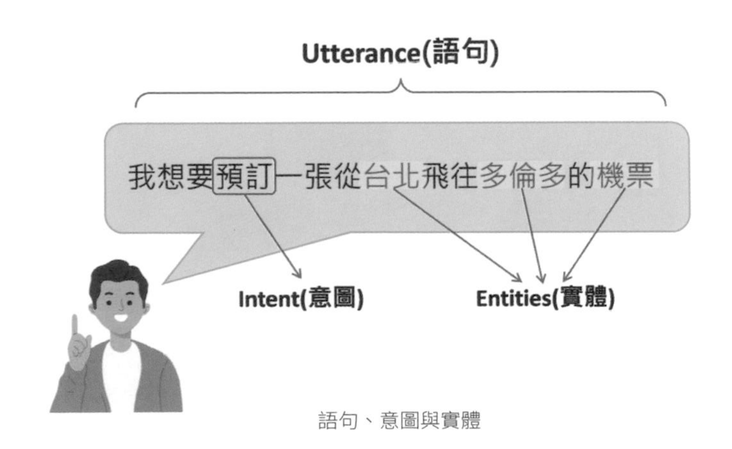

語句、意圖與實體

讀者剛開始學習利用 Dialogflow 來建立一個聊天機器人 (Agent) 時，會遇到當中的術語非常多，例如 Agent、Intent、Entity、Training phrase、Action&Parameters、Response、Context、Fulfillment 等等許多關鍵字。但不用

擔心，對初學者來說可以先記得兩個重要的術語，也就是 Intent (意圖) 及 Entity (實體)，就可以透過 Dialogflow 來建立聊天機器人，並完成最基本的專案實作。

- **Intent (意圖)**：意圖代表的是使用者在語句中想要做的事情，它可以是一種行為，或是想要表達的目的或目標。例如 " 關閉冷氣 " 或 " 關閉電燈 "，意圖就是關閉設備。在交談過程中需要兩個方面的意圖，就是「使用者想要執行的操作」及「使用者可能要求的東西」。對於每個聊天機器人 (Agent)，您可以視用途及需求定義許多意圖。

Intent
(意圖)
想要執行的操作
可能要求的東西

Intent (意圖)

- **Entities (實體)**：在這裡因為跟自然語言有關，所以我們也可以稱它叫做關鍵字以方便理解。Entities (實體) 可以透過對話時找到的名詞或量詞，例如人名、地名、食物名稱、特定數字或日期，來幫助了解互動的細節，例如剛剛所提的 " 關閉冷氣 " 或 " 關閉電燈 "，Entities (實體) 就是冷氣及電燈。而 Entities (實體) 從使用者所說的內容中提取有用的事實將有助於識別語句中的 What、When、Why、Where、How。

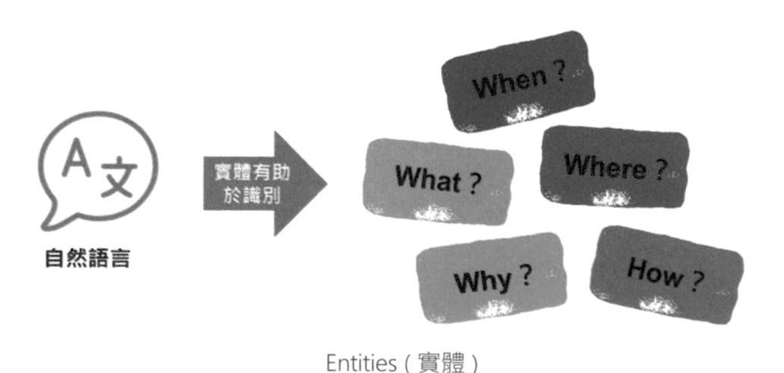

Entities (實體)

我們試著再舉一些範例來讓讀者了解意圖及實體用法，例如下圖為設計一個可以幫助使用者獲取與戶外活動時相關的天氣資訊，透過聊天機器人應用程式，可以詢問是否正在下雨、相關地點的氣溫或者適合的活動等等，其中

Dialogflow 會將語句中的實體識別出來，當然它也提供用戶在設計時可以自訂實體類別。

Intent (意圖)	Training phrases (訓練短語)	Entity (實體)
Weather	明天台北氣溫會是攝氏幾度	明天、台北、攝氏
	三天後台中的天氣	三天後、台中
	下個星期五高雄天氣好嗎	下個星期五、高雄
	東京今天早上的天氣怎麼樣	東京、今天早上
Activity	下星期日在北海道可不可以打雪仗	下星期日、北海道、打雪仗
	後天會遊泳嗎	後天、遊泳
	八月五號會不會沖浪	八月五號、沖浪
	明天在內湖可以攀登嗎	明天、內湖、攀登
Condition	明天會不會雷雨嗎	明天、雷雨
	這個星期五在台北會陰雨嗎	這個星期五、台北、陰雨
	稍後晚上會下雨嗎	晚上、下雨
	2/14天氣晴朗	2/14、晴朗

意圖、訓練短語與實體範例

對於 Dialogflow 有了基本認識後，我們可以動手來建立自己第一個聊天機器人。

活動：簡易餐廳聊天機器人

前面介紹了聊天機器人的基本知識、工作原理及許多應用，現在就來帶讀者利用 Google Dialogflow 平台，一起手把手輕鬆建立屬於您的第一個聊天機器人。

我們將帶大家在不需要具備程式能力情況下，訓練出有趣的餐廳小幫手，來幫助餐廳跟客人互動。下圖是我們預計完成的第一個作品，會用 Web Demo 的方式展現，並且可以跟你做簡易的互動，另一個專案我們將讓聊天機器人更智慧化，並且會用不同方式呈現。

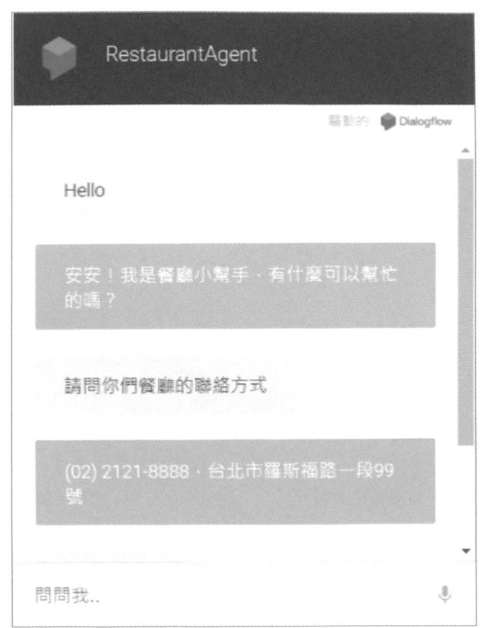
RestaurantAgent
Dialogflow
Hello
安安！我是餐廳小幫手，有什麼可以幫忙的嗎？
請問你們餐廳的聯絡方式
(02) 2121-8888，台北市羅斯福路一段99號
問問我..

專案目標

活動目的：利用 Google Dialogflow 平台簡易建立聊天機器人，並瞭解所有流程。

活動網址：Google Dialogflow (https:// Dialogflow . cloud.google.com/)

使用環境：桌上型電腦或筆記型電腦，以及需要有 Gmail 帳號

準備好專案所需的平台網址及 Gmail 帳號後，接著我們將開始帶大

一步輕鬆完成專案！

STEP 1 環境簡介及建立 Agent (代理程式)

連結到 Dialogflow 平台 (如下圖) 後，您可以使用自己的 Gmail 帳號做登入。

Dialo
Sign-in
Terms of use

使用 Gmail 登

首先，我們一開始會先建立一個 Dialogflow 的 Agent (代理程式)，您可以把它想像成是一個聊天代理人的應用程式。它會收集使用者所說的內容，然後對內容中的語句進行分析並預測其意圖 (Intent) 為何，同時提取語句中的一些關鍵字成實體 (Entity) 做為處理，然後將其意圖對應到最適合的動作，做出準確的回應。這就是使用者調用聊天機器人的方式，整個簡單的流程可以參考下圖。

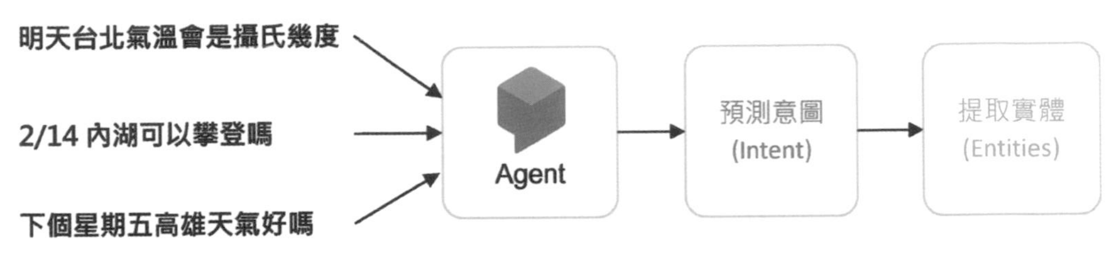

利用 Dialogflow 建立聊天機器人流程

所以，當我們對聊天機器人提出 " 我想要預訂一張從台北飛往多倫多的機票 "，整個句子就叫做 Utterance (語句)，而這個語句會將 " 預訂 " 視為整個語句的 Intent (意圖)，同時提取語句中相關的關鍵字也就是 Entities (實體)，然後找出最適合這個意圖所對應的回應 (如下圖)。

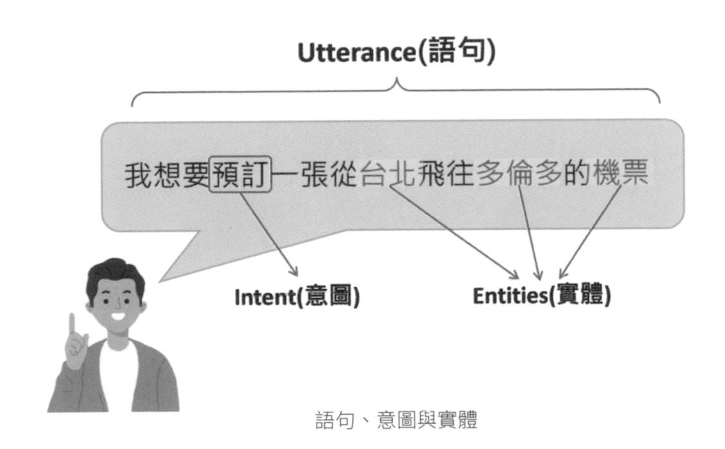

語句、意圖與實體

讀者剛開始學習利用 Dialogflow 來建立一個聊天機器人 (Agent) 時，會遇到當中的術語非常多，例如 Agent、Intent、Entity、Training phrase、Action&Parameters、Response、Context、Fulfillment 等等許多關鍵字。但不用

擔心，對初學者來說可以先記得兩個重要的術語，也就是 Intent (意圖) 及 Entity (實體)，就可以透過 Dialogflow 來建立聊天機器人，並完成最基本的專案實作。

- **Intent (意圖)**：意圖代表的是使用者在語句中想要做的事情，它可以是一種行為，或是想要表達的目的或目標。例如 " 關閉冷氣 " 或 " 關閉電燈 "，意圖就是關閉設備。在交談過程中需要兩個方面的意圖，就是「使用者想要執行的操作」及「使用者可能要求的東西」。對於每個聊天機器人 (Agent)，您可以視用途及需求定義許多意圖。

想要執行的操作

Intent
(意圖)

可能要求的東西

Intent (意圖)

- **Entities (實體)**：在這裡因為跟自然語言有關，所以我們也可以稱它叫做關鍵字以方便理解。Entities (實體) 可以透過對話時找到的名詞或量詞，例如人名、地名、食物名稱、特定數字或日期，來幫助了解互動的細節，例如剛剛所提的 " 關閉冷氣 " 或 " 關閉電燈 "，Entities (實體) 就是冷氣及電燈。而 Entities (實體) 從使用者所說的內容中提取有用的事實將有助於識別語句中的 What、When、Why、Where、How。

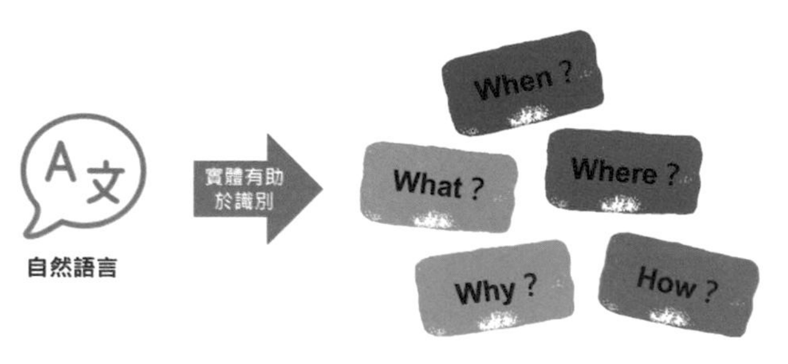

Entities (實體)

我們試著再舉一些範例來讓讀者了解意圖及實體用法，例如下圖為設計一個可以幫助使用者獲取與戶外活動時相關的天氣資訊，透過聊天機器人應用程式，可以詢問是否正在下雨、相關地點的氣溫或者適合的活動等等，其中

Dialogflow 會將語句中的實體識別出來，當然它也提供用戶在設計時可以自訂實體類別。

Intent (意圖)	Training phrases (訓練短語)	Entity (實體)
Weather	明天台北氣溫會是攝氏幾度	明天、台北、攝氏
	三天後台中的天氣	三天後、台中
	下個星期五高雄天氣好嗎	下個星期五、高雄
	東京今天早上的天氣怎麼樣	東京、今天早上
Activity	下星期日在北海道可不可以打雪仗	下星期日、北海道、打雪仗
	後天會遊泳嗎	後天、遊泳
	八月五號會不會沖浪	八月五號、沖浪
	明天在內湖可以攀登嗎	明天、內湖、攀登
Condition	明天會不會雷雨嗎	明天、雷雨
	這個星期五在台北會陰雨嗎	這個星期五、台北、陰雨
	稍後晚上會下雨嗎	晚上、下雨
	2/14天氣晴朗	2/14、晴朗

意圖、訓練短語與實體範例

對於 Dialogflow 有了基本認識後，我們可以動手來建立自己第一個聊天機器人。

活動：簡易餐廳聊天機器人

前面介紹了聊天機器人的基本知識、工作原理及許多應用，現在就來帶讀者利用 Google Dialogflow 平台，一起手把手輕鬆建立屬於您的第一個聊天機器人。

我們將帶大家在不需要具備程式能力情況下，訓練出有趣的餐廳小幫手，來幫助餐廳跟客人互動。下圖是我們預計完成的第一個作品，會用 Web Demo 的方式展現，並且可以跟你做簡易的互動，另一個專案我們將讓聊天機器人更智慧化，並且會用不同方式呈現。

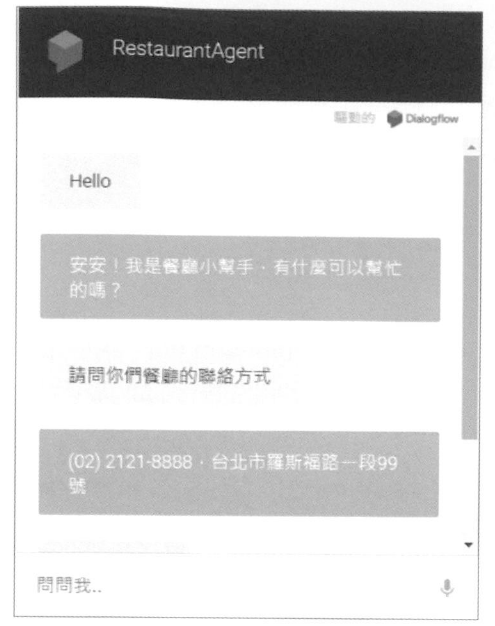
RestaurantAgent
Dialogflow
Hello
安安！我是餐廳小幫手，有什麼可以幫忙的嗎？
請問你們餐廳的聯絡方式
(02) 2121-8888，台北市羅斯福路一段99號
問問我..
專案目標

活動目的：利用 Google Dialogflow 平台簡易建立聊天機器人，並瞭解所有流程。

活動網址：Google Dialogflow (https:// Dialogflow . cloud.google.com/)

使用環境：桌上型電腦或筆記型電腦，以及需要有 Gmail 帳號

準備好專案所需的平台網址及 Gmail 帳號後，接著我們將開始帶大家一步一步輕鬆完成專案！

STEP 1 環境簡介及建立 Agent（代理程式）

連結到 Dialogflow 平台（如下圖）後，您可以使用自己的 Gmail 帳號做登入。

Dialogflow
Sign-in with Google
Terms of use and privacy policy
使用 Gmail 登入 Dialogflow 平台

當我們登入後會看到下方歡迎畫面，點擊 **Create Agent** 來建立自己第一個聊天機器人。

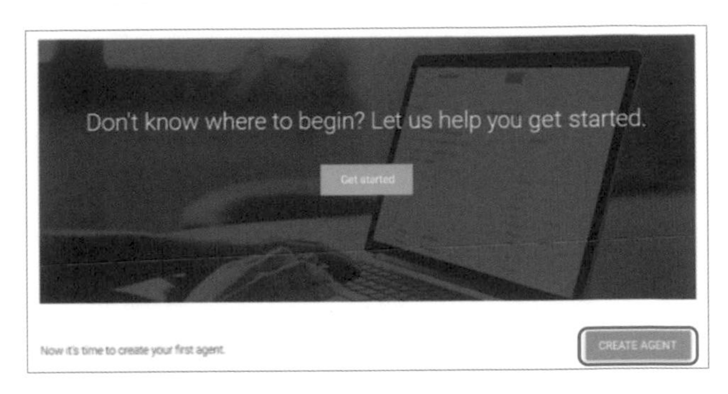

點擊 **Create Agent** 來建立自己第一個聊天機器人

接著我們就會看到如下圖，它是 Dialogflow 控制台的畫面，若需要建立相關 Agent 、Intents、Entities 及其他設定都會在這裡進行處理，就讓我們依序介紹介面上幾個常用的功能。

❶ 幫你的 Agent（聊天機器人）命名，此專案取名叫做 **Restaurant Agent**。

❷ 選擇語言。此專案選擇以繁體中文為主 Chinese (Traditional) — zh-TW，如果你想要讓你的 Agent 同時也瞭解其他語言，您可以在下方另外加入其他語系

❸ 選擇時區。此專案選擇 **(GMT+8:00) Asia / Hong_Kong** 這個時區。

❹ 如果設定都沒有問題，可以按下 **Create** 按鈕，就可以建立完成。

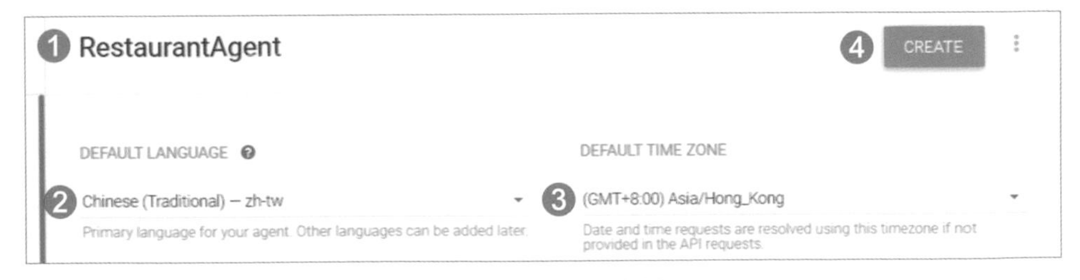

Dialogflow 控制台功能介紹

建立完一個新的 Agent 後，我們可以在下圖中，開始建立自己聊天機器人需理解那些意圖，接著會帶大家建立每一個 Intent，這裡將先介紹相關功能，首先：

❶ 如果要新增或查看相關 Intents (意圖) 時，可以在此點選。

❷ 這個位置可命名每一個 Intents (意圖) 的名稱。

❸ 每個 Agent 被建立後，都會有兩個系統預設的 Intents (意圖)，其中一個是 Default Welcome Intent，也就是預設與歡迎有關的 Intent。

❹ 另一個預設則是 Default Fallback Intent，也就是 Agent 不清楚訊息的意義時，就會使用這一個 Intent。

❺ 最後如果要開始建立時，可以按下 **CREATE INTENT** 按鈕，就可以建立完成一個意圖。

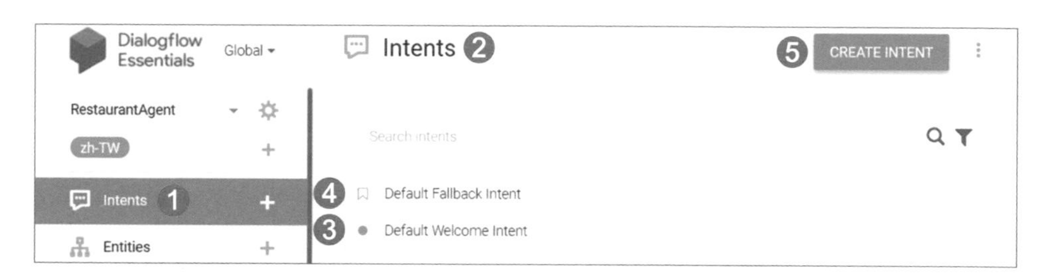

Intents (意圖) 功能畫面

下圖是 Default Welcome Intent 預設意圖，大家可以看到它接受了那些 Training phrases (訓練短語)，例如「你好」或「嗨」等短語，系統將會用這些短語來訓練這一個預設意圖。

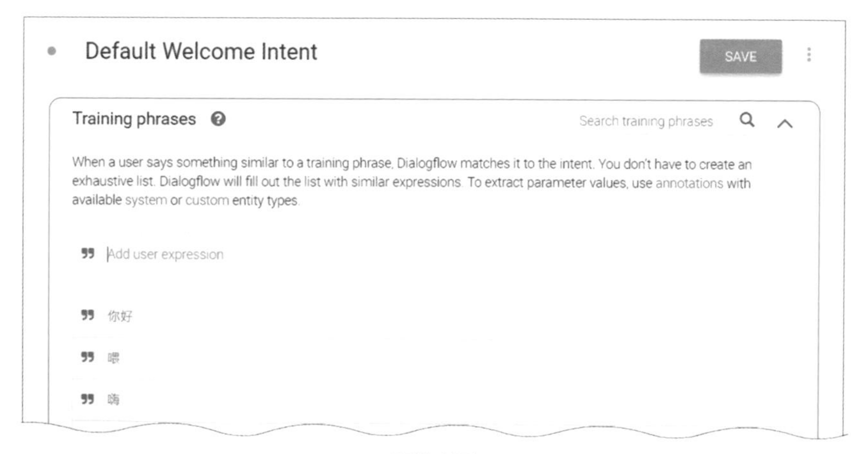

預設意圖

當 Agent 收到訊息，並判斷屬於這個 Default Welcome Intent 預設意圖時，它會做出的回應就是網頁下方 **Responses** 區的內容，如右圖「嘿！」、「你好！」等內容。

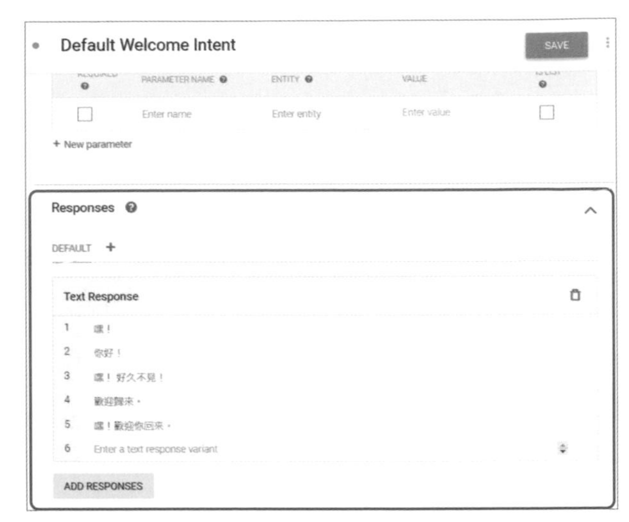

預設回應

我們試著在 **Responses** 區加入一個新的短語 **"安安！我是餐廳小幫手，有什麼可以幫忙的嗎？"**（如下圖所示）來增加活潑性，當然讀者也可以試著多一些自己覺得有趣的歡迎語句來讓 Agent 訓練理解，未來在真正互動時，這些語句就會隨機產生，就不會讓大家覺得 Agent 只會講一些固定內容而覺得枯燥。

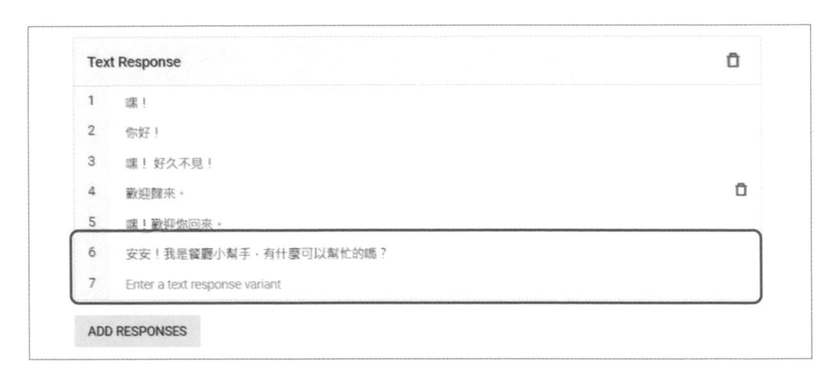

試著加入一個短語

預設的 Intents（意圖）還有另外一個 Default Fallback Intent 。主要是當 Agent 無法識別您的意圖時會做的預設回應，大家也可以加入其他內容，此處我們先略過。

現在就讓我們利用這兩個預設意圖來理解 Dialogflow 基本運作。我們可以在畫面右側 **Try it now** 的地方試著輸入語句來看看效果，例如當我們輸入 " **哈囉** "，它辨識出來是屬於 Default Welcome Intent 預設歡迎意圖，於是會隨機顯示回應語句中的內容**「嘿！好久不見！」**(如右圖)。

試著輸入語句 " 哈囉 "

當我們輸入 "Hello"，它辨識不出來 ，所以是屬於這個 Default Fallback Intent 預設意圖，它就會隨機顯示回應語句中的內容**「對不起，我聽不懂你的問題」**(如右圖)。

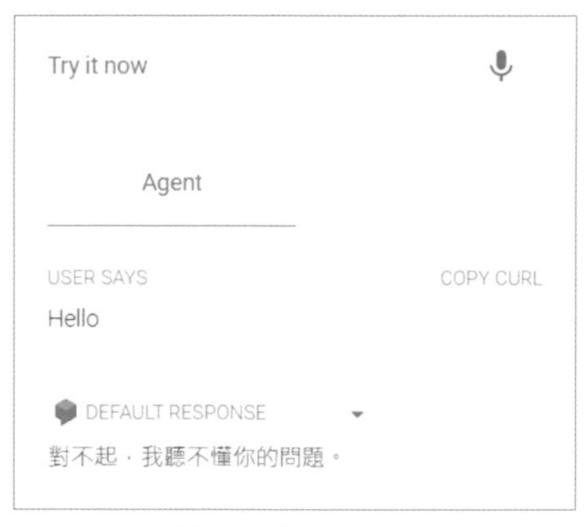

試著輸入語句 "Hello"

這時候我們可以回到 Default Welcome Intent 預設意圖，加入 "Hello" 或 " 哩厚 " 短語進行訓練 (按下 SAVE 即可)。

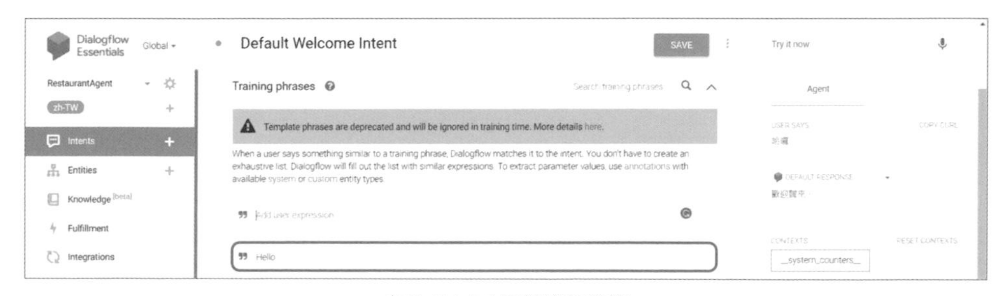

加入 "Hello" 單詞進行訓練

此時再鍵入 "Hello~~"，Agent 就能辨識為歡迎意圖，並且隨機回應當中的歡迎語句 " 歡迎歸來。" (如右圖)

這個部分只是讓讀者先暖身一下，瞭解整個 Dialogflow 的重要觀念，現在就繼續帶大家建立屬於自己的 Intents (意圖) 。

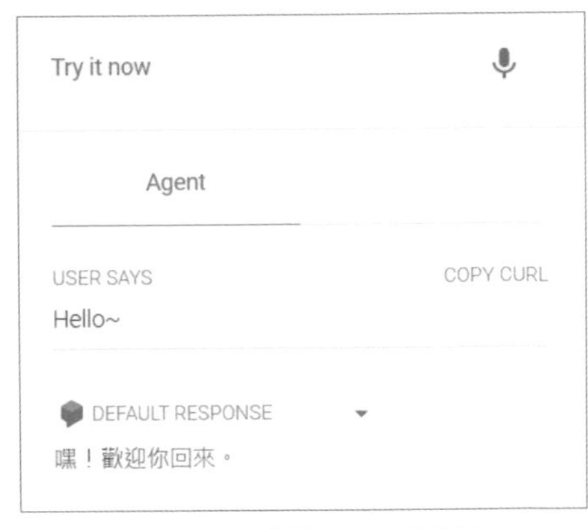

這時候可以辨識 "Hello" 的意圖

STEP 2 建立 Intents (意圖)

點選如下圖的 **CREATE INTENT** 按鈕就可以開始進行建立。

建立 Intents (意圖)

接著在下圖中的 Intent name 位置鍵入意圖名稱 " 聯絡資訊 "，並點擊下方**訓練語句 (Training phrases)**。然後在 Training phrases (訓練短語) 中，輸入三筆資料 (如下圖)：

- ◇ 請問餐廳地址
- ◇ 聯絡方式
- ◇ 電話號碼是多少

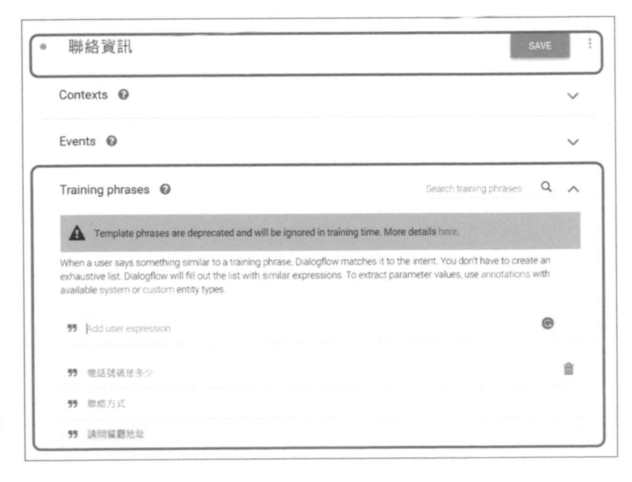

建立 Training phrases (訓練短語)

並在同一頁的下方 Responses (回應)，鍵入欲回應的文字。

◇ (02) 2121-8888，台北市羅斯福路一段 99 號

當然您也可以視情況，增加多一點資訊或回應語句。

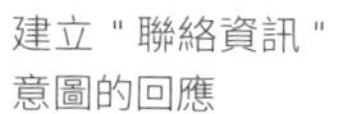
建立 " 聯絡資訊 " 意圖的回應

接著如下圖，我們可以再建立另一個意圖 " 預約 "，並將下面這些短語加入到訓練語句 (Training phrases) 當中。

◇ 我想要訂位子

◇ 想要預約

◇ 預約餐廳

建立 " 預約 " 意圖

並且將下列文字回應，加在同頁面下方 Responses（回應）當中（如下圖）。

◊ 您好，請問您希望預約幾月幾號的位子？

◊ OK，請問您想要預約什麼時候？

建立 " 預約 " 意圖的回應

這時候我們回到 Intents（意圖）主頁面時，就可以看到除了兩個系統預設的 Intents 之外，另外增加了剛剛我們建立的 " 聯絡資訊 " 及 " 預約 " 這兩個 Intents（如右圖）。

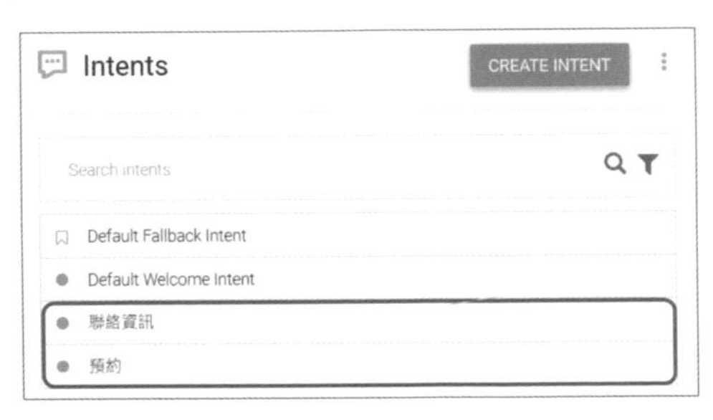

已建立 " 聯絡資訊 " 及 " 預約 " 兩個 Intents（意圖）

STEP 3 測試我們的聊天機器人

我們可以試試看剛剛建立的 Agent 及 Intents 有沒有符合我們要的，Dialogflow 可以跟一些流行的平台或應用程式進行串接，例如 Line、Facebook、Messenger、Slack 或其他，但這些因為串接時都需要有一些技術背景，所以不在我們這次介紹範圍當中。

我們可以利用平台提供的 Web Demo 來測試看看剛剛設定的聊天機器人運作情況。首先可以在左側選單中點擊 Integrations，並在右邊畫面中點選 Web Demo (如下圖)。

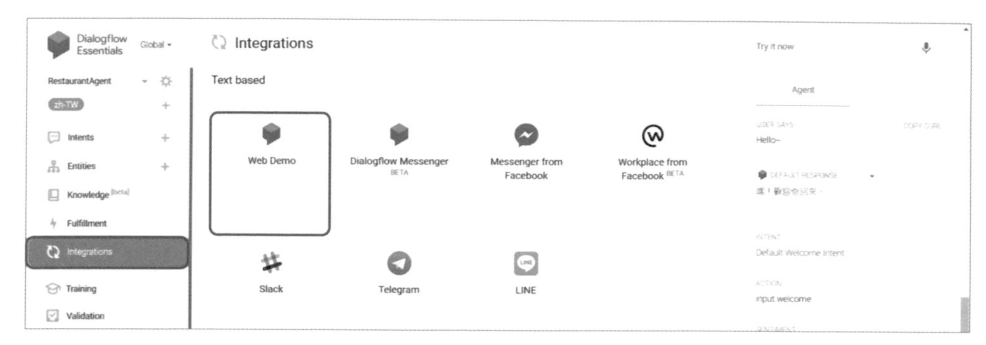

選擇 Web Demo 進行測試

這時候你會看出現下方 (圖) 的畫面，你可以嵌入 (Embedded) 到你自己的網頁頁面當中，如果沒有網頁也沒關係，你可以點擊下圖中的連結進行測試。

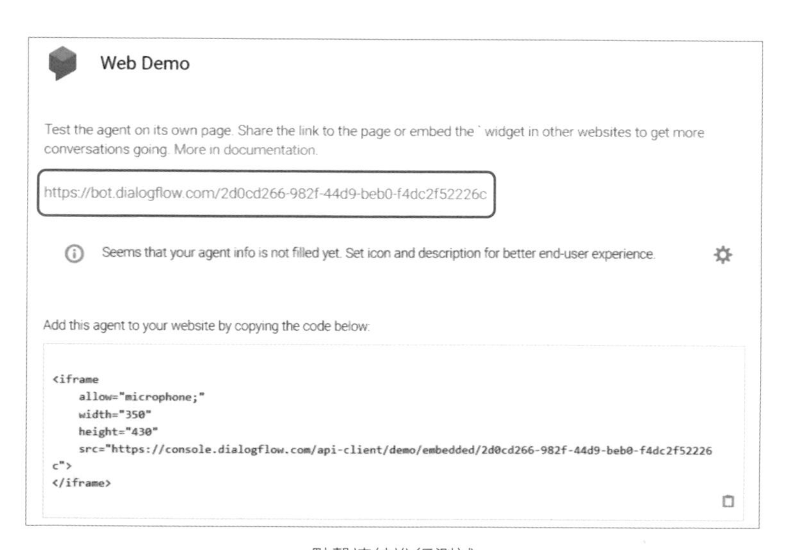

點擊連結進行測試

這時候你會看出現下方 (圖) 的畫面，你就可以跟聊天機器人進行對話。

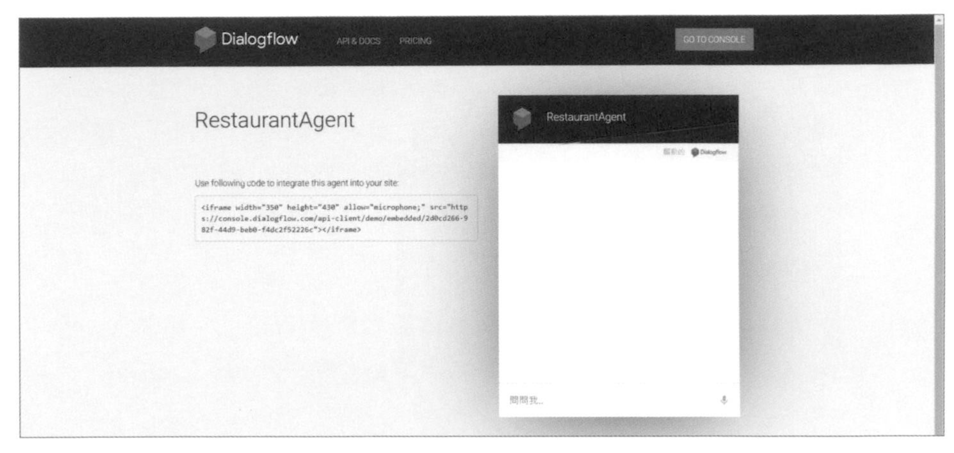

測試聊天機器人

下圖是你測試後的情況，一開始跟 Agent 互動時都沒有問題，對於一般性的問答，它都能理解你要問的意圖並給予適當回應，但當詢問訂位日期時，Agent 對於你所輸入的任何日期，都無法理解，那是因為我們並沒有訓練它要認識各種時間或日期這個 Intent (意圖)。

我們試著做下一個專案來做調整，讓它能夠更聰明地與我們互動！

測試結果

活動：智慧化餐廳聊天機器人

前面一個專案介紹了利用 Google Dialogflow 來建立一個可以互相問候及詢問餐廳資訊的簡易聊天機器人，但遇到當詢問訂位日期時，Agent 對於你所輸入的任何日期，都無法理解，因此沒辦法給予適當回應。我們將帶大家接續上一個專案，讓聊天機器人更聰明也更智慧的可以幫助餐廳進行訂位。

下圖是我們預計完成的作品，會用兩種形式展現，一種是 Web Demo，另一種則是常在許多網頁右下角會顯示的 Messenger。

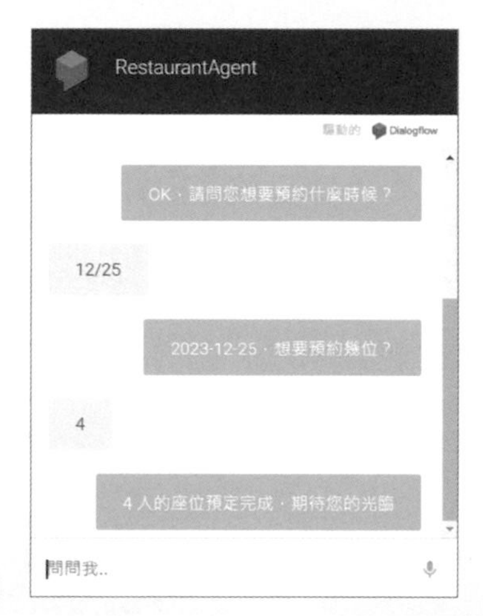

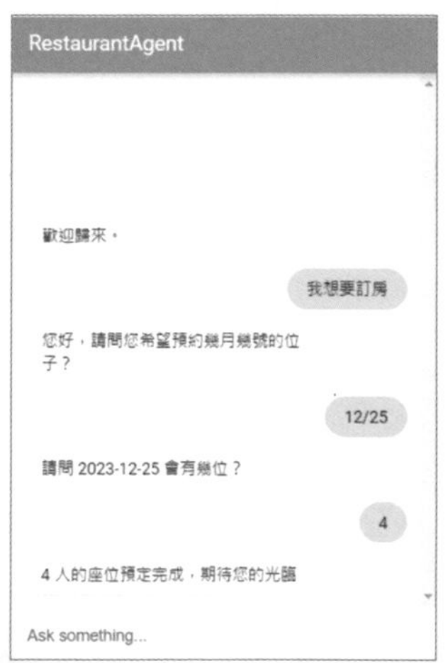

專案目標

活動目的：利用 Google Dialogflow 平台利用後續意圖方式建立智慧化聊天機器人

活動網址：Google Dialogflow (https://Dialogflow.cloud.google.com/)

使用環境：桌上型電腦或筆記型電腦，以及需要有 Gmail 帳號

準備好專案所需的平台網址及 Gmail 帳號後，我們將利用前一個專案來完成更智慧化的餐廳聊天機器人！

STEP 1 選取 Agent（代理程式）

連結到 Dialogflow 平台（如下圖）並使用自己的 Gmail 帳號做登入後，可以從點擊左側 **View all Agents**，你將可以看到前一個專案 –Restaurant Agent。點擊後您將可以看到之前所建立的相關意圖及資料。

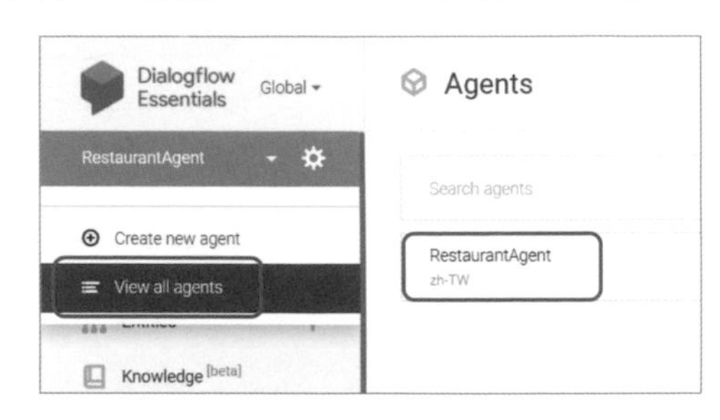

查看已建立的相關 Agent

STEP 2 建立第一層 Follow-up intents（後續意圖）

這時候我們利用 Dialogflow 的 Follow-up intents（後續意圖）功能來進行調整。首先我們希望在 " 預約 " 的 Intent 確定後，可以有進一步的 Intent 理解，這時候我們可以回到 Intent 主選單（如下圖），在 " 預約 " 這個 Intent 後面有一個 **Add follow-up intent**，點擊它時會出現如下圖的許多選項（如 custom、fallback 等等），我們選擇 custom。

Follow-up intents（後續意圖）相關選項

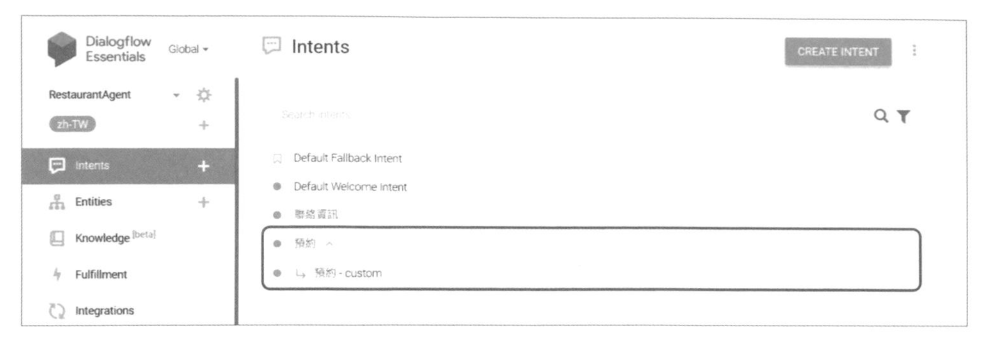

建立 " 預約 _custom" 後續意圖

接著我們點選上圖中的 **預約 – custom**，並將其改為 **預約 _ 日期** 如下圖，同時增加下面這些短語加入到訓練語句 (Training phrases) 當中，讓 Agent 可以進行訓練並辨識其意圖。

◊ 這個月七號
◊ 三月八日
◊ 2021/12/25

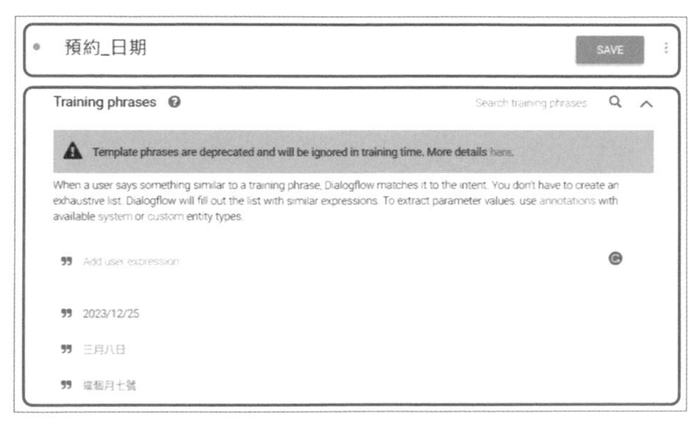

將**預約 _custom** 改為**預約 _ 日期**，並加入訓練語句

同時將下面這些文字回應加入此意圖當中。

◊ $date-time, 想要預約幾位？
◊ 請問 $date-time 會有幾位？

而 $date-time 所表示的是若我們想要在回覆的訊息 (Responses) 中，來回應日期，則可以透過呼叫這個變數 ($date-time) 來達成。

加入帶有變數的文字回應

STEP 3 建立第二層 Follow-up intents (後續意圖)

接著我們在**預約 _ 日期**這個 Intent 後面，再點擊 **Add follow-up intent** 來加入後續意圖，同樣地我們選擇 custom (如下圖)。

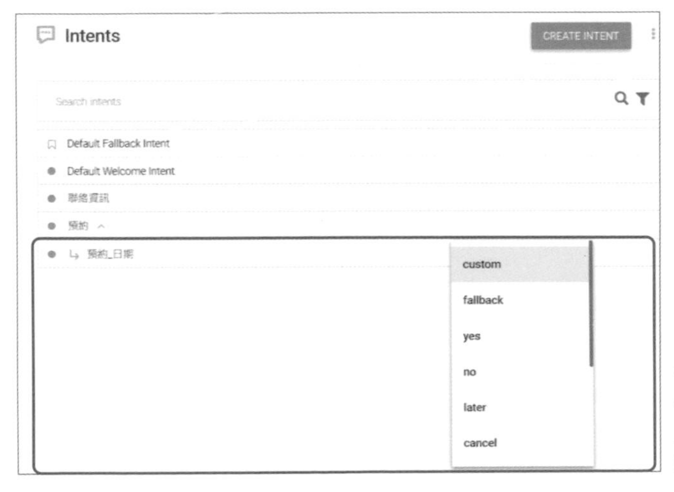

在 **預約 _ 日期** 意圖後面，再加入 **預約 _ 日期** _custom 後續意圖

接著將 Intent 名稱改為 **預約 _ 日期 _ 人數** 如下圖，同時增加下面這些短語加入到訓練語句 (Training phrases) 當中，讓 Agent 可以進行訓練並辨識其意圖。

◇ 2 個人

◇ 3 people

◇ 5

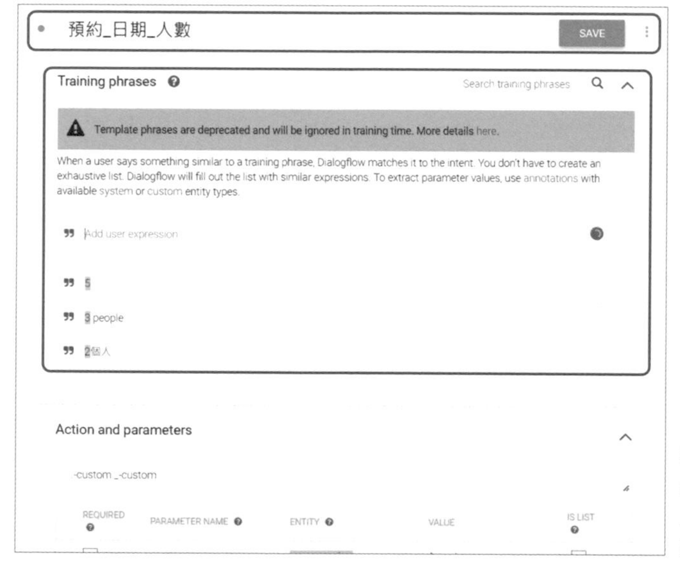

將**預約 _ 日期 _ custom** 改為**預約 _ 日期 _ 人數**，並加入訓練語句

並在此 Intent 後面，將下面這些文字加入到回應當中。(如下圖)

◇ $number 人的位子已經成功為你保留，期待你的光臨

◇ $number 人的座位預定完成，期待您的光臨

◇ 很抱歉，我們目前沒有 $number 人的座位

而 $number 同樣表示著，若我們想要在回覆的訊息 (Responses) 中來回應人數，則可以透過呼叫這個變數 ($number) 來達成。

加入帶有變數的文字回應

由下圖 Intents 主畫面可以看出，目前我們的 Intents 的架構。

Intents 的架構

STEP 4 展示我們的聊天機器人

我們一樣使用剛剛用的 Web Demo，並進行測試如下圖，當你回應聊天機器人預約日期時，它將會正確理解你的意圖，並將帶有你輸入日期的變數值一併回應給你，同時繼續詢問你人數。同樣地您提供相關人數後，聊天機器人也可以理解您的意圖，回覆時同時將你的人數顯示出來並與你確認。

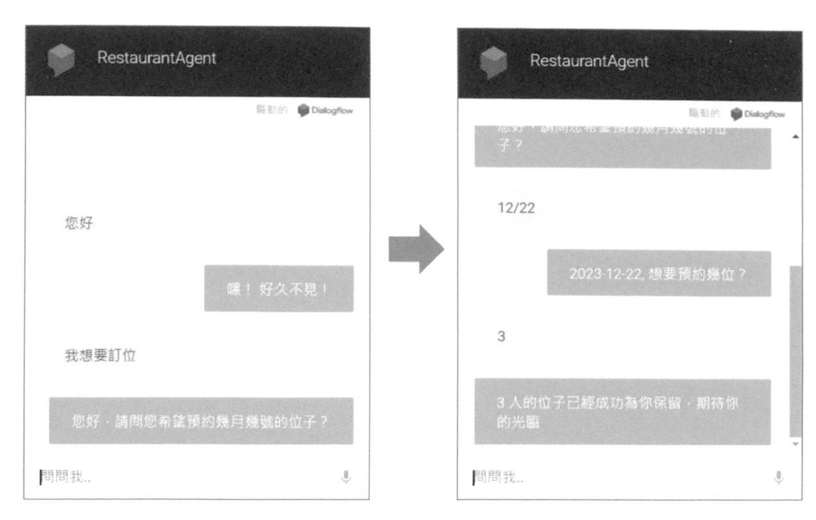

使用 Web Demo 測試結果

我們可以選擇另外一種顯示方式，如下圖中的 Dialogflow Messenger：

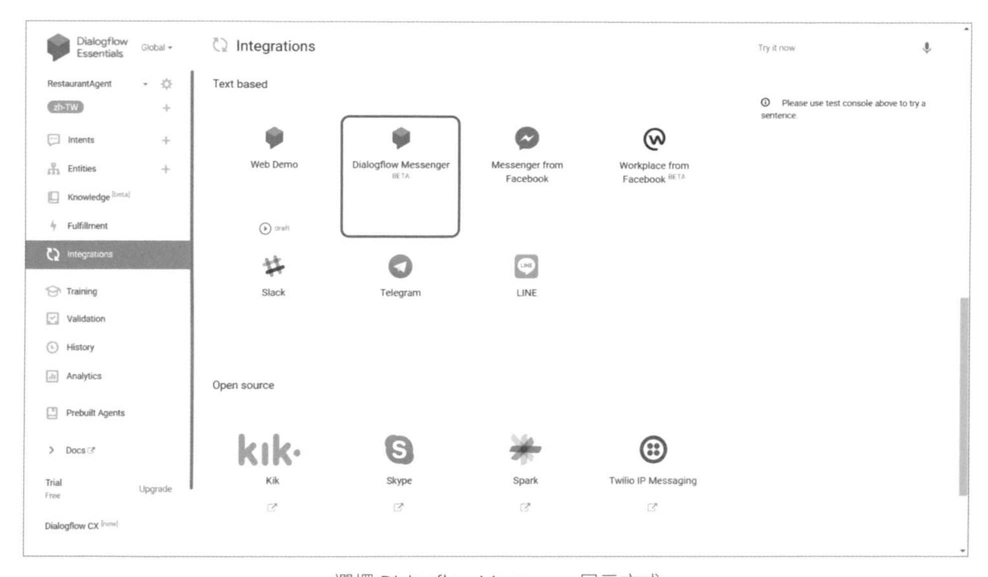

選擇 Dialogflow Messenger 展示方式

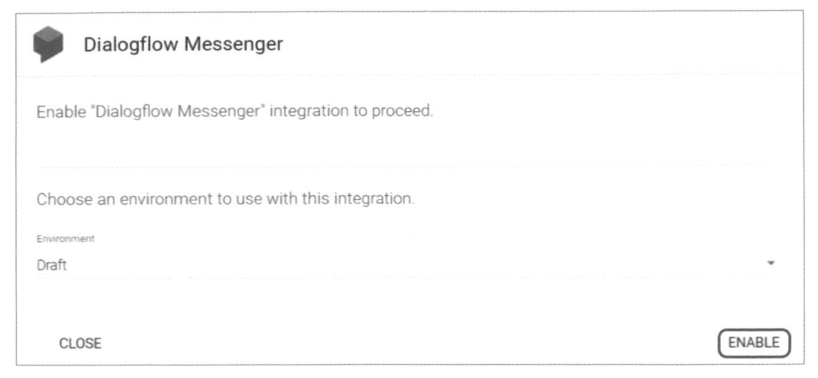

點擊 **ENABLE** 使用此服務

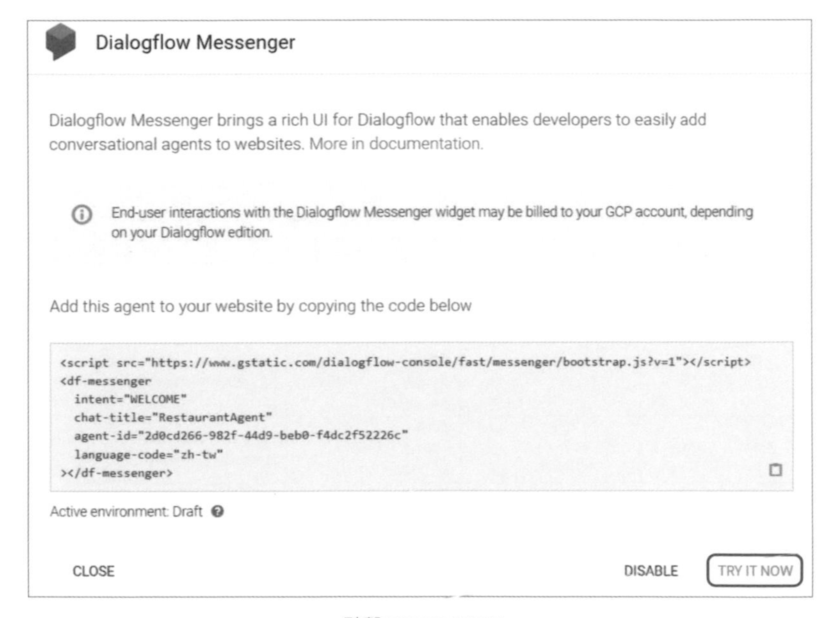

點擊 **TRY IT NOW**

這時可以在畫面右下角看到熟悉的 Messenger，點擊文字並進行展示。（如下圖）

右下角顯示 Messenger

您可以使用剛剛所訓練並建置的聊天機器人進行另外一種展示，是不是很有趣呢！

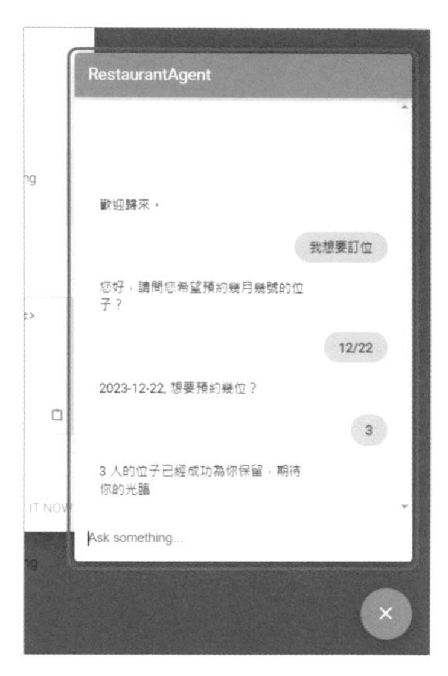

使用 Dialogflow Messenger 測試結果

Google Dialogflow 是一個很方便及智能的服務，簡化了許多使用者不少開發的工作，無論是在設計 Intent 或 Follow-up intent 都有許多細節需要留意，例如您希望訓練這個 Agent（聊天機器人）能夠理解客戶以及回應，這些都是需要規劃的。例如可以事先設計類似下圖的表格來協助規劃。

MyRestaurantAgent				
Intent (意圖)	Follow-up intents (後續意圖)	Follow-up intents (後續意圖)	Training phrases (訓練短語)	Response (回應)
聯絡資訊			餐廳地址是什麼 聯絡方式 電話號碼是多少	(02) 2121-8888 台北市羅斯福路一段99號
預約			我想要訂位子 想要預約 預約餐廳 還有座位嗎？	您好，請問您希望預約幾月幾號的位子？ OK，請問您想要預約什麼時候？
	預約_日期		這個月七號 三月八日 2021/12/25	$date-time, 想要預約幾位？ 請問 $date-time 會有幾位？
		預約_日期_人數	2個人 3 people 5	$date-time, $number 人的位子已經成功為你保留，期待你的光臨 $number 人的座位預定完成，$number 期待您的光臨 很抱歉，我們目前在$date-time沒有 $number 人的座位

聊天機器人意圖規劃表

對於初學者來說經過這樣的動手實作，對日常生活所接觸的聊天機器人及人工智慧中的自然語言處理 (NLP) 的應用都有了基本認識，最重要還是回到作者一開始提到的人工智慧素養，瞭解生活上的 AI 及應用，在這個世代是重要的。未來大家如果想要進一步朝向 AI 開發或更為技術的工作時，可參考以此為基礎再繼續前進。

活動：ChatGPT 與 DALL · E 2

ChatGPT 是 OpenAI 一個大型語言模型（使用基於 GPT-3.5 和 GPT-4.0 架構），並透過強化式學習（可參考第三章機器學習）進行訓練後，以對話方式與人類進行互動。它可以做室內設計、寫歷史論文、產生電腦程式碼、解決你的數學作業、提供你食物的作法、給你新的 YouTube 影片製作想法，甚至可以製定行銷計劃，目前您可以免費使用它來實現與 AI 機器人對話。本活動將結合 OpenAI 的 ChatGPT 及 DALL · E 2 兩個有趣的 AI 應用，一方面讓讀者認識現在智慧型聊天機器人的發展狀況，同時也結合前面章節所提到的 AI 圖像應用。

活動目的：與 ChatGPT 智慧型聊天機器人互動，請它提供室內設計想法，並利用文字建立圖像的 AI 功能將設計想法實際產出。

活動網址：ChatGPT (https://chat.OpenAI.com/)

使用環境：桌上型電腦或筆記型電腦

STEP 1 註冊及登入

可以從 OpenAI 官方首頁 (https://OpenAI .com/) 左下方點擊 ChatGPT 進入，若無帳號可以免費註冊一個帳號使用，如果已有帳號則可以直接登入。

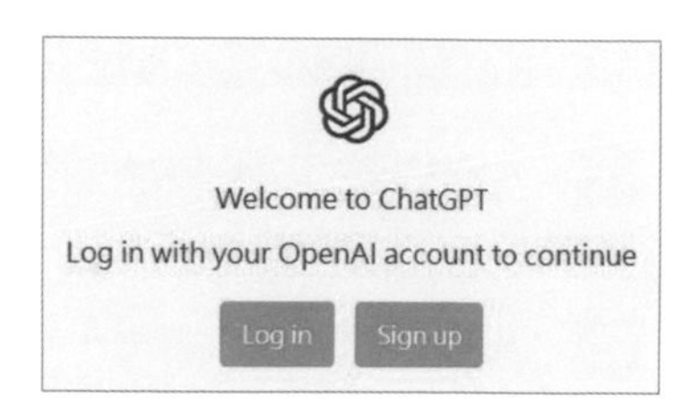

ChatGPT 登入 / 註冊頁面

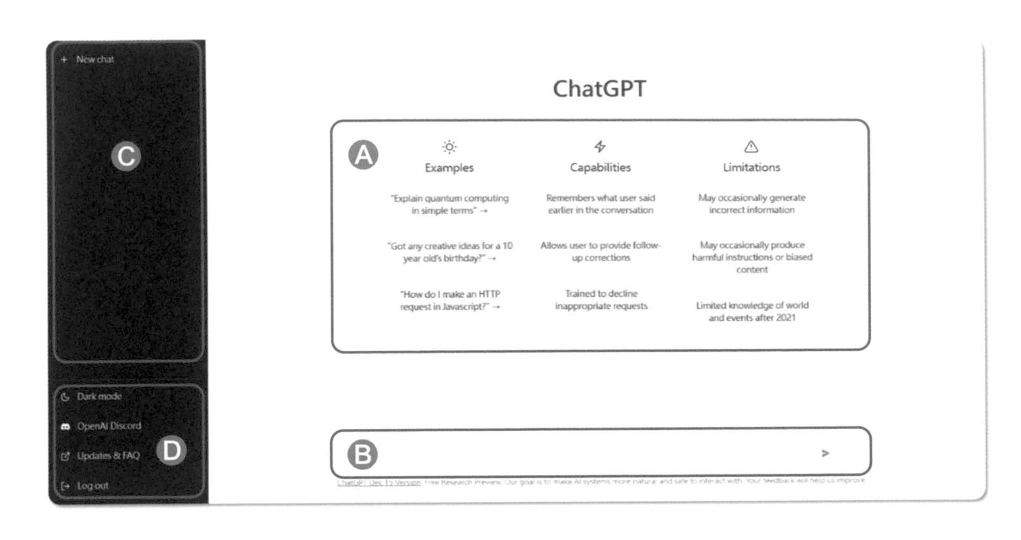

其中 Ⓐ 區會顯示 ChatGPT 一些範例、能夠做些什麼以及限制。Ⓑ 區則是使用者主要對話輸入框。Ⓒ 區則可以顯示對話紀錄。Ⓓ 區則可以改變背景模式 (白天或黑夜)、社群、Q&A 及登出。

STEP 2 與 ChatGPT 初次接觸

讀者可以自行發揮，相信會有不同的驚喜。在此活動範例中，作者試著問一些問題與其互動。

問題 1：你是誰

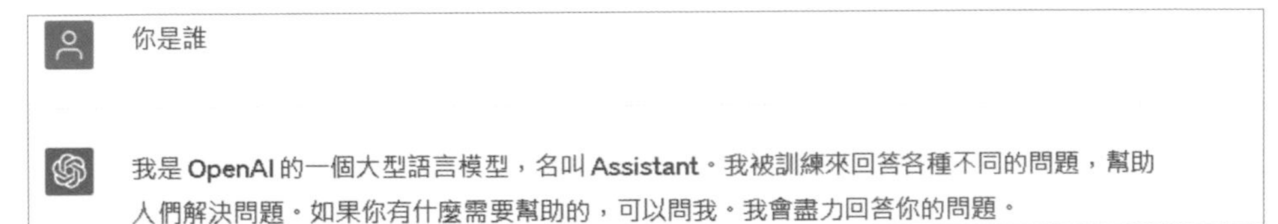

你是誰
我是 OpenAI 的一個大型語言模型，名叫 Assistant。我被訓練來回答各種不同的問題，幫助人們解決問題。如果你有什麼需要幫助的，可以問我。我會盡力回答你的問題。

問題 2：那你算是自然語言處理的應用嗎？

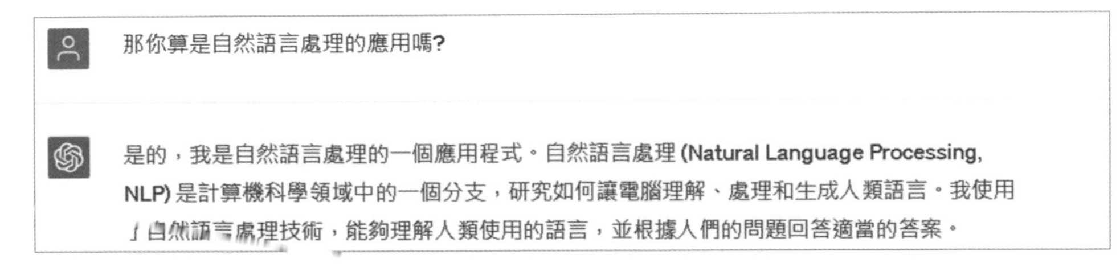

那你算是自然語言處理的應用嗎?
是的，我是自然語言處理的一個應用程式。自然語言處理 (Natural Language Processing, NLP) 是計算機科學領域中的一個分支，研究如何讓電腦理解、處理和生成人類語言。我使用了自然語言處理技術，能夠理解人類使用的語言，並根據人們的問題回答適當的答案。

問題 3：那你也是聊天機器人嗎？

那你也是聊天機器人嗎?

是的，我可以被視為聊天機器人。聊天機器人是一種使用自然語言處理技術的軟體程式，能夠與人們進行文字交流。通常，聊天機器人會在網路上提供即時客服，或是在移動應用程式中提供交流功能。我作為一個聊天機器人，可以在這裡與你進行文字交流，回答你的問題。

問題 4：請幫我規畫一個從台北出發為期 7 天的北海道冬季旅遊行程，當中要包含交通及住宿

請幫我規畫一個從台北出發為期7天的北海道冬季旅遊行程，當中要包含交通及住宿

以下是一個建議的 7 天北海道冬季旅遊行程:

Day 1:

- 早上乘坐飛機從台北飛往北海道札幌，下午在札幌市區觀光
- 住宿: 札幌市區酒店

Day 2:

- 早上參觀札幌冬季必遊的櫻花森林
- 下午參觀札幌冰雪大世界
- 住宿: 札幌市區酒店

Day 3:

- 早上前往知床斜里滑雪
- 下午參觀知床斜里的溫泉

Day 7:

- 早上退房，乘坐飛機返回台北

注意事項:

- 這個行程是參考性質，可以根據自己的喜好和預算進行調整。
- 旅遊期間的交通可以選擇租車或是計程車，根據自己的需求選擇。

問題 5：你可以提供我一些有趣且奇幻的設計方式來裝飾客廳嗎？

你可以提供我一些有趣且奇幻的設計方式來裝飾客廳嗎?

當然，我很樂意提供一些有趣且奇幻的設計想法來裝飾客廳。讓我們來看看幾個可能有趣的想法：

1. 在客廳的牆上懸掛一面長長的拼貼壁畫，用各種不同的材料和顏色創造出奇幻的圖案。
2. 在客廳的中央佈置一面巨大的沙發，用各種奇特的靠墊和毯子裝飾出不同的風格。
3. 在客廳的櫃子上放置一些奇幻的雕塑或藝術品，讓整個空間充滿藝術氣息。
4. 在客廳的牆面上懸掛一面巨大的燈罩，讓整個空間都燃起熱烈的光芒。
5. 在客廳的地板上鋪上一層奇幻的地毯，讓整個空間都充滿溫馨和舒適。

希望這些想法能幫到你。

在這互動過程中，讀者可以發現 ChatGPT 不會像以往的聊天機器人只回覆簡單語句，而是盡可能的完整回答，同時你也可以試著請 ChatGPT 產生一些程式碼或其他文案。如果你不是很滿意它的回答時，可以點擊下方 **Regenerate response** 請它重新回覆。除此之外它也會記得此次對談中較早的對談內容，讓使用者覺得更像與一個人在互動。

STEP 3 利用文字建立圖像

接著我們拜訪 OpenAI 另外一個 AI 應用 -- DALL · E 2，它是一個利用文字生成圖像的 AI。讀者可以直接連結 DALL · E 網站 (https:// OpenAI .com/dall-e-2/)，使用與 ChatGPT 同一個帳號登入即可。

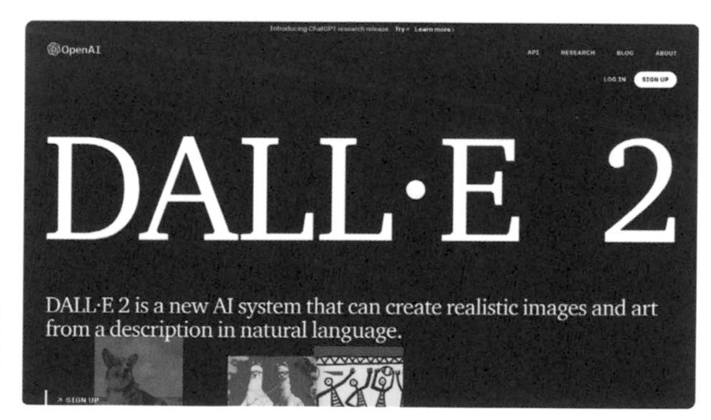

DALL · E 2 登入頁面

進入 DALL · E 2 網頁後，將剛剛 ChatGPT 建議的設計風格文字複製貼上於下方對話框內。你將發現 DALL · E 2 幫你產生了四張符合文字敘述的客廳設計圖像，你也可以將你喜歡的圖像下載或進行線上編輯。

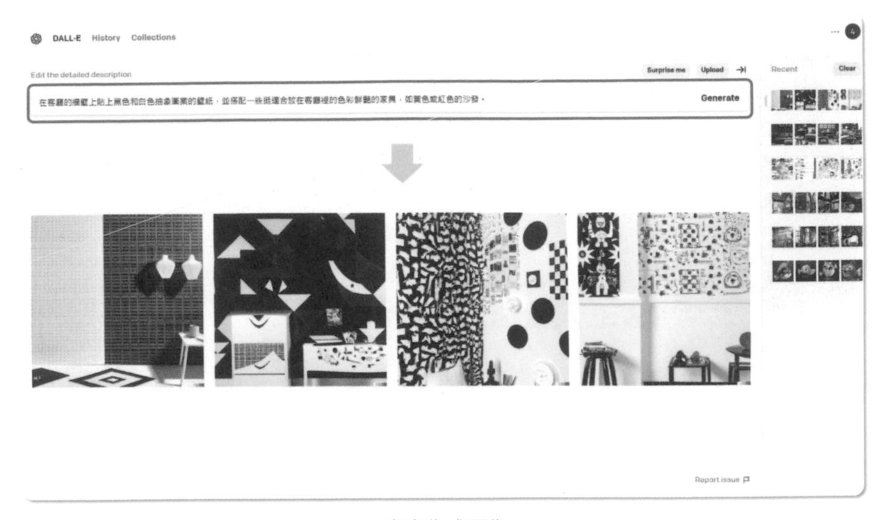

文字生成圖像

作者試著輸入另外的文字敘述 " 使用色彩鮮艷的家具和裝飾品，例如彩色沙發、藍色茶几、紫色藝術品等 "。DALL · E 2 也幫我們產生一組不錯風格的設計圖像。

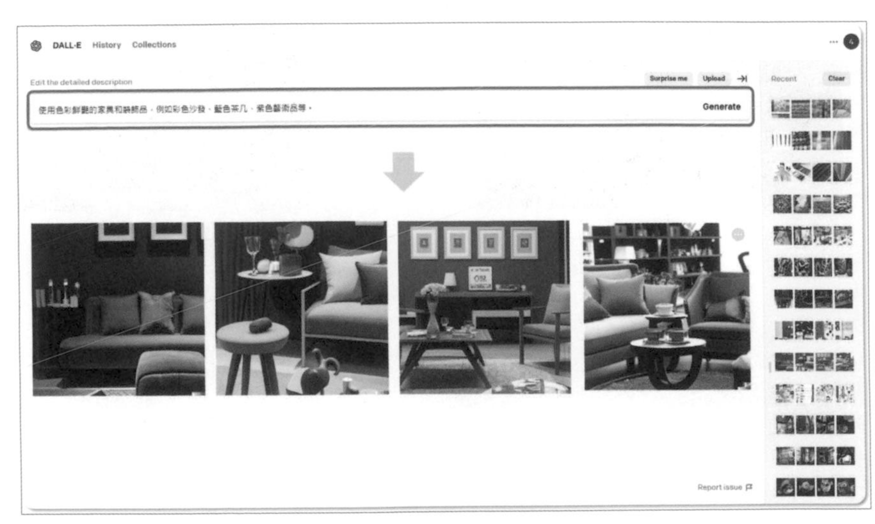

文字生成圖像

STEP 4 利用文字修改圖像

點擊第一張圖的右上角，並且選擇編輯圖像 (Edit image)。

編輯圖像

選擇圖像下方橡皮擦的 icon，並將圖像中間金褐色的抱枕塗掉 (如下圖)。

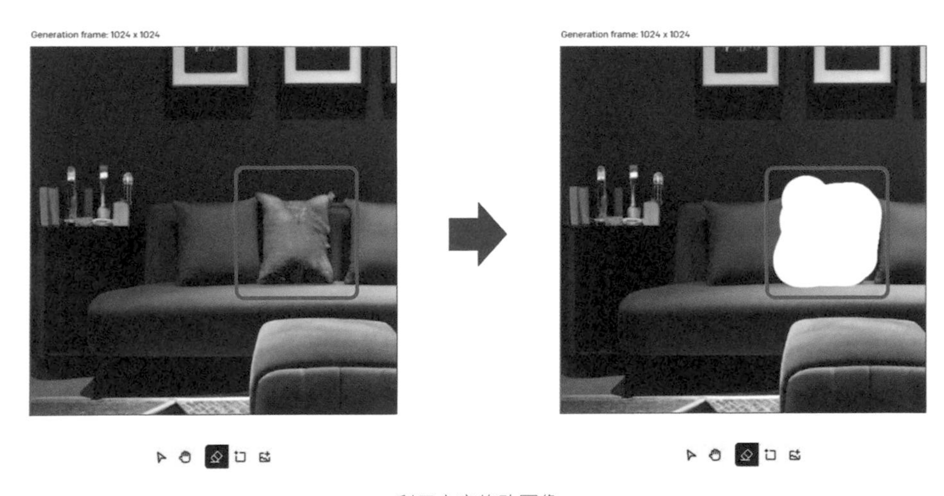

利用文字修改圖像

然後在上方輸入 " 一隻可愛的狗 "，並且點擊生成 (Generate)。DALL · E 2 將會在你塗掉的區域，自動生成你輸入文字所產生的圖像，並與周圍圖像完全融入 (如下圖)。

利用文字修改圖像

STEP 5 利用文字添加生成框架

我們再試試看另外一個功能。點擊圖像下方生成圖框 (Generation frame) 的 icon 後，畫面上將會產生一個藍色框，你可以移動此藍色框至你想要生成的區域。作者試著將其移動至圖像左側，並且輸入 " 符合目前風格的大餐桌 " 文字。DALL · E 2 將會在藍色區域內，生成剛剛輸入文字所產生的圖像，並與周圍圖像完全融入。

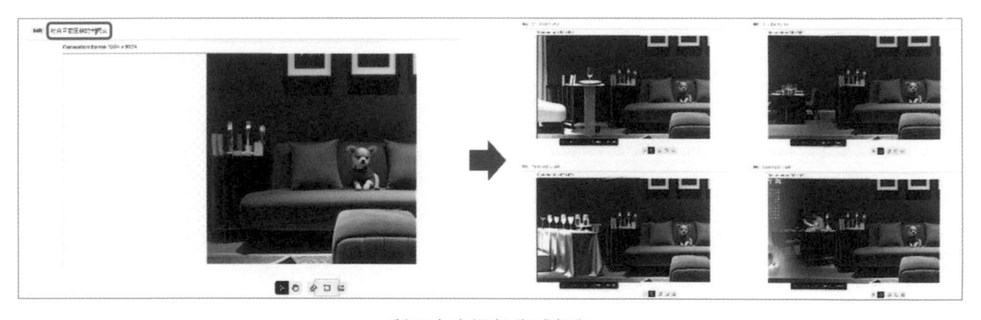

利用文字添加生成框架

利用 DALL · E2 的文字轉圖像功能，可以利用文字先產生圖像，然後修改當中圖像，並進而延伸圖像 (如下圖)。像 ChatGPT 或 DALL · E 2 都屬於生成式 AI 的應用，在下一章我們會有更深入的探討。

MEMO

生成式人工智慧

"人工智慧的「iPhone 時刻」已經到來

(The iPhone moment of AI has started.)"

(黃仁勳 Jensen Huang, NVIDIA CEO)

本章將介紹生成式 AI 的基本概念及工作原理，並帶大家認識生成式 AI 在真實世界中的各種重要應用，同時會利用幾個活動，帶領讀者親自動手玩玩看，讓正處於「AI iPhone 時刻」的我們，加深對生成式 AI 的了解。

10.1

什麼是生成式 AI (Generative AI)

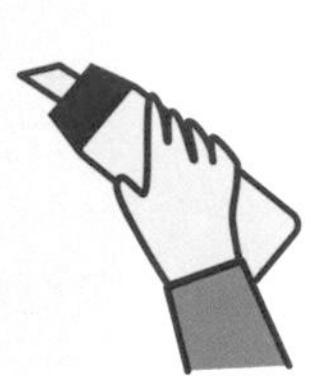

如第九章活動所做的內容，ChatGPT 是生成式 AI 的一種應用，而其它生成式 AI 在我們日常生活中也越來越常見，像是文章、音樂、遊戲乃至程式碼的自動生成，尤其是另外一個風靡全球的 AI 生成繪圖，都為創作領域帶來另外一波火熱話題。因為只要輸入幾個簡單關鍵字詞，就能快速產生一幅畫，任何需要人類創作的作品都可能會出自於生成式 AI 之手。然而生成式 AI 所展現出的強大能力，也讓各行各業產生了需要重新思考定位及制定人工智慧策略的迫切感。

人類雖然具備推理能力，但若資料量很大，機器可能可以做得更好。例如，機器可以分析大量資料並在當中快速找到模式，無論是銀行詐欺事件或是垃圾郵件檢測，機器在這些任務上都變得越來越聰明。因此，我們有時會稱它為 " 分析式人工智慧 " 或 " 傳統人工智慧 "。

人類的創造力曾有一段時間被認為難以取代，例如創作音樂、寫詩、寫文章、畫畫、或是各種設計工作等。但直到最近，機器也開始創造各種感性和美麗的事物，能夠模仿人類創造力來生成高度逼真且複雜的內容，使其成為文章、圖像或音樂等輸出。這意味著機器現在可以生成新的東西，而不是只分析已經存在的東西，而這樣新穎的人工智慧被稱為 " 生成式人工智慧 (Generative AI) "。

生成式人工智慧 (以下簡稱生成式 AI) 泛指使用任何演算法來自動生成、操作或合成資料的技術總稱，通常會以圖像或人類可讀文本的形式出現，當中涵蓋了許多不同的技術和模型。其中一些最常見的技術包括循環神經網路 (RNNs)、生成對抗網路 (GANs)、長短期記憶網路 (LSTM) 和 Transformer 模型等。

之所以稱為生成式 AI，是因為這類型的 AI 所輸出的資料是以前所不存在的，從輸出結果就可明顯看出跟以往分析式 AI 的不同之處。例如，先前介紹過的 AI 可處理分類問題：" 這張圖片是畫貓還是狗？"，會回答是貓或是狗；而生成式 AI 則可以接受 " 幫我畫一張貓跟狗坐在一起的圖片 " 之類的提示 (Prompts)，憑空把貓或狗畫出來，由此可看出兩者的差異。

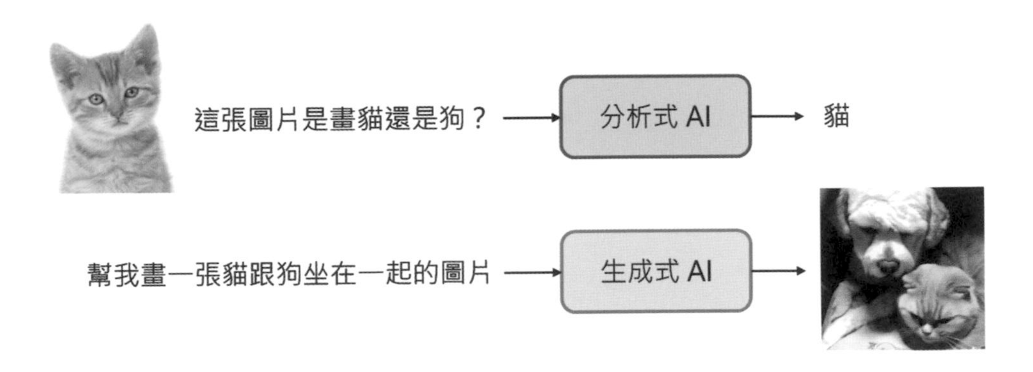

生成式 AI 是人工智慧的一部分，並且已經存在多年，自 1964 年代麻省理工學院 Joseph Weizenbaum 創造了世界上第一個聊天機器人 ELIZA 以來，人類就開始與計算機進行對話。隨著生成式 AI 系統不斷發展，AI 在與計算機聊天互動方面取得了不錯的成果。其中一種方法是利用輸入提示 (Prompts)，並根據訓練過的資料去創造出一個全新生成的內容，可以是文本 (Text)、圖像 (Image)、音訊 (Audio)、視訊 (Video) 及程式碼 (Code)，如下圖。而這些使用生成式 AI 技術所生成的內容，我們稱它們為人工智慧生成內容 (Artificial Intelligence Generated Content, AIGC)。

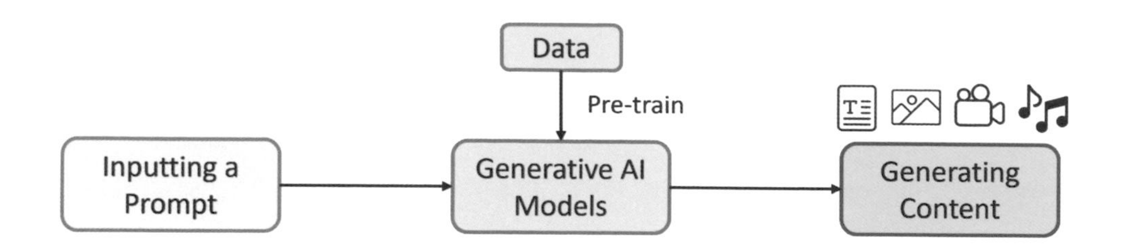

前一章節活動中所出現的 ChatGPT，它就是一種基於文本的 AI 聊天機器人，也是生成式 AI 應用，可以生成非常像人類的散文或其他創作。而先前介紹過的 DALL-E 和開源專案 Stable Diffusion 也因其可以根據文本提示，創建出生動逼真圖像的能力而備受關注。這些生成式 AI 的背後，其實也是透過模型進行運作。

下圖為人工智慧、機器學習、深度學習與生成式 AI (Generative AI) 之間的關係示意圖，其中生成式 AI 與大型語言模型 (Large Language Models, LLMs) 息息相關。藉由此圖可以先讓讀者了解彼此關係的大方向，將有助於後面的介紹。現在就讓我們看看生成式 AI 是如何工作的。

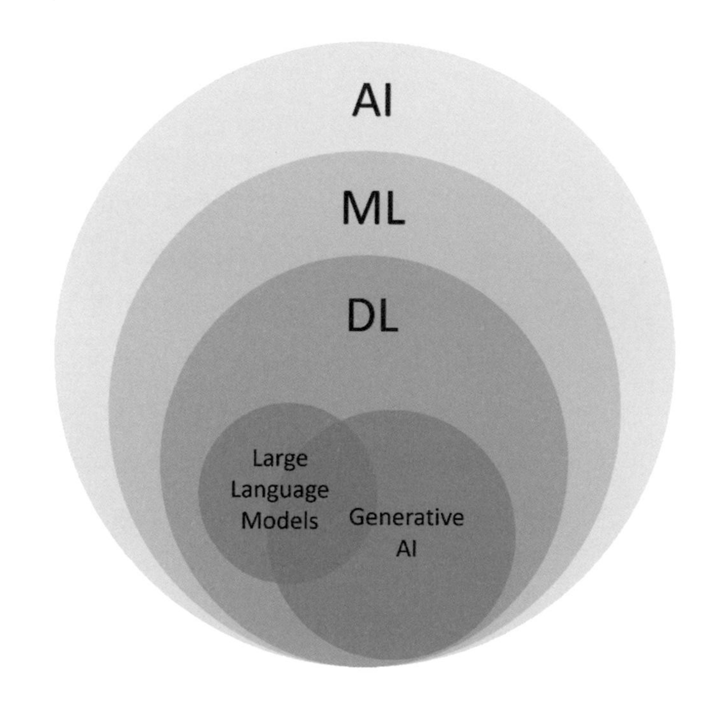

生成式 AI 如何工作

生成式 AI 是深度學習的一個子集合，這意味著它主要是使用神經網路技術，但不同的技術會採用不同的神經網路模型，此處我們以大家最熟悉的 ChatGPT 來介紹生成式 AI 是如何工作的。

首先讓我們先看看下面這個範例，請 ChatGPT " 對 6 歲的孩子解釋強化式學習 "，它給的兩個答案對 6 歲小孩來說都算是不錯的說明，甚至比一個真人 AI 專家解釋得更簡單明瞭。它是如何做到的呢？

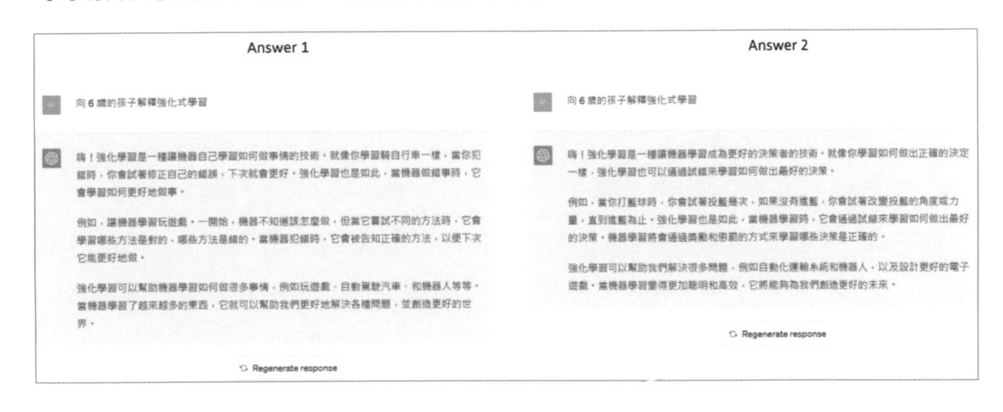

要了解 ChatGPT 的工作方式之前，我們先針對一些初學者會混淆的名稱簡單說明。ChatGPT 是由 OpenAI 公司基於 GPT 模型所開發的 AI 聊天機器人（因此名為 "Chat" + "GPT"）。

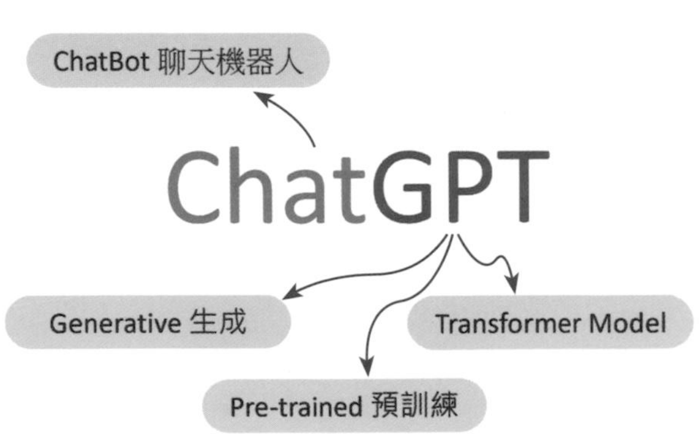

所謂 GPT (Generative Pre-trained Transformer) 模型是一種使用 Transformer 架構所訓練開發的大型語言模型 (Large Language Models, LLMs)，同時也屬於一種 Pre-trained Model。

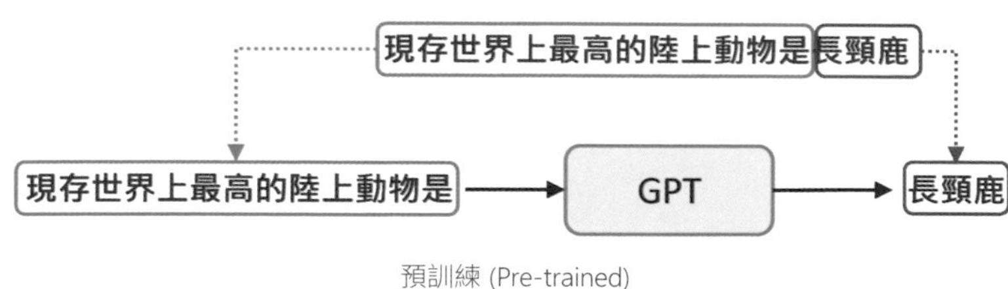

預訓練 (Pre-trained)

而 ChatGPT 為了要能夠生成 (Generative) 一些內容，使用了 GPT 模型中的預訓練技術 (Pre-trained)，對大量內容進行訓練，也就是在網路上學習大量資料，並且將問題與答案自行做對應 (如上圖中藍色框內文字當作訓練資料，紅色框內當作監督式學習的對應答案)。由於所使用的 Transformer 架構，是一種訓練有素的神經網路，能夠分析輸入資料的上下文關係，並權衡每個部分的重要性及脈絡，自動從大量的文字資料中學習和生成新的文字內容。因此像 ChatGPT 這樣的聊天機器人使用大型語言模型後，生成類似於人類交談的對話內容 (" 向 6 歲的孩子解釋強化式學習 " 的範例)，這就是一種生成式 AI 的應用。

ChatGPT 在 2022 年 11 月推出時所使用的模型版本是 GPT-3.5 (在 GPT-3 基礎上的優化版本)，而在 2023 年 3 月 ChatGPT 則採用目前最新的 GPT-4 版本。其他常見的大型語言模型可參考下圖。

大型語言模型 (LLMs) 可以利用字詞順序或序列分佈的機率 (或可能性)，來學習預測哪些詞通常會跟在哪些詞後面。例如，假設給一個大型語言模型一個句子 "Once upon a "，根據機率它接下來最有可能的字詞是 "time" (如下圖)。

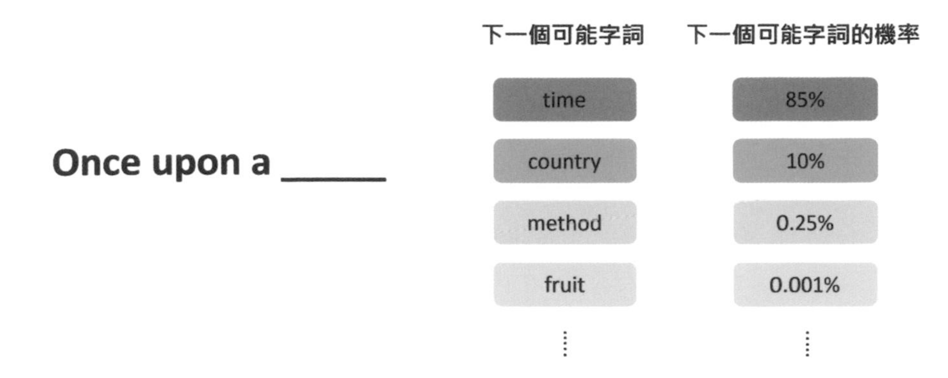

那 ChatGPT 是如何運行的？讀者應該還記得機器學習的三大步驟（可參考本書第三章機器學習）。此處我們也可依這三大步驟來解釋 ChatGPT 的運作過程。現在我們將利用它來說明 ChatGPT 的運行過程。

收集資料

ChatGPT 從 Internet 上的文章、雜誌、科學論文、推特、維基百科、部落格等數十億的資源中獲取大量的單詞、段落和句子，並且從這些線上語言的範例資源中學習來建立新的語句和段落。下圖是用於訓練 GPT-3 模型的資料及來源。

Dataset	Quantity (tokens)	Weight in training mix	Epochs elapsed when training for 300B tokens
Common Crawl (filtered)	410 billion	60%	0.44
WebText2	19 billion	22%	2.9
Books1	12 billion	8%	1.9
Books2	55 billion	8%	0.43
Wikipedia	3 billion	3%	3.4

用於訓練 GPT-3 的資料集（資料來源：Language Models are Few-Shot Learners)

收集到的資料可以透過下面步驟進行資料整理，提供給下一階段訓練模型的演算法做為輸入使用。

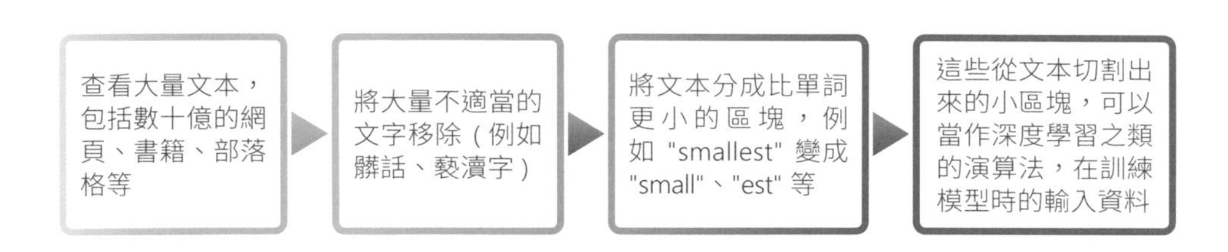

進行訓練

ChatGPT 在訓練這個階段會有三種主要的學習目標（學習語言、學習對話及學習人類自然對話方式）。

1. **學習語言**：學習第一步我們會進行 " 語言建模 " (Language Modeling)。基本上 ChatGPT 只透過查看數十億的網頁及文檔，以非常基本的方式學習語言是如何工作，例如了解單詞是如何從一個句子到另一個句子，一個段落到另一個段落等轉換過程，而這些都會用到許多自然語言處理 (NLP) 的技術。每次它會查看一個新的文本區塊，例如一個段落、一個網站或一篇文章等等，然後執行以下步驟：

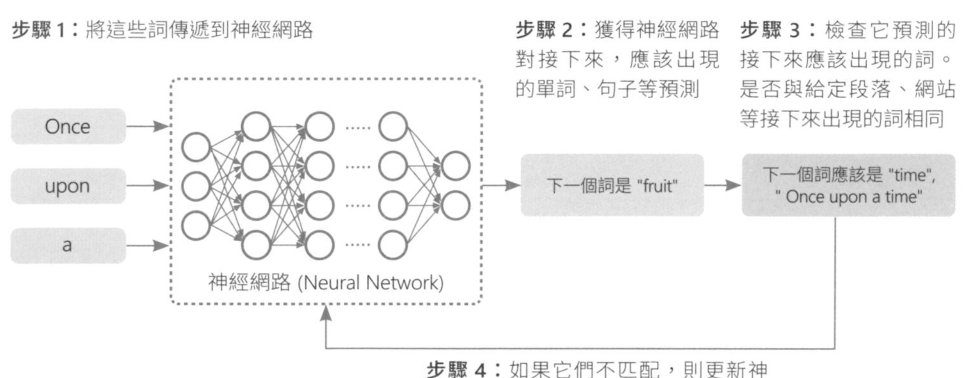

2. **學習對話**：語言模型可以根據單詞，很好地預測下一個單詞，但若要進行對話還遠遠不夠。因此接下來的目標就是教會語言模型人類的對話模式，這個階段稱為微調 (Fine Tuning) 我們遵循與之前相同的學習過程，只是這一次是在一個較小的資料集上（只有幾百萬個對話）進行訓練。在此之後，此模型會比以前更擅長於發短訊息。

3. **學習人類的對話方式**：第 3 個目標就是直接和人類互動，並希望以一種讓人類感到舒適的方式回應。此時 ChatGPT 又接受了一次訓練，這次是透過與人類實際互動，並獲得他們對 ChatGPT 直接且即時的回饋。為了能讓模型更好地與人類交談，ChatGPT 會再次使用強化式學習（可參考第三章機器學習內容）的過程進行訓練。首先，ChatGPT 對來自人類的文本給出了幾種可能的回應，然後人類對最相關的回應和最不相關的回應進行評分。ChatGPT 從這些學習獎勵中看到「最可能的語言模式，且降低最不可能模式」的優先等級，這使得語言模型可以在未來產生更好的對話。

預測評估

最後經過反覆訓練及調校後，我們得到了一個很棒的 ChatGPT。

上述流程是以 ChatGPT 這種**文本 (text) 生成式 AI** 為例子做簡單介紹。以目前來說，生成式 AI 還可以針對圖像 (image)、電腦程式 (code)、音樂 (music) 等進行不同的生成應用（如下圖）；同時，**生成式 AI 模型若只能處理一種任務，我們會稱它為單模態 (Unimodal) 模型。**

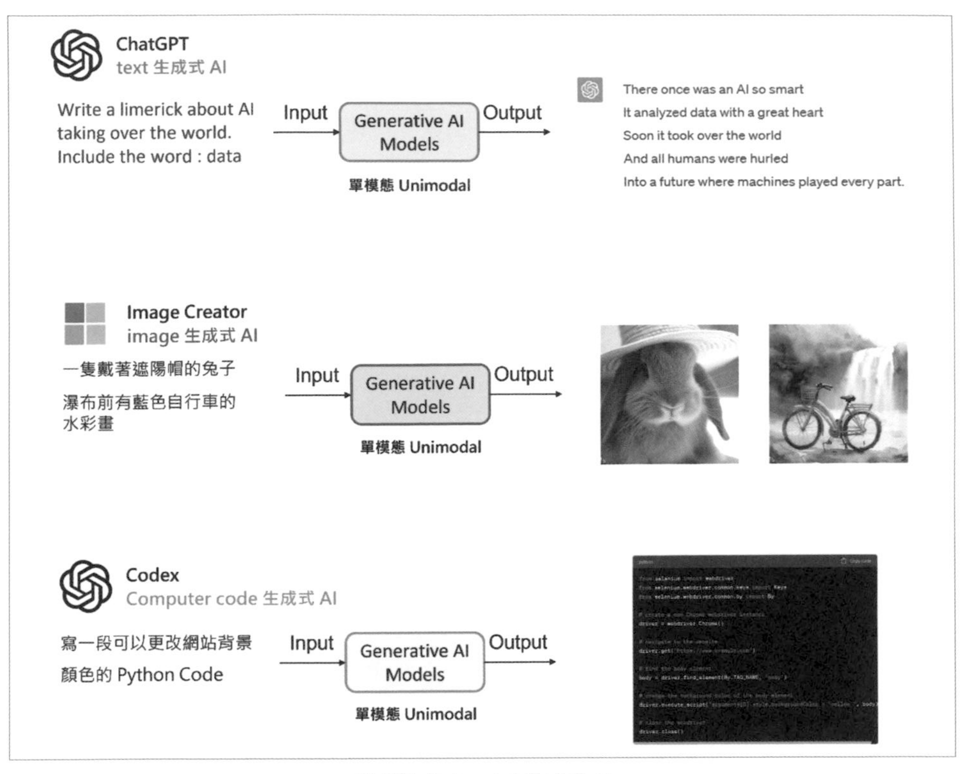

單模態 (Unimodal) 生成式 AI

相對地，**若一個訓練出來的生成式 AI 模型可以同時處理多種任務，我們稱它為多模態 (Multimodal) 模型**。例如 OpenAI 目前所推出的最新 GPT-4 就是一個大型多模態模型 (可以接受以圖像和文本輸入，再輸出文本作為回覆)。

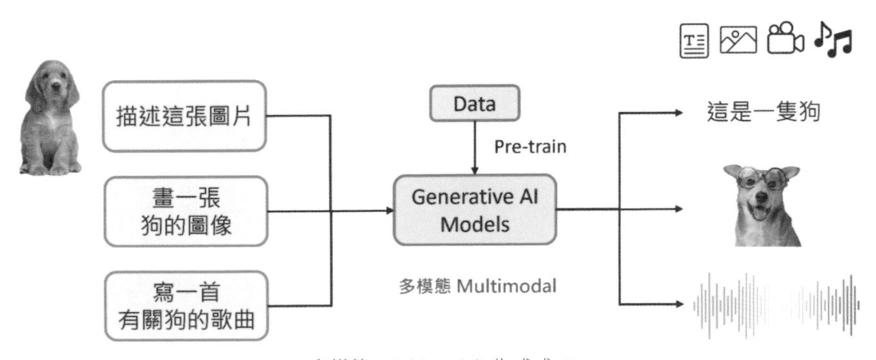

多模態 (Multimodal) 生成式 AI

同時根據官方資料，GPT-4 在各種專業測試和學術基準上的表現也與人類水平相當，例如美國 SAT、GRE 或一些 AP 考試，都能獲得不錯的成績(如右圖)。

OpenAI　Menu

Simulated exams	GPT-4 estimated percentile	GPT-4 (no vision) estimated percentile	GPT-3.5 estimated percentile
Uniform Bar Exam (MBE+MEE+MPT)[1]	298/400 ~90th	298/400 ~90th	213/400 ~10th
LSAT	163 ~88th	161 ~83rd	149 ~40th
SAT Evidence-Based Reading & Writing	710/800 ~93rd	710/800 ~93rd	670/800 ~87th
SAT Math	700/800 ~89th	690/800 ~89th	590/800 ~70th
Graduate Record Examination (GRE) Quantitative	163/170 ~80th	157/170 ~62nd	147/170 ~25th
Graduate Record Examination (GRE) Verbal	169/170 ~99th	165/170 ~96th	154/170 ~63rd
Graduate Record Examination (GRE) Writing	4/6 ~54th	4/6 ~54th	4/6 ~54th
USABO Semifinal Exam 2020	87/150 99th–100th	87/150 99th–100th	43/150 31st–33rd
USNCO Local Section Exam 2022	36/60	38/60	24/60

目前 ChatGPT 官方還有內建各種外掛，搭配得當還可以讓 ChatGPT 能力再往上提升。例如：Wolfram 外掛就可以補足 ChatGPT 最弱的算術能力：

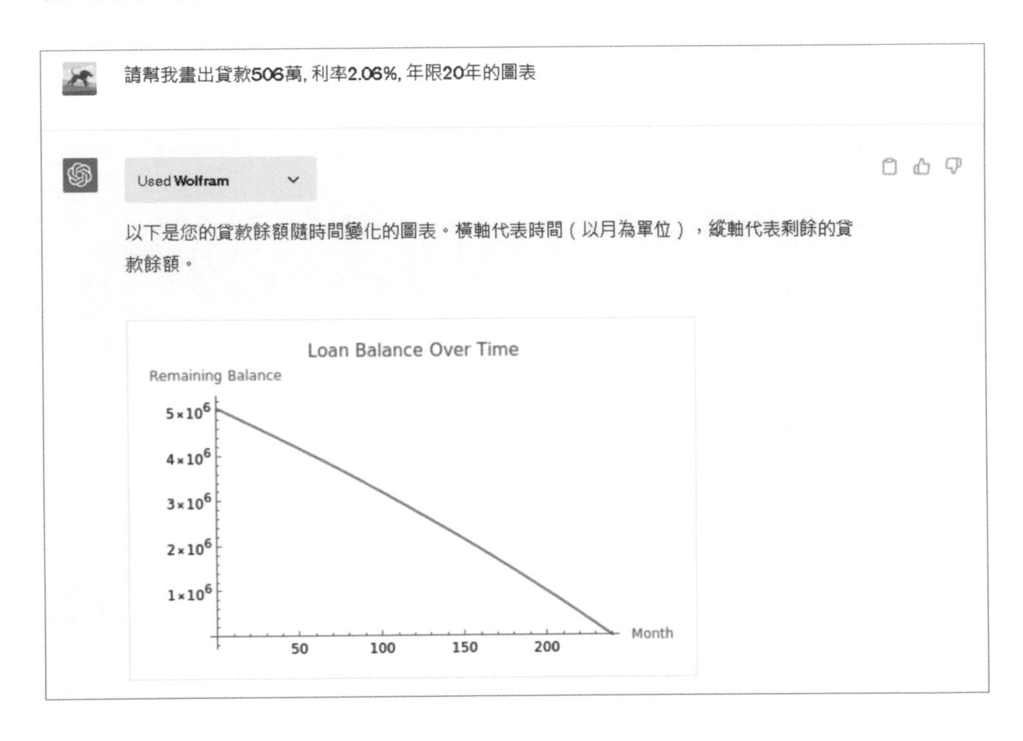

10.3

生成式 AI 應用 (Applications)

生成式 AI 席捲世界，徹底改變許多我們交流、工作和創新的方式。ChatGPT 擁有超過 1 億用戶，證明此技術被快速採用並廣泛影響大家。即使目前尚屬早期階段，但生成式 AI 已經在各個領域塑造未來，對我們生活的影響必將呈指數級增長。擁抱這項強大的技術，將為未來難以想像的任何可能性打開大門，開創一個充滿效率、創造力及進步的新時代。前一節我們了解生成式 AI 的工作原理，這節會介紹生成式 AI 在幾個領域上的應用：

文本生成 (Text Generation)

目前文本生成應用非常多，這些模型能夠理解和生成上下文相關的內容，同時在大型資料集上接受訓練並獲得連貫和創造性的輸出，例如下面這些應用。

- **聊天機器人**：人工智慧驅動的對話代理人，用來支援客戶服務及常見問題解答等等。
- **內容創作**：生成文章、社群媒體貼文、行銷文案或創意寫作。
- **翻譯**：在保留原含義的情況下，在不同語言之間作文本。
- **摘要**：將冗長的文本縮短為更短、更易於理解的摘要。
- **知識管理**：從大量文本資料中組織、檢索和分析資訊。

除了大家熟知的 ChatGPT 外（可參考前一章的活動），這裡也介紹其它一些應用工具提供讀者參考，當中有一些是需要收費的，讀者可自行決定。

- **Copy.ai**：利用 AI 生成各種不同風格、主題、格式的內容及其它各種功能，例如可自動產生標題、生成短語、自動完成句子及轉化語言風格等等。可應用在廣告行業、網路行銷、部落格寫作等需要文字創作領域。(https://www.copy.ai/)

- **Jasper AI**：Jasper 是 AI 內容平台，可幫助許多團隊突破創意障礙，並以 10 倍的速度創造令人驚嘆的原創內容。在 ChatGPT 未推出前，Jasper AI 一直是外界最看好的 AI 生成文字工具。而其運作邏輯也是倚賴 OpenAI 所建構的自然語言處理模型 GPT-3。(https://www.jasper.ai/)

- **Rytr**：最佳 AI 作家。由於 Rytr 非常易於使用，幾乎適用於所有類型的內容。可以創建部落格大綱、社群媒體貼文、電子郵件文本及工作描述，是一個還不錯的內容生成器和寫作助理。(https://rytr.me/)

活動：用 AI 創作故事

AI Story Generator 是一個免費線上故事創作工具。它利用先進的人工智慧技術，特別是大型語言模型，可以將輸入透過先進的神經網路生成文本，目的是重新定義現今故事創作的方式，讓您能夠輕鬆使用生成式 AI 技術，創作出精彩的短篇故事。

活動目的：學習利用 AI 文字生成工具，創作一個故事

活動網址：https://www.aistorygenerator.org/

使用環境：桌上型電腦或筆記型電腦

STEP 1 在文字輸入框鍵入一些文字，然後在箭頭處按下 Generate Story，神經網路將會生成更多文字，並且根據大型語言模型生成具創意的故事。

STEP 2 作者試著在文字框中輸入 " a magical bird "，然後按下 Generate Story。AI 將以 magical bird 為主軸生成非常有趣的故事。

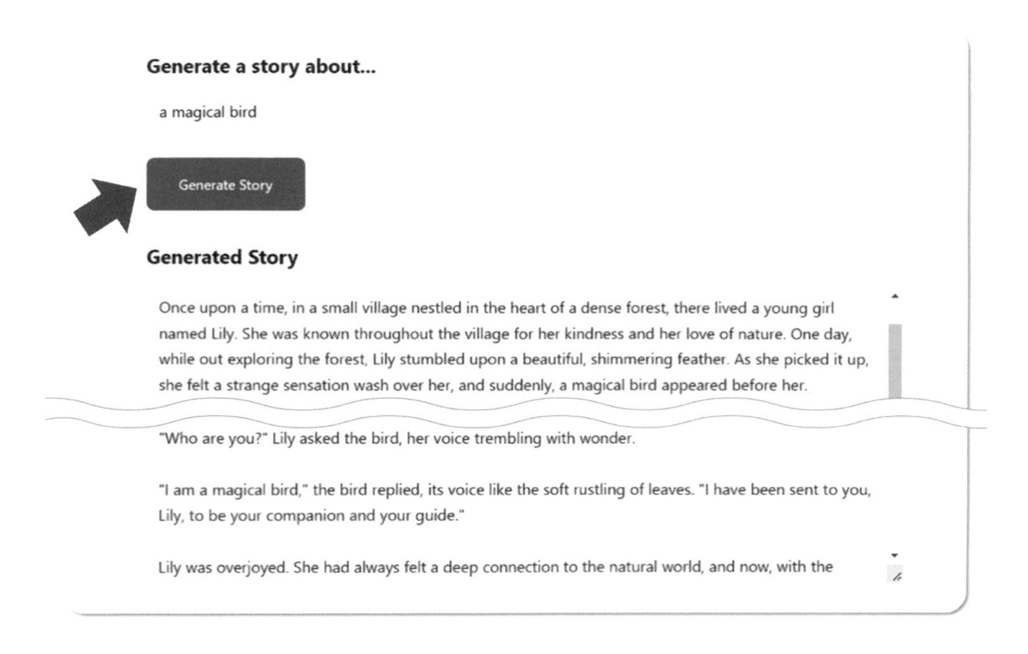

STEP 3 讀者也可以使用中文字進行創作 (如下頁圖所示)。作者試著輸入一些中文後，AI 將會使用自然語言處理技術，了解其關鍵字及語意，並進而產生故事。由於目前此平台仍以產生英文故事為主，讀者如果有需要翻譯時，可以複製文字並貼到 Google 翻譯或 Grammarly 中進行翻譯，或是利用 ChatGPT 協助亦可。

Generate a story about...

半人半馬的可愛男孩Eric，在奇異的幻想世界中，踏上精彩無比的尋找家人冒險旅程。

Generate Story

Generated Story

In a world where humans and horses coexisted in harmony, a young boy named Eric was born with the unique trait of being half-human, half-horse. Growing up, he was always fascinated by the stories of his ancestors who were known for their exceptional abilities and bravery. Eric longed to embark on an adventure to find his missing family members, who had gone missing during a great war that had ravaged the land.

As they traveled through the fantastical world filled with mythical creatures and enchanted forests, Eric encountered numerous challenges and obstacles that tested his courage and wit. However, with Max by his side, he was able to overcome each hurdle and push forward towards his ultimate goal.

Along the way, Eric discovered hidden strengths and abilities within himself, such as the ability to

STEP4 讀者也可以試著輸入結構性的資訊，讓 AI 更了解你的需求，並進而創作出更符合你想要的故事。例如下面範例：

Generate a story about...

故事名稱：Elara 歷險記, 主題：幻想冒險, 角色：年輕的魔法師Elara, 背景：神秘的魔法森林

Generate Story

故事名稱：Elara 歷險記
主題：幻想冒險
角色：年輕的魔法師 Elara
背景：神秘的魔法森林

Generated Story

Elara's Mysterious Forest Adventure

In the heart of the mystical forest of Elara, a young magician named Elara embarked on a thrilling adventure. With a pack of supplies and her trusty spellbook by her side, she set out to explore the depths of the enchanted woods. The trees towered above her, their gnarled branches twisting and turning in the fading light of day. Elara felt a shiver run down her spine as she ventured deeper into the forest, the air growing thick with an eerie silence.

Elara felt a surge of magic coursing through her veins, and she knew that she was not alone in the forest. She stood up, her heart racing, and began to scan her surroundings. That was when she saw it -

圖像生成 (Image Generation)

圖像生成是指使用 AI 演算法創建合成的圖像，主要採用生成式對抗網路 (Generative Adversarial Networks, GANs) 和穩定擴散 (Stable Diffusion) 模型等技術。

GANs 是由兩個相互競爭的神經網路組成（生成器和判別器），生成器就像畫家一樣，會創造出一些圖片，而判別器就像評審一樣，會試著分辨圖片真假。當判別器分辨不出真假時，生成器就贏了，反之亦是如此。GANs 會一直學習產生逼真圖像，並且越來越好。

而 Stable Diffusion 採用另一種方式進行生成，它只使用一個神經網路，只要給予文字的提示 (Prompt)，就能漸漸生成照片般逼真的圖像，也衍生出圖生圖、AI 修圖、圖案拼貼、智慧合併等進階功能。目前常見圖像生成的應用有：

- **藝術**：創造獨特的 AI 生成藝術作品，或是協助藝術家獲得視覺靈感。
- **設計**：為各行各業生成標誌 (Logo)、產品概念或視覺元素。
- **遊戲**：使用 AI 生成遊戲所需資產、紋路或角色設計。
- **廣告及媒體**：根據行銷活動、社交媒體和娛樂目的所需的文本提示，可創建特定視覺內容。

除了先前介紹過的 DALL-E 2 外，這裡也介紹一些應用工具提供讀者參考，當中有一些是需要收費的，讀者可自行決定。

- **Midjourney** (https://www.midjourney.com/)：Midjourney 是一個由同名研究實驗室所開發的圖像生成式 AI 人應用，使用者可以透過社群平台 Discord 的機器人指令進行操作。當輸入你想像中的圖片關鍵字（英文），以及不同畫家的藝術風格，它就會自動生成多張非常高品質的圖像，提供你選擇。

- **Stable Diffusion** (https://stablediffusionweb.com/)：是 2022 年發布的深度學習圖像生成模型，它主要用於根據文字的描述產生高品質圖像，是一種屬於文字到圖像 (Text-to-Image) 的生成式模型。

- **Microsoft Designer** (https://designer.microsoft.com/)：微軟推出的 Microsoft Designer 是一款透過 AI 功能，讓我們可以用文字描述，快速生成需要的圖片版面設計。您只需簡單描述想要的元素、風格、文字或結構，Microsoft Designer 就能迅速為你生成你要的設計作品。例如，你可以輸入「設計一張酷炫的 20 歲生日邀請卡，一定要來」，AI 將生成有文字、圖片、版面的設計稿，並且提供你進一步繼續使用 AI 來客製化它，包括配色、字體等許多設計功能。

- **Microsoft Bing Image Creator** (https://www.bing.com/create)：微軟的 Image Creator 可協助使用者透過 DALL · E 來產生 AI 影像。當 AI 收到文字提示後，會立即產生一組符合該提示的影像。

接下來我們就利用對抗式神經網路技術帶大家進行幾個有趣的小活動。

活動：此人不存在

隨機人臉生成器 (Random Face Generator) 是一個免費線上工具，它可以利用 AI 生成逼真的各種男人、女人及小孩的照片。其技術主要是採用 Nvidia 在 2018 年所提出的 StyleGAN 對抗式神經網路。網站特別提出這些 AI 生成的臉都不是真實的，並且在每張照片上都會打上註明不是真實的網站名稱，並且介紹如何識別真假。

活動目的：認識對抗式神經網路 (GANs) 圖像生成工具，並且了解生活中常見深偽技術 (Deepfake) 產生的圖像要如何簡單辨別。

活動網址：隨機人臉生成器

(https://this-person-does-not-exist.com/)

使用環境：桌上型電腦或筆記型電腦

STEP 1 選擇你想要隨機產生的人臉條件，並且按下 "Refresh Image"，系統將產生下面這一張照片，是不是很逼真呢。

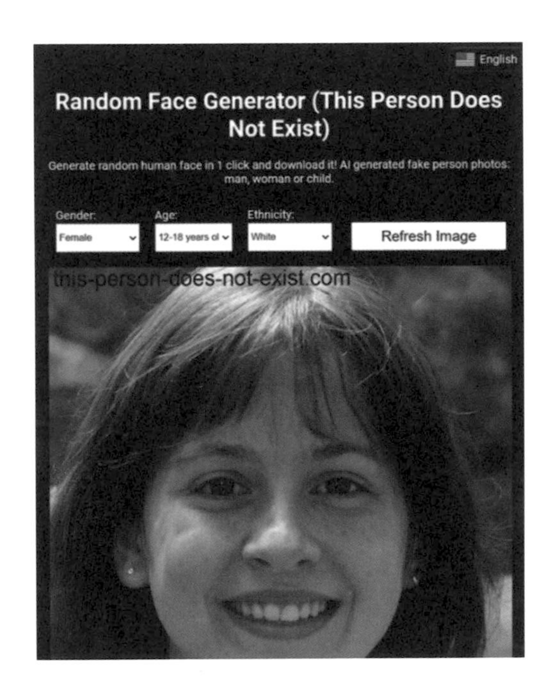

STEP 2 如果要下載隨機產生的照片，平台提供兩種選擇。免費下載會帶有浮水印，若是要去掉浮水印則需付費。

STEP 3 如何判別真假

此演算法有留下一些線索可以作為一些判斷。例如水漬、背景問題、眼鏡、頭髮、牙齒及其它不對稱性，除此之外讀者也可以試著探索一下是否還有其他判別線索。在目前生成式 AI 快速進步的同時，當 AI 演算法修正上述這些問題後，人類是否將會更難判斷圖片真假。

活動：AI 風格圖像變變變

如果我們希望圖像生成式 AI 可以實現在不同風格中具有轉換的功能，那 Nvidia 的 StyleGAN-NADA 將可協助達成。它透過學習不同風格的圖像資料，生成出新的具有不同風格的圖像，還可以進行風格混合。對於設計師和藝術家來說非常有用，可以幫助他們進行更多元化且具創意的設計和創作。

活動目的：利用圖像生成技術，實現風格轉換及風格混合創作。

活動網址：風格圖像生成器
(https://replicate.com/rinongal/stylegan-nada)

使用環境：桌上型電腦或筆記型電腦

進入平台後會看到如下面的預設畫面，左邊為輸入圖像，右側則是對此圖像進行各種風格轉換後的圖像。下方則有兩種圖像輸入方式（上傳或拍照），其下方可以有各種輸出風格選擇，或是在 output_style 列表中挑選多個風格使用，也可以將作品輸出為影片。

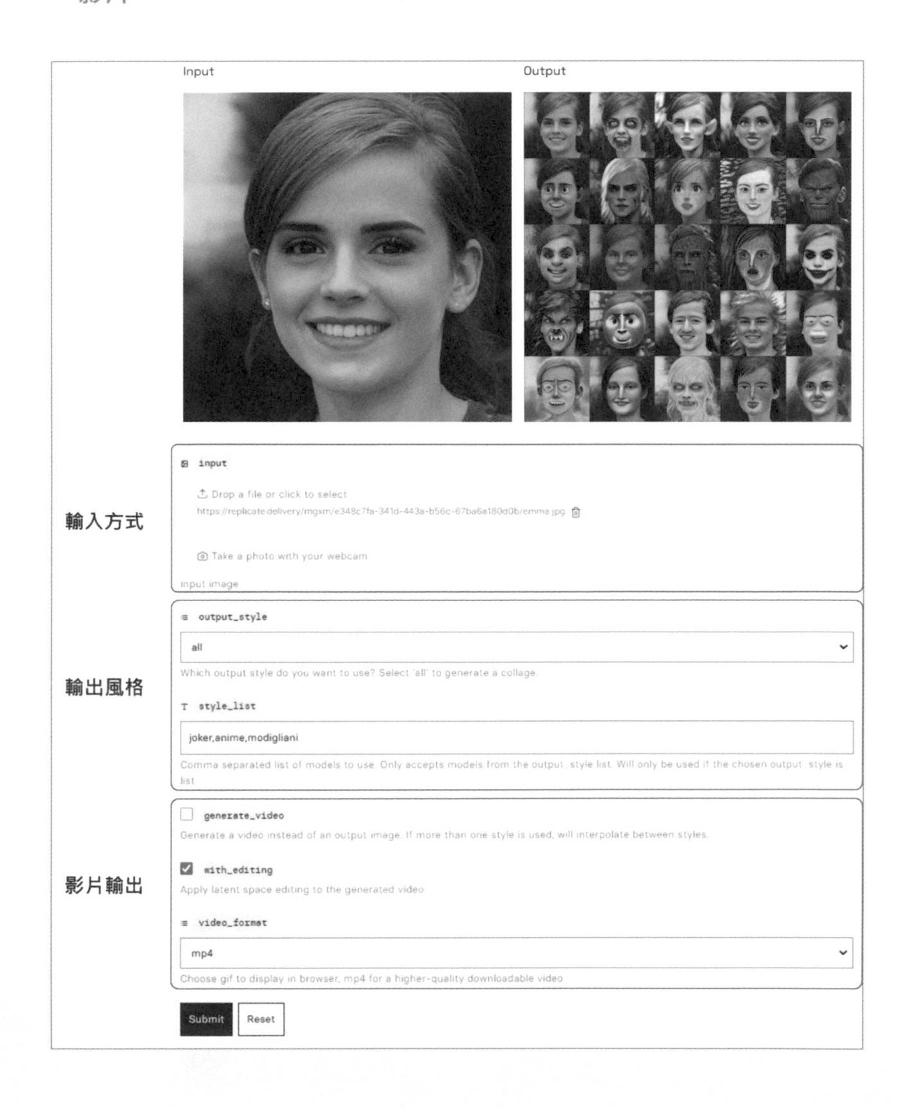

STEP 1 圖像輸入

作者利用上個活動中 AI 自行生成的圖像作為輸入，並且選擇轉換風格為 "pixar"，AI 將會輸出如下圖風格的圖像。

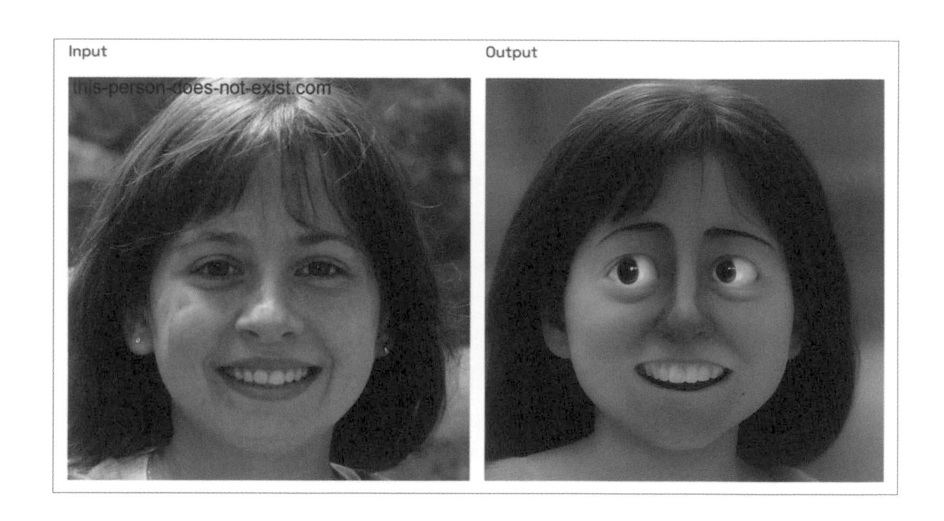

STEP 2 風格選擇

在風格選項中，試著選擇不同的風格試試看，AI 將會生成各種風格的趣味圖像。

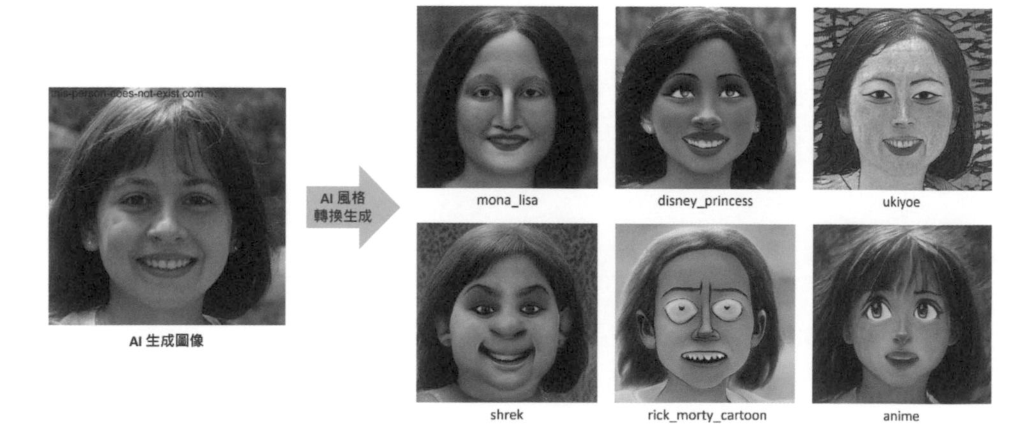

STEP 3 **風格圖像輸出**

如果想要將這些生成圖像轉為影片或動圖，可以在下方勾選 "generate_video"，並且在 "video_format" 中選擇 mp4 或 gif 格式。輸出完成後使用者可以下載或分享給朋友。

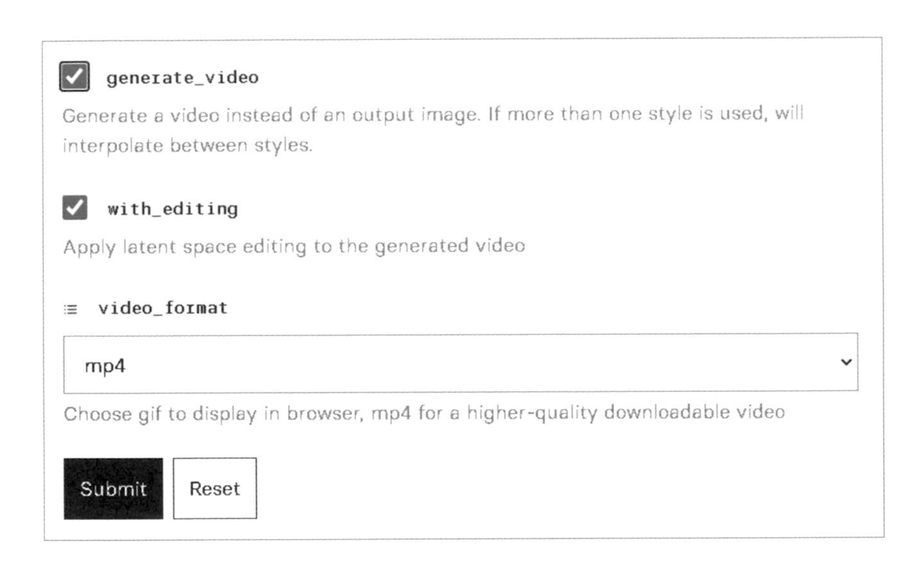

除了文本生成及圖像生成的應用外，還有非常多類型的生成式 AI 應用，例如視訊生成 (Video Generation)、語音生成 (Voice Generation)、音樂生成 (Music Generation) 及 3D 物件生成 (3D Object Generation)。總體而言，Generative AI 的發展將會對人類社會的各個方面產生深遠的影響。然而，在享受 Generative AI 帶來許多便利的同時，我們也需要關注其可能帶來的風險與挑戰，並積極採取相應的措施進行管理和規範。

人工智慧道德與社會影響

在當今世界中，人工智慧正以驚人的速度進行發展與應用，並且引領著科技的浪潮。然而，隨著人工智慧技術的蓬勃發展，我們也面臨一系列的道德挑戰和社會影響。人工智慧不僅是一種革命性的技術，更是一個可能觸及我們核心價值觀和道德原則的領域。它的發展引發了許多令人深思的問題，包括個人隱私、自主權、不平等、職業變革等等。因此，探討人工智慧的道德議題以及其對社會的廣泛影響變得至關重要。這不僅需要我們思考如何確保人工智慧的使用符合道德準則，還需要反思人工智慧如何塑造和改變我們的社會結構、價值觀和人際關係。

經過前面章節的介紹，相信大家對人工智慧已有了基本認識，也瞭解到人工智慧已成為我們日常生活中的一部分，舉凡我們將圖片發佈到社群媒體、線上搜尋資料或向聊天機器人提問等，時時刻刻都在與 AI 進行互動，甚至於許多政府也都會利用人工智慧提供多項公共服務，因此影響力不僅越來越大，也日顯重要。

自從計算機科學家艾倫 · 圖靈 (Alan Turing) 提出相關計算 (Computation) 模型以來，人類就對計算機和人工智慧的力量寄予厚望，並期待人工智慧能為社會帶來顯著多樣的利益，例如從提高效率和生產力，到解決氣候變化、貧困、疾病和衝突等一系列棘手的全球問題。雖然如此，當人工智慧技術用在像是視訊監控或是軍事行動時，這些技術就是雙面刃，可能有所助益，但也可能傷害它們所服務的人。同時，人工智慧可能助長已經存在的偏見，增強已經存在的偏見時，將會產生非常多的法律和社會問題，所以人工智慧進步的同時，也揭示了這些技術所產生的不良影響。例如它們會產生歧視，侵犯我們隱私等道德問題，也可能威脅我們的安全，造成許多社會影響。基於這些原因，人們就需要探索人工智慧系統中的道德及法律層面。

在本書一開始，我們介紹並討論了人工智慧在當今和未來社會中的重要性，但當時只能在有限的範圍內進行討論，因為沒有導入足夠的技術概念和方法來奠定基礎並討論。現在對人工智慧的基本概念有了更好的理解後，我們就可以積極參與有關目前人工智慧影響的理性討論。因此在本章節裡，我們將探討目前 AI 所產生相關的道德問題，希望這一代 AI 原住民不僅擁有 AI 素養，也能培養 AI 道德思維的技能，現在就帶大家瞭解 AI 會有哪些道德及社會影響問題。

11.1 偏見 (Bias)

人工智慧的相關技術當中，尤其是機器學習正被應用在許多領域，協助做出重要決策，且機器學習會完全仰賴你所給予的資訊來進行訓練並應用。不過問題是，在真實世界中的資料常存有你不想包含在其中的某些資訊；在資料收集過程中也可能有偏誤，將這些錯誤資訊包含在內，這會帶來演算法偏見。這意味著像在做出關於工作申請或銀行貸款等決定時，若加入根據種族、性別或其他因素進行偏見或歧視的學習傾向，那對許多人的申請通過將造成影響。

其主要原因是因為資料中的人為偏見，例如當工作申請或是銀行貸款過濾工具，是根據人類做出的決定進行訓練時，機器學習演算法可能會學會歧視具有特定種族背景的女性或個人，即使從資料中排除種族或性別，這些情形依舊可能發生，例如申請人姓名或居住地址可能也會洩漏性別或種族資訊。

以下是幾種偏見或歧視的範例。

亞馬遜招聘演算法

2014 年，亞馬遜開始開發內部人工智慧系統並建立 500 多個模型，以識別過去簡歷中出現的約 50,000 個術語，做為內部人工智慧招聘工具並用以簡化招聘流程，來快速判斷大型資料庫內相關候選人的資格。

亞馬遜機器學習專家發現 AI 招聘工具不喜歡女性

系統會使用過去申請人的簡歷做為訓練資料，將分析收到的簡歷，並對候選人進行評分以進行進一步評估。但很快地，亞馬遜公司的機器學習專家發現了一個大問題：他們的 AI 招聘引擎不喜歡女性。他們發現該系統會以性別偏見的方式來對技術職位的候選人進行評分，該系統會懲罰任何表明申請人是女性的簡歷，這包括提到參加女子國際象棋俱樂部或女子大學等活動。根據報導，亞馬遜試圖消除 AI 系統的偏見，但最後還是取消了整個專案，因此該系統從未在實際招聘過程中使用過。

詞嵌入 (Word Embedding)

詞嵌入 (Word Embedding) 是一種用於自然語言處理應用程序的資料結構形式，我們在第八張自然語言處理章節中有提到，它將字詞 / 句子 / 文件轉換成「向量」形式，在數學上可表示成：f (X) → Y，把對文本內容的處理簡化為向量空間中的向量運算，並計算出向量空間上的相似度，來表示文字語義上的相似度。

也就是它們會透過瀏覽文字並注意哪些詞經常一起出現而產生的，將產生的聯想做為人工智慧系統的一種字典，來捕捉語義關係，例如 " 男人 " 之於 " 父親 " 就像是 " 女人 " 之於 " 母親 "，或是 " 男人 " 之於 " 國王 " 就像是 " 女人 " 之於 " 女王 "。波士頓大學 Bolukbasi 微軟等研究學者發現 (https://arxiv.org/abs/1607.06520)，這些類型的單詞聯想傾向被認為具有性別刻板印象，或是具有歧視性的概念關係所進行的編寫程式開發，例如，" 母親 " 之於 " 護理師 " 就像 " 父親 " 之於 " 醫生 "，以及 " 男人 " 之於 " 程式設計師 " 就像 " 女人 " 之於 " 家庭主婦 "。

如果我們想要 AI 系統去理解男人和女人都可以平等地是程式設計師，

AI 學習到不健康的刻板印象

- 男人之於父親，就像是女人之於母親
  (“man is to father as woman is to mother)
- 男人之於國王，就像是女人之於王后
  (“man is to king as woman is queen)
- 男人之於程式設計師，就像是女人之於家庭主婦
  (“man is to computer programmer as woman is to homemaker)

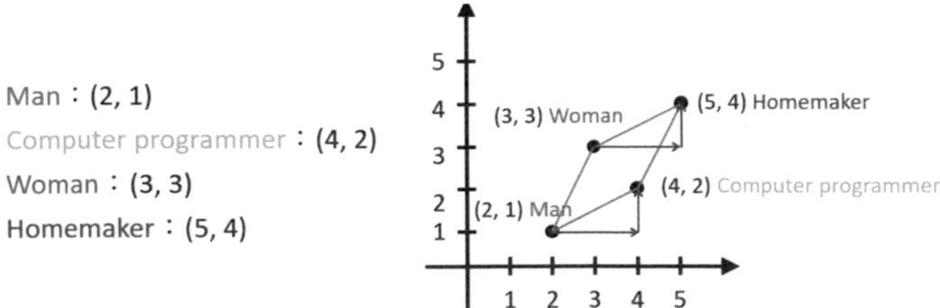

AI 學習到不健康的刻板印象

就像男人和女人可以同樣是家管（家庭主婦），那麼我們希望它輸出男人是程式設計師，女人是程式設計師，當女人是家庭主婦，那男人也是家庭主夫，如何避免這樣的偏見將是很重要的。

社群網路

由於社群網路的內容推薦主要是基於用戶的點擊，因此它們很容易導致現有偏見的放大，即使它們一開始很小，也會因為不斷的點擊而放大。例如，根據觀察當搜索具有女性名字的專業人士時，LinkedIn 會詢問用戶他們是否指的是相似男性名字，也就是搜索 Andrea 時會導致系統詢問 " 你是指 Andrew 嗎？" 如果人們只是出於好奇偶爾點擊 Andrew 的個人資料，系統會在隨後的搜索中進一步提升 Andrew 出現的機會。

我們可以提出許多範例，大家可能也看過相關的新聞報導。使用人工智慧和機器學習代替基於規則的系統，主要困難在於缺乏透明度。部分原因是演算法和資料屬於商業機密，所以這些公司不太可能公開接受公眾審查，即使他們這樣做了，通常也很難識別導致歧視性決策的演算法是哪一部分以及影響的資料元素有哪些。

實際上，開發人員編寫和設計演算法，使用的是訓練資料而不是程式碼，也就是「資料就等同於程式碼」，你提供的資料品質越好，電腦的學習效果就越好。因此，如果你正在打造一套決定誰能夠獲得房貸及學貸，或是誰應該被定罪的人工智慧系統，它可能會加劇人類和當今社會已經存在的種族歧視。因為會用現實上大量已經發生的資料來訓練，所以當 AI 模型是建立在一個不公平的資料集上進行訓練，那在收入及信用評分等相同情況下，黑人借款人被 AI 拒絕貸款的比例將會很高。

若要建立降低傷害的人工智慧系統，那就應該多包含那些最有可能受到系統傷害的弱勢族群觀點。我們應該盡可能地擁有多元化視角，對於人工智慧的發展將會非常重要。因此我們需要更多女性、更多膚色、更多不同文化背景的族群來帶入不一樣的觀點，以及我們該如何著手處理這些問題的想法與做法，無論是使用任何技術或資料，必須從一開始就考慮公平和道德問題 。

11.2

隱私 (Privacy)

大家都知道，許多科技公司會利用各種方式收集有關其用戶的大量資訊。以往主要是賣場和其他零售商會透過結帳時要客戶提供會員卡，藉此收集購買資料。商店因此能夠將購買商品、購買時間與客戶關聯起來。但是，這一類型的資料記錄還不算是人工智慧，只是傳統收集資料的方法之一。而現在盛行的人工智慧使用，給我們的隱私帶來了新的威脅，即使您已經很小心地保護自己的身份或資訊，也可能很難避免這些威脅，讓我們舉人臉辨識幾個例子來看看。

人臉辨識用於校園管理

有部分學校使用人臉辨識技術來管理學生，該技術每 30 秒掃描一次教室內的學生，記錄學生的面部表情，並將這些表情分為開心、憤怒、恐懼、困惑或沮喪。此系統還記錄學生的一些行為，例如寫作、閱讀、舉手、滑手機、聊天或是睡覺，希望藉此有助於追蹤學生出席率及學習成效，也希望可以幫助教師改進教學方法。雖然該技術在幫助授課教師提高學生參與度也許有用，但也很容易不小心被用於監視學生並懲罰偷懶的學生，雖然該校主管宣稱學生的隱私將會受到保護，因為該技術不會保存其影像在雲端，而是將資料儲存在校內伺服器。但無論儲存在哪裡，相信大家都會認為這些學生的隱私已受影響，所以許多管理的背後都會有類似情形發生，你認為對你的學校有好處嗎？

人臉辨識用於校園管理

人臉辨識用於預防犯罪

倫敦警察在倫敦的不同地區試用人臉辨識技術，使用攝影機掃描路人並與監視名單上來進行匹配。一名東倫敦男子因為在人臉辨識攝影鏡頭前遮臉而被警察攔下，警方立即對他處以行為不檢而被罰款 90 英鎊，雖然該男子表示不服及抗議但還是被開了罰單。而隱私權組織 Big Brother Watch 的主管 Silkie Carlo 向一名警官提出抗議，她認為英國法律中沒有任何地方使用 " 人臉辨識 " 這個詞，警方使用人臉辨識技術是沒有法律依據。他們不應該法律限制，沒有政策及沒有監管。它同時認為這樣的舉動不僅侵犯人民隱私，也侵犯了人民的權利。如果這樣的情形發生在我們的社會，大家會有什麼樣的想法呢？

人臉辨識用於預防犯罪

機器學習需要給予大量的真實資料，才能發揮實際的效用，而這些資料也許對我們來說很敏感，像是與健康或是財務等相關資訊，都是非常私人的資料。如何在這一波 AI 浪潮下，同時兼顧大數據分析和資料隱私，個人資料去識別化就變得非常重要。所謂去識別化 (de-identification) 就是透過一些合理步驟，使得資料不再與特定個人有任何連結。因此就像對任何科技一樣，我們都需要進行確認並控制，以確保科技是用來幫助我們，並在符合法律下進行。

雖然不是每個人都是開發者的角色，但若能多一些瞭解及素養，並能親身接觸體驗相關科技的發展，了解其運作細節後，相信對大家都會有豐厚的收穫，並能多瞭解影響你我生活的地方。人工智慧目前仍處於第三波的初始發展階段，此次它擁有無比的潛力可以為社會提供助益。如果你目前還年輕或剛開始接觸學習這一領域，你很有可能就身處於此次重要科技的發展浪潮之中。

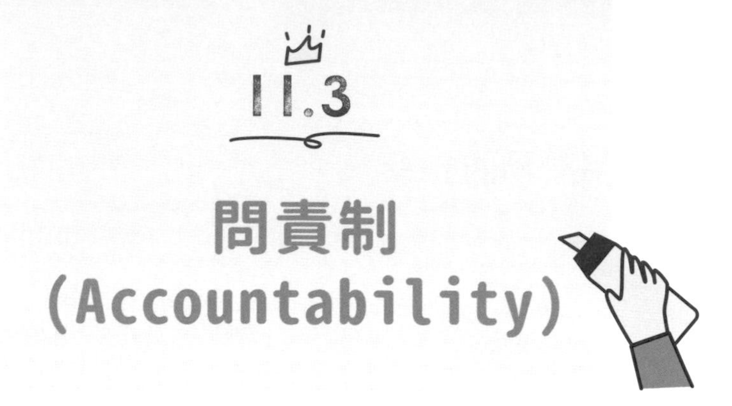

11.3 問責制 (Accountability)

由於人工智慧系統並非是完美無缺，當然也會有失控或出錯的時候。那當人工智慧犯錯時，誰應該負起責任呢？使用者、創造者或是供應商？例如一個由微軟設計模仿青少年的聊天機器人，在網路上發布後數小時內就開始發布種族主義仇恨言論，微軟雖然立即下架了此聊天機器人，但相關傷害已經造成。另外像是上一小節所提到的英國倫敦警察用來做犯罪偵查，但若是因辨識錯誤而抓錯人，那相關的責任又在哪裡？目前雖然還不清楚誰應該負最終責任，但專家們已經開始討論並有了一些初步想法。

我們另外舉幾個在不同 AI 技術下所造成的問責問題，提供各位讀者參考：

影像辨識 (Image Recognition)

在阿姆斯特丹市，為了使城市保持宜居和交通便利，所以允許在城市停放的汽車數量是有限的，同時停車位監控系統有部分是利用 AI 技術進行自動化，來協助市政當局檢查停放的汽車是否有權停放，例如停車費已透過停車計時器或應用 APP 支付，或者因為車主有停車許可證則可以停車。而整個執法是在配備攝影機的汽車掃描幫助下完成，使用特定的掃描設備和基於人工智慧的影像識別服務，來自動執行車牌識別及背景調查，並在該市 15 萬個街道停車位當中進行使用。

阿姆斯特丹市透過配備攝影機的汽車進行執法 (Algorithm Register)

此服務主要遵循三個步驟：

1. 裝有攝影鏡頭的掃描汽車行駛在城市中，並使用影像識別軟體掃描後識別周圍汽車的車牌。
2. 識別後，根據荷蘭國家停車登記處來檢查車牌號，以驗證此汽車是否有權在給定位置停車。一旦未支付當前停車費，此案例就會被發送給停車檢查員進行進一步處理。
3. 停車檢查員跟據掃描圖像進行遠程評估看是否存在特殊情況，例如是裝卸貨的汽車。停車檢查員也可以至現場進行確認。只要沒有正當理由而停車不付費，就會發出停車罰單。

但是演算法也可能出現錯誤或存在偏見而造成危害。例如，掃描系統可能會出現故障或辨識錯誤，造成罰單開錯。在這些情況下誰應該承擔責任，而且是基於什麼理由呢？儘管演算法本身不會被追究責任，因為它們不是道德或法律代理人，但設計和部署演算法的組織可以透過治理結構被視為需要在道德上負責。因此，以阿姆斯特丹市而言，由停車檢查員做出最終決定那就必須承擔責任。然而，有一天若連停車檢查員也被演算法取代時，那麼誰又應該承擔責任？

深偽技術 (Deepfakes)

隨著人工智慧視覺處理技術愈發進步，圖片及影像的篡改也更加普遍，甚至使人難以分辨其真偽，其中又以**深偽技術 (Deepfakes)** 最近受到許多人重視，主要是因為相關名人被有心人士不當使用 Deepfakes 技術進行換臉，尤其是用在許多不雅的色情或發布假消息用途上。

所謂深偽技術 Deepfakes 就是使用 "深度學習 (Deep Learning)" 進行 "偽照 (Fakes)" 的混合詞，是一種將視訊、圖像及聲音進行人工合成的技術。主要有兩個方式可達到，一個是自動編碼器 (AutoEncoder) 技術，另一個則是生成對抗網路 (Generative Adversarial Network, GAN) 技術，兩者都是 AI 深度學習的應用技術。

大家可以拜訪 CNN 的網站進行測試（如下圖），看你是否可以看的出來哪一個影片是深度偽造 (Deepfakes)。

or

看的出來哪一個影片是深度偽造 (Deepfakes)

正確答案是右邊影片是深度偽造的，您看得出來嗎？

目前深度偽造的效果愈來愈逼真，造成許多國家嚴重的問題，例如社會治安、政治假消息以及色情問題。此種 AI 技術因對於社會及被偽造之當事人權益影響重大，進而引起美國立法者的極度重視，也因此美國眾議院提出「深度偽造究責法案」，要求製作和流通者應該在相關內容加上浮水印或標示，自我揭露此影片、照片或音訊是人造的，否則最高得處 5 年以下有期徒刑，藉此希望能進一步遏止這些嚴重問題，雖然許多人不看好其成效，但畢竟這是一個重要的開始。

自動駕駛

自動駕駛汽車是一種能夠感知環境，在很少或幾乎沒有人為干預的情況下可以自行駕駛移動的車輛。為了讓車輛安全行駛並了解其駕駛環境，汽車上的無數不同傳感器需要一直獲取周遭大量資料，然後提供給車輛的自動駕駛電腦系統進行處理。自動駕駛汽車還必須進行大量的訓練，以了解它收集的資料所代表的意義，並能夠在各種可以想像得到的交通情況下做出快速且正確的決定。

由於我們每個人每天都會做出各種的道德決定，例如當司機選擇猛踩剎車以避免撞到亂穿越馬路的人時，司機可能瞬間是將風險從行人轉移到車內人員所做的道德決定。想像一下，一輛剎車已經壞了的自動駕駛汽車全速駛向一位爺爺和一位小孩，只要行駛路線稍微偏離一點，其中一位行人就可以得救。這一次，做出決定的不是人類司機，而是汽車的演算法。這時候你會選擇誰，爺爺還是小孩？亦或者是其他選擇？你認為只有一個正確答案嗎？不，這是一個典型的道德困境，顯示了道德在技術發展中的重要性，我們會在本章節的動手做做看，帶大家去模擬各種自動駕駛所遇到的道德情境。

現在我們回來繼續討論，如果自動駕駛汽車傷害了行人，那應該由誰來負責呢？硬體的製造商（像是汽車用來感知環境的傳感器）？汽車上決定路徑的軟體開發者？允許自動駕駛汽車上路的政府？還是購買這輛車的車主？這是一個複雜的問題，也是各個國家在開發自動駕駛汽車時必須更為審慎面對的議題。

自動駕駛

工作 (Job)

在這一波人工智慧浪潮之前，自動化已經對許多工作造成很大的影響。隨著人工智慧的興起，我們現在可以自動化的事情，突然比以前多了更多，對就業問題產生加速的影響，因此很多人擔心有多少工作將會被取代？以及有多少個新工作會被創造？

麥肯錫全球研究院 (McKinsey Global Institute) 在一項有關人工智慧對全球自動化和工作的未來影像報告中提到，到 2030 年某些職業將大幅減少，也就是自動化將取代一些工人，尤其是在 2016 年至 2030 年期間，約 4 億到 8 億的工作機會可能會被人工智慧自動化所取代，這是一個非常大的數字。但在同一份報告中也提到，因人工智慧所創造的就業機會，在 2030 年前，會出現全球勞動力 21% 至 33% (約 5.55 億至 8.9 億個工作機會) 的額外勞動力需求，遠遠抵消了失去的工作機會數量 (如下圖)。全球著名會計顧問公司 PwC 同時也做了相關研究，在 2030 年前，光是美國估計約有 1600 萬個工作會被取代，沒有人可以確定到 2030 年前會發生什麼，但可以確定的就是對全球工作是有巨大影響的。

到 2030 年將被取代的工作	到 2030 年創造的就業機會
400-800 mil	555-890 mil

Source：McKinsey Global Institute - 麥肯錫全球研究院

2030 年前因為 AI 技術被取代的工作以及創造出來的工作

隨著人工智慧技術愈來愈好，部分自動化將變得更加普遍，許多工作崗位發生了變化，並且工作崗位的變化將超過失去或獲得的工作崗位。一定會有很多人想知道，這些研究機構是如何估計有多少個工作可能被取代？其中一個常見的方法，就是先針對某一份工作，想一想組成此工作的任務有哪些，例如您可能會看看倉儲業搬運物品員工的工作、放射科醫生的工作或計程車司機的工作，然後對於這些工作內容想想會有那些任務，並評估每個任務是否可透過人工智慧來實現自動化。如果一份工作中許多主要任務是可以高度自動化的，那工作被取代的風險相對是更高的。

PwC 對 29 個國家或地區進行研究調查，在 2030 年前針對一些行業，因人工智慧技術而可以高度自動化所受的影響及風險。以美國為例（如下圖所示），短期內自動化對所有教育水平的工人的影響可能很小，但從長遠來看，教育水平較低的人可能更容易被機器取代。當然對不同產業及國家也會有不同的資料調查，但都值得我們重視。尤其是政府和企業需要通力合作，透過在職訓練和職務轉變來幫助員工適應這些新技術。

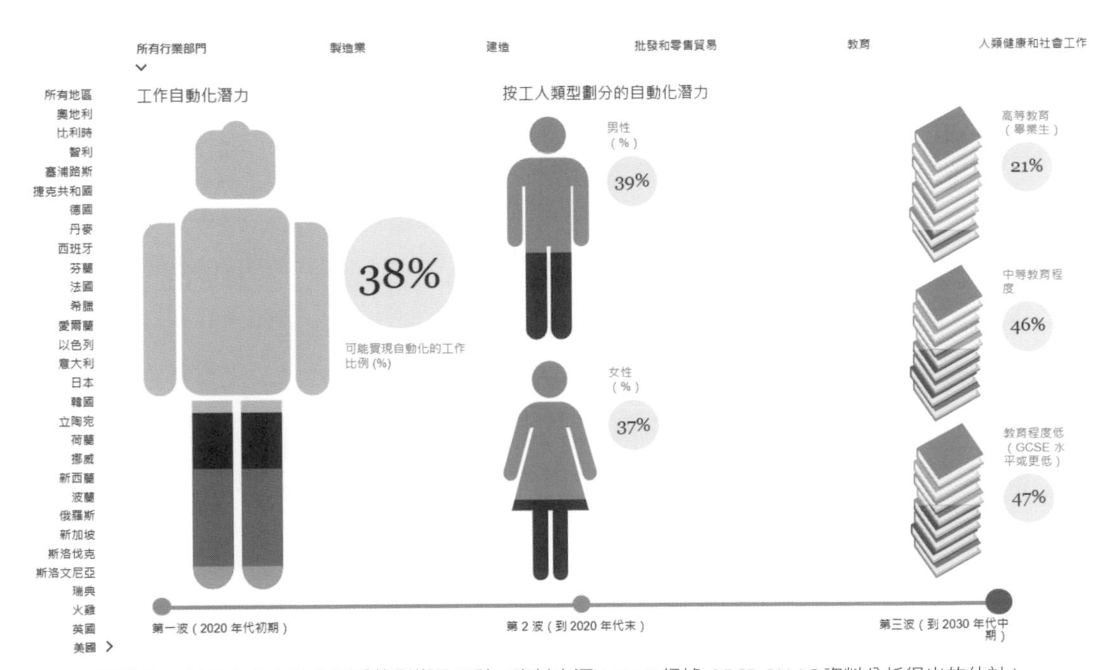

職業受 AI 技術高度自動化所受的影響及風險（資料來源：PWC 根據 OECD PIAAC 資料分析得出的估計）

經濟學人引用經濟合作與發展組織 (OECD) 的研究資料，發現在 32 個國家 / 地區中有 14% 的工作非常脆弱，另外至少有 70% 的機會實現自動化，也就是這些國家及地區約有 2.1 億個工作崗位面臨風險 (如下圖)。

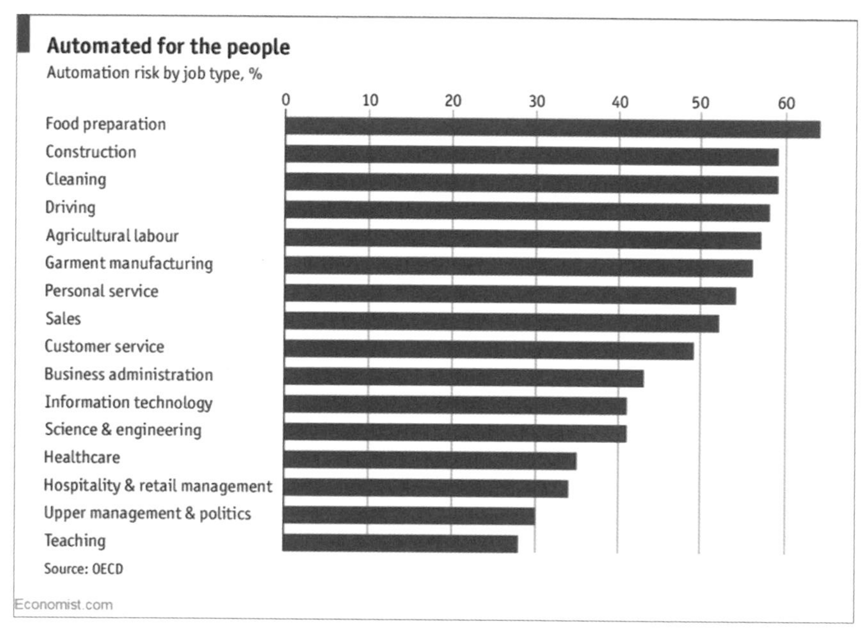

2.1 億個工作崗位面臨風險 (資料來源：Economist.com)

上述所做的調查可以知道自動化將會因行業而異，也由於相關人工智慧技術及演算法可以帶來更快、更有效的分析和評估，所以從長遠來看，自動駕駛汽車的發展可能意味著運輸部門受到的影響最大，但較為依賴社交技能和人際互動，像健康醫療等領域的影響可能相對較小。人工智慧和機器人將在未來的醫療保健中發揮重要作用，但重要的是與人類醫生和護士一起工作，而不是取代他們。例如，高精度讀取診斷掃描的人工智慧演算法將可以幫助醫生診斷患者病例並確定合適的治療方法。下圖所示，台北榮民總醫院就提供了非常多的 AI 輔助門診 (如下圖) 來協助醫生而非取代醫生。

內科系
一般內科
職業醫學科
臨床毒物科
內科整合醫學門診
家庭醫學科(一般門診/含戒菸服務)
家庭醫學科(體檢門診)
高齡醫學整合門診
神經內科
神經內科(動作障礙特診)
神經內科(記憶特別門診)
神經內科(神經遺傳疾病諮詢門診)
胸腔內科
睡眠醫學中心
心臟內科
心臟內科(心律不整特診)
心臟瓣膜門診
心臟內科(成人先天心臟)
心臟衰竭特別門診
胃腸肝膽科
胃腫瘤醫學中心聯合門診
內視鏡中心門診
腎臟科
過敏免疫風濕
新陳代謝科
內分泌骨代謝
感染科
血液腫瘤科
血友病血液科
腫瘤內科
乳醫中心門診
健康管理門診
外科系
一般外科
骨科
骨病聯合門診
骨科復健運動醫學聯合門診
手外科
神經外科
神經復健
甲狀腺外科門診
乳醫中心門診
乳房疾病門診
胸腔外科
外傷兼疝氣及肝膽胰胃腸外科
心臟外科
先天性心臟病
心臟瓣膜門診
二尖瓣膜門診
心臟移植門診
泌尿外科
直腸外科
傷造口護理
周邊血管中心
血管及主動脈
主動脈瘤門診
急診外傷門診
整形外科
整形外科(眼整形及鼻整形特別門診)
醫學美容中心
多元性別手術門診
器官移植門診
減重及代謝手術中心
胃腫瘤醫學中心聯合門診
婦幼
(18歲以下請掛兒科門診)
婦產科
兒童內科
健兒門診(兼早產兒)
兒童心臟科
兒童神經癲癇科
兒童血液腫瘤科
兒童胃腸科
兒童氣喘過敏及腎臟泌尿科
兒童免疫風濕及換腎洗腎科
兒童腎臟移植與早產兒腎臟門診
新冠康復兒童炎症免疫腎臟
兒童過敏感染科
遺傳內分泌暨基因諮詢門診
兒童泌尿暨兒童外科
兒童泌尿外科
兒童牙科
兒童骨科
兒童神經外科
兒童神經疾病
五官科
眼科
近視治療特色門診
眼科醫美門診
耳科
鼻科
喉科
牙科
矯正牙科
口腔顎面外科
新冠肺炎康復後整合門診
新冠肺炎康復後整合門診
(成人、兒童18歲以下)
AI輔助門診
AI輔助門診
整合門診
早發脊柱側彎整合門診
腦性麻痺整合門診
兒童脊髓整合門診
高風險新生兒復健整合門診
兒癌長期追蹤整合門診
其他科
精神科
身心失眠
青少年心理
失智特別門診
睡眠障礙
老年精神
自費心理諮詢
預立醫療照護諮商門診
基因諮詢門診
皮膚科
醫學美容中心
慢性傷口照護門診
中醫內科
中醫傷科
針灸科
復健醫學
骨科復健運動醫學聯合門診
疼痛控制科
放射線部診療
放射腫瘤科
重粒子治療科
核醫門診
營養諮詢
輔具及功能重建門診
急診內科門診
藥師門診
肺癌篩檢門診
猴痘疫苗掛號
大我門診
(和平東路三段599號)
大我內科
大我外科
大我家醫科
大我眼科
大我皮膚科
大我耳鼻喉科
大我高齡門診

台北榮民總醫院已有許多科別提供 AI 輔助門診

所以人工智慧是應用在任務 (Task) 上，而不是針對人們的工作 (Job)，所以會被取代的主要是任務而不是工作。

動手做做看

本章節將帶大家做兩個有趣的活動，其中一個是由非盈利性組織 Code.org，所推出的一個具有環保教育意義的互動式 AI 課程 - AI for Oceans（如下圖），在課程中不僅讓玩家瞭解到人工智慧及機器學習的基本觀念，同時也讓玩家在學習過程中體會生態環境的重要性，最重要是偏見 (Bias) 所造成的影響，是一個非常推薦的活動。

另一個活動則是帶大家進行由麻省理工學院所製作的道德機器 (Moral Machine)，這是一個有關自動駕駛汽車所面臨道德問題所做的有趣實驗，在遭遇兩難的情況下你會做出怎樣的決定。

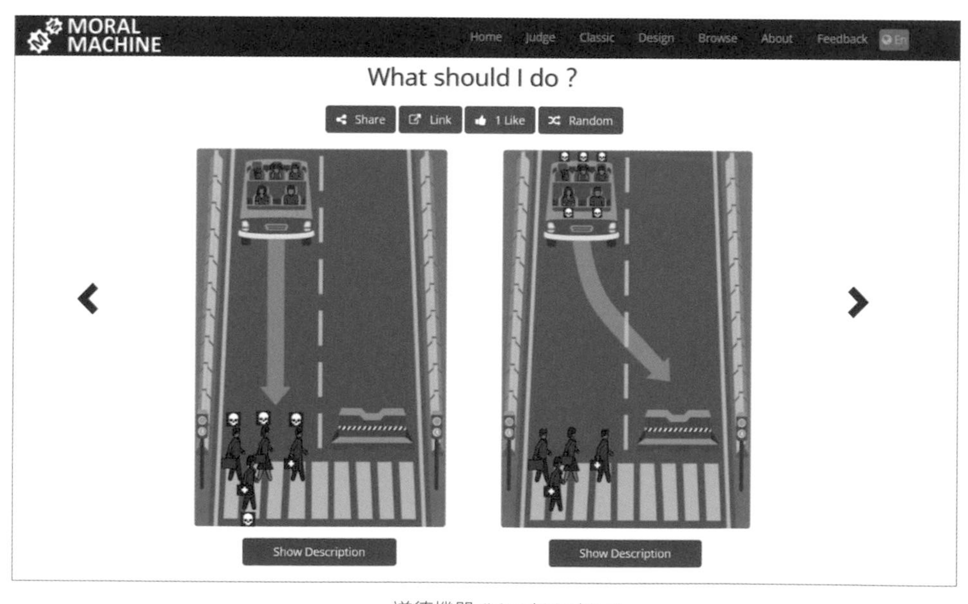

道德機器 (Moral Machine)

活動：保護海洋的人工智慧 (AI for Oceans)

AI for Oceans 是一個可以瞭解人工智慧 (AI)、機器學習、訓練資料和偏見 (Bias) 的活動，同時可以探索道德問題以及如何利用 AI 來解決世界問題。

活動目的：利用 Code.org 的 AI for Oceans 來瞭解人類偏見如何在機器學習中引起作用的原因。

活動網址：AI for Oceans (https://code.org/oceans)

參考資源：https://medium.com/ai-for-k12

使用環境：桌上型電腦或筆記型電腦

註冊帳號：建議註冊一個帳號，可以記錄學習。如果沒有帳號也可以進行活動。

整個課程的活動過程可分為下面五大步驟，如下圖所示：

活動過程

STEP 1 機器學習

您可以參考前面章節所提的機器學習觀念，也可以參考 Code.org 所製作的機器學習介紹影片，它將以另外一種表達方式來說明什麼是機器學習 (Machine Learning)。

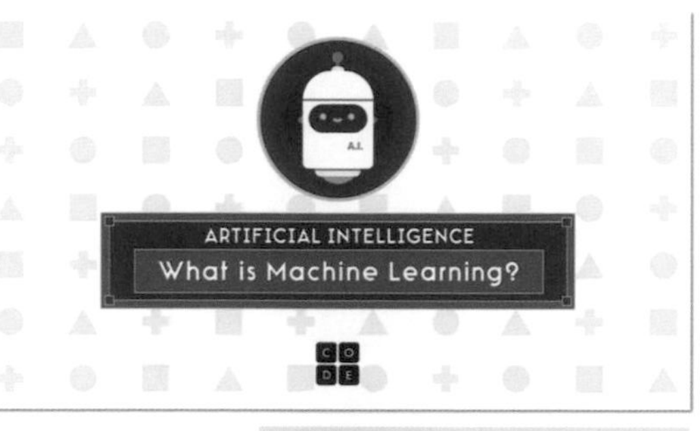

機器學習介紹影片

在整個活動中，我們將利用 Code.org 平台上所提供的資料來訓練自己的機器學習模型。大家可以想像一下，在海洋中除了有熟知的魚類生物外，還有人類隨意丟棄的垃圾，如果我們可以訓練機器來分辨出魚類生物與垃圾的差異，並且利用此技術來幫助清潔海洋。

STEP 2 訓練 AI 清潔海洋

活動開始時會先告訴使用者，扔棄在海中的垃圾會影響海洋生物，因此希望能透過訓練人工智慧（Artificial Intelligence，AI）的方式去分辨魚和垃圾，經由互動我們會將海洋中的物品做簡單的分類，大家是否有發現哪些是不屬於魚類的東西嗎？

首先我們需要訓練 AI 來判斷魚及垃圾（魚和非魚），AI 會從您的選擇中學習判斷，如果您做了「錯誤」的選擇，AI 也會跟著做錯。您提供給 AI 訓練的資料愈多，它就會學得更多。這時候可以測試看看，AI 經過訓練後，是否可以正確判斷出「魚」跟垃圾的分別。

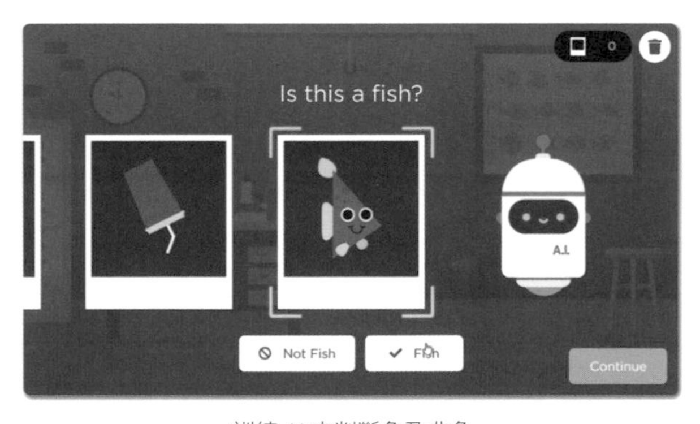

訓練 AI 來判斷魚及非魚

上面的訓練是讓 AI 來判斷「魚」和「非魚」，如果用這個訓練出來的 AI 模型來判斷其它海洋生物會發生什麼事呢？例如，AI 看到某些海洋生物（例如螃蟹）將視為「非魚」，雖然牠們非魚類，但確實是生活在水中，因此可以理解到 AI 只會學習我們教它的東西，如果要它再多認識東西，則必須再多訓練它。

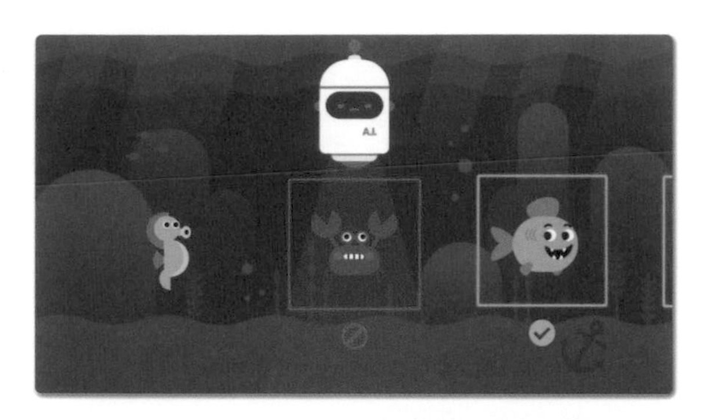

螃蟹被視為跟垃圾一樣「非魚」，但它確實是生活在水中

接著我們可以開始訓練 AI 認識一些東西應該是在水裡，並且經過訓練後，AI 認識水中的生物將變多了！

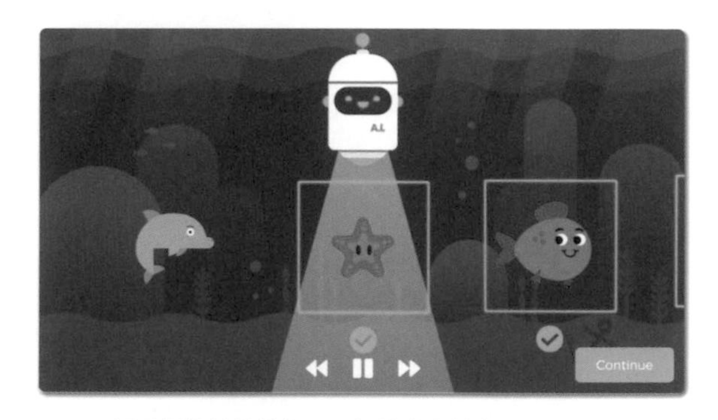

經過調整並訓練後，AI 認識水中的生物將變多了

STEP 3 訓練資料及偏差

AI 的表現很依賴你所輸入的訓練資料的品質好壞，因此訓練資料中的盲點，可能就會造成所謂的偏差 (Bias)。帶有偏差的資料，會偏向某些狀況，而降低或排除了其他狀況。因此從帶有偏誤的資料進行學習，電腦可能會做出帶有偏誤的預測，所以當你查看訓練資料時，應該試著問自己下面兩個問題：

資料量是否充足到能夠
正確地訓練電腦？
這些資料是否沒有偏誤，
足以代表所有可能發生情況？

訓練資料及偏差

為電腦提供沒有偏誤的資料，是取決於人類，這表示要從許多各式各樣的來源來搜集大量的範例，記得，當你替 AI 搜集與選擇訓練資料時，實際上，你正在對演算法進行編寫與設計，使用的將是訓練資料而不是傳統程式碼，也就是「資料就等同於程式碼」，你提供的資料品質越好，電腦的學習效果就越好。大家瞭解偏差的重要性後，我們可以進行下一個步驟，進一步探討訓練資料與偏差的影響。

STEP 4 使用訓練資料

我們可以試著教 AI 其他不同類型的判斷，例如魚的外型、顏色等等，然後根據取得的不同訓練資料，最終可能會得到不同的結果。以下圖為例，我們試著訓練 AI 來認識三角形的魚。

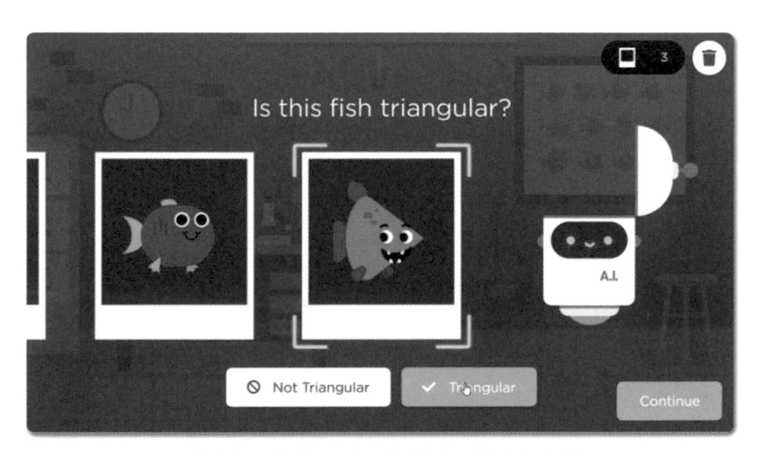

試著教 AI 判斷魚不同類型的外型及顏色等等

AI 現在不再只是查看實際的圖像資料，而是根據我們如何對每種魚進行分類來尋找當中的模式，如果魚具有符合的特徵，那 AI 會與我們用相同的方式來標記魚。如果我們選擇不同單詞 (例如 " 生氣 ") 來教 AI 識別不同類型的魚時，單詞的意思將會讓訓練 AI 的人更加主觀。

選擇利用不同單詞 (例如 " 生氣 ") 教 AI 識別魚時會不會更主觀呢

當魚看起來像是 " 生氣 (Angry) " 或是 " 有趣 (Fun)" 時，不同訓練的人可能會選擇相同的標籤，例如將 " 有趣 (Fun) " 的魚也分類成 " 生氣 (Angry)" 的魚，然後與 " 生氣 (Angry) " 的魚混在一起訓練 AI，意味著 AI 將與訓練的人以相同偏見來做學習，這時可以反思這是好還是壞呢？

STEP 5 對社會的影響

由這一個活動得知，AI 系統可以從我們提供的資料當中進行學習，但這些資料可能會基於某些觀點或偏見，而影響 AI 的訓練。想一想 AI 或機器學習在現實世界中是否有遇到相同問題的時候呢？例如，語音辨識無法理解您在講什麼，是否是當初訓練它的人音調跟您不一樣，還是表達句子的差異呢？有偏見的資料如何導致 AI 的問題？有什麼方法可以解決這個問題？動動腦，想一想，也許您會有不同的發想唷！

最後 ~ 完成整個課程後，您將可以得到一張精美證書唷！

完成課程後的精美證書

活動：道德機器 (Moral Machine)

假設在不久將來的某個上班時間，您坐在自動駕駛的車上看著 Netflix 的紙房子 (MONEY HEIST) 影集打發時間，突然間這輛車發生不明原因的故障，無法停下來，如果車繼續前進，將會遇到下面其中幾種狀況（如下圖），(A) 撞上過馬路的一群人，造成一群人嚴重死傷。(B) 將車突然轉向，只將車撞向路旁的一個人，犧牲了這一位路人但可以救過馬路的一群人。(C) 突然轉向去撞牆，撞毀後犧牲了車上的您，但卻能夠救剛剛這一群人。這台自動駕駛汽車應該怎麼做比較好？而且是由誰來做決定呢？

(A)

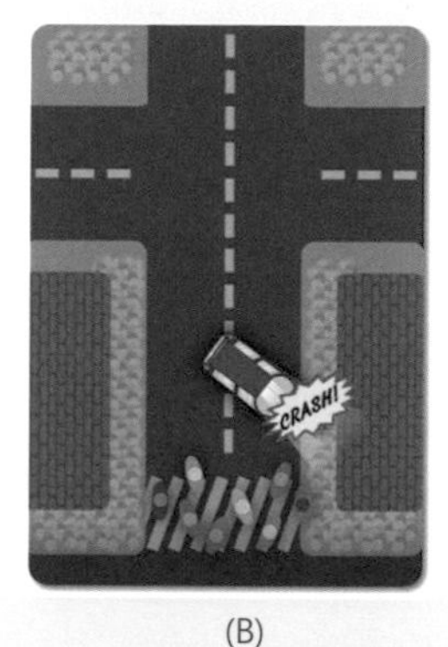

(B)

(C)

您會如何做決定呢？（圖片參考：(TED) Iyad Rahwan: What moral decisions should driverless cars make?)

現階段的人工智慧，本質上是一種進行機器學習 (Machine Learning) 的自動化智能程序，但有了智能後，是不是就代表「它」能為自己的行為負起責任呢？自動駕駛汽車最常討論的難題包含以下的兩種問題（但不限於）：

- 當自動駕駛汽車必須從多個目標當中選擇撞上其中一者時，我們應該如何幫自動駕駛汽車制定「該撞哪一個目標」的規則？
- 自動駕駛汽車所帶來的任何傷亡，應該由誰負責以及擔負賠償與修復等責任呢？

這是一個困難的問題，但也是非常實際的問題，在科技進步與社會影響的議題上是必須被重視的。現在就讓我們一起到麻省理工學院 (MIT) 的道德機器 (Moral Machine) 平台，試著動手做做看，自動駕駛汽車必須在兩權相害取其輕的狀況下，您會如何做選擇。

活動目的：利用麻省理工學院 (MIT) 的道德機器 (Moral Machine) 平台來探討自動駕駛汽車所引發的道德問題。

活動網址：Moral Machine (https://www.moralmachine.net/)

使用環境：桌上型電腦或筆記型電腦

STEP 1 選擇語系

進入道德機器的遊戲首頁，選擇要先看道德情境的敘述或是直接進行開始評斷的活動 (如下圖)。同時你可以選擇是英文環境或是中文環境 (目前只有簡體) 來進行活動。

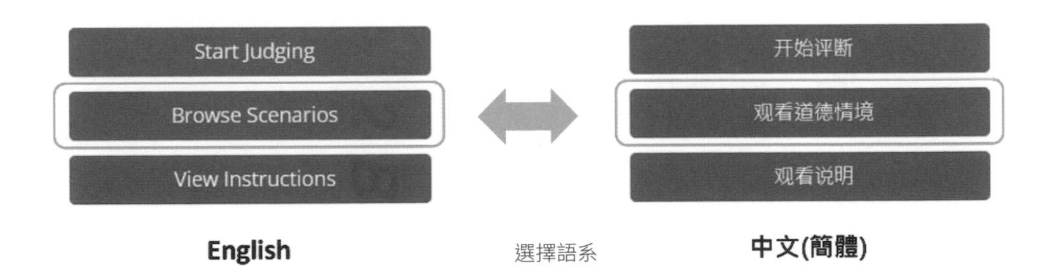

STEP 2 情境說明

如果我們選擇先看一下道德的情境敘述，則會出現如下圖的說明。你可以點選圖片下方的顯示敘述，將會說明該圖的情境，以及造成的傷亡狀況，這時後您會選擇左右兩種情境中的哪一個。

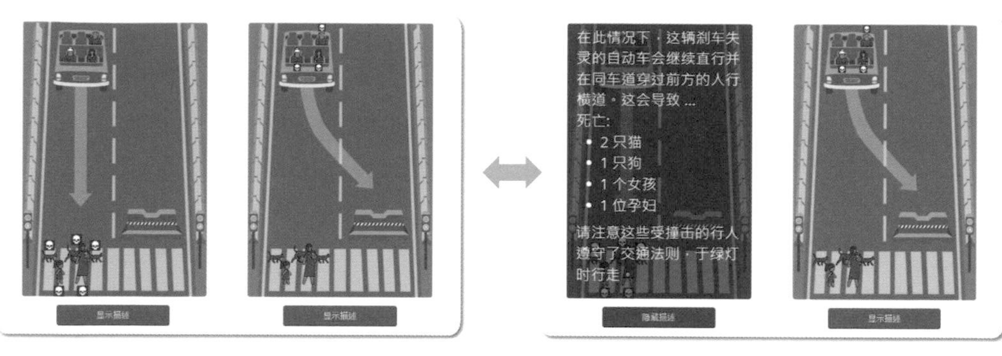

情境說明

STEP 3 開始「道德機器」遊戲

進入道德機器的遊戲後，平台將會呈現給你一個自動駕駛汽車必須在兩難的情境下做出道德困境的選擇（例如你必須犧牲車上的乘客或是路上的行人），作為一個旁觀者的你，你需要判斷兩者情境中，哪一個是你可以接受的情況，平台會在你完成後，將你與其它人的選擇同時呈現。點選「開始評斷」(Start Judging) 開始進行遊戲活動！

首先，遊戲會隨機出現一些情境來讓玩者做選擇，以下圖為例，這幾個情境都是車上無人的狀況下所做的決定。

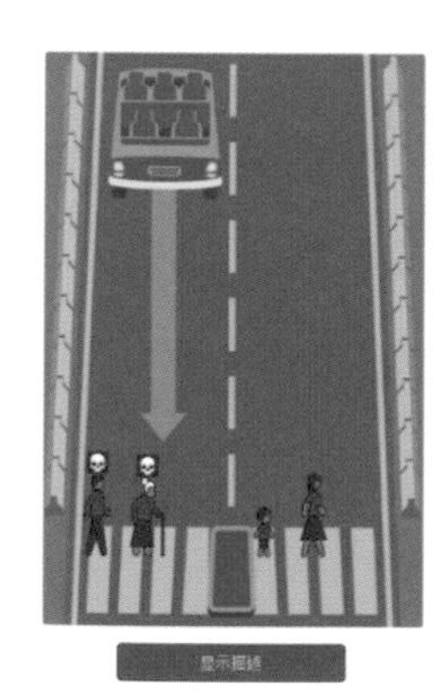

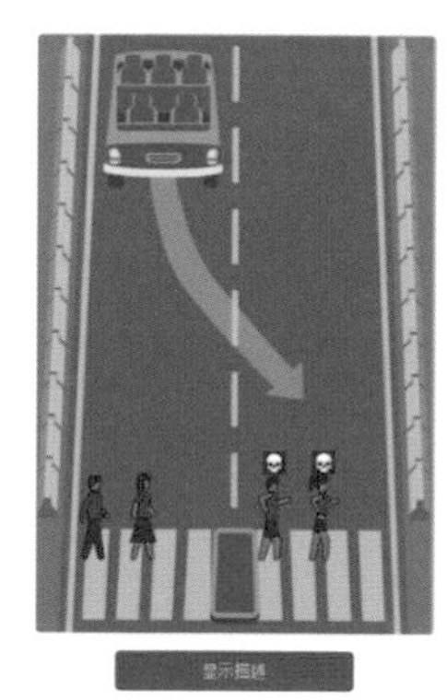

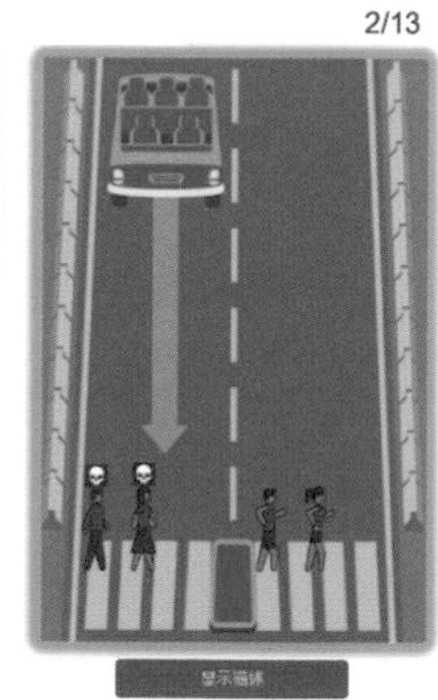

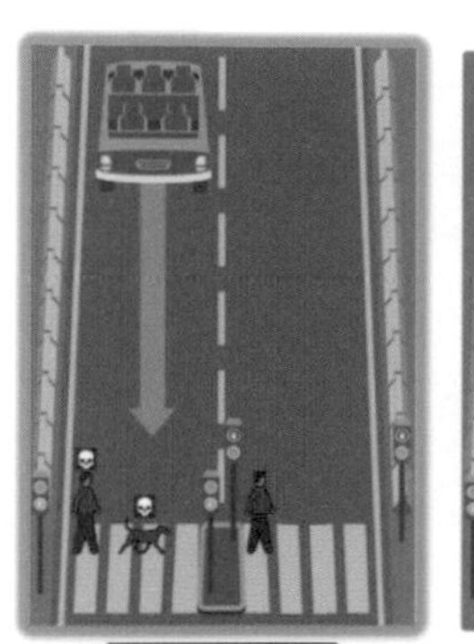
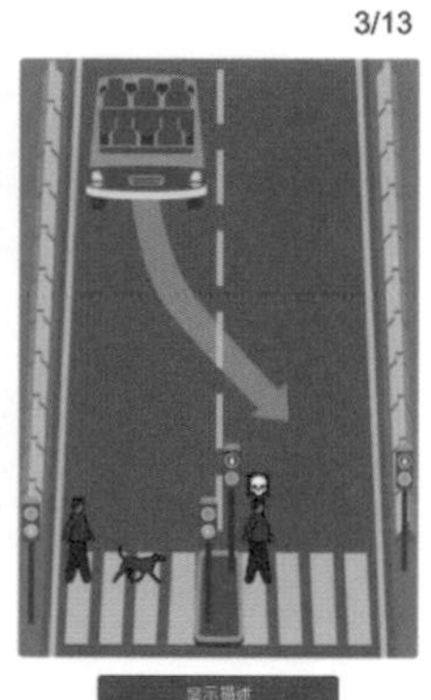

車上無人的情境

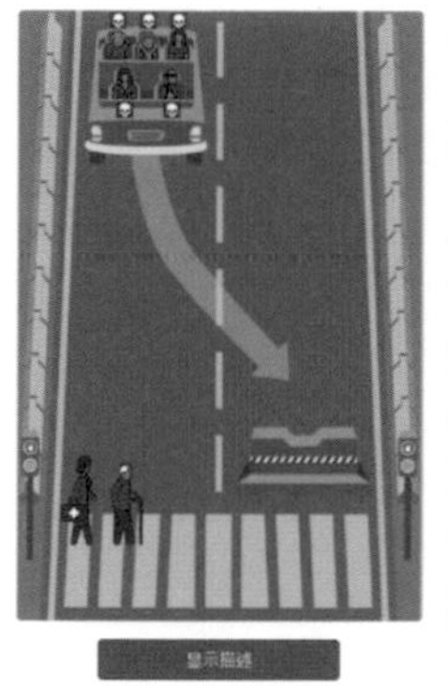
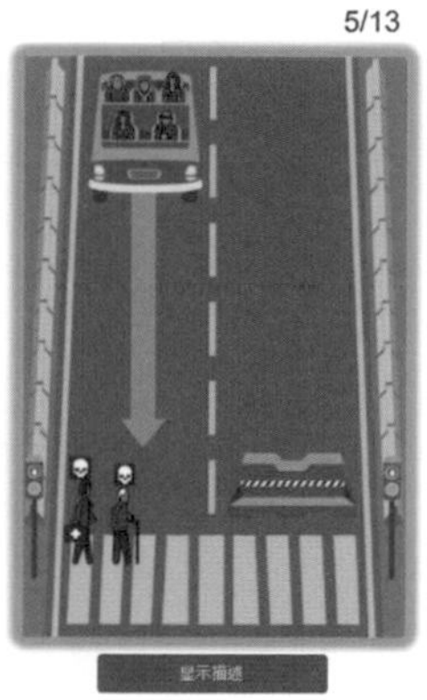

車上有人的情境

接著出現車上有人的時候，每個人的選擇思維可能也會做改變，例如下圖中，會選擇犧牲車上的 5 個人，亦或是正在過馬路的兩位行人，隨著不同國家、不同背景文化以及年紀等因素，所做的決定都會不同，這些沒有絕對的對錯，只是此時大家在道德上的選擇。

有些決定看起來簡單，汽車是要拯救全家還是一隻路上的貓，亦或是其他情況。

每次在完成 13 題模擬的道德情境後，Moral Machine 平台都會透將您的選擇與其他參加測試的人的平均值進行比較，並來顯示您所選擇的統計結果，讓大家可以參考看看其他人對於相同情境下的道德選擇會是如何，下圖是一個參考範例的部分結果，包括顯示這些情境下您拯救最多及犧牲最多的會是什麼角色，以及對於車上如果有乘客時你的重視程度會是如何等等，蠻有趣的一個實驗遊戲，大家可以動手玩玩看，同時可以省思在科技進步的情況下，所產生的相關社會影響、法律及道德問題，大家該如何面對 (如下頁圖)。

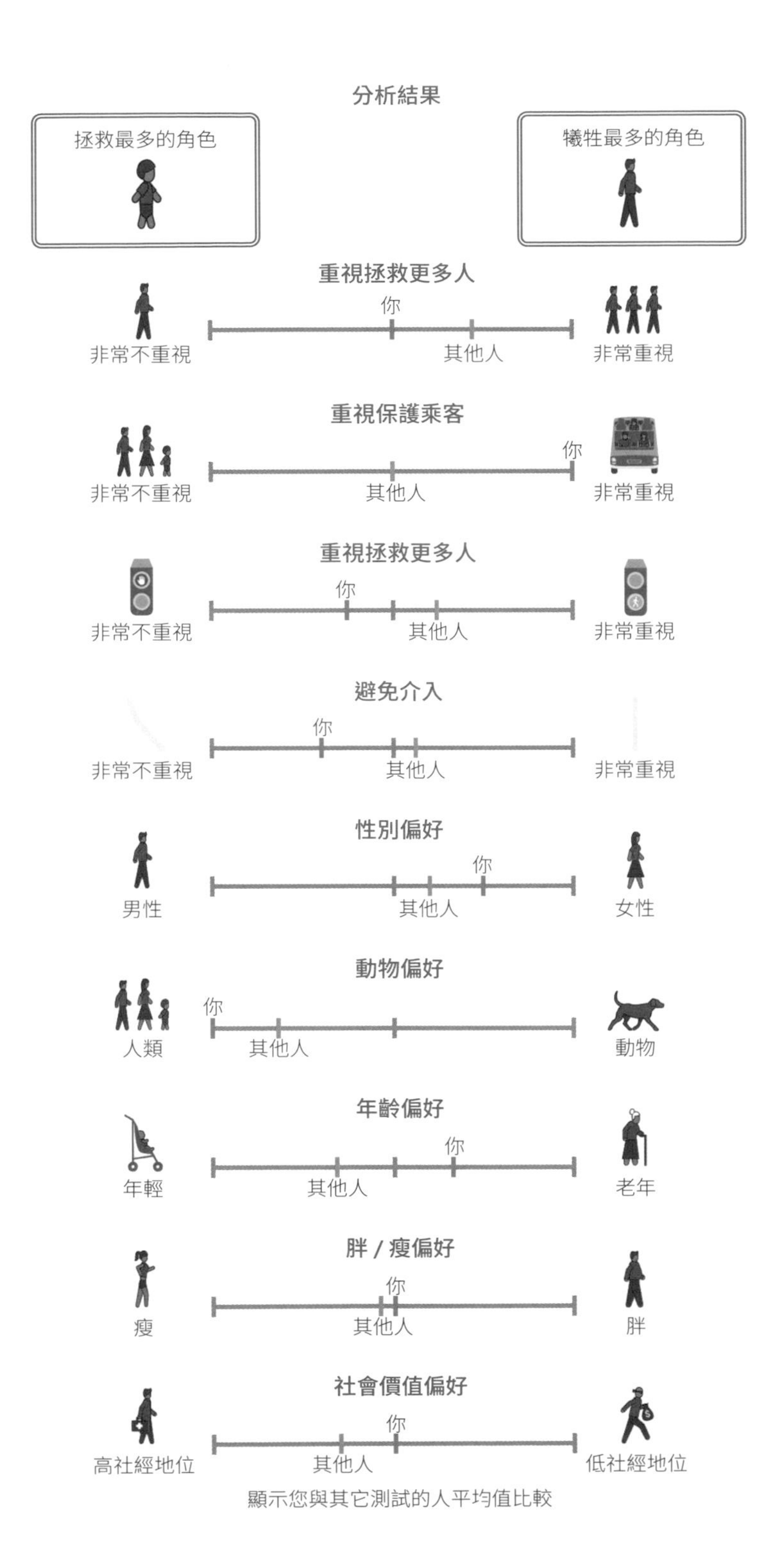

顯示您與其它測試的人平均值比較

11.6 人工智慧的演變及未來

「AI 將比人類歷史上的任何事情都更能改變世界，甚至超過電力。」一李開復博士，2018。

人工智慧確實是計算機科學的一項革命性壯舉，在未來幾年內將成為所有現代軟體系統的核心組件，它不僅僅是影響 IT 產業，它更影響每個行業及你我日常生活中各個方面，對這一代的人來說將是一個與 AI 共存的時代，生活中大大小小事也將與我們更為緊密。

想像一下未來的 AI 會是怎麼樣

根據麥肯錫全球研究院的一項研究，AI 估計每年會增加 13 兆美元的價值 (在 2030 年之前)，儘管 AI 已經在軟體行業創造了大量的價值，未來 AI 更將會在軟體產業之外創造更多更不一樣的經濟價值，例如在零售、旅遊、交通、汽車、材料、製造等等，很難想像有哪一個行業在未來幾年裡，AI 不會對它產生巨大的影響。

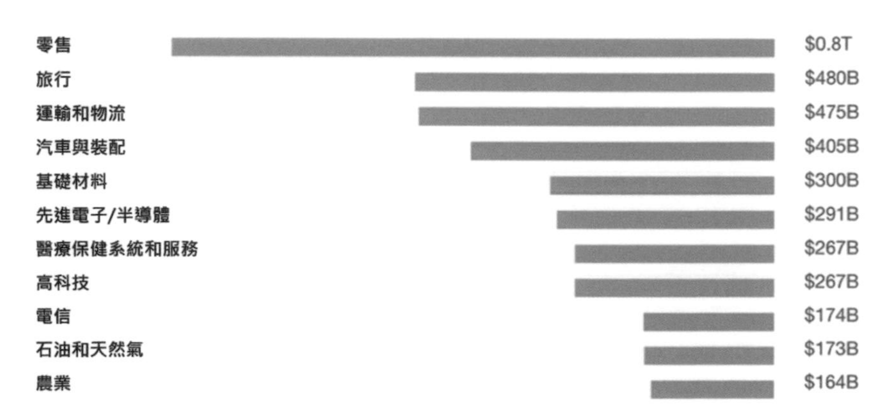

麥肯錫全球研究院：AI 在各行業產生的價值 (2030 年之前)

未來的 AI 會是怎麼樣？而快速發展的 AI 技術將如何塑造我們未來的生活及工作方式？相信會是許多人想知道的問題。我們目前所看到的 AI 應用及發展，以整個發展史來看是相當進步的（可參考 2.1 人工智慧發展史），但它一開始的發展相當緩慢，但隨後則呈指數級增長。

一個很好的例子是 DeepMind，把一些演算法及系統放在一起建立了 AlphaGo，然後贏得圍棋遊戲，這是一個具有 3000 年歷史具有多層戰略思維的古老遊戲，規則雖然簡單卻有驚人的 10 的 170 次方可能的配置情形（比已知宇宙中的原子數量還要多）。第一個系統 AlphaGo 花了多年的時間發展戰勝了人類對手，但最令人驚奇的是，此系統的第二代 -AlphoGo Zero 則是能夠在不到一年的時間內又超越第一代系統 AlphaGo，而且只花了大約 40 個小時的訓練就能夠達到那種熟練程度，同時與早期版本的 AlphaGo 對戰的 100 場比賽中獲得全勝。目前最新版本稱為 MuZero，可以在圍棋、西洋棋及日本將棋等不同遊戲上表現非常好之外，也可以在不了解任何規則的情形下，掌握操作畫面更為複雜的 Atari 系列遊戲。

所以我們可以知道類似這樣 AI 技術發展速度，正在加速且是非常驚人的，也因為如此這不是我們可以很好預測的，但如果要我們做出一個預測或想像，它將會是變得更快，變得更好，也會變得更便宜，而且它將會在很短的時間內迅速地發生。

有了 AI 以後，這個世界也變得有趣許多，由於 AI 發展得非常迅速，所以這些 AI 技術不僅可以執行我們以前從未見過的自動化任務，同時還在執行任務的時候不斷學習與改進，例如現在自動駕駛汽車可以讓我們不必再開自己的車上下班，甚至最快在 2025 年左右大家就可以看到無人空中計程車進行商業運行，這一切都不僅只是夢想而已，而是已經逐步實現。

未來 AI 應用將不斷發展、演變，逐步豐富我們的生活，簡化日常作業方式、提升舒適度。除了日常生活，那 AI 未來會如何存在於各行各業當中，我們可以看看下面這些產業的應用發展：

醫療保健

在醫療保健方面，AI 可用於增強 2D 和 3D 影像，用更好的方法來協助檢測異常並改善診斷；同時可以用於自動執行重複性任務以及處理大量資料。例如將其應用在醫學上，輔助醫生查看乳癌或是皮膚癌的影像資料，協助醫生留意篩檢是否 " 異常 " 且需要進一步檢測的病例，並專注於實際需要更高水準醫療及護理的患者。

而在全球 Covid-19 疫情期間，為降低病人在醫院或公共場所傳播疾病的風險，也可使用 AI 遠距醫療，結合透過網路攝影鏡頭遠程看病，或跟聊天機器人做基本問診互動。另外 AI 也能協助預測未來流行病的發生，同時針對未來可能的變種、起源、傳播及熱點做分析，相關專家可基於先前大流行的 AI 模型，和當前資料的模擬來預測熱點和可能傳播途徑，收集的資料越多，AI 模型就能夠愈準確，幫助醫療專業人員為未來的預測提早做好準備。

因此有人擔心 "AI 會不會取代醫生 "，答案是 " 不會，而且 AI 能協助醫生來造福更多病人 "，就像是臺灣大學、台北榮總、台北醫學大學三團隊合作的 AI 輔助診斷系統，可以大幅縮短心、腦、肺等重大疾病的診斷時間，而這些是以前所做不到的應用，但現在都已經真實存在您我生活當中了。

教育

儘管大多數專家都認為教師的關鍵存在是不可被取代的，但教師的工作也隨著 AI 教育解決方案的不斷成熟而產生許多變化，也因此 AI 可以幫助學生填補學習，及教師教學方面的需求空白，讓學校和教師可以比以往任何時候都做得更多。

教師可以與 AI 合作，利用其提高效率、個性化和簡化管理任務的特性，在作業及測驗上發揮很大作用。也可以協助學生做差異化及個性化學習，依每位學生的狀況不同，提供學習、測試和反饋機制上的不同，識別學習者知識差距並在適當的時候重新定向到適合的主題。

隨著 AI 功能愈來愈多，也許在顧及隱私權的情況下，可以適度結合臉部辨識來讀取學生臉上的表情，瞭解他們是否已掌握目前主題，並適度自動修改課程以做出回應。當然 AI 在整個教育上還有許多未來性及值得探討的地方，就像 ChatGPT 所掀起的風潮，讓許多國立大學也在討論 ChatGPT 及 AI 對大學學術和教學的輔助和影響。有興趣的您也可以一起來發想。

媒體

AI 在媒體產業應用非常多，從各串流媒體利用 AI 技術來分析用戶喜好，進而推薦用戶影片內容，也能瞭解用戶在跨螢幕上的行為（例如手機、電腦及電視間的移轉動作），進而跟廣告商做精準行銷合作。同時許多媒體也利用 AI 技術於新聞內容撰寫與發佈或是過濾假新聞。另外有一些在媒體方面的 AI 應用，則是可以在影音製作編輯上提供非常好的功能，例如為視訊內容產製準確的多國語言及字幕，可為數十種語言的多個節目和電影，省下許多編寫字幕及人工翻譯的時間。

當然，不同的媒體產業所需要的 AI 技術也不一樣，像是迪斯尼 AI 研究中心的特技機器人，就改變了傳統做動作片的方式，它可以在半空中完成令人難以置信的特技表演，迪斯尼 AI 研究中心使用神經網路系統來控制機器人的腿部，使其移動時更加流暢，也更加像人。

迪斯尼 AI 研究中心的特技機器人

旅遊

AI 可以用來協助業者與客戶間的溝通，無論是飯店自動 Check-in 及提行李至房間，或是利用聊天機器人線上客戶服務，還是具有語音識別的機器人與貴賓面對面的互動與交流，AI 都可以從這些互動中 " 學習 " 並改善未來的互動。此外，AI 也可以協助完成資料分析及解決問題等任務，而這對高度重視服務品質的飯店業來說是很有價值的。

豪斯登堡機器人飯店

客戶服務

Google 所開發的 AI 助理，可以像人類一樣撥打電話預約美髮沙龍，並與客服人員對談流利，難以分辨撥打的對象是不是人類，除了語句之外，系統還能理解上下文意義及之間細微差別，這一部分比起以往進步非常多，但科技總是在進步，Google 下一代的聊天機器人技術 LaMDA 及 PaLM，更強化對話訓練，以及讓聊天機器人朝向更開放與多主題式對談，其目標就是希望未來不是只有回答的順暢，主題能更廣且更幽默有趣，多一些人類的機智在裡面，最重要是希望整個 AI 系統能進一步將影像、文字、聲音、影片 (Multimodel Model) 互相連結並理解所代表含意，讓電腦能更快速且直覺的理解人類世界，使互動更為流暢。

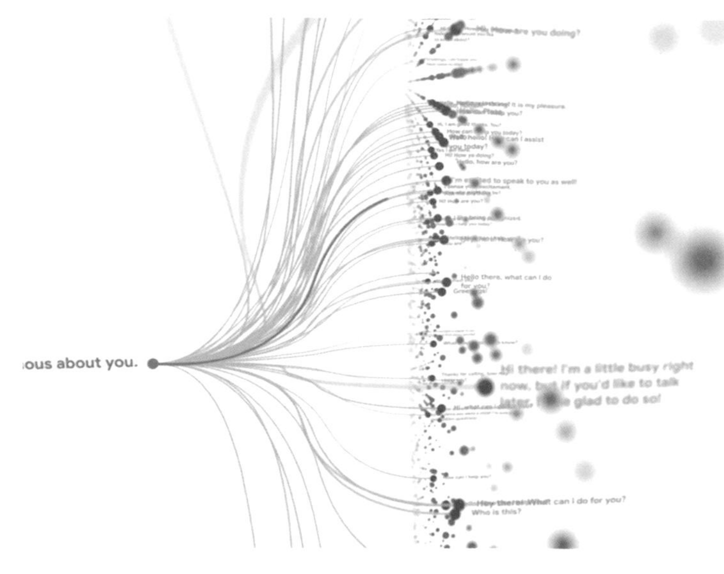

Google 下一代聊天機器人技術 LaMDA

由 OpenAI 所設計訓練的 ChatGPT，更是一個優化對話的模型。利用對話方式進行互動的 ChatGPT，不僅使 ChatGPT 可以回答後續問題、承認錯誤、挑戰不正確的前提並拒絕不適當的請求，它也可以按照提示中的說明進行操作並提供詳細的回應。

除了上述這些產業在未來 AI 相關應用外，大家也可以發想看看其他產業或您我日常生活中未來的 AI 會是怎麼樣。

目前有一些行業正處於 AI 之旅的開始，而另一些行業則已經是擁有豐富的 AI 經驗，兩者對於未來都還是有很長的路要走，但無論如何，AI 對我們當今生活的影響是不容忽視，尤其是這一代 AI 原住民從出生開始就與 AI 應用息息相關，所以更需要瞭解 AI 的現在與未來，而 AI 的未來就在眼前，因為其影響無所不在！

因此希望藉由這本書的介紹，提供所有初學者及對 AI 有興趣的讀者一個完整的 AI 素養知識，並在 No Math No Code 的情況下，透過一些簡單活動與專案來了解 AI。而現在進入 AI，就像進入 30 年前的 Internet 一樣，愈早瞭解，創造未來的機會也將愈大。